Grundlagen — G

Lineare Algebra und Optimierung — L

Funktionen, Folgen, Reihen — R

Grundlagen der Finanzmathematik — F

Funktionen mit Einer reellen Variablen — E

Funktionen mit Mehreren Variablen — M

Numerische Verfahren — N

Statistik — S

Operations Research — O

Tafeln — T

Eichholz • Vilkner
Taschenbuch der Wirtschaftsmathematik

Taschenbuch der Wirtschaftsmathematik

von

Prof. Dr. rer. nat. Wolfgang Eichholz und

Prof. Dr.-Ing. Eberhard Vilkner

6. aktualisierte Auflage

mit 66 Abbildungen, 261 Beispielen
und zahlreichen Tabellen

Fachbuchverlag Leipzig
im Carl Hanser Verlag

Autoren

Prof. Dr. rer. nat. Wolfgang Eichholz — Kapitel 3 bis 7, 9
Hochschule Wismar
Fakultät für Wirtschaftswissenschaften

Prof. Dr.-Ing. Eberhard Vilkner — Kapitel 1, 2, 8
Hochschule Wismar
Fakultät für Wirtschaftswissenschaften

Bibliografische Information der Deutschen Nationalbibliothek
Die Deutsche Nationalbibliothek verzeichnet diese Publikation in der Deutschen Nationalbibliografie; detaillierte bibliografische Daten sind im Internet über http://dnb.d-nb.de abrufbar.

ISBN 978-3-446-43535-3
E-Book-ISBN 978-3-446-43574-2

Fachbuchverlag Leipzig im Carl Hanser Verlag

www.hanser-fachbuch.de
Lektorat: Christine Fritzsch
Herstellung: Katrin Wulst
Satz: Satzherstellung Dr. Naake, Brand-Erbisdorf
Coverrealisierung: Stephan Rönigk
Druck und Binden: Kösel, Krugzell
Printed in Germany

Vorwort

Dieses Kompendium auf dem Gebiet der Wirtschaftsmathematik stellt eine Brücke zwischen den mathematischen Verfahren und den wirtschaftlichen Anwendungen in komprimierter Form dar. Es enthält die wichtigsten Formeln, Gesetze und Verfahren aus der Wirtschaftsmathematik in den Bereichen der Grundlagen, der Linearen Algebra und Optimierung, der Reihen und Finanzmathematik, der Funktionen mit einer und mehreren Variablen inkl. der Differenzial- und Integralrechnung sowie Differenzial- und Differenzengleichungen, der Wahrscheinlichkeitsrechnung und der beschreibenden und schließenden Statistik.

Durch die Software-Entwicklung wird der Zugang zu mathematischen Verfahren und somit auch zu immer komplizierteren wirtschaftlichen Modellen erleichtert. Dem trägt das Kapitel Numerische Verfahren Rechnung, in dem ein kleiner Einblick in Begriffe und Methoden der numerischen Mathematik gegeben wird.

Das abschließende Kapitel Operations Research beinhaltet eine Zusammenstellung wichtiger wirtschaftlicher Problemstellungen sowie deren mathematische Modellierung und Methoden zur Lösung.

Zahlreiche, ausführlich durchgerechnete Beispiele verdeutlichen die mathematischen Zusammenhänge.

Das Taschenbuch wendet sich sowohl an Studierende wirtschaftlicher Fachrichtungen als auch an die in der Praxis tätigen Wirtschaftswissenschaftler. Es ist nützlich als Nachschlagewerk beim Lösen von Übungsaufgaben, bei der Prüfungsvorbereitung, bei Klausuren sowie bei der Bearbeitung von praktischen Problemstellungen. Das Buch ist somit auch für die berufliche Weiterbildung von Interesse.

Das Kapitel 9 und der Abschnitt 8.2 entstanden unter Mitwirkung von Prof. Dr. oec. habil. Hans-Jürgen Hochgräfe, Hochschule Wismar, Fakultät für Wirtschaftswissenschaften, wofür wir ihm recht herzlich danken.

Unser Dank gilt insbesondere Frau Christine Fritzsch und Frau Katrin Wulst vom Fachbuchverlag Leipzig für die gute Zusammenarbeit. Wir danken auch den Lesern, die mit Hinweisen und Ergänzungswünschen zur Verbesserung und Erweiterung des Taschenbuches beigetragen haben.

Für die vierte Auflage wurden alle Kapitel durchgesehen, überarbeitet, teilweise neu gefasst und ergänzt. Einige Abbildungen wurden eingefügt bzw. erneuert. Zahlreiche Beispiele wurden neu aufgenommen.

Folgende Erweiterungen wurden ab der 4. Auflage vorgenommen:

- *Partialbruchzerlegung* und *komplexe Zahlen* im Kapitel Grundlagen;
- *Matrizengleichungen* und der *einfache* GAUSS-*Algorithmus* im Kapitel Lineare Algebra und Optimierung;
- *Integration gebrochenrationaler Funktionen*, *Differenzialgleichungen 2. Ordnung* und *Differenzengleichungen* im Kapitel Funktionen mit einer reellen Variablen;
- BENFORD-*Verteilung, Boxplot, Chi-Quadrat-Unabhängigkeitstest* und *ein weiteres Zusammenhangsmaß* im Kapitel Statistik sowie
- *Simulationsmethoden* im Kapitel Operations Research.

Die vorliegende 6. Auflage wurde komplett durchgesehen und neu in LaTeX gesetzt, wofür wir uns ganz herzlich bei Dr. Steffen Naake bedanken möchten.
Über die Homepage des Verlages www.hanser-fachbuch.de gelangt der Leser zu weiteren Aufgaben mit Lösungen.
Für Anregungen, Verbesserungen und Kritiken aus dem Leserkreis sind die Verfasser jederzeit dankbar. Wir wünschen uns, dass dieses Buch für das Studium und den Beruf ein zuverlässiger Ratgeber ist.

Wismar, Dezember 2012

Wolfgang Eichholz
Eberhard Vilkner

Inhaltsverzeichnis

Benutzerhinweise **12**

Bezeichnungen **13**

1 Grundlagen **15**

1.1 Mengen 15

1.2 Aussagenlogik 17

1.3 Zahlenmengen 18

1.4 Zahlensysteme 19

1.5 Reelle Zahlen **R** 20

1.5.1 Axiome und Rechenregeln in **R** 20

1.5.2 Summen- und Produktzeichen 26

1.5.3 Fakultät, Binomialkoeffizient 27

1.6 Kombinatorik 29

1.7 Potenzen, Wurzeln, Logarithmen 32

1.8 Gleichungen, Ungleichungen mit einer Variablen 34

1.8.1 Gleichungen 34

1.8.2 Ungleichungen 40

1.9 Lineare geometrische Zusammenhänge 41

1.9.1 Geraden 41

1.9.2 Halbebenen 42

1.9.3 Dreiecke 42

1.10 Komplexe Zahlen **C** 43

2 Lineare Algebra und Optimierung **53**

2.1 Determinanten 53

2.1.1 Begriff, Berechnung für $n \leqq 3$ 53

2.1.2 Entwicklungssatz von LAPLACE 55

2.1.3 Eigenschaften von Determinanten 55

2.2 Matrizen 59

2.2.1 Begriffe 59

2.2.2 Rechnen mit Matrizen 60

2.2.3 Besondere Matrizen 65

2.2.4 Eigenwerte, Eigenvektoren 67

2.3 Lineare Gleichungssysteme 69

2.3.1 Lineare Abhängigkeit 69

2.3.2 Rang 70

2.3.3 Lösbarkeitsbedingung linearer Gleichungssysteme 71

2.3.4 GAUSS-Algorithmus 72
2.3.5 Basistransformation 78
2.4 Matrizengleichungen 84
2.4.1 Lösen von Matrizengleichungen 84
2.4.2 Anwendungen in der Wirtschaft 86
2.5 Lineare Ungleichungssysteme 87
2.5.1 Begriffe 87
2.5.2 Lösen linearer Ungleichungssysteme 89
2.6 Lineare Optimierung 93
2.6.1 Begriffe 93
2.6.2 Lösen linearer Optimierungsprobleme 94
2.6.3 Simplexmethode 101
2.6.4 Dualität in der linearen Optimierung 108

3 Funktionen, Folgen, Reihen 111
3.1 Begriffe 111
3.2 Eigenschaften 113
3.3 Umkehrfunktionen 114
3.4 Verknüpfungen und Verkettungen 115
3.5 Grundfunktionen einer reellen Variablen 117
3.6 Zahlenfolgen 120
3.7 Zahlenreihen 122

4 Grundlagen der Finanzmathematik 126
4.1 Einfache Verzinsung 126
4.2 Zinseszinsen 130
4.3 Rentenrechnung 134
4.4 Tilgungsrechnung 138
4.5 Investitionsrechnung 140
4.6 Abschreibungsrechnung 143
4.6.1 Lineare Abschreibung 143
4.6.2 Degressive Abschreibung 145
4.6.3 Progressive Abschreibung 147
4.7 Kursrechnung 148
4.7.1 Kurs einer Annuitätenschuld 149
4.7.2 Kurs einer Ratenschuld 150
4.7.3 Kurs einer gesamtfälligen Schuld 150

5 Funktionen mit einer reellen Variablen 153
5.1 Grenzwert von Funktionen 153
5.2 Stetigkeit 156
5.3 Ableitung einer Funktion 158

5.4 Anwendung der Ableitung 161
5.4.1 Differenzial und Fehlerrechnung 161
5.4.2 Grenzfunktion 163
5.4.3 Wachstumsrate und Elastizität 164
5.4.4 NEWTON-Verfahren (Tangentenverfahren) 166
5.4.5 TAYLORscher Satz 167
5.4.6 Regel von BERNOULLI-L'HOSPITAL 168
5.5 Untersuchung von Funktionen 170
5.5.1 Stetigkeit und Mittelwertsatz 170
5.5.2 Monotonie und Extremwerte 170
5.5.3 Krümmung und Wendepunkte 173
5.5.4 Kurvendiskussion 173
5.5.5 Anwendung in der Wirtschaft 174
5.6 Integralrechnung 176
5.6.1 Unbestimmtes Integral 176
5.6.2 Bestimmtes Integral 180
5.6.3 Uneigentliche Integrale 182
5.6.4 Integration stückweise stetiger Funktionen 183
5.6.5 Numerische Integration 184
5.6.6 Anwendungen der Integralrechnung 186
5.7 Differenzialgleichungen 188
5.7.1 Einführung 188
5.7.2 Separable Differenzialgleichungen 188
5.7.3 Lineare Differenzialgleichungen 1. Ordnung 190
5.7.4 Lineare Differenzialgleichungen 2. Ordnung mit konstanten Koeffizienten 192
5.8 Differenzengleichungen 195
5.8.1 Einführung 195
5.8.2 Lineare Differenzengleichungen mit konstanten Koeffizienten 196

6 Funktionen mit mehreren Variablen 202
6.1 Begriff und Eigenschaften 202
6.2 Partielle Ableitungen, Gradient, HESSE-Matrix 203
6.3 Vollständiges Differenzial, Fehlerrechnung und Elastizität 205
6.4 Extremwertbestimmung 206
6.5 Extremwertbestimmung mit Nebenbedingungen 209
6.6 Methode der kleinsten Quadrate (MkQ) 210

7 Numerische Verfahren 215
7.1 Fehlerarten 215
7.2 Zahlendarstellungen 216

7.3 Fehleranalyse . . . 217
7.4 Grundbegriffe der Funktionalanalysis . . . 219
7.5 Iterationsverfahren . . . 221
7.5.1 Fixpunktiteration bei nichtlinearen Gleichungen . . . 222
7.5.2 Iterative Lösung linearer Gleichungssysteme . . . 223
7.5.3 Iterative Lösung nichtlinearer Gleichungssysteme . . . 225
7.6 Direkte Lösungsverfahren der linearen Algebra . . . 227
7.7 Lösungsverfahren für Bandmatrizen . . . 227
7.8 Pseudolösungen . . . 228
7.9 Interpolation . . . 229
7.9.1 Klassische Interpolation . . . 230
7.9.2 Spline-Interpolation . . . 232
7.9.3 BÉZIER-Kurven . . . 235
7.10 Numerische Differenziation . . . 237

8 Statistik . . . 239
8.1 Wahrscheinlichkeitsrechnung . . . 239
8.1.1 Grundbegriffe . . . 239
8.1.2 Diskrete Verteilungen . . . 249
8.1.3 Stetige Verteilungen . . . 261
8.2 Beschreibende (deskriptive) Statistik . . . 272
8.2.1 Univariate Datenanalyse . . . 272
8.2.2 Bi- und multivariate Datenanalyse . . . 289
8.2.3 Maß- und Indexzahlen . . . 302
8.2.4 Bestands- und Bewegungsmasse . . . 306
8.2.5 Zeitreihenanalyse . . . 309
8.3 Schließende (induktive) Statistik . . . 320
8.3.1 Grundgesamtheit und Stichprobe . . . 320
8.3.2 Statistische Schätzverfahren . . . 323
8.3.3 Statistische Tests . . . 327

9 Operations Research . . . 334
9.1 Spezielle Probleme der linearen Optimierung . . . 334
9.1.1 Transportproblem . . . 334
9.1.2 Zuordnungsproblem . . . 338
9.2 Rundreiseproblem (Traveling-Salesman-Problem) . . . 342
9.3 Reihenfolgemodelle . . . 344
9.3.1 Algorithmus von JOHNSON-BELLMAN . . . 345
9.3.2 Zeilenbewertungsverfahren ($n \geqq 3$) . . . 347
9.4 Netzplanmodelle . . . 348
9.4.1 Einführung . . . 348
9.4.2 Zeitplanung nach Critical Path Method (CPM) . . . 350

9.5 Standortproblem 354
9.6 Lagerhaltung 356
9.6.1 Einführung 356
9.6.2 Deterministische Modelle 357
9.6.3 Stochastische Modelle 361
9.7 Standardmodell für offene Wartesysteme 363
9.8 Simulationsmodelle 365
9.8.1 Ziele und Verfahren der Simulation 365
9.8.2 Erzeugung von Zufallszahlen 367
9.8.3 Deterministische Simulation 371
9.8.4 Stochastische Simulation 373

Tafeln 376
T1 Verteilungsfunktion $\Phi(x)$ der standardisierten Normalverteilung 376
T2 Quantile $t_{M;q}$ der t-Verteilung mit M Freiheitsgraden 377
T3 Quantile $\chi^2_{M;q}$ der χ^2-Verteilung mit M Freiheitsgraden 378
T4 Zinsberechnungsmethoden (Überblick) 379
T5 Tabelle ausgewählter Integrale 380

Literaturverzeichnis 383

Sachwortverzeichnis 386

Benutzerhinweise

(1) Die neun Kapitel und die Tafeln sind mithilfe des Daumenregisters (auf jeder ungeraden Seite) schnell zu finden. Die Inhalte der Buchstaben stehen auf der zweiten Umschlagseite.
(2) Die Überschriften in drei Ebenen der einzelnen Kapitel und Abschnitte sind im Inhaltsverzeichnis enthalten. **Überschriften** vierter Ebene in den Abschnitten sind entsprechend hervorgehoben.
(3) Verweise beziehen sich auf die entsprechenden Abschnitte.
(4) Ein umfangreiches Sachwortverzeichnis am Ende des Buches erleichtert das Auffinden gesuchter Begriffe.
(5) Begriffserklärungen und Definitionen sind grau unterlegt.
(6) Sätze und Formeln wurden grau unterlegt mit schwarzem Rahmen.
(7) Abbildungen und Beispiele werden innerhalb der Kapitel fortlaufend nummeriert. Die Beispiele sind in der Schrift Arial gesetzt.
(8) *Bemerkungen sind kursiv geschrieben.*
(9) Auf den inneren Umschlagseiten sind Ableitungen und Grundintegrale sowie diskrete und stetige Verteilungen zusammengefasst.

Abkürzungen

bez.	bezüglich	min	Minimum
bzw.	beziehungsweise	p. a.	pro anno (je Jahr)
d. h.	das heißt	u. a.	und andere(s)
evtl.	eventuell	u. Ä.	und Ähnliche(s)
GE	Geldeinheiten	vgl.	vergleiche
i. Allg.	im Allgemeinen	WK	Wahrscheinlichkeit
max	Maximum	z. B.	zum Beispiel

Griechisches Alphabet

A	α	Alpha	I	ι	Jota	P	ϱ	Rho
B	β	Beta	K	$\varkappa$	Kappa	Σ	σ	Sigma
Γ	γ	Gamma	Λ	λ	Lambda	T	τ	Tau
Δ	δ	Delta	M	μ	My	Y	υ	Ypsilon
E	ε	Epsilon	N	ν	Ny	Φ	φ	Phi
Z	ζ	Zeta	Ξ	ξ	Xi	X	χ	Chi
H	η	Eta	O	o	Omikron	Ψ	ψ	Psi
Θ	ϑ	Theta	Π	π	Pi	Ω	ω	Omega

Bezeichnungen

Ausgewählte mathematische Zeichen

$:=$	ergibt sich aus bzw. definiert als
$=, \neq$	ist gleich (ist ungleich)
$\approx, \hat{=}$	ist ungefähr gleich (entspricht)
$\equiv$	äquivalent, identisch
$<, >$	kleiner (größer)
$\leqq, \geqq$	kleiner (größer) gleich
$\ldots$	und so weiter (bis)
$m \mid n$	m teilt n, es gibt eine ganze Zahl k mit $m \cdot k = n$
$a \equiv b \bmod m$	a kongruent b modulo m, $m \mid (a-b)$
$\forall, \exists$	für alle (es existiert ein)
$\wedge, \vee$	und, auch: hoch bei Potenzen (oder)
$\rightarrow, \leftrightarrow$	wenn ..., dann (genau dann, wenn ...); Implikation (Äquivalenz)
Σ, Π	Summenzeichen (Produktzeichen)
$n!$	n Fakultät
$\binom{n}{k}$	n über k, Binomialkoeffizient von n und k
$\lvert x \rvert$	Betrag von x

Zahlenmengen

$\mathbf{N}, \mathbf{N}^*$	Menge der nichtnegativen (positiven) ganzen Zahlen
$\mathbf{Z}$	Menge der ganzen Zahlen
$\mathbf{Q}$	Menge der rationalen Zahlen
$\mathbf{R}, \mathbf{R}_{>0}$	Menge der reellen (positiven reellen) Zahlen
$\mathbf{C}$	Menge der komplexen Zahlen
$\in, \notin$	ist (nicht) Element aus (der Menge)
$\{a_1, a_2, \ldots, a_n\}$	Menge mit den Elementen $a_1, a_2, \ldots, a_n$
$\emptyset$	leere Menge
$\subseteq$	Teilmenge von
$\cup, \cap$	vereinigt (geschnitten) mit
$A \backslash B$	Differenzmenge von A und B
$\overline{A}$	Komplementärmenge von A
$A \times B$	Kreuzmenge von A und B, A kreuz B
$(a,b), [a,b]$	offenes (abgeschlossenes) Intervall von a bis b
$[a,b), (a,b]$	linksseitig abgeschlossenes (offenes), rechtsseitig offenes (abgeschlossenes) Intervall von a bis b

Komplexe Zahlen

i	imaginäre Einheit, $\mathrm{i}^2 = -1$
$\mathrm{Re}\, z$, $\mathrm{Im}\, z$	Realteil (Imaginärteil) der komplexen Zahl z
$\bar{z}$	konjugiert komplexe Zahl zu z
$\lvert z \rvert$	Betrag von z

Vektoren und Matrizen

$a, b, x, \ldots$	Skalare
$\boldsymbol{a}, \boldsymbol{b}, \boldsymbol{x}, \ldots$	Vektoren
$\boldsymbol{A}, \boldsymbol{B}, \boldsymbol{X}, \ldots$	Matrizen
$\boldsymbol{o}, \boldsymbol{0}$	Nullvektor (Nullmatrix)
$\boldsymbol{E}$	Einheitsmatrix
$\boldsymbol{A}^{\mathrm{T}}, \boldsymbol{A}^{-1}$	transponierte (inverse) Matrix von $\boldsymbol{A}$
$\det(\boldsymbol{A})$	Determinante von $\boldsymbol{A}$
$\mathrm{r}(\boldsymbol{A})$, $\mathrm{sp}(\boldsymbol{A})$	Rang (Spur) von $\boldsymbol{A}$
$\lVert \boldsymbol{A} \rVert$	Norm von $\boldsymbol{A}$

Folgen und Funktionen

$a = \lim\limits_{n \to \infty} a_n$	a ist Grenzwert (Limes) der Folge (a_n)
$\mathrm{D}_f, \mathrm{W}_f$	Definitionsbereich (Wertebereich) der Funktion f
$f', \dfrac{\mathrm{d}f}{\mathrm{d}x}$	Ableitung von f, f Strich, $\mathrm{d}f$ nach $\mathrm{d}x$
$f^{(n)}, \dfrac{\mathrm{d}^n f}{\mathrm{d}x^n}$	Ableitung n-ter Ordnung von f, n-te Ableitung von f
$z_x, \dfrac{\partial z}{\partial x}$	partielle Ableitung von z nach x
$z_{xx}, \dfrac{\partial^2 z}{\partial x^2}$	partielle Ableitung zweiter Ordnung von z zweimal nach x
$z_{xy}, \dfrac{\partial^2 z}{\partial x \partial y}$	partielle Ableitung zweiter Ordnung von z nach x und nach y
$\displaystyle\int_a^b f(x)\, \mathrm{d}x$	Integral über $f(x)\, \mathrm{d}x$ von a bis b
$[F]_a^b$	F zwischen den Grenzen a und b

Statistik

$E(X)$, $\mathrm{Var}\,(X)$	Erwartungswert (Varianz) einer Zufallsgröße X
σ	Standardabweichung
$P(X = i)$	Wahrscheinlichkeit dafür, dass X den Wert i annimmt
$N(\mu, \sigma^2)$	Normalverteilung mit den Parametern μ und σ^2

1 Grundlagen

1.1 Mengen

Der Mengenbegriff

Eine **Menge** ist nach CANTOR die Gesamtheit bestimmter, wohlunterscheidbarer Objekte unserer Anschauung oder unseres Denkens, wobei von jedem dieser Objekte eindeutig feststeht, ob es dazu gehört oder nicht. Die Objekte heißen **Elemente**.

Zwei Mengen A und B über einem gegebenen Grundbereich sind **gleich**, wenn jedes Element der Menge A auch Element der Menge B ist und umgekehrt, $A = B$.
Eine Menge A heißt **Teilmenge** oder **Untermenge** einer Menge B, wenn jedes Element von A auch Element von B ist, $A \subseteq B$.
Eine Menge M heißt **leer**, wenn sie kein Element enthält, $M = \emptyset$.

Mengenoperationen

Die Mengenoperationen werden durch die VENNschen Diagramme grafisch unterstützt, siehe Bild 1.1.

Die **Vereinigung** $A \cup B$ zweier Mengen A und B ist die Menge aller Elemente, die mindestens einer der beiden Mengen A oder B angehören.

Der **Durchschnitt** $A \cap B$ zweier Mengen A und B ist die Menge aller Elemente, die sowohl A als auch B angehören.

$A \setminus B$: A B

$\overline{A}$: S A

Bild 1.1

Bemerkung
*Zwei Mengen A und B mit $A \cap B = \emptyset$ werden als **disjunkte Mengen** bezeichnet.*

Die **Differenz** $A \setminus B$ zweier Mengen A und B ist die Menge aller Elemente von A, die nicht zu B gehören.

Gegeben sei eine Grundmenge S und eine Teilmenge A von S, $A \subseteq S$. Die Differenz $\overline{A} = S \setminus A$ heißt **Komplementärmenge** von A bezüglich S.

Geordnete Paare, Produktmengen, Abbildungen

Ein **geordnetes Paar** (a, b) ist die Gesamtheit von zwei Elementen a und b, wobei die Reihenfolge zu berücksichtigen ist.
Zwei geordnete Paare (a, b) und (c, d) heißen genau dann **gleich**, wenn gleichzeitig $a = c$ und $b = d$ gelten.
Analog werden **geordnete Tripel** (a, b, c) bzw. geordnete ***n*-Tupel** $(a_1, a_2, \ldots, a_n)$ definiert.

Bemerkung
Es gilt für $a \neq b$: $(a,b) \neq (b,a)$.

M_1 und M_2 seien Mengen. Die Menge aller geordneten Paare (x_1, x_2) mit $x_1 \in M_1$ und $x_2 \in M_2$ heißt **Produktmenge** (auch: **Kreuzmenge**, **Kreuzprodukt**, **kartesisches Produkt**) $M_1 \times M_2$ von M_1 und M_2.

Eine Teilmenge der Produktmenge $M_1 \times M_2$ zweier gegebener Mengen M_1 und M_2 wird als **Abbildung** A aus M_1 in M_2 bezeichnet.

Ist A eine Abbildung **aus** M_1 **in** M_2, so wird die Menge aller $x_1 \in M_1$, für die ein x_2 derart existiert, dass $(x_1, x_2) \in A$ ist, der **Definitionsbereich** D_A von A genannt.
Die Menge aller $x_2 \in M_2$, für die ein $x_1 \in M_1$ derart existiert, dass $(x_1, x_2) \in A$ ist, wird **Wertebereich** W_A von A genannt.

Bemerkung
*Stimmt der Definitionsbereich D_A einer Abbildung A mit der Menge M_1 überein, $\mathrm{D}_A = M_1$, so wird die Abbildung als A **von** M_1 bezeichnet.*
*Stimmt andererseits der Wertebereich W_A einer Abbildung A mit der Menge M_2 überein, $\mathrm{W}_A = M_2$, so wird die Abbildung als A **auf** M_2 bezeichnet.*

Für eine Abbildung A aus M_1 in M_2 wird die Menge (x_2, x_1) mit $x_2 \in M_2$, $x_1 \in M_1$ und $(x_1, x_2) \in A$ als **Umkehrabbildung** oder **inverse Abbildung** A^{-1} von A bezeichnet.

Eine Abbildung A aus M_1 in M_2 heißt **eindeutig** (surjektiv), wenn jedem Element $x \in \mathrm{D}_A$ höchstens ein Element $y \in \mathrm{W}_A$ zugeordnet wird.
Eine Abbildung A heißt **eineindeutig** oder **umkehrbar eindeutig** (bijektiv), wenn sowohl A als auch A^{-1} eindeutig sind.
Eine eindeutige Abbildung A wird **Funktion** genannt.

1.2 Aussagenlogik

Eine **Aussage** p ist die Beschreibung eines Sachverhaltes. Der Aussage können die Wahrheitswerte wahr (W) oder falsch (F) zugeordnet werden.

Durch Verknüpfungen von Aussagen ergeben sich neue Aussagenverbindungen:

Aussagenverbindung	Name	Kurzzeichen
nicht p	Negation	$\overline{p}$
p und q	Konjunktion	$p \wedge q$
p oder q	Disjunktion	$p \vee q$
wenn p, dann q	Implikation	$p \rightarrow q$
p genau dann, wenn q	Äquivalenz	$p \leftrightarrow q$

Die Negation wird als einstellige, die weiteren als zweistellige Aussagenverbindungen bezeichnet.
Die Wahrheitswerte der Aussagenverbindungen sind in der folgenden Zusammenstellung enthalten:

p	$\overline{p}$
W	F
F	W

p	q	$p \wedge q$	$p \vee q$	$p \rightarrow q$	$p \leftrightarrow q$
W	W	W	W	W	W
W	F	F	W	F	F
F	W	F	W	W	F
F	F	F	F	W	W

Aussagenlogische **Gesetze**, **Identitäten** bzw. **Tautologien** sind Aussagenverbindungen, die bei beliebiger Belegung der Wahrheitswerte für die beteiligten Aussagen den Wahrheitswert W annehmen.

Aussagenlogische Gesetze

$p \vee \overline{p}$

$(p \wedge q) \leftrightarrow (q \wedge p)$ $\quad (p \wedge q) \wedge r \leftrightarrow p \wedge (q \wedge r) \leftrightarrow p \wedge q \wedge r$

$(p \vee q) \leftrightarrow (q \vee p)$ $\quad (p \vee q) \vee r \leftrightarrow p \vee (q \vee r) \leftrightarrow p \vee q \vee r$

$(p \leftrightarrow q) \leftrightarrow (q \leftrightarrow p)$ $\quad [(p \leftrightarrow q) \leftrightarrow r] \leftrightarrow [p \leftrightarrow (q \leftrightarrow r)] \leftrightarrow (p \leftrightarrow q \leftrightarrow r)$

$(\overline{p \vee q}) \leftrightarrow \overline{p} \wedge \overline{q}$ $\quad p \wedge (q \vee r) \leftrightarrow (p \wedge q) \vee (p \wedge r)$

$(\overline{p \wedge q}) \leftrightarrow \overline{p} \vee \overline{q}$ $\quad p \vee (q \wedge r) \leftrightarrow (p \vee q) \wedge (p \vee r)$

$(p \rightarrow q) \leftrightarrow (\overline{p} \vee q)$ $\quad (p \rightarrow q) \leftrightarrow (\overline{q} \rightarrow \overline{p})$

$\overline{\overline{p}} \leftrightarrow p$ $\quad \overline{p \wedge \overline{p}}$

1.3 Zahlenmengen

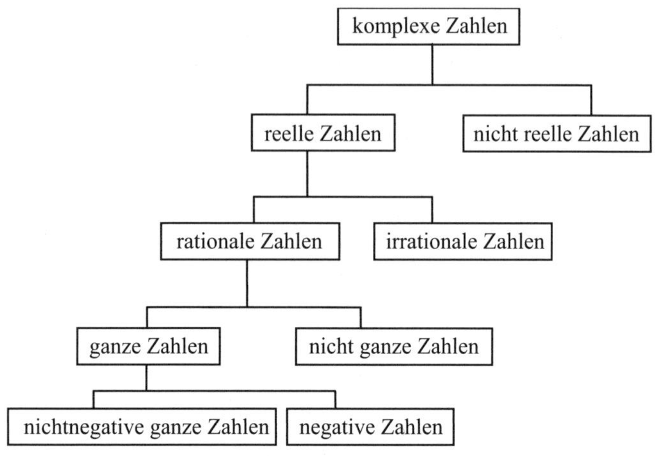

Die Umkehrung von Rechenoperationen führt zur Erweiterung der Zahlenmengen. So ist zum Beispiel die Subtraktion als Umkehrung der Addition in der Menge der natürlichen Zahlen nicht immer ausführbar. Darum werden die negativen Zahlen eingeführt. Die Division als Umkehrung der Multiplikation führt zur Einführung der rationalen Zahlen. Schließlich führen die Umkehrungen des Potenzierens, das Logarithmieren und Radizieren in die Menge der irrationalen bzw. der komplexen Zahlen.
Im Allgemeinen führt die Grenzwertbildung zur Menge der reellen Zahlen. Die komplexen Zahlen bestehen aus einer reellen und aus einer imaginären Komponente.

Zahlenmengen

$\mathbf{N}$, $\mathbb{N}$	Menge der nichtnegativen ganzen (natürlichen) Zahlen
$\mathbf{N}^*$	Menge der positiven ganzen Zahlen (früher $\mathbf{N}^+$)
$\mathbf{Z}$, $\mathbb{Z}$	Menge der ganzen Zahlen
$\mathbf{Q}$, $\mathbb{Q}$	Menge der rationalen Zahlen
$\mathbf{R}$, $\mathbb{R}$	Menge der reellen Zahlen
$\mathbf{R}_{>0}$	Menge der positiven reellen Zahlen (früher $\mathbf{R}^+$)
$\mathbf{C}$, $\mathbb{C}$	Menge der komplexen Zahlen

1.4 Zahlensysteme

Positionssysteme

Eine **Ziffer** ist ein Zeichen aus einem Zeichenvorrat von B verschiedenen Zeichen, denen als Zahlenwerte die ganzen Zahlen $0, 1, \ldots, B-1$ zugeordnet werden, $B > 1$.

Für das übliche **Dezimalsystem** ist $B = 10$. Weitere gebräuchliche Positionssysteme sind das **Dualsystem** mit $B = 2$, das **Oktalsystem** mit $B = 8$ und das **Hexadezimalsystem** mit $B = 16$. Die folgende Übersicht zeigt den Zahlenaufbau verschiedener Positionssysteme:

dual	oktal	dezimal	hexadezimal
0	0	0	0
1	1	1	1
10	2	2	2
11	3	3	3
100	4	4	4
101	5	5	5
110	6	6	6
111	7	7	7
1000	10	8	8
1001	11	9	9
1010	12	10	A
1011	13	11	B
1100	14	12	C
1101	15	13	D
1110	16	14	E
1111	17	15	F
10000	20	16	10
10001	21	17	11
10010	22	18	12
10011	23	19	13
10100	24	20	14
10101	25	21	15
10110	26	22	16
10111	27	23	17
11000	30	24	18

Zahlendarstellung einer ganzen Zahl z im Positionssystem mit $B = b$

$$z = \pm \sum_{k=0}^{n} a_k \cdot b^k = \pm (a_n \cdot b^n + a_{n-1} \cdot b^{n-1} + \ldots + a_1 \cdot b^1 + a_0 \cdot b^0)$$

Ziffer: $a_k \in \{0, 1, 2, \ldots, b\}, a_n \neq 0$

Schreibweise der Zahl z: $z = \pm a_n a_{n-1} \ldots a_1 a_0$

Umrechnung in andere Positionssysteme

Die Umrechnung von Zahlen eines Positionssystems in ein anderes Positionssystem wird als Konvertierung bzw. als Rekonvertierung bezeichnet und soll an einem Beispiel gezeigt werden, das den allgemeinen Algorithmus (EUKLIDischer Algorithmus) erkennen lässt.

Beispiel 1.1

Es soll $z = 75_{10}$ in das Dualsystem konvertiert werden.

Lösung

$z_0 = 75$ $\quad 75 : 2 = 37$ Rest 1, d. h. $a_0 = 1$
$z_1 = 37$ $\quad 37 : 2 = 18$ Rest 1, d. h. $a_1 = 1$
$z_2 = 18$ $\quad 18 : 2 = 9$ Rest 0, d. h. $a_2 = 0$
$z_3 = 9$ $\quad 9 : 2 = 4$ Rest 1, d. h. $a_3 = 1$
$z_4 = 4$ $\quad 4 : 2 = 2$ Rest 0, d. h. $a_4 = 0$
$z_5 = 2$ $\quad 2 : 2 = 1$ Rest 0, d. h. $a_5 = 0$
$z_6 = 1$ $\quad 1 : 2 = 0$ Rest 1, d. h. $a_6 = 1$

$z = 75_{10} = 1\,001\,011_2$

Die Probe zeigt die Rekonvertierung

$$\begin{aligned} z = 1\,001\,011_2 &= 1 \cdot 2^6 + 0 \cdot 2^5 + 0 \cdot 2^4 + 1 \cdot 2^3 + 0 \cdot 2^2 + 1 \cdot 2^1 + 1 \cdot 2^0 \\ &= 64 + 8 + 2 + 1 = 75_{10} \end{aligned}$$

1.5 Reelle Zahlen R

1.5.1 Axiome und Rechenregeln in R

Das Rechnen in der Menge der reellen Zahlen **R** basiert auf einigen Axiomen (unbeweisbare Annahmen) und daraus ableitbaren und beweisbaren Rechenregeln.

Es werden zwei Operationen (Addition und Multiplikation) erklärt, die den folgenden 11 Axiomen genügen:

Axiom 1: Für $a, b \in \mathbf{R}$ existiert genau ein $s \in \mathbf{R}$ mit $s = a + b$ (Addition).

Axiom 2: Für $a, b, c \in \mathbf{R}$ gilt: $(a + b) + c = a + (b + c) = a + b + c$ (Assoziativgesetz bez. der Addition).

Axiom 3: Es gibt genau ein Element $0 \in \mathbf{R}$, sodass für alle $a \in \mathbf{R}$ gilt: $a + 0 = a$
(Nullelement bez. der Addition).

G

Axiom 4: Zu jedem $a \in \mathbf{R}$ gibt es genau ein inverses Element $-a \in \mathbf{R}$, sodass gilt: $a + (-a) = (-a) + a = 0$
(inverses Element bez. der Addition).

Axiom 5: Für $a, b \in \mathbf{R}$ gilt: $a + b = b + a$
(Kommutativgesetz bez. der Addition).

Axiom 6: Für $a, b \in \mathbf{R}$ existiert genau ein $p \in \mathbf{R}$ mit $p = a \cdot b$
(Multiplikation).

Axiom 7: Für $a, b, c \in \mathbf{R}$ gilt: $(a \cdot b) \cdot c = a \cdot (b \cdot c) = a \cdot b \cdot c$
(Assoziativgesetz bez. der Multiplikation).

Axiom 8: Es gibt genau ein Element $1 \in \mathbf{R}$, sodass für alle $a \in \mathbf{R}$ gilt:
$a \cdot 1 = a$
(Einselement bez. der Multiplikation).

Axiom 9: Zu jedem $a \in \mathbf{R}$, $a \neq 0$ gibt es genau ein inverses Element
$\frac{1}{a} \in \mathbf{R}$, sodass gilt: $a \cdot \frac{1}{a} = \frac{1}{a} \cdot a = 1$
(inverses Element bez. der Multiplikation).

Axiom 10: Für $a, b \in \mathbf{R}$ gilt: $a \cdot b = b \cdot a$
(Kommutativgesetz bez. der Multiplikation).

Axiom 11: Für $a, b, c \in \mathbf{R}$ gilt: $a \cdot (b + c) = a \cdot b + a \cdot c$
(Distributivgesetz).

Subtraktion und **Division** sind Umkehroperationen zur Addition bzw. Multiplikation: $a - b := a + (-b)$, $\quad a : b = \frac{a}{b} := a \cdot \frac{1}{b}$

Die **Potenz** ist eine mehrfache Multiplikation:

$a^n = a \wedge n := a \cdot a \cdot \ldots \cdot a$, $\quad n$ Faktoren, $n \in \mathbf{N}^*$

Bezeichnungen

							Stufe
$+$	$a + b = c$	Summand	$+$	Summand	$=$	Summe	1
$-$	$a - b = c$	Minuend	$-$	Subtrahend	$=$	Differenz	1
$\cdot$	$a \cdot b = c$	Faktor	$\cdot$	Faktor	$=$	Produkt	2
$:$	$a : b = q$	Dividend	$:$	Divisor	$=$	Quotient	2
$\wedge$	$a^b = p$	Basis	hoch	Exponent	$=$	Potenz	3

Bemerkung

Die Operation höherer Stufe hat Vorrang, falls nicht durch Klammern etwas anderes angezeigt wird. Klammern werden von innen nach außen abgearbeitet.

Rechenregeln in R

$-(-a) = a$ $\qquad$ $-(a:b) = -\frac{a}{b} = \frac{-a}{b} = \frac{a}{-b}$

$-a = (-1)\cdot a$

$-ab = -a\cdot b = a\cdot(-b) = (-a)\cdot b$ $\qquad$ $a:b = \frac{a}{b} = \frac{-a}{-b}, b \neq 0$

$ab = (-a)\cdot(-b)$

$(a+b)(c+d) = ac+ad+bc+bd$ $\qquad$ $a(c+d) = ac+ad$

Binomische Formeln

$(a+b)^2 = a^2+2ab+b^2$ $\qquad$ $(a+b)\cdot(a-b) = a^2-b^2$

$(a-b)^2 = a^2-2ab+b^2$

Multiplikation und Division von Brüchen

$\frac{a}{b}\cdot\frac{c}{d} = \frac{ac}{bd}$ $\qquad$ $a\cdot\frac{b}{c} = \frac{ab}{c} = \frac{a}{c}\cdot b$ $\qquad$ $\frac{ac}{bc} = \frac{a}{b}$ $\qquad$ $\frac{a}{b} = \frac{da}{db}$

„**kürzen** durch c“ „**erweitern** mit d“

$\frac{\frac{a}{b}}{\frac{c}{d}} = \frac{a}{b}\cdot\frac{d}{c} = \frac{ad}{bc}$ $\qquad$ $\frac{\frac{a}{b}}{c} = \frac{a}{bc}$ $\qquad$ $\frac{a}{\frac{b}{c}} = \frac{ac}{b}$, $\quad b, c, d \neq 0$

Multiplikation und Division „mit 0“

$a\cdot 0 = 0\cdot a = 0$ $\qquad$ $a\cdot b = 0 \leftrightarrow a = 0 \vee b = 0$

$\frac{0}{a} = 0$ mit $a \neq 0$ $\qquad$ $\frac{a}{0}$ ist nicht definiert

$\frac{a}{b} = 0 \leftrightarrow a = 0 \wedge b \neq 0$

Bezeichnungen: $\wedge$ und
$\vee$ oder

G

Addition von Brüchen

Gleichnamige Brüche **Addition und Subtraktion**	**Ungleichnamige Brüche**
$\frac{a}{c} \pm \frac{b}{c} = \frac{a \pm b}{c}, \quad c \neq 0$	$\frac{a}{c} \pm \frac{b}{d} = \frac{ad \pm bc}{cd}, \quad c, d \neq 0$ $\frac{a}{kc} \pm \frac{b}{kd} = \frac{ad \pm bc}{kcd}$ $k, c, d \neq 0$; c, d teilerfremd (kcd ist der **Hauptnenner**)
Ausklammern $\frac{ka}{c} \pm \frac{kb}{c} = k\left(\frac{a \pm b}{c}\right)$ $c \neq 0$	 $\frac{ka}{c} \pm \frac{kb}{d} = k\left(\frac{a}{c} \pm \frac{b}{d}\right) = k\left(\frac{ad \pm bc}{cd}\right)$ $c, d \neq 0$

Größter gemeinsamer Teiler und kleinstes gemeinsames Vielfaches

Der **größte gemeinsame Teiler** (ggT) mehrerer Zahlen ist die größte Zahl, die gemeinsamer Teiler der beteiligten Zahlen ist.
Das **kleinste gemeinsame Vielfache** (kgV) mehrerer Zahlen ist die kleinste Zahl, die alle beteiligten Zahlen als Teiler enthält.

Zur Ermittlung von größtem gemeinsamen Teiler oder kleinstem gemeinsamen Vielfachen werden die Zahlen durch **Faktorisierung** in ihren Primzahlpotenzen bzw. Terme in nicht weiter zerlegbaren Faktoren dargestellt. Der größte gemeinsame Teiler kann dann ausgeklammert werden.
Das kleinste gemeinsame Vielfache bildet den **Hauptnenner**.

Polynome und rationale Terme

Polynom (ganzrationaler Term n-ten Grades):

$$a_n x^n + a_{n-1} x^{n-1} + \ldots + a_1 x + a_0$$

Rationaler Term ($n, m \in \mathbf{N}^*$):

$$\frac{a_n x^n + a_{n-1} x^{n-1} + \ldots + a_1 x + a_0}{b_m x^m + b_{m-1} x^{m-1} + \ldots + b_1 x + b_0} \qquad \begin{array}{ll} n < m: & \text{echt gebrochen} \\ n \geqq m: & \text{unecht gebrochen} \end{array}$$

Polynomdivision (Partialdivision) **für unecht gebrochenrationale Terme**

(0) Dividend und Divisor nach fallenden Potenzen einer allgemeinen Größe ($*$) ordnen.
(1) Division der potenzhöchsten Terme.
(2) Rückmultiplikation mit dem gesamten Divisor.

(3) Subtraktion des Ergebnisses (2) vom Dividenden.

(4) Abbruch, falls das Ergebnis der Subtraktion (3) eine kleinere Potenz bez. (∗) hat als die vom Divisor, sonst erneut mit (1) beginnen.

Beispiel 1.2

Hier ist a die allgemeine Größe (∗), nach deren fallenden Potenzen sortiert wurde.

$$\begin{array}{l}
(9a^3 - 6a^2b - 2ab^2 + b^3) : (3a + 2b) = 3a^2 - 4ab + 2b^2 + \dfrac{-3b^3}{3a + 2b} \\
\underline{-(9a^3 + 6a^2b \qquad\qquad\quad)} \\
\qquad -12a^2b - 2ab^2 + b^3 \\
\quad \underline{-(-12a^2b - 8ab^2 \qquad)} \\
\qquad\qquad\qquad 6ab^2 + b^3 \\
\qquad\qquad\quad \underline{-(6ab^2 + 4b^3)} \\
\qquad\qquad\qquad\quad -3b^3 \quad \text{(Rest)}
\end{array}$$

Partialbruchzerlegung für echt gebrochenrationale Terme

Echt gebrochenrationale Terme bzw. Funktionen können in Summanden zerlegt werden, zum Beispiel zum Integrieren von Funktionen, siehe Abschnitt 5.6.1. Es wird ein Ansatz mit genau so vielen unbekannten Koeffizienten gemacht, wie der Grad des Polynoms im Nenner ist. Dazu muss der Nenner zunächst in seine Primfaktoren zerlegt werden, um zu erkennen, ob es sich um einfache reelle oder mehrfache reelle oder einfache komplexe oder mehrfache komplexe Nullstellen des Polynoms im Nenner handelt. Zu komplexen Zahlen siehe Abschnitt 1.10.

- **Ansätze**
  1. Nennerpolynom $N(x)$ mit einfachen reellen Nullstellen:
  $$\begin{aligned}\frac{Z(x)}{N(x)} &= \frac{Z(x)}{(x-a_1)\cdot(x-a_2)\cdot\ldots\cdot(x-a_k)}\\ &= \frac{A_1}{(x-a_1)} + \frac{A_2}{(x-a_2)} + \ldots + \frac{A_k}{(x-a_k)}\end{aligned}$$
  2. Nennerpolynom $N(x)$ mit mehrfachen reellen Nullstellen:
  $$\frac{Z(x)}{N(x)} = \frac{Z(x)}{(x-b)^m} = \frac{B_1}{(x-b)} + \frac{B_2}{(x-b)^2} + \ldots + \frac{B_m}{(x-b)^m}$$
  Treten mehrfache reelle Nullstellen mehrmals auf, werden analog zu 1. entsprechend mehrmals die Summanden angesetzt.
  3. Nennerpolynom $N(x)$ mit einfachen komplexen Nullstellen:
  $$\frac{Z(x)}{N(x)} = \frac{Z(x)}{(x^2+px+q)} = \frac{Cx+D}{(x^2+px+q)}, \quad \frac{p^2}{4} < q$$

Treten einfache komplexe Nullstellen mehrmals auf, werden analog zu 1. die Summanden entsprechend mehrmals angesetzt.

4. Nennerpolynom $N(x)$ mit mehrfachen komplexen Nullstellen:

$$\frac{Z(x)}{N(x)} = \frac{Z(x)}{(x^2+px+q)^n}$$
$$= \frac{C_1x+D_1}{(x^2+px+q)} + \frac{C_2x+D_2}{(x^2+px+q)^2} + \ldots + \frac{C_nx+D_n}{(x^2+px+q)^n},$$
$$\frac{p^2}{4} < q$$

Treten mehrfache komplexe Nullstellen mehrmals auf, werden analog zu 1. die Summanden entsprechend mehrmals angesetzt.

- **Bestimmung der Koeffizienten**

  Zunächst wird der Ansatz mit dem Hauptnenner multipliziert.
  Die Ermittlung der unbekannten Koeffizienten kann im 1. Fall (einfache reelle Nennernullstellen) durch **Einsetzen der Nullstellen** erfolgen. In den anderen Fällen kann das Einsetzen bestimmter Werte ebenfalls zum Ziel führen, alle oder wenigstens einige der Koeffizienten zu ermitteln.

Im Allgemeinen erfolgt die Ermittlung der Koeffizienten mittels **Koeffizientenvergleich**. Dazu wird die rechte Seite vollständig ausmultipliziert, nach fallenden Potenzen in x sortiert und die x-Potenz jeweils ausgeklammert. Der Koeffizientenvergleich führt auf ein lineares Gleichungssystem (siehe Abschnitt 2.3), das die gesuchten Koeffizienten liefert.

Beispiel 1.3

$\frac{x+2}{x^3-2x^2+x} = \frac{x+2}{x(x-1)^2}$ soll mit der Partialbruchzerlegung zerlegt werden.

Die Nullstellen vom Nennerpolynom sind $x_1 = 0$ und $x_{2,3} = 1$.

Folgender Ansatz wird gewählt:

$$\frac{x+2}{x(x-1)^2} = \frac{A}{x} + \frac{B_1}{x-1} + \frac{B_2}{(x-1)^2}$$

Multiplikation mit dem Hauptnenner $x(x-1)^2$:

$$(x+2) = A \cdot (x-1)^2 + B_1 \cdot x(x-1) + B_2 \cdot x$$

1. **Einsetzen der Nullstellen** und eines dritten Wertes, hier z. B. $x^* = 2$:

   $x_1 = 0$: $\quad 2 = A \cdot (-1)^2$

   $x_{2,3} = 1$: $\quad 3 = B_2$

   $x^* = 2$: $\quad 4 = A + B_1 \cdot 2 + B_2 \cdot 2$

   Dieses Gleichungssystem hat die Lösung: $A = 2$, $B_1 = -2$ und $B_2 = 3$.

Oder:

2. **Koeffizientenvergleich**:
   Rechte Seite ausmultiplizieren, ordnen und ausklammern:

   $x+2 = A\cdot(x-1)^2 + B_1\cdot x(x-1) + B_2\cdot x$

   $x+2 = A\cdot x^2 - 2Ax + A + B_1\cdot x^2 - B_1x + B_2\cdot x$

   $0\cdot x^2 + 1\cdot x + 2 = (A+B_1)\cdot x^2 + (-2A - B_1 + B_2)\cdot x + A$

   Der Koeffizientenvergleich ergibt folgendes lineares Gleichungssystem:

   x^2: $0 = A + B_1$

   x^1: $1 = -2A - B_1 + B_2$

   x^0: $2 = A$

   Die Lösung dieses Gleichungssystems hat ebenfalls die Werte:

   $A = 2,\quad B_1 = -2 \quad \text{und} \quad B_2 = 3.$

Das Einsetzen der ermittelten Werte in den Ansatz liefert das Ergebnis:

$$\frac{x+2}{x(x-1)^2} = \frac{2}{x} - \frac{2}{x-1} + \frac{3}{(x-1)^2}$$

Betrag (Absolutbetrag) einer reellen Zahl

$$|a| := \begin{cases} a, & a \geqq 0 \\ -a, & a < 0 \end{cases}$$

$$|a| \geqq 0 \qquad |a| - |b| \leqq |a \pm b| \leqq |a| + |b|$$

$$|-a| = |a| \qquad ||a| - |b|| \leqq |a + b|$$

1.5.2 Summen- und Produktzeichen

Summen- und Produktzeichen sind abkürzende Operationszeichen für Summationen bzw. Produktbildungen.

$$\sum_{i=m}^{n} a_i := a_m + a_{m+1} + \ldots + a_n, \quad n > m, \quad n, m \in \mathbf{Z}$$

$$\sum_{i=1}^{n+1} a_i = \left(\sum_{i=1}^{n} a_i\right) + a_{n+1}, \qquad \sum_{i=1}^{1} a_i = a_1, \qquad \sum_{i=1}^{0} a_i := 0,$$

$$\prod_{i=m}^{n} a_i := a_m \cdot a_{m+1} \cdot \ldots \cdot a_n, \quad n > m, \quad n, m \in \mathbf{Z}$$

G

Doppelsumme

$$\sum_{i=1}^{n}\sum_{k=1}^{m} a_{ik} = \begin{aligned} & a_{11} + a_{12} + \ldots + a_{1m} \\ & + a_{21} + a_{22} + \ldots + a_{2m} \\ & \vdots \\ & + a_{n1} + a_{n2} + \ldots + a_{nm} \end{aligned}$$

Rechenregeln

$$\sum_{i=1}^{n}(a_i \pm b_i) = \sum_{i=1}^{n} a_i \pm \sum_{i=1}^{n} b_i \qquad \prod_{i=1}^{n}(a_i \cdot b_i) = \prod_{i=1}^{n} a_i \cdot \prod_{i=1}^{n} b_i$$

$$\sum_{i=1}^{n} c \cdot a_i = c \cdot \sum_{i=1}^{n} a_i \qquad \prod_{i=1}^{n} c \cdot a_i = c^n \cdot \prod_{i=1}^{n} a_i$$

$$\sum_{i=1}^{n} c = n \cdot c \qquad \prod_{i=1}^{n} c = c^n$$

$$\sum_{i=1}^{n}\sum_{k=1}^{m} a_{ik} = \sum_{k=1}^{m}\sum_{i=1}^{n} a_{ik} \qquad \prod_{i=m}^{n} a_i = \prod_{j=m-k}^{n-k} a_{j+k}$$

1.5.3 Fakultät, Binomialkoeffizient

Fakultät

Für das Produkt der ersten n positiven ganzen Zahlen wird abkürzend $n!$ geschrieben und n-Fakultät gesprochen.

$$n! := \prod_{i=1}^{n} i = 1 \cdot 2 \cdot \ldots \cdot n, \qquad n \in \mathbf{N}^*, \qquad 0! := 1$$

Stirlingsche Formel

$$n! \approx \sqrt{2\pi n} \cdot n^n \cdot \mathrm{e}^{-n} = \sqrt{2\pi n} \cdot \left(\frac{n}{\mathrm{e}}\right)^n \qquad (\text{für große } n \in \mathbf{N}^*)$$

Binomialkoeffizient

Die Binomialkoeffizienten entstehen bei der mehrfachen Multiplikation von Termen, bestehend aus zwei Summanden (Binome) und finden z. B. bei kombinatorischen Fragestellungen Anwendung.

Binomialkoeffizient (gesprochen: „n über k“)

$$\binom{n}{k} := \frac{n!}{(n-k)! \cdot k!}, \quad n \geqq k \geqq 0, \quad n, k \in \mathbf{N}; \quad \binom{n}{0} := 1$$

Beispiel 1.4

$$\binom{50}{3} = \frac{50!}{47! \cdot 3!} = \frac{50 \cdot 49 \cdot 48}{1 \cdot 2 \cdot 3} = 19\,600 \qquad \text{(47! wurde gekürzt.)}$$

Regeln für Binomialkoeffizienten

$$\binom{n}{0} = \binom{n}{n} = 1 \qquad \binom{n}{n-1} = \binom{n}{1} = n$$

$$\binom{n}{k} = \binom{n}{n-k} \qquad \binom{n}{k} + \binom{n}{k+1} = \binom{n+1}{k+1}$$

Bemerkung

Beim Ausrechnen ist Kürzen sinnvoll. Kürzen heißt, Zähler und Nenner eines Bruches durch die gleiche Zahl zu dividieren. Taschenrechner berechnen Binomialkoeffizienten in der Regel mit der Taste „nCr“.

Binomischer Satz

$$(a+b)^n = \sum_{k=0}^{n} \binom{n}{k} \cdot a^{n-k} \cdot b^k, \qquad a, b \in \mathbf{R}, \quad a, b \neq 0$$

Beispiel 1.5

$$(a \pm b)^3 = \binom{3}{0} a^3 \pm \binom{3}{1} a^2 b + \binom{3}{2} ab^2 \pm \binom{3}{3} b^3 = a^3 \pm 3a^2 b + 3ab^2 \pm b^3$$

PASCALsches Dreieck

$$
\begin{array}{lccccccccccccccc}
n=0 & & & & & & & & 1 & & & & & & & \\
n=1 & & & & & & & 1 & & 1 & & & & & & \\
n=2 & & & & & & 1 & & 2 & & 1 & & & & & \\
n=3 & & & & & 1 & & 3 & & 3 & & 1 & & & & \\
n=4 & & & & 1 & & 4 & & 6 & & 4 & & 1 & & & \\
n=5 & & & 1 & & 5 & & 10 & & 10 & & 5 & & 1 & & \\
n=6 & & 1 & & 6 & & 15 & & 20 & & 15 & & 6 & & 1 & \\
n=7 & 1 & & 7 & & 21 & & 35 & & 35 & & 21 & & 7 & & 1 \\
\vdots & & & & & & & & & & & & & & & \\
n=k & \binom{k}{0} & & \binom{k}{1} & & \binom{k}{2} & & & \cdots & & & & \binom{k}{k-1} & & \binom{k}{k} &
\end{array}
$$

Bemerkung

Mit dem PASCAL*schen Dreieck lassen sich Binomialkoeffizienten für kleine n leicht angeben. Die Zeilen beginnen und enden im* PASCAL*schen Dreieck jeweils mit einer Eins und die inneren Werte ergeben sich als Summe der jeweils schräg darüber stehenden Werte, z. B.* $21 = 15 + 6$.

1.6 Kombinatorik

Die Kombinatorik beschäftigt sich mit der Ermittlung möglicher Anzahlen bei Problemen der Anordnung von n Elementen (Permutationen) bzw. bei Auswahl von k aus n Elementen (Variationen und Kombinationen).

Für die Zuordnung sind folgende Fragestellungen wesentlich:

(1) Sind **alle** Elemente beteiligt oder wird ausgewählt?
(2) Stehen die Elemente **einmal** oder **mehrmals** zur Verfügung?
(3) Ist bei den ausgewählten Elementen die **Reihenfolge** zu beachten?

Jede Zusammenstellung einer endlichen Anzahl von n unterschiedlichen Elementen in irgendeiner Anordnung, in der **alle** Elemente verwendet werden, heißt **Permutation** der gegebenen n Elemente.
Sind unter den n Elementen jeweils $n_1, n_2, \ldots, n_k$ gleiche Elemente mit $n_1 + n_2 + \ldots + n_k = n$, liegen Permutationen **mit Wiederholung** vor.

Jede Zusammenstellung von k aus n Elementen, bei der es **auf die Reihenfolge** der ausgewählten Elemente ankommt, heißt **Variation k-ter Klasse aus n Elementen**.
Steht jedes Element nur einmal zur Verfügung, heißt sie **Variation ohne Wiederholung**; steht jedes Element beliebig oft zur Auswahl zur Verfügung, heißt sie **Variation mit Wiederholung**.

Jede Zusammenstellung von k aus n Elementen, bei der es **nicht auf die Reihenfolge** der ausgewählten Elemente ankommt, heißt **Kombination k-ter Klasse aus n Elementen**.
Steht jedes Element nur einmal zur Verfügung, heißt sie **Kombination ohne Wiederholung**; steht jedes Element beliebig oft zur Auswahl zur Verfügung, heißt sie **Kombination mit Wiederholung**.

Die Formeln für die möglichen Anzahlen von Permutationen, Variationen bzw. Kombinationen, jeweils mit oder ohne Wiederholung, sind in Tabelle 1.1 zusammengestellt.

Tabelle 1.1 Anzahlen von Permutationen, Variationen bzw. Kombinationen

	ohne Wiederholung (Elemente nur einmal vorhanden)	**mit** Wiederholung (Elemente mehrfach vorhanden)
Permutationen (Anordnungsmöglichkeiten von n Elementen)	$P_n = n!$	$P_{W_n}^{(n_1,\ldots,n_k)} = \frac{n!}{n_1!\cdot n_2!\cdot\ldots\cdot n_k!}$ mit $n_1+n_2+\ldots+n_k=n$
Variationen (Auswahl von k aus n Elementen **mit** Berücksichtigung der Anordnung)	$V_n^{(k)} = \frac{n!}{(n-k)!}$ mit $1 \leqq k \leqq n$	$V_{W_n}^{(k)} = n^k$
Kombinationen (Auswahl von k aus n Elementen **ohne** Berücksichtigung der Anordnung)	$K_n^{(k)} = \binom{n}{k}$ mit $1 \leqq k \leqq n$	$K_{W_n}^{(k)} = \binom{n+k-1}{k}$

Beispiel 1.6

Wie viele verschiedene Möglichkeiten der Anordnung von 6 unterschiedlichen Büchern in einem Regal gibt es?

Lösung

$P_6 = 6! = 720$

Beispiel 1.7

Wie viele verschiedene Möglichkeiten der Anordnung von 6 Büchern gibt es, wenn von einem Titel 1 Exemplar, vom zweiten Titel 2 und vom dritten Titel 3 Exemplare vorhanden sind?

Lösung

$$P_{W_6}^{(1,2,3)} = \frac{6!}{1! \cdot 2! \cdot 3!} = 60$$

Beispiel 1.8

Wie viele verschiedene Ergebnisvarianten bez. der Reihenfolge der ersten drei Läufer gibt es bei einem 100-m-Lauf mit 8 Teilnehmern?

Lösung

$$V_8^{(3)} = \frac{8!}{(8-3)!} = 336$$

Beispiel 1.9

Wie viele verschiedene Buchstabenvariationen mit k Buchstaben lassen sich aus 26 Buchstaben bilden?

Lösung

$$V_{W_{26}}^{(k)} = 26^k$$

Beispiel 1.10

Wie viele verschiedene Spiele (10 Karten aus 32 Karten) kann ein Skatspieler erhalten?

Lösung

$$K_{32}^{(10)} = \binom{32}{10} = \frac{32!}{10! \cdot 22!} = \frac{32 \cdot 31 \cdot \ldots \cdot 23}{1 \cdot \ 2 \cdot \ldots \cdot 10} = 64\,512\,240$$

Beispiel 1.11

Wie viele verschiedene Zahlenkombinationen ohne Berücksichtigung der Anordnung gibt es bei einem Wurf mit zwei Würfeln?

Lösung

$$K_{W_6}^{(2)} = \binom{6+2-1}{2} = 21$$

1.7 Potenzen, Wurzeln, Logarithmen

Potenzen

Potenzen mit ganzzahligen Exponenten n sind das n-fache Produkt einer Zahl b:

$a = b^n \qquad a, b \in \mathbf{R}; \quad a \geqq 0, \quad b \geqq 0; \quad n \in \mathbf{N}^*$

$a, b, m, n \in \mathbf{R}$

$(a \cdot b)^n = a^n \cdot b^n \qquad a^m \cdot a^n = a^{m+n}$

$\left(\frac{a}{b}\right)^n = \frac{a^n}{b^n}, \quad b \neq 0 \qquad \frac{a^m}{a^n} = a^{m-n}, \quad a \neq 0$

$(a^m)^n = (a^n)^m = a^{m \cdot n}$

$a^0 := 1 \qquad a^{-n} := \frac{1}{a^n}, \quad a \neq 0$

Bemerkung
$a^n \pm a^m$ und $a^n \pm b^n$ lassen sich für $m \neq n$ und $a \neq b$ nicht vereinfachen.

Wurzeln

Die Auflösung der Gleichung $b^n = a$ nach b heißt ***n*-te Wurzel aus *a*** (Umkehrung der Potenz): $b = \sqrt[n]{a} = a^{\frac{1}{n}}, \quad a, b, n \in \mathbf{R}, \quad a, b \geqq 0, n \neq 0.$

$a, b, m, n \in \mathbf{R}, \quad a, b \geqq 0, \quad n \neq 0:$

$\sqrt[n]{a} \cdot \sqrt[n]{b} = \sqrt[n]{a \cdot b}$

$\frac{\sqrt[n]{a}}{\sqrt[n]{b}} = \sqrt[n]{\frac{a}{b}}, \quad b > 0$

$\sqrt[n]{a^m} = (\sqrt[n]{a})^m = (a^m)^{\frac{1}{n}} = a^{\frac{m}{n}}$

$n, m \neq 0: \quad \sqrt[n]{\sqrt[m]{a}} = \sqrt[m]{\sqrt[n]{a}} = \sqrt[m \cdot n]{a}$

G

Rationalmachen des Nenners

Wurzeln im Nenner können durch Erweitern mit geeigneten Ausdrücken rational gemacht werden.

Beispiel 1.12

(1) $$\frac{a}{\sqrt{2}} = \frac{a \cdot \sqrt{2}}{\sqrt{2} \cdot \sqrt{2}} = \frac{a \cdot \sqrt{2}}{2} = \frac{a}{2} \cdot \sqrt{2}$$

(2) $$\frac{a}{b + \sqrt{2}} = \frac{a \cdot (b - \sqrt{2})}{(b + \sqrt{2}) \cdot (b - \sqrt{2})} = \frac{a \cdot (b - \sqrt{2})}{b^2 - 2}$$

(3) $$\frac{a}{\sqrt{3} + \sqrt{2}} = \frac{a \cdot (\sqrt{3} - \sqrt{2})}{(\sqrt{3} + \sqrt{2}) \cdot (\sqrt{3} - \sqrt{2})} = \frac{a \cdot (\sqrt{3} - \sqrt{2})}{3 - 2} = a \cdot (\sqrt{3} - \sqrt{2})$$

(4) $$\frac{a}{\sqrt[3]{2}} = \frac{a \cdot \sqrt[3]{2^2}}{\sqrt[3]{2} \cdot \sqrt[3]{2^2}} = \frac{a \cdot \sqrt[3]{2^2}}{2} = \frac{a}{2} \cdot \sqrt[3]{2^2}$$

(5) $$\frac{a}{\sqrt[3]{2^2}} = \frac{a \cdot \sqrt[3]{2}}{\sqrt[3]{2^2} \cdot \sqrt[3]{2}} = \frac{a}{2} \cdot \sqrt[3]{2}$$

(6) $$\frac{a}{\sqrt[3]{a^2}} = \frac{a \cdot \sqrt[3]{a}}{\sqrt[3]{a^2} \cdot \sqrt[3]{a}} = \frac{a \cdot \sqrt[3]{a}}{a} = \sqrt[3]{a} \quad \text{oder}$$

$$\frac{a}{\sqrt[3]{a^2}} = \frac{a^1}{a^{\frac{2}{3}}} = a^{1-\frac{2}{3}} = a^{\frac{1}{3}} = \sqrt[3]{a}$$

Logarithmen

Der **Logarithmus** (Exponent) x von dem Numerus (früher Logarithmand) a zur Basis b ist die reelle Zahl x, für die gilt:

$\log_b a = x \leftrightarrow a = b^x \qquad a, b \in \mathbf{R}_{>0}, b \neq 1; \; x \in \mathbf{R}$

$x, y \in \mathbf{R}_{>0}$:

$$\log(x \cdot y) = \log x + \log y$$

$$\log \frac{x}{y} = \log x - \log y$$

$$\log x^c = c \cdot \log x, \quad c \in \mathbf{R}$$

$$\log \sqrt[n]{x} = \frac{1}{n} \cdot \log x, \quad n \geqq 2$$

Die **Logarithmengesetze** gelten für beliebige Basen b mit $b > 0, b \neq 1$.

Gebräuchliche Logarithmensysteme

$b = 2$: $\log_2 a = \operatorname{lb} a$ **binärer Logarithmus** (früher $\operatorname{ld} a$)

$b = \mathrm{e}$: $\log_{\mathrm{e}} a = \ln a$ **natürlicher Logarithmus**

$\mathrm{e} = 2{,}718\,281\,828\,459\ldots$ EULERsche Zahl

$b = 10$: $\log_{10} a = \lg a$ **dekadischer Logarithmus**

Umrechnen in andere Logarithmensysteme

$$\log_a x = \log_a b \cdot \log_b x \qquad 1 = \log_a b \cdot \log_b a$$

$$\lg x = \lg \mathrm{e} \cdot \ln x = \frac{1}{\ln 10} \cdot \ln x \qquad \ln x = \ln 10 \cdot \lg x = \frac{1}{\lg \mathrm{e}} \cdot \lg x$$

mit dem **Modul**: $M = \lg \mathrm{e} = \dfrac{1}{\ln 10} \approx 0{,}434$;

$$\frac{1}{M} = \frac{1}{\lg \mathrm{e}} = \ln 10 \approx 2{,}303$$

Bemerkung

Aus $\log_a x = \log_a b \cdot \log_b x$ folgen für $a = 10$ bzw. $a = \mathrm{e}$ praktikable Möglichkeiten, Logarithmen mit anderen Basen zu berechnen:

$$\log_b x = \frac{\lg x}{\lg b} = \frac{\ln x}{\ln b}$$

Beispiel 1.13

$\log_2 16 = \dfrac{\lg 16}{\lg 2} = \dfrac{\ln 16}{\ln 2} = \dfrac{\ln 2^4}{\ln 2} = \dfrac{4 \cdot \ln 2}{\ln 2} = 4,$ oder auch

$\log_2 16 = \log_2 2^4 = 4 \cdot \log_2 2 = 4$

1.8 Gleichungen, Ungleichungen mit einer Variablen

1.8.1 Gleichungen

Als **Term** T wird ein mathematischer Ausdruck bezeichnet, der eine Zahl darstellt oder nach Ersetzen vorkommender Variablen und Parameter durch Zahlen in eine Zahl übergeht.

Eine **Gleichung** G ist die Verbindung zweier Terme T_1 und T_2 mit einem Gleichheitszeichen, G: $\mathrm{T}_1 = \mathrm{T}_2$.

Die **Definitionsmenge** (Definitionsbereich) D_T **eines Terms** T enthält nur die Elemente der Grundmenge, bei deren Einsetzen in den Term T der Term in eine sinnvolle, definierte Aussage übergeht.
Die **Definitionsmenge** (Definitionsbereich) D_G **einer Gleichung** G ist der Durchschnitt der Definitionsmengen aller auftretenden Terme.

Ohne Angabe einer Definitionsmenge ist sie im Allgemeinen $\mathbf{R}$.

Die **Lösungsmenge** L_G einer Gleichung G ist die Menge aller Elemente, die bei Einsetzen der Variablen in die Gleichung diese in eine wahre Aussage überführt.

Hat die Lösungsmenge L_G genau ein Element, ist die Gleichung G **eindeutig lösbar**.

Enthält L_G mindestens ein Element, heißt die Gleichung G **lösbar**, und hat L_G kein Element, so heißt G **unlösbar**.

Führt jedes Einsetzen zu einer wahren Aussage, heißt die Gleichung **allgemeingültig** bzw. sie ist **identisch erfüllt**.

Beispiel 1.14

(1) $x - 1 = 0 \qquad x = 1$ – eindeutig lösbar

(2) $x^2 - 1 = 0 \qquad x_1 = 1, \quad x_2 = -1$ – lösbar

(3) $x^2 + 1 = 0$ – unlösbar in $\mathbf{R}$

(4) $x^2 - 1 = (x+1) \cdot (x-1)$ – allgemeingültig

Lösen von Gleichungen

Äquivalente Umformungen

Bei äquivalenten Umformungen einer Gleichung bleibt die Lösungsmenge erhalten. Äquivalente Umformungen sind:

(1) $T_1 = T_2 \leftrightarrow T_1 \pm T_3 = T_2 \pm T_3$

(2) $T_1 = T_2 \leftrightarrow T_1 \cdot T_3 = T_2 \cdot T_3, \quad T_3 \neq 0$

(3) $T_1 = T_2 \leftrightarrow \dfrac{T_1}{T_3} = \dfrac{T_2}{T_3}, \quad T_3 \neq 0$

(4) $T_1 = T_2 \leftrightarrow a^{T_1} = a^{T_2}, \quad a \in \mathbf{R} \setminus \{1\}, \quad a > 0$

(5) $T_1 = T_2 \leftrightarrow \log_a T_1 = \log_a T_2, \quad T_1, T_2 > 0, \quad a \in \mathbf{R} \setminus \{1\}, \quad a > 0$

(6) $T_1 = T_2 \leftrightarrow T_1^n = T_2^n, \quad n \in \mathbf{N}, n$ ungerade

(7) $T_1 = T_2 \leftrightarrow \sqrt[n]{T_1} = \sqrt[n]{T_2}, \quad n \in \mathbf{N}, n$ ungerade

Bei nichtäquivalenten Umformungen (Quadrieren, Multiplizieren und Dividieren mit Termen, die die Variable enthalten) entstehen möglicherweise zusätzliche Lösungen. Eine Probe der Lösungen ist erforderlich.

Lineare Gleichungen

(1) $ax + b = 0$

1. Variable isolieren: $ax = -b$
2. Division durch a, falls $a \neq 0$: $x = -\dfrac{b}{a}$

Für $a = 0$: $\begin{cases} b \neq 0: & \text{Widerspruch} \\ b = 0: & x \text{ beliebig} \end{cases}$

(2) $ax + b = cx + d$

1. Variable isolieren: $ax - cx = d - b$
2. Ausklammern: $(a - c)x = d - b$
3. Division durch $(a - c)$, falls $(a - c) \neq 0$: $x = \dfrac{d - b}{a - c}$

Für $(a - c) = 0$: $\begin{cases} (d - b) \neq 0: & \text{Widerspruch} \\ (d - b) = 0: & x \text{ beliebig} \end{cases}$

Quadratische Gleichungen

Allgemeine Form: $ax^2 + bx + c = 0, \quad a \neq 0$
Normalform: $x^2 + px + q = 0$

Bemerkung
*Die **allgemeine Form** einer quadratischen Gleichung wird mittels Division durch $a \neq 0$ in die **Normalform** gebracht, siehe Beispiel 1.15.*

Lösungsformel für eine quadratische Gleichung in der Normalform

$$x_{1,2} = -\frac{p}{2} \pm \sqrt{\left(\frac{p}{2}\right)^2 - q} \quad \text{mit} \quad D = \left(\frac{p}{2}\right)^2 - q = \frac{p^2}{4} - q = \frac{p^2 - 4q}{4}$$

(1) $D > 0$: 2 verschiedene reelle Lösungen, $x_1 \neq x_2$
(2) $D = 0$: 1 reelle Doppellösung, $x_1 = x_2$
(3) $D < 0$: keine Lösung in $\mathbf{R}$, siehe Abschnitt 1.10, $x_1 \neq x_2$,
2 konjugiert komplexe Lösungen in $\mathbf{C}$

G

VIETAscher Wurzelsatz

Für $x^2 + px + q = 0$ gilt:

1.: $x_1 + x_2 = -p, \quad x_1 \cdot x_2 = q$

2.: $x^2 + px + q = (x - x_1)(x - x_2) = 0$

Algebraische Gleichungen höheren Grades

Ein **Polynom *n*-ten Grades** ist eine ganzrationale Funktion n-ten Grades:

$$p_n(x) = a_n x^n + a_{n-1} x^{n-1} + \ldots + a_1 x + a_0, \quad a_i \in \mathbf{R}\,\forall i, \quad a_n \neq 0, \quad n \in \mathbf{N}$$

$p_n(x) = 0$ wird als algebraische Gleichung n-ten Grades bezeichnet.

Hat eine algebraische Gleichung n-ten Grades n verschiedene reelle Lösungen, so existiert nach dem Fundamentalsatz der Algebra eine Produktdarstellung analog der vom VIETAschen Wurzelsatz mit n Faktoren.
Wird eine Lösung x_i durch Probieren ermittelt, so kann mittels Polynomdivision durch $(x - x_i)$ der Grad des Polynoms um eins verkleinert werden (siehe Beispiel 1.2 im Abschnitt 1.5.1).
Im Allgemeinen kommen Näherungsverfahren zur Anwendung, z. B. das NEWTON-Verfahren (siehe Abschnitt 5.4.4).

Bruchgleichungen

Eine **Bruchgleichung** ist eine Gleichung, in der die Variable mindestens einmal im Nenner auftritt.

Bruchgleichungen lassen sich lösen, indem die Bruchgleichungen **mit dem Hauptnenner multipliziert** werden (alle Summanden). Zur Bildung des Hauptnenners siehe auch Seite 23.

Beispiel 1.15

$$\frac{3}{2x} - \frac{4}{1+x} = \frac{1}{1-x} \quad | \cdot [2x \cdot (1+x) \cdot (1-x)] = \text{Hauptnenner}, \; x \neq -1, 0, 1$$

$$3 \cdot (1+x) \cdot (1-x) - 4 \cdot 2x \cdot (1-x) = 2x \cdot (1+x)$$

$$3 - 3x^2 - 8x + 8x^2 = 2x + 2x^2$$

$$3x^2 - 10x + 3 = 0 \quad | : 3$$

$$x^2 - \frac{10}{3}x + 1 = 0$$

$$x_{1,2} = \frac{5}{3} \pm \sqrt{\frac{25}{9} - 1} = \frac{5}{3} \pm \frac{4}{3}$$

$$x_1 = 3, \quad x_2 = \frac{1}{3}$$

Wurzelgleichungen

Eine **Wurzelgleichung** ist eine Gleichung, in der die Variable mindestens einmal im Radikanden einer Wurzel auftritt.

Die Wurzeln können in der Regel beseitigt werden, indem sie isoliert werden (eine Wurzel wird alleine auf eine Seite der Gleichung gebracht) und dann die entsprechende Umkehroperation (entsprechende Potenz) auf die Gleichung angewendet wird. Dabei ist zu beachten, dass beim Potenzieren mit geradem Exponenten zusätzliche Lösungen entstehen können, da keine äquivalente Umformung vorliegt.

Bei Wurzelgleichungen gehört die Probe zum Bestandteil der Lösung.

Beispiel 1.16

$$\sqrt{x + 2 + \sqrt{2x + 7}} - 4 = 0$$

Lösung

$$\sqrt{x + 2 + \sqrt{2x + 7}} = 4 \qquad |(\,)^2$$

$$x + 2 + \sqrt{2x + 7} = 16 \qquad |-x - 2$$

$$\sqrt{2x + 7} = 14 - x \qquad |(\,)^2$$

$$2x + 7 = 196 - 28x + x^2 \qquad |-2x - 7$$

$$0 = x^2 - 30x + 189 \qquad \rightarrow x_1 = 9, x_2 = 21$$

Probe:

$x_1 = 9$: $\sqrt{9 + 2 + \sqrt{2 \cdot 9 + 7}} - 4 = 4 - 4 = 0$ $\quad$ $x_1 = 9$ ist Lösung

$x_2 = 21$: $\sqrt{21 + 2 + \sqrt{2 \cdot 21 + 7}} - 4 = \sqrt{30} - 4 \neq 0$ $\quad$ x_2 ist keine Lösung

Exponentialgleichungen

Eine **Exponentialgleichung** ist eine Gleichung, in der die Variable mindestens einmal im Wurzel- oder Potenzexponenten auftritt.

Tritt die Variable **nur** im Exponenten auf, kann eine Lösung nach dem Isolieren durch Anwendung der entsprechenden Umkehroperation (Loga-

rithmieren) ermittelt werden. Die Anwendung des dritten Logarithmengesetzes überführt die Potenz in ein Produkt.
Häufig sind Näherungsverfahren anzuwenden (siehe Abschnitt 5.4.4).

Beispiel 1.17

$$\left(\frac{3}{8}\right)^{3x+4} = \left(\frac{4}{5}\right)^{2x+1} \quad |\lg\ldots$$

$$\lg\left(\frac{3}{8}\right)^{3x+4} = \lg\left(\frac{4}{5}\right)^{2x+1}$$

$$(3x+4)\cdot\lg\frac{3}{8} = (2x+1)\cdot\lg\frac{4}{5}$$

$$3x\left(\lg\frac{3}{8}\right) - 2x\left(\lg\frac{4}{5}\right) = \lg\frac{4}{5} - 4\lg\frac{3}{8}$$

$$x\left[3\left(\lg\frac{3}{8}\right) - 2\left(\lg\frac{4}{5}\right)\right] = \lg\frac{4}{5} - 4\lg\frac{3}{8}$$

$$x = \frac{\lg\frac{4}{5} - 4\lg\frac{3}{8}}{3\lg\frac{3}{8} - 2\lg\frac{4}{5}} = \frac{-0{,}0969 + 1{,}7039}{-1{,}2780 + 0{,}1938} = -1{,}4822$$

Logarithmengleichungen

Eine **Logarithmengleichung** ist eine Gleichung, in der die Variable mindestens einmal im Argument eines Logarithmus auftritt.

Tritt die Variable **nur einmal** im Argument eines Logarithmus auf, kann die Lösung nach dem Isolieren durch Anwendung der entsprechenden Umkehroperation (Potenzieren zur entsprechenden Basis) erzielt werden.

In Einzelfällen kann ein geschicktes Anwenden der Logarithmengesetze erfolgreich sein. Im Allgemeinen sind Näherungsverfahren anzuwenden (siehe Abschnitt 5.4.4).

Beispiel 1.18

$$\log_a(2x+3) = \log_a(x-1) + 1 \quad |-\log_a(x-1)$$

$$\log_a(2x+3) - \log_a(x-1) = 1 \quad |\text{ Logarithmen zusammenfassen}$$

$$\log_a\frac{2x+3}{x-1} = 1 \quad |a^{\cdots} \quad \text{Die Gleichung wird exponiert zur Basis } a.$$

$$\frac{2x+3}{x-1} = a^1 = a$$

$$2x+3 = a\cdot(x-1)$$

$2x + 3 = ax - a$

$a + 3 = x \cdot (a - 2)$

$x = \frac{a+3}{a-2}, \quad a \neq 2$

1. Fall: $0 < a < 2$: $x = \frac{a+3}{a-2} < 0 \Rightarrow$ Der Logarithmus in der gegebenen Gleichung auf der rechten Seite ist nicht definiert, es gibt **keine Lösung** für diesen Fall.

2. Fall: $a > 2$: Die Lösung für $a > 2$ ist $x = \frac{a+3}{a-2}$.

Beispiel 1.19

$K_n = K_0 \cdot q^n$ soll nach n umgestellt werden (siehe Abschnitt 4.2).

Dazu wird die Gleichung logarithmiert, die Basis ist beliebig – sie wird daher häufig weggelassen. Gebräuchlich sind die Basen 10 oder e:

$\log K_n = \log(K_0 \cdot q^n) = \log K_0 + \log q^n = \log K_0 + n \cdot \log q$

Die Auflösung nach n ergibt: $n = \frac{\log K_n - \log K_0}{\log q}$.

1.8.2 Ungleichungen

Eine **Ungleichung** U ist die Verbindung zweier Terme T_1 und T_2 mit einem der Relationszeichen $<$, $\leqq$, $>$ oder $\geqq$, z. B. $T_1 < T_2$.

Regeln für Ungleichungen

(1) $a < b \wedge b < c \rightarrow a < c$

(2) $a < b \leftrightarrow a \pm c < b \pm c$

(3) $a < b \wedge c > 0 \leftrightarrow ac < bc \wedge c > 0$

(4) $a < b \wedge c < 0 \leftrightarrow ac > bc \wedge c < 0$

(5) $ab > 0 \leftrightarrow (a > 0 \wedge b > 0) \vee (a < 0 \wedge b < 0)$

(6) $ab < 0 \leftrightarrow (a < 0 \wedge b > 0) \vee (a > 0 \wedge b < 0)$

Dreiecksungleichung: $|a_1 + a_2 + \ldots + a_n| \leqq |a_1| + |a_2| + \ldots + |a_n|$

BERNOULLI-Ungleichung: $(1 + a)^n \geqq 1 + n \cdot a; \quad a \geqq 0, n \in \mathbf{N}$

Das geometrische Mittel ist nicht größer als das arithmetische Mittel:

$\sqrt[n]{a_1 \cdot a_2 \cdot \ldots \cdot a_n} \leqq \frac{1}{n}(a_1 + a_2 + \ldots + a_n), \quad n \in \mathbf{N}; \quad a_1, \ldots, a_n \geqq 0$

G

Bemerkung
*Multiplikationen und Divisionen mit **indifferenten Ausdrücken** (sind variablenabhängig **positiv oder negativ**) erfordern Fallunterscheidungen.*

Beispiel 1.20

$\frac{1}{x} \leqq 1, \quad x \neq 0$ Da der Nenner (mit dem multipliziert werden soll) wegen der Variablen x indifferent ist, müssen zwei Fälle unterschieden werden: 1.: $x > 0$ und 2.: $x < 0$.

1. Fall: $\frac{1}{x} \leqq 1 \quad \big| \cdot x > 0$ Voraussetzungsmenge 1. Fall: $V_1 = (0, \infty)$

$1 \leqq x$ Ergebnismenge 1. Fall: $E_1 = [1, \infty)$
Lösungsmenge 1. Fall: $L_1 = V_1 \cap E_1 = [1, \infty)$

2. Fall: $\frac{1}{x} \leqq 1 \quad \big| \cdot x < 0$ Voraussetzungsmenge 2. Fall: $V_2 = (-\infty, 0)$

$1 \geqq x$ Ergebnismenge 2. Fall: $E_2 = [-\infty, 1]$
Lösungsmenge 2. Fall: $L_2 = V_2 \cap E_2 = (-\infty, 0)$

Gesamtlösungsmenge: $L = L_1 \cup L_2 = [1, \infty) \cup (-\infty, 0) = (-\infty, 0) \cup [1, \infty) = \mathbf{R} \setminus [0, 1)$

1.9 Lineare geometrische Zusammenhänge

1.9.1 Geraden

Eine Gerade ist durch zwei Punkte $P_1(x_1, y_1)$ und $P_2(x_2, y_2)$ oder durch einen Punkt $P_1(x_1, y_1)$ und den Anstieg m festgelegt. Für eine Gerade gibt es verschiedene Gleichungsformen, siehe Bild 1.2.

Gleichungsformen für eine Gerade

Allgemeine Form (A, B, C):	$A \cdot x + B \cdot y = C$	$A, B, C \in \mathbf{R}$
Normalform (m, n):	$y = m \cdot x + n$	$m, n \in \mathbf{R}$
Punktrichtungsform (P_1, m):	$y - y_1 = m \cdot (x - x_1)$	$m \in \mathbf{R}$
Zweipunkteform (P_1, P_2):	$(y - y_1)(x_2 - x_1) = (y_2 - y_1)(x - x_1)$	$P_1(x_1, y_1) \neq P_2(x_2, y_2)$
Achsenabschnittsform (a, b):	$\frac{x}{a} + \frac{y}{b} = 1,$	$a, b \in \mathbf{R}, a, b \neq 0$

In der Normalform der Geradengleichung ist n der Schnittpunkt mit der Ordinate (y-Achse).

1.9.2 Halbebenen

Eine Gerade g (**Randgerade**) zerlegt eine Ebene in 2 offene Halbebenen, wobei g zu jeder Halbebene gehört.
Eine **Halbebene** wird durch eine Gerade begrenzt und ist durch diese Gerade und einen Punkt, der nicht auf der Geraden liegt, gekennzeichnet. Zum Beispiel: $y \leqq m \cdot x + n$ oder: $y \geqq m \cdot x + n$ (siehe Bild 1.3).

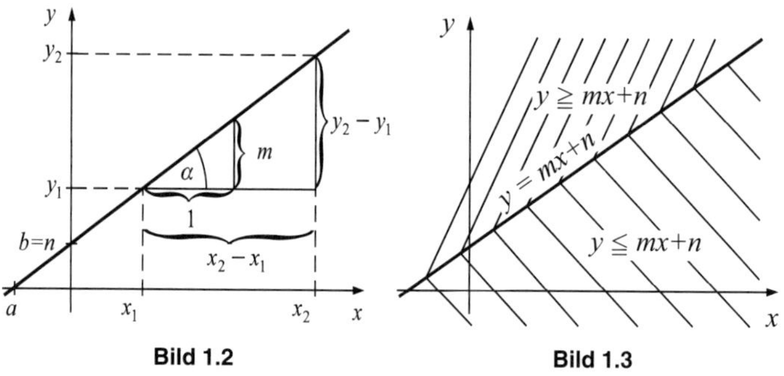

Bild 1.2 Bild 1.3

1.9.3 Dreiecke

Rechtwinklige Dreiecke

Bezeichnungen:

c	Hypotenuse
a, b	Katheten
h	Höhe, siehe Bild 1.4

In rechtwinkligen Dreiecken gelten die folgenden Beziehungen.

Satz des PYTHAGORAS:	$c^2 = a^2 + b^2$
Satz des EUKLID:	$a^2 = p \cdot c, \qquad b^2 = q \cdot c \quad \text{mit} \quad c = p + q$
Höhensatz:	$h^2 = p \cdot q$
Dreiecksfläche:	$A = \frac{c \cdot h}{2} = \frac{a \cdot b}{2}$

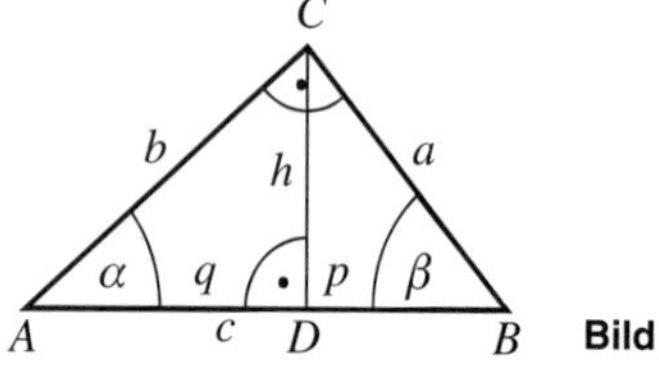

Bild 1.4

G

Trigonometrische Funktionen im rechtwinkligen Dreieck

$$\sin\alpha := \frac{a}{c} = \frac{\text{Gegenkathete}}{\text{Hypotenuse}} \qquad \tan\alpha := \frac{a}{b} = \frac{\text{Gegenkathete}}{\text{Ankathete}}$$

$$\cos\alpha := \frac{b}{c} = \frac{\text{Ankathete}}{\text{Hypotenuse}} \qquad \cot\alpha := \frac{b}{a} = \frac{\text{Ankathete}}{\text{Gegenkathete}} = \frac{1}{\tan\alpha}$$

Schiefwinklige Dreiecke

(1)	Innenwinkelsumme:	$\alpha + \beta + \gamma = 180°$
(2)	Sinussatz:	$a : b : c = \sin\alpha : \sin\beta : \sin\gamma$
(3)	Kosinussatz:	$a^2 = b^2 + c^2 - 2bc \cdot \cos\alpha$
(4)	Tangenssatz:	$\dfrac{a-b}{a+b} = \dfrac{\tan\dfrac{\alpha-\beta}{2}}{\tan\dfrac{\alpha+\beta}{2}}$
(5)	Flächeninhalt:	$A = \dfrac{1}{2} \cdot ab \cdot \sin\gamma$

1.10 Komplexe Zahlen C

Die einfache quadratische Gleichung $x^2 + 1 = 0$ ist im Bereich der reellen Zahlen nicht lösbar. Es werden die **komplexen Zahlen** mit der imaginären Einheit i, $\mathrm{i}^2 := -1$ eingeführt.

Eine **komplexe Zahl** z hat die Form $z = a + b\,\mathrm{i}$, wobei a und b reelle Zahlen sind und i die imaginäre Einheit ist. a ist der **Realteil** $\mathrm{Re}\,z := a$ und b ist der **Imaginärteil** $\mathrm{Im}\,z := b$ einer komplexen Zahl $z = a + b\,\mathrm{i}$ mit $a, b \in \mathbf{R}$.

Für die imaginäre Einheit i wird festgelegt $\mathrm{i}^2 := -1$.

Die Menge der komplexen Zahlen **C** umfasst:

$\mathbf{C} = \{z \mid z = a + b\,\mathrm{i};\ a, b \in \mathbf{R},\ \mathrm{i}^2 = -1\}$

Bemerkung
Der Ursprung der Theorie der imaginären Zahlen, das heißt aller Zahlen, deren Quadrat eine negative reelle Zahl ist, geht auf die italienischen Mathematiker GEROLAMO CARDANO *(1501–1576) und* RAFFAELE BOMBELLI *(1526–1572) bis ins 16. Jahrhundert zurück.*

Die imaginäre Einheit i, $\mathrm{i}^2 := -1$ *wurde im Jahre 1777 von* LEONHARD EULER *(1707–1783) eingeführt.*

Beispiel 1.21

Es soll die folgende quadratische Gleichung gelöst werden:

$x^2 + 2x + 5 = 0$

Lösung

$x_{1,2} = -1 \pm \sqrt{1-5}$

$x_{1,2} = -1 \pm \sqrt{(-1)\cdot 4}$

$x_{1,2} = -1 \pm \sqrt{\mathrm{i}^2 \cdot 4}$ | wegen $\mathrm{i}^2 = -1$

$x_{1,2} = -1 \pm \mathrm{i} \cdot 2$

$x_{1,2} = -1 \pm 2\mathrm{i}$

$x_1 = -1 + 2\mathrm{i}$

$x_2 = -1 - 2\mathrm{i}$ x_1 und x_2 sind konjugiert komplexe Zahlen.

Konjugiert komplexe Zahlen

Zu $z = a + b\,\mathrm{i}$ gehört die konjugiert komplexe Zahl $\bar{z} = a - b\,\mathrm{i}$.

Konjugiert komplexe Zahlen z und $\bar{z}$ liegen spiegelbildlich zur reellen Zahlenachse.

Für konjugiert komplexe Zahlen z_1 und z_2 gilt:

$\overline{\overline{z_1}} = z_1, \quad z_1 \cdot \overline{z_1} = a^2 + b^2$

$\overline{z_1 \pm z_2} = \overline{z_1} \pm \overline{z_2}, \quad \overline{z_1 \cdot z_2} = \overline{z_1} \cdot \overline{z_2}$ und $\overline{\left(\frac{z_1}{z_2}\right)} = \frac{\overline{z_1}}{\overline{z_2}}$ mit $z_2 \neq 0$.

Eine Veranschaulichung der komplexen Zahlen gelang CARL FRIEDRICH GAUSS (1777–1855) in der nach ihm benannten GAUSSschen Zahlenebene. Die Teilmenge der reellen Zahlen bildet darin die horizontale Achse, die Teilmenge der rein imaginären Zahlen (d. h. mit Realteil 0) bildet die vertikale Achse. Eine komplexe Zahl $z = a + b\,\mathrm{i}$ hat auf der horizontalen Achse die kartesische Koordinate a und auf der vertikalen Achse die kartesische Koordinate b, siehe Bild 1.5.

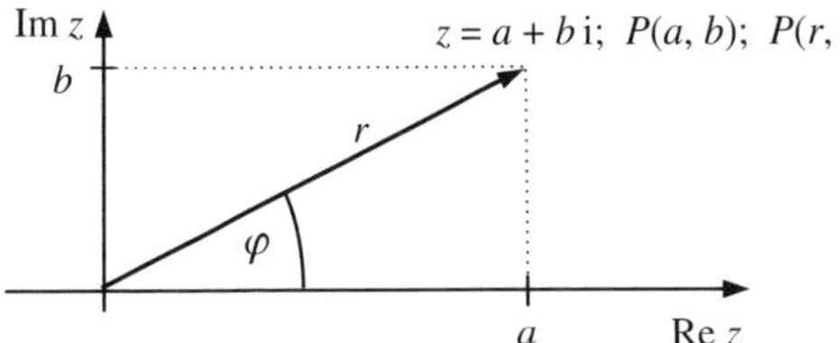

Bild 1.5

Darstellungsformen komplexer Zahlen

Ein Punkt $P(a,b)$ kann neben der **kartesischen Darstellung** mit seinen beiden Komponenten a und b auch mit den **Polarkoordinaten** r und φ dargestellt werden $P(a,b) = P(r,\varphi)$, siehe Bild 1.5.
Die kartesische Darstellung heißt auch arithmetische, algebraische oder allgemeine Form der Darstellung für komplexe Zahlen.
Die trigonometrische (auch goniometrische) Form und die Exponentialform (auch als EULERsche Form bezeichnet) nutzen für die Darstellung komplexer Zahlen die Polarkoordinaten (Polarform).

Kartesische (algebraische) Form einer komplexen Zahl

Die Summe einer reellen und einer rein imaginären Zahl heißt komplexe Zahl z in der **kartesischen Form**, $z = a + b\,\mathrm{i}$.

Trigonometrische Form einer komplexen Zahl

Jede komplexe Zahl $z = a + b\,\mathrm{i}$ kann in der **trigonometrischen Form** einer komplexen Zahl $z = r \cdot (\cos\varphi + \mathrm{i} \cdot \sin\varphi)$ dargestellt werden.

EULERsche Formel: $\mathrm{e}^{\mathrm{i}\varphi} = \cos\varphi + \mathrm{i} \cdot \sin\varphi, \quad \mathrm{e}^{\mathrm{i}\pi} = -1$

Exponentialform (EULERsche Form) einer komplexen Zahl

Die Darstellung einer komplexen Zahl z mithilfe der komplexen e-Funktion heißt **Exponentialform** einer komplexen Zahl $z = r \cdot \mathrm{e}^{\mathrm{i}\varphi}$.

r wird **Betrag** (oder **Modul**) von z (Schreibweise $|z|$) genannt,
φ wird **Argument** (oder auch **Winkel** oder **Phase**) von z genannt.

Umrechnungsformeln

kartesisch ⇒ trigonometrisch	trigonometrisch ⇒ kartesisch
$a, b \Rightarrow r, \varphi$	$r, \varphi \Rightarrow a, b$
$r = \lvert z \rvert = \sqrt{a^2 + b^2}$	$a = r \cdot \cos\varphi$
$\overline{\varphi} = \arctan\frac{b}{a}$	$b = r \cdot \sin\varphi$

Bei der Ermittlung des Winkels φ aus der kartesischen Form einer komplexen Zahl z ist der richtige Quadrant zu berücksichtigen. Er wird lediglich durch die Vorzeichen von Real- und Imaginärteil der komplexen Zahl bestimmt. Folgender Tabelle 1.2 kann für φ in Bogenmaß (RAD) und in Gradmaß (DEG) die entsprechende Zuordnung entnommen werden:

Tabelle 1.2 Quadrantenzuordnung komplexer Zahlen

Realteil	Imaginärteil	Quadrant	$\overline{\varphi}$	φ	φ in °
+	+	I.	positiv	$\varphi = \overline{\varphi}$	$\varphi = \overline{\varphi}$
−	+	II.	negativ	$\varphi = \pi + \overline{\varphi}$	$\varphi = 180^\circ + \overline{\varphi}$
−	−	III.	positiv	$\varphi = \pi + \overline{\varphi}$	$\varphi = 180^\circ + \overline{\varphi}$
+	−	IV.	negativ	$\varphi = 2\pi + \overline{\varphi}$	$\varphi = 360^\circ + \overline{\varphi}$

Rechenregeln für komplexe Zahlen in C

Addition, Subtraktion komplexer Zahlen (kartesisch)

$z_1 = a + b\,\mathrm{i}$

$z_2 = c + d\,\mathrm{i}$

$$z_1 + z_2 = (a + b\,\mathrm{i}) + (c + d\,\mathrm{i}) = (a + c) + (b + d)\,\mathrm{i} \quad \text{(siehe Bild 1.6)}$$

$$z_1 - z_2 = (a + b\,\mathrm{i}) - (c + d\,\mathrm{i}) = (a - c) + (b - d)\,\mathrm{i} \quad \text{(siehe Bild 1.7)}$$

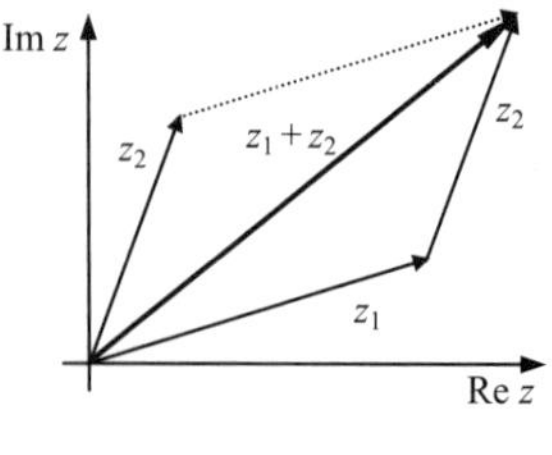

Bild 1.6

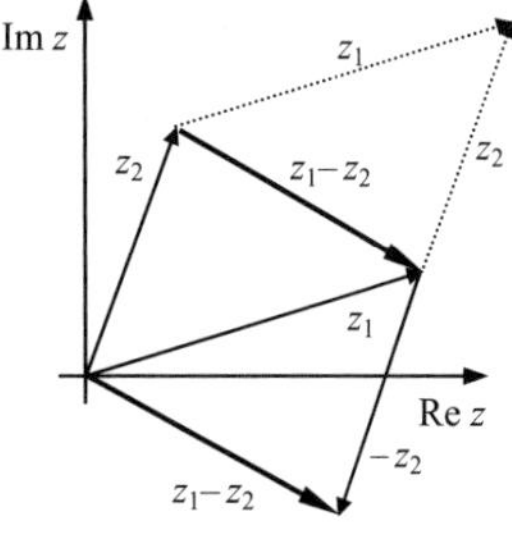

Bild 1.7

Beispiel 1.22

$z_1 = 5 - 2\,\mathrm{i}$

$z_2 = 3 + 4\,\mathrm{i}$

$z_1 + z_2 = (5 - 2\,\mathrm{i}) + (3 + 4\,\mathrm{i}) = (5 + 3) + (-2 + 4)\,\mathrm{i} = 8 + 2\,\mathrm{i}$

$z_1 - z_2 = (5 - 2\,\mathrm{i}) - (3 + 4\,\mathrm{i}) = (5 - 3) + (-2 - 4)\,\mathrm{i} = 2 - 6\,\mathrm{i}$

Multiplikation komplexer Zahlen (kartesisch)

$z_1 = a + b\,\mathrm{i}$

$z_2 = c + d\,\mathrm{i}$ Beachte: $\mathrm{i}^2 = -1$

$$z_1 \cdot z_2 = (a + b\,\mathrm{i}) \cdot (c + d\,\mathrm{i}) = (a \cdot c - b \cdot d) + (a \cdot d + b \cdot c)\,\mathrm{i}$$

Beispiel 1.23

$z_1 = 5 - 2\,\mathrm{i}$

$z_2 = 3 + 4\,\mathrm{i}$

$z_1 \cdot z_2 = (5 - 2\,\mathrm{i}) \cdot (3 + 4\,\mathrm{i}) = [5 \cdot 3 - (-2) \cdot 4] + [5 \cdot 4 + (-2) \cdot 3]\,\mathrm{i} = 23 + 14\,\mathrm{i}$

Multiplikation komplexer Zahlen (trigonometrisch)

$z_1 = r_1 \cdot (\cos\varphi_1 + \mathrm{i} \cdot \sin\varphi_1)$

$z_2 = r_2 \cdot (\cos\varphi_2 + \mathrm{i} \cdot \sin\varphi_2)$

$$z_1 \cdot z_2 = r_1 \cdot r_2[\cos(\varphi_1 + \varphi_2) + \mathrm{i} \cdot \sin(\varphi_1 + \varphi_2)] \quad \text{(siehe Bild 1.8)}$$
$$z_1 \cdot z_2 = r_1 \cdot r_2\,\mathrm{e}^{\mathrm{i}(\varphi_1 + \varphi_2)}$$

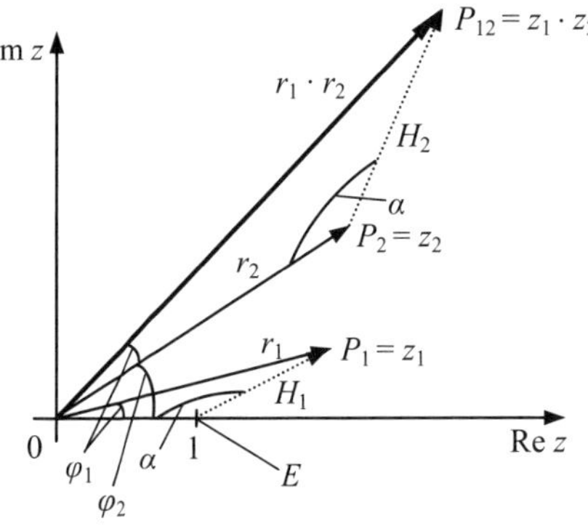

Bild 1.8

Grafische Darstellung des Produkts komplexer Zahlen

- Die Richtung von $z_1 \cdot z_2$ ist durch die Summe $\varphi_1 + \varphi_2$ der beiden Winkel φ_1 und φ_2 festgelegt.
- Ein Hilfsvektor H_1 vom Punkt $(1,0)$ zum Endpunkt von z_1 wird ermittelt, es ergibt sich der Winkel α.
- Im Endpunkt von z_2 wird der Hilfsvektor H_2 mit dem Winkel α angetragen, er schneidet den Richtungsvektor von $z_1 \cdot z_2$ im gesuchten Punkt P_{12}.

Dieses Vorgehen ist in den ähnlichen Dreiecken OEP_1 und OP_2P_{12} begründet, siehe Bild 1.8.
Die Multiplikation komplexer Zahlen ist eine „Drehstreckung“.

Beispiel 1.24

$z_1 = 5 - 2\,\mathrm{i}$

$z_2 = 3 + 4\,\mathrm{i}$

Umrechnung in trigonometrische Koordinaten (Winkel in Gradmaß °)

z_1: $r_1 = \sqrt{a^2 + b^2} = \sqrt{5^2 + (-2)^2} = \sqrt{29} = 5{,}385$

z_1 liegt im IV. Quadranten:

$$\overline{\varphi}_1 = \arctan\left(\frac{-2}{5}\right) = -21{,}801^\circ$$

$$\varphi_1 = 360^\circ + \overline{\varphi}_1 = 360^\circ + (-21{,}801^\circ) = 338{,}199^\circ$$

z_2: $r_2 = \sqrt{3^2 + 4^2} = \sqrt{25} = 5$

z_2 liegt im I. Quadranten:

$$\varphi_2 = \overline{\varphi}_2 = \arctan\left(\frac{4}{3}\right) = 53{,}130^\circ$$

$$z_1 \cdot z_2 = \sqrt{29} \cdot 5\,[\cos(338{,}199^\circ + 53{,}130^\circ) + \mathrm{i} \cdot \sin(391{,}329^\circ)]$$

$$z_1 \cdot z_2 = 26{,}926\,[\cos(391{,}329^\circ) + \mathrm{i} \cdot \sin(391{,}329^\circ)]$$

Zur Probe in kartesischen Koordinaten: $z_1 \cdot z_2 = 22{,}999\,9 + \mathrm{i} \cdot 14{,}000\,1$

Division komplexer Zahlen (kartesisch)

$z_1 = a + b\,\mathrm{i}$

$z_2 = c + d\,\mathrm{i} \quad \text{mit} \quad (c + d\,\mathrm{i}) \neq 0 \qquad$ Erweitern mit $\overline{z}_2 = (c - d\,\mathrm{i})$.

$$\frac{z_1}{z_2} = \frac{a + b\,\mathrm{i}}{c + d\,\mathrm{i}} = \frac{(a + b\,\mathrm{i})(c - d\,\mathrm{i})}{(c + d\,\mathrm{i})(c - d\,\mathrm{i})} = \frac{ac + bd}{c^2 + d^2} + \frac{bc - ad}{c^2 + d^2} \cdot \mathrm{i}$$

G

Für den Kehrwert einer komplexen Zahl z gilt: $\frac{1}{z} = \frac{1}{z} \cdot \frac{\bar{z}}{\bar{z}} = \frac{\bar{z}}{|z|^2}$.

Beispiel 1.25

$z_1 = 5 - 2\,\mathrm{i}$

$z_2 = 3 + 4\,\mathrm{i}$

$$\frac{z_1}{z_2} = \frac{(5-2\,\mathrm{i})}{(3+4\,\mathrm{i})} = \frac{(5-2\,\mathrm{i})\cdot(3-4\,\mathrm{i})}{(3+4\,\mathrm{i})\cdot(3-4\,\mathrm{i})} = \frac{15-20\,\mathrm{i}-6\,\mathrm{i}+8\,\mathrm{i}^2}{9-12\,\mathrm{i}+12\,\mathrm{i}-16\,\mathrm{i}^2}$$
$$= \frac{7-26\,\mathrm{i}}{9+16} = \frac{7-26\,\mathrm{i}}{25} = \frac{7}{25} - \frac{26}{25}\cdot\mathrm{i}$$
$$= 0{,}28 - 1{,}04\cdot\mathrm{i}$$

Division komplexer Zahlen (trigonometrisch)

$z_1 = r_1 \cdot (\cos\varphi_1 + \mathrm{i}\cdot\sin\varphi_1)$

$z_2 = r_2 \cdot (\cos\varphi_2 + \mathrm{i}\cdot\sin\varphi_2) \neq 0$

$$\frac{z_1}{z_2} = \frac{r_1}{r_2}[\cos(\varphi_1 - \varphi_2) + \mathrm{i}\cdot\sin(\varphi_1 - \varphi_2)] \quad \text{mit} \quad z_2 \neq 0$$
$$\frac{z_1}{z_2} = \frac{r_1}{r_2}\,\mathrm{e}^{\mathrm{i}(\varphi_1 - \varphi_2)}$$

Beispiel 1.26

$z_1 = 5 - 2\,\mathrm{i}$ $\quad r_1 = \sqrt{29} = 5{,}385$ $\quad \varphi_1 = 338{,}199°$

$z_2 = 3 + 4\,\mathrm{i}$ $\quad r_2 = 5$ $\quad \varphi_2 = 53{,}130°$

Division trigonometrisch (Winkel in Gradmaß °)

$$\frac{z_1}{z_2} = \frac{\sqrt{29}}{5}\,[\cos(338{,}199° - 53{,}130°) + \mathrm{i}\cdot\sin(285{,}069°)]$$
$$\frac{z_1}{z_2} = 1{,}077\,[\cos(385{,}069°) + \mathrm{i}\cdot\sin(385{,}069°)]$$

Zur Probe in kartesischen Koordinaten: $\frac{z_1}{z_2} = 0{,}280 + \mathrm{i}\cdot 1{,}040$

Potenzieren komplexer Zahlen (trigonometrisch)

Das Potenzieren komplexer Zahlen wird auf die mehrfache Multiplikation komplexer Zahlen zurückgeführt.

$z = r \cdot (\cos\varphi + \mathrm{i} \cdot \sin\varphi) \qquad z \cdot z \cdot \ldots \cdot z = z^n, \quad n > 0, n$ ganz

$z^n = r^n[\cos(n \cdot \varphi) + \mathrm{i} \cdot \sin(n \cdot \varphi)], \qquad n > 0, n$ ganz

$z^n = r^n\,\mathrm{e}^{\mathrm{i}\,n\cdot\varphi}$

MOIVREsche Formel

$(\cos\varphi + \mathrm{i} \cdot \sin\varphi)^n = \cos(n \cdot \varphi) + \mathrm{i} \cdot \sin(n \cdot \varphi)$

gültig für $n = \frac{p}{q}$, $p, q \in \mathbf{N}^*$, sowie für $n \in \mathbf{Z}$; $-\pi < \varphi \leqq \pi$

Beispiel 1.27

$z = 5 - 2\,\mathrm{i} \qquad r = \sqrt{29} = 5{,}385 \qquad \varphi = 338{,}199^\circ$

Kartesisch

$z \cdot z \cdot z = (5 - 2\,\mathrm{i}) \cdot (5 - 2\,\mathrm{i}) \cdot (5 - 2\,\mathrm{i})$

$z^3 = [(25 - 4) + (-10 - 10)\,\mathrm{i}\,] \cdot (5 - 2\,\mathrm{i})$

$z^3 = (21 - 20\,\mathrm{i}) \cdot (5 - 2\,\mathrm{i})$

$z^3 = (105 - 40) + (-42 - 100)\,\mathrm{i}$

$z^3 = 65 - 142\,\mathrm{i}$

Trigonometrisch (Winkel in Gradmaß °)

$z^3 = (\sqrt{29})^3\,[\cos(3 \cdot 338{,}199^\circ) + \mathrm{i} \cdot \sin(3 \cdot 338{,}199^\circ)]$

$z^3 = 156{,}170\,[\cos(1\,014{,}597^\circ) + \mathrm{i} \cdot \sin(1\,014{,}597^\circ)]$

Zur Probe in kartesischen Koordinaten: $z^3 = 65{,}003 - 142 \cdot \mathrm{i}$

Die geringfügige Abweichung ist auf Rundungsfehler zurückzuführen.

Radizieren komplexer Zahlen (trigonometrisch)

Das Radizieren ist ein Spezialfall des Potenzierens.

Lösungen der Gleichung $w^n = z$ mit einer gegebenen komplexen Zahl $z = a + b\,\mathrm{i} = r \cdot (\cos\varphi + \mathrm{i} \cdot \sin\varphi)$ und $n \in \mathbf{N}^*$ heißen komplexe n-te Wurzeln $w = \sqrt[n]{z}$ von der komplexen Zahl z.

$$w_k = \sqrt[n]{r} \cdot \left[\cos\left(\frac{\varphi}{n} + k \cdot \frac{2\pi}{n}\right) + \mathrm{i} \cdot \sin\left(\frac{\varphi}{n} + k \cdot \frac{2\pi}{n}\right)\right], \quad k = 0, 1, \ldots, n-1$$

$$w_k = \sqrt[n]{r} \cdot \mathrm{e}^{\mathrm{i}\left(\frac{\varphi}{n} + k \cdot \frac{2\pi}{n}\right)}, \qquad k = 0, 1, \ldots, n-1$$

Bemerkungen

(1) *Die n verschiedenen Wurzeln einer komplexen Zahl liegen auf der Peripherie eines Kreises mit dem Radius $\sqrt[n]{r}$, sie bilden ein regelmäßiges n-Eck.*

(2) *Für $r = 1$ liegen die n Wurzeln auf der Peripherie eines Kreises mit dem Radius eins, dem sogenannten* ***Einheitskreis****, die Wurzeln heißen in diesem Fall* ***Einheitswurzeln****.*

Beispiel 1.28

$w^3 = z = 5 - 2\,\mathrm{i} \qquad n = 3 \qquad r = \sqrt{29} = 5{,}385 \qquad \varphi = 338{,}199^\circ$

Trigonometrisch (Winkel in Gradmaß °)

$$w_k = \sqrt[n]{r} \cdot \left[\cos\left(\frac{\varphi}{n} + k \cdot \frac{2\pi}{n}\right) + \mathrm{i} \cdot \sin\left(\frac{\varphi}{n} + k \cdot \frac{2\pi}{n}\right)\right], \qquad k = 0, 1, \ldots, n-1$$

$$k = 0: \quad w_0 = \sqrt[3]{\sqrt{29}} \left[\cos\left(\frac{338{,}199^\circ}{3}\right) + \mathrm{i} \cdot \sin\left(\frac{338{,}199^\circ}{3}\right)\right]$$

$$w_0 = \sqrt[6]{29}\,[\cos(112{,}733^\circ) + \mathrm{i} \cdot \sin(112{,}733^\circ)]$$

$$w_0 = 1{,}753\,[\cos(112{,}733^\circ) + \mathrm{i} \cdot \sin(112{,}733^\circ)]$$

$$w_0 = -0{,}677 + 1{,}617\,\mathrm{i}$$

$$k = 1: \quad w_1 = \sqrt[6]{29}[\cos(112{,}733^\circ + 120^\circ) + \mathrm{i} \cdot \sin(232{,}733^\circ)]$$

$$w_1 = -1{,}061 - 1{,}395\,\mathrm{i}$$

$$k = 2: \quad w_2 = \sqrt[6]{29}\,[\cos(112{,}733^\circ + 240^\circ) + \mathrm{i} \cdot \sin(352{,}733^\circ)]$$

$$w_2 = 1{,}739 - 0{,}222\,\mathrm{i}$$

Die drei Lösungen sind in Bild 1.9 grafisch dargestellt.

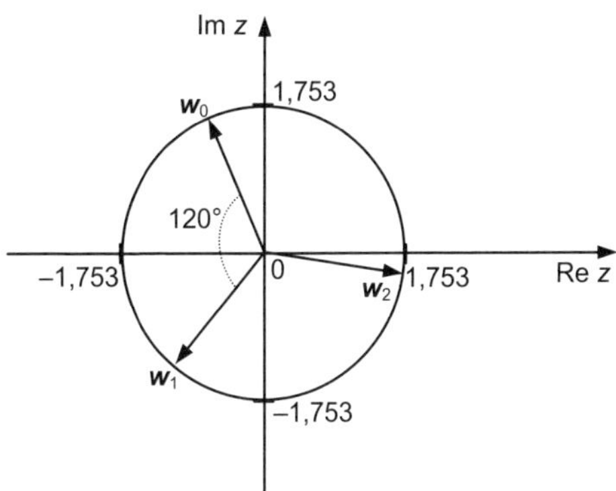

Bild 1.9

Der Betrag aller drei Lösungen ist mit $r = 1{,}753$ gleich:

$$r = r_1 = \sqrt{(-0{,}677)^2 + 1{,}617^2} = 1{,}753$$

$$r = r_2 = \sqrt{(-1{,}061)^2 + (-1{,}395)^2} = 1{,}753$$

$$r = r_3 = \sqrt{1{,}739^2 + (-0{,}222)^2} = 1{,}753$$

2 Lineare Algebra und Optimierung

Für die Modellierung ökonomischer Probleme ist die lineare Algebra eine wichtige mathematische Disziplin. Sie ermöglicht die Erfassung und Beschreibung ökonomischer Zusammenhänge, speziell durch die Anwendung von Determinanten und Matrizen. Hauptgegenstand der linearen Algebra – der Lehre von den linearen Gleichungen – sind die Lösbarkeitskriterien und Lösungsverfahren für lineare Gleichungssysteme. Aus der Vielzahl allgemeiner Lösungsverfahren für lineare Gleichungssysteme werden Varianten des GAUSS-Algorithmus und die Basistransformation (BT), die auch bei der Lösung von linearen Ungleichungssystemen und linearen Optimierungsproblemen (LOP) Anwendung findet, vorgestellt.

2.1 Determinanten

Der Determinantenbegriff ist im Zusammenhang mit der Lösung von linearen Gleichungssystemen entwickelt worden, besitzt aber in der Mathematik eine darüber hinausgehende Bedeutung.

2.1.1 Begriff, Berechnung für $n \leqq 3$

Die **Determinante** D ist eine Zahl, die einem quadratischen Schema von Zahlen durch eine bestimmte Vorschrift zugeordnet ist. Die Anzahl der Reihen (Zeilen oder Spalten) gibt die **Ordnung** n der Determinante an.

$$D = \begin{vmatrix} a_{11} & \cdots & a_{1n} \\ \vdots & & \\ a_{n1} & \cdots & a_{nn} \end{vmatrix}$$

Bezeichnungen: $|\, a_{ik} \,|$, $\det(a_{ik})$

Berechnung für $n \leqq 3$

$n = 1$: $D = |\, a_{11} \,| = a_{11}$

$n = 2$: $$D = \begin{vmatrix} a_{11} & a_{12} \\ a_{21} & a_{22} \end{vmatrix} = a_{11}a_{22} - a_{12}a_{21} \qquad \begin{vmatrix} a_{11} & a_{12} \\ a_{21} & a_{22} \end{vmatrix}$$

$n = 3$: $$D = \begin{vmatrix} a_{11} & a_{12} & a_{13} \\ a_{21} & a_{22} & a_{23} \\ a_{31} & a_{32} & a_{33} \end{vmatrix}$$

SARRUS-sche Regel

$$\begin{vmatrix} a_{11} & a_{12} & a_{13} \\ a_{21} & a_{22} & a_{23} \\ a_{31} & a_{32} & a_{33} \end{vmatrix} \begin{matrix} a_{11} & a_{12} \\ a_{21} & a_{22} \\ a_{31} & a_{32} \end{matrix}$$

$$\begin{aligned} = \; & a_{11}a_{22}a_{33} + a_{12}a_{23}a_{31} + a_{13}a_{21}a_{32} \\ & - a_{13}a_{22}a_{31} - a_{11}a_{23}a_{32} - a_{12}a_{21}a_{33} \end{aligned}$$

Beispiel 2.1

$D_1 = | -3 | = -3$

$$D_2 = \begin{vmatrix} 1 & 2 \\ 3 & -2 \end{vmatrix} = 1 \cdot (-2) - 2 \cdot 3 = -8$$

$$D_3 = \begin{vmatrix} 1 & 3 & 4 \\ 2 & 0 & 1 \\ 3 & 1 & 2 \end{vmatrix} = 1 \cdot 0 \cdot 2 + 3 \cdot 1 \cdot 3 + 4 \cdot 2 \cdot 1 - 4 \cdot 0 \cdot 3 - 1 \cdot 1 \cdot 1 - 3 \cdot 2 \cdot 2 = 4$$

Werden im Schema einer n-reihigen Determinante genau so viele Zeilen wie Spalten gestrichen, entsteht eine neue Determinante, die als **Unterdeterminante** bezeichnet wird.

Durch Streichen der i-ten Zeile und der k-ten Spalte einer n-reihigen Determinante entsteht die zugehörige **Unterdeterminante** U_{ik} **$(n-1)$-ter Ordnung** (auch: **Minor**).

Bemerkung

Den n^2 Elementen a_{ik} lassen sich n^2 Unterdeterminanten U_{ik} $(n-1)$-ter Ordnung zuordnen.

Die Unterdeterminante n-ter Ordnung ist die Determinante selbst.

Jedem Element a_{ik} einer n-reihigen Determinante wird eine **Adjunkte** A_{ik} (auch: **Kofaktor**) zugeordnet, die die mit $(-1)^{i+k}$ multiplizierte Unterdeterminante U_{ik} $(n-1)$-ter Ordnung ist, $A_{ik} = (-1)^{i+k} U_{ik}$.

Merkregel für das Vorzeichen $(-1)^{i+k}$ (Schachbrettregel):

$$\begin{matrix} + & - & + & - & + \\ - & + & - & + & - \\ + & - & + & - & + \\ - & + & - & + & - \\ + & - & + & - & + \end{matrix}$$

Die aus den ersten k Zeilen und Spalten gebildete Unterdeterminante einer gegebenen Determinante D heißt **Hauptabschnittsdeterminante der Ordnung** k, $D_k = \det(A_k)$.

2.1.2 Entwicklungssatz von Laplace

Wird jedes Element a_{ik} einer Reihe einer Determinante n-ter Ordnung mit seiner zugehörigen Adjunkten A_{ik} multipliziert, ergibt sich der Wert der Determinante als Summe dieser n Produkte.

L

Zum Beispiel die Entwicklung nach der r-ten Zeile:

$$D = a_{r1}A_{r1} + a_{r2}A_{r2} + \ldots + a_{rn}A_{rn}$$

$$D = \sum_{j=1}^{n} a_{rj} \cdot A_{rj} = \sum_{j=1}^{n} a_{rj} \cdot (-1)^{r+j} \cdot U_{rj}$$

Beispiel 2.2

$$D = \begin{vmatrix} 3 & 4 & 2 & 1 \\ 2 & 1 & 3 & 5 \\ 0 & 1 & 1 & 2 \\ 1 & 2 & 4 & 0 \end{vmatrix}$$

Entwicklung von D, **hier nach der 3. Zeile**.
Satz (7) im Abschnitt 2.1.3 liefert Möglichkeiten zur Vereinfachung, siehe Beispiel 2.11!

$$= 0\cdot(+1)\begin{vmatrix} 4 & 2 & 1 \\ 1 & 3 & 5 \\ 2 & 4 & 0 \end{vmatrix} + 1\cdot(-1)\begin{vmatrix} 3 & 2 & 1 \\ 2 & 3 & 5 \\ 1 & 4 & 0 \end{vmatrix} + 1\cdot(+1)\begin{vmatrix} 3 & 4 & 1 \\ 2 & 1 & 5 \\ 1 & 2 & 0 \end{vmatrix} + 2\cdot(-1)\begin{vmatrix} 3 & 4 & 2 \\ 2 & 1 & 3 \\ 1 & 2 & 4 \end{vmatrix}$$

$$= 0 + 45 - 7 + 40 = 78$$

2.1.3 Eigenschaften von Determinanten

(1) Eine Determinante ändert ihren Wert nicht, wenn alle Zeilen mit den entsprechenden Spalten vertauscht werden. (Stürzen oder Spiegeln an der Hauptdiagonalen)

Beispiel 2.3

$$D = \begin{vmatrix} a_{11} & a_{12} \\ a_{21} & a_{22} \end{vmatrix} = \begin{vmatrix} a_{11} & a_{21} \\ a_{12} & a_{22} \end{vmatrix} = a_{11}a_{22} - a_{12}a_{21}$$

(2) Eine Determinante ändert ihr Vorzeichen, wenn zwei beliebige parallele Reihen vertauscht werden.

Beispiel 2.4

$$D = \begin{vmatrix} a_{11} & a_{12} \\ a_{21} & a_{22} \end{vmatrix} = -\begin{vmatrix} a_{21} & a_{22} \\ a_{11} & a_{12} \end{vmatrix} = -(a_{21}a_{12} - a_{11}a_{22})$$

(3) Eine Determinante hat den Wert null, wenn zwei parallele Reihen übereinstimmen.

Beispiel 2.5

$$D = \begin{vmatrix} a_{11} & a_{12} & a_{13} \\ a_{21} & a_{22} & a_{23} \\ a_{11} & a_{12} & a_{13} \end{vmatrix} = \begin{array}{l} a_{11}a_{22}a_{13} + a_{12}a_{23}a_{11} + a_{13}a_{21}a_{12} \\ - a_{13}a_{22}a_{11} - a_{11}a_{23}a_{12} - a_{12}a_{21}a_{13} = 0 \end{array}$$

(4) Eine Determinante hat den Wert null, wenn alle Elemente einer Reihe null sind.

Beispiel 2.6

$$D = \begin{vmatrix} a_{11} & a_{12} & a_{13} \\ 0 & 0 & 0 \\ a_{31} & a_{32} & a_{33} \end{vmatrix} = 0 \cdot A_{21} + 0 \cdot A_{22} + 0 \cdot A_{23} = 0$$

(5) Eine Determinante wird mit dem Faktor k multipliziert, indem die Elemente **einer** Reihe mit k multipliziert werden.

Beispiel 2.7

(1) $$k \cdot D = k \cdot \begin{vmatrix} a_{11} & a_{12} \\ a_{21} & a_{22} \end{vmatrix} = \begin{vmatrix} k \cdot a_{11} & a_{12} \\ k \cdot a_{21} & a_{22} \end{vmatrix} = k \cdot a_{11}a_{22} - k \cdot a_{12}a_{21}$$
$$= k \cdot (a_{11}a_{22} - a_{12}a_{21})$$

(2) $$\begin{vmatrix} 125 & 41 \\ 147 & 49 \end{vmatrix} = 49 \cdot \begin{vmatrix} 125 & 41 \\ 3 & 1 \end{vmatrix}$$

(6) Eine Determinante hat den Wert null, wenn die Elemente einer Reihe zu den entsprechenden Elementen einer parallelen Reihe proportional sind.

Beispiel 2.8

$$D = \begin{vmatrix} k \cdot a_{12} & a_{12} \\ k \cdot a_{22} & a_{22} \end{vmatrix} = k \cdot \begin{vmatrix} a_{12} & a_{12} \\ a_{22} & a_{22} \end{vmatrix} = k \cdot 0 = 0$$

(7) Eine Determinante ändert ihren Wert nicht, wenn zu den Elementen einer Reihe die mit einem beliebigen Faktor k multiplizierten Elemente einer parallelen Reihe entsprechend addiert werden.

Beispiel 2.9

$$D = \begin{vmatrix} a_{11} & a_{12} \\ a_{21} & a_{22} \end{vmatrix} = \begin{vmatrix} a_{11} & a_{12} + k \cdot a_{11} \\ a_{21} & a_{22} + k \cdot a_{21} \end{vmatrix}$$
$$= a_{11}a_{22} + k \cdot a_{11}a_{21} - a_{12}a_{21} - k \cdot a_{11}a_{21} = a_{11}a_{22} - a_{12}a_{21}$$

(8) Eine Determinante ändert ihren Wert durch das Rändern nicht.

Beispiel 2.10

Rändern: $\begin{vmatrix} a_{11} & a_{12} & a_{13} \\ a_{21} & a_{22} & a_{23} \\ a_{31} & a_{32} & a_{33} \end{vmatrix} = \begin{vmatrix} 1 & x_1 & x_2 & x_3 \\ 0 & a_{11} & a_{12} & a_{13} \\ 0 & a_{21} & a_{22} & a_{23} \\ 0 & a_{31} & a_{32} & a_{33} \end{vmatrix}$

Bemerkungen

(1) Unter Ausnutzung von Satz (7) können in einer geeigneten Reihe Nullen erzeugt werden. Bei Entwicklung nach dieser Reihe brauchen die mit null zu multiplizierenden Adjunkten nicht berechnet zu werden.

(2) Der GAUSS-Algorithmus liefert bei quadratischen Koeffizientenmatrizen den Wert der Determinante durch Multiplikation der Hauptdiagonalelemente, siehe Abschnitt 2.3.4.

Beispiel 2.11

$$D = \begin{vmatrix} 3 & 4 & 2 & 1 \\ 2 & 1 & 3 & 5 \\ 0 & 1 & 1 & 2 \\ 1 & 2 & 4 & 0 \end{vmatrix}$$

Zum Beispiel 1. Spalte mit Arbeitselement a_{41}:

(1) Zu den Elementen der 1. Zeile wird das Minus-Dreifache der Elemente der 4. Zeile addiert ($0 = x \cdot 1 + 3$, $x = -3$).

(2) Zu den Elementen der 2. Zeile wird das Minus-Zweifache der Elemente der 4. Zeile addiert.

$$= \begin{vmatrix} 0 & -2 & -10 & 1 \\ 0 & -3 & -5 & 5 \\ 0 & 1 & 1 & 2 \\ 1 & 2 & 4 & 0 \end{vmatrix}$$

Entwicklung nach der 1. Spalte.

$$= (-1) \cdot \begin{vmatrix} -2 & -10 & 1 \\ -3 & -5 & 5 \\ 1 & 1 & 2 \end{vmatrix}$$

Zum Beispiel 1. Spalte mit Arbeitselement a_{31}:

(1) Zu den Elementen der 1. Zeile wird das Doppelte der Elemente der 3. Zeile addiert.

(2) Zu den Elementen der 2. Zeile wird das Dreifache der Elemente der 3. Zeile addiert.

$$= (-1) \cdot \begin{vmatrix} 0 & -8 & 5 \\ 0 & -2 & 11 \\ 1 & 1 & 2 \end{vmatrix} = (-1) \cdot \begin{vmatrix} -8 & 5 \\ -2 & 11 \end{vmatrix} = (-1) \cdot (-88 + 10) = 78$$

CRAMERsche Regel

Lineare Gleichungssysteme $\boldsymbol{A} \cdot \boldsymbol{x} = \boldsymbol{b}$ mit $m = n$ und $D = |A| \neq 0$ können mit der CRAMERschen Regel gelöst werden.

$$x_i = \frac{D_i}{D}, \quad i = 1, 2, \ldots, n$$

D ist die Koeffizientendeterminante von $\boldsymbol{A}$. Bei D_i ist die i-te Spalte von D durch den Vektor der rechten Seite $\boldsymbol{b}$ ersetzt.

Bemerkung
Die CRAMERsche Regel kann nur angewendet werden, wenn die Koeffizientendeterminante D von null verschieden ist.
Zu linearen Gleichungssystemen und Matrizengleichungen siehe Abschnitte 2.3 und 2.4.

Beispiel 2.12

$$\begin{aligned} x_1 - 5x_2 + 2x_3 &= 9 \\ -x_1 + 6x_2 + x_3 &= -7 \\ -2x_1 + x_2 - 3x_3 &= -8 \end{aligned}$$

Lösung des Gleichungssystems mit der CRAMERschen Regel

1. Aufstellen und Berechnen der Koeffizientendeterminante D:

$$D = \begin{vmatrix} 1 & -5 & 2 \\ -1 & 6 & 1 \\ -2 & 1 & -3 \end{vmatrix} = 28 \neq 0$$

2. Zählerdeterminanten:

$$D_1 = \begin{vmatrix} 9 & -5 & 2 \\ -7 & 6 & 1 \\ -8 & 1 & -3 \end{vmatrix} = 56 \quad \Rightarrow$$

$$D_2 = \begin{vmatrix} 1 & 9 & 2 \\ -1 & -7 & 1 \\ -2 & -8 & -3 \end{vmatrix} = -28 \quad \Rightarrow$$

$$D_3 = \begin{vmatrix} 1 & -5 & 9 \\ -1 & 6 & -7 \\ -2 & 1 & -8 \end{vmatrix} = 28 \quad \Rightarrow$$

3. Variable berechnen:

$$x_1 = \frac{D_1}{D} = \frac{56}{28} = 2$$

$$x_2 = \frac{D_2}{D} = \frac{-28}{28} = -1$$

$$x_3 = \frac{D_3}{D} = \frac{28}{28} = 1$$

2.2 Matrizen

2.2.1 Begriffe

L

Eine **Matrix** $A = A_{(m,n)} = \begin{pmatrix} a_{11} & \dots & a_{1n} \\ \vdots & & \\ a_{m1} & \dots & a_{mn} \end{pmatrix} = (a_{ik}) = (a_{ik})_{(m,n)}$

ist ein System von $m \cdot n$ Elementen a_{ik} (Zahlen oder sonstige mathematische Objekte), die in einem rechteckigen Schema von m Zeilen und n Spalten angeordnet sind.

Das geordnete Paar (m,n) bezeichnet den **Typ** oder das **Format** einer Matrix $\boldsymbol{A} = \boldsymbol{A}_{(m,n)}$. Matrizen, die nur aus einer Spalte $\boldsymbol{a}$ oder nur aus einer Zeile $\boldsymbol{b}$ bestehen, werden auch als **Vektoren** bezeichnet, $\boldsymbol{a} = \boldsymbol{a}_{(m,1)} = \boldsymbol{a}_{(m)} = (a_i)$ bzw. $\boldsymbol{b} = \boldsymbol{b}_{(1,n)} = \boldsymbol{b}_{(n)} = (b_k)$.

Zwei Matrizen $\boldsymbol{A} = (a_{ik})$ und $\boldsymbol{B} = (b_{ik})$ sind genau dann **gleich**, wenn sie gleiches Format haben und alle entsprechenden Elemente gleich sind.

Wenn in der Matrix $\boldsymbol{A} = (a_{ik})$ die Zeilen und Spalten miteinander vertauscht werden, heißt die so entstehende Matrix die **gestürzte** oder **transponierte** Matrix, $\boldsymbol{A}^{\mathrm{T}} = (a_{ki})$, es gilt $(\boldsymbol{A}^{\mathrm{T}})^{\mathrm{T}} = \boldsymbol{A}$.

Beispiel 2.13

$\boldsymbol{A} = \begin{pmatrix} 2 & 1 & 3 \\ 4 & 0 & 6 \end{pmatrix}_{(2,3)} \qquad \boldsymbol{A}^{\mathrm{T}} = \begin{pmatrix} 2 & 4 \\ 1 & 0 \\ 3 & 6 \end{pmatrix}_{(3,2)}$

$\boldsymbol{b} = \begin{pmatrix} 1 & 3 & 2 \end{pmatrix}_{(1,3)} \qquad \boldsymbol{b}^{\mathrm{T}} = \begin{pmatrix} 1 \\ 3 \\ 2 \end{pmatrix}_{(3,1)} \qquad \boldsymbol{c} = \boldsymbol{c}^{\mathrm{T}} = (a)_{(1,1)}$

Ist in einer Matrix $\boldsymbol{A}_{(m,n)}$ $m = n$, so ist sie eine **quadratische** Matrix von der Ordnung n oder vom Format (n,n).
Eine quadratische Matrix $\boldsymbol{A}$ mit $\boldsymbol{A}^{\mathrm{T}} = \boldsymbol{A}$ heißt **symmetrisch**.

Die Elemente $a_{11}, a_{22}, \dots, a_{nn}$ einer quadratischen Matrix bilden die **Hauptdiagonalelemente**, die Elemente $a_{1n}, a_{2(n-1)}, \dots, a_{(n-1)2}, a_{n1}$ heißen **Nebendiagonalelemente** und die Summe der Elemente der Hauptdiagonalen heißt **Spur** $\operatorname{sp}(\boldsymbol{A}) = a_{11} + a_{22} + \dots + a_{nn}$.

Matrizen, deren Elemente wiederum Matrizen sind, heißen **Blockmatrizen**, die Elemente heißen **Blöcke** oder **Untermatrizen**.

2.2.2 Rechnen mit Matrizen

Addition und Subtraktion

Es seien $\boldsymbol{A} = (a_{ik})$ und $\boldsymbol{B} = (b_{ik})$ zwei Matrizen mit jeweils m Zeilen und n Spalten. Zwei Matrizen $\boldsymbol{A}_{(m,n)} = (a_{ik})$ und $\boldsymbol{B}_{(m,n)} = (b_{ik})$, die das gleiche Format haben, heißen **gleichartige Matrizen**.

Nur für gleichartige Matrizen sind Addition und Subtraktion erklärt.

Die **Summe** zweier gleichartiger Matrizen $\boldsymbol{A}$ und $\boldsymbol{B}$ ist die Matrix $\boldsymbol{S}$, deren Elemente jeweils die Summe einander entsprechender Elemente von $\boldsymbol{A}$ und $\boldsymbol{B}$ sind, $\boldsymbol{A}+\boldsymbol{B}=\boldsymbol{S}$, $a_{ik}+b_{ik}=s_{ik}$ $(i=1,2,\ldots,m;\, k=1,2,\ldots,n)$.
Die **Differenz** zweier gleichartiger Matrizen $\boldsymbol{A}$ und $\boldsymbol{B}$ ist die Matrix $\boldsymbol{D}$, deren Elemente jeweils die Differenz einander entsprechender Elemente von $\boldsymbol{A}$ und $\boldsymbol{B}$ sind, $\boldsymbol{A}-\boldsymbol{B}=\boldsymbol{D}$, $a_{ik}-b_{ik}=d_{ik}\ \forall i,k$.

Beispiel 2.14

$$\boldsymbol{A} = \begin{pmatrix} 2 & 3 & 0 & 1 \\ 4 & 1 & 3 & 6 \end{pmatrix} \qquad \boldsymbol{B} = \begin{pmatrix} 1 & 4 & 9 & 11 \\ 5 & 4 & 1 & 6 \end{pmatrix}$$

z. B.:
$1 + 11 = 12$
$1 - 11 = -10$

$$\boldsymbol{A}+\boldsymbol{B} = \begin{pmatrix} 3 & 7 & 9 & 12 \\ 9 & 5 & 4 & 12 \end{pmatrix} \qquad \boldsymbol{A}-\boldsymbol{B} = \begin{pmatrix} 1 & -1 & -9 & -10 \\ -1 & -3 & 2 & 0 \end{pmatrix}$$

Für die Addition gleichartiger Matrizen gelten
das Kommutativgesetz $\boldsymbol{A}+\boldsymbol{B}=\boldsymbol{B}+\boldsymbol{A}$,
das Assoziativgesetz $(\boldsymbol{A}+\boldsymbol{B})+\boldsymbol{C}=\boldsymbol{A}+(\boldsymbol{B}+\boldsymbol{C})=\boldsymbol{A}+\boldsymbol{B}+\boldsymbol{C}$,
sowie $(\boldsymbol{A}+\boldsymbol{B})^{\mathrm{T}}=\boldsymbol{A}^{\mathrm{T}}+\boldsymbol{B}^{\mathrm{T}}$.

Eine Matrix, deren Elemente alle gleich null sind, heißt **Nullmatrix** $\boldsymbol{0}$.
Es gilt: $\boldsymbol{A}+\boldsymbol{0}=\boldsymbol{A}-\boldsymbol{0}=\boldsymbol{0}+\boldsymbol{A}=\boldsymbol{A}$ und $\boldsymbol{0}-\boldsymbol{A}=-\boldsymbol{A}$.

Multiplikation einer Matrix mit einem skalaren Faktor

Eine Matrix $\boldsymbol{A}$ wird mit einem **skalaren Faktor** (Skalar) k **multipliziert**, indem jedes Element a_{ik} der Matrix $\boldsymbol{A}$ mit dem Faktor k multipliziert wird, $k\cdot\boldsymbol{A}=\boldsymbol{A}\cdot k=(k\cdot a_{ik})$, $k\in\mathbf{R}$. Ferner: $(k\cdot\boldsymbol{A})^{\mathrm{T}}=k\cdot\boldsymbol{A}^{\mathrm{T}}$

Skalarprodukt, Betrag eines Vektors

Das **Skalarprodukt** (innere Produkt) **zweier Spaltenvektoren** $\boldsymbol{x}$ und $\boldsymbol{y}$ ist wie folgt definiert: $\boldsymbol{x}^{\mathrm{T}} \cdot \boldsymbol{y} = x_1 y_1 + x_2 y_2 + \ldots + x_n y_n$
Der **Betrag eines Vektors** $\boldsymbol{x}$ vom Typ $(n, 1)$, $|\boldsymbol{x}|$, ist die Wurzel aus dem Skalarprodukt $\boldsymbol{x}^{\mathrm{T}} \cdot \boldsymbol{x}$: $\quad |\boldsymbol{x}| = \sqrt{\boldsymbol{x}^{\mathrm{T}} \cdot \boldsymbol{x}} = \sqrt{x_1^2 + x_2^2 + \ldots + x_n^2}$

Beispiel 2.15

(1) Multiplikation einer Matrix mit einem skalaren Faktor

$$3 \cdot \boldsymbol{A} = 3 \cdot \begin{pmatrix} 2 & 3 & 0 & 1 \\ 4 & 1 & 3 & 6 \end{pmatrix} = \begin{pmatrix} 6 & 9 & 0 & 3 \\ 12 & 3 & 9 & 18 \end{pmatrix}$$

(2) Skalarprodukt

$$\begin{pmatrix} 2 \\ 1 \end{pmatrix}^{\mathrm{T}} \cdot \begin{pmatrix} -1 \\ 4 \end{pmatrix} = -2 + 4 = 2$$

(3) Betrag eines Vektors

$$\boldsymbol{x} = \begin{pmatrix} 3 \\ -4 \end{pmatrix}, \quad |\boldsymbol{x}| = \sqrt{9 + 16} = \sqrt{25} = 5$$

Multiplikation von Matrizen

Zwei Matrizen $\boldsymbol{A}_{(m,n)}$ und $\boldsymbol{B}_{(n,p)}$ heißen **verkettet**, wenn die Anzahl der Spalten von $\boldsymbol{A}$ gleich der Anzahl der Zeilen von $\boldsymbol{B}$ ist, d. h. wenn $\boldsymbol{A}$ vom Typ (m, n) und $\boldsymbol{B}$ vom Typ (n, p) ist.

Nur verkettete Matrizen können miteinander multipliziert werden.

Als **Produkt** der verketteten Matrizen $\boldsymbol{A}$ und $\boldsymbol{B}$ wird die Matrix $\boldsymbol{C}_{(m,p)} = \boldsymbol{A}_{(m,n)} \cdot \boldsymbol{B}_{(n,p)}$ bezeichnet, deren Elemente als Skalarprodukt der Elemente aus der Zeile und aus der Spalte berechnet werden, in deren Schnittpunkt das zu berechnende Element steht:

$$c_{ik} = \sum_{r=1}^{n} a_{ir} b_{rk} \quad \text{für} \quad i = 1, 2, \ldots, m; \quad k = 1, 2, \ldots, p$$

$\boldsymbol{C}_{(m,p)} = \boldsymbol{A}_{(m,n)} \cdot \boldsymbol{B}_{(n,p)}$ wird im Schema von FALK errechnet:

$$\begin{array}{cc|ccc} & & b_{11} & b_{12} & b_{13} \\ \boldsymbol{A} \cdot \boldsymbol{B} & & b_{21} & b_{22} & b_{23} \\ \hline a_{11} & a_{12} & c_{11} & c_{12} & c_{13} \\ a_{21} & a_{22} & c_{21} & c_{22} & c_{23} \end{array}$$

z. B.: $c_{12} = a_{11} \cdot b_{12} + a_{12} \cdot b_{22}$

Zeilen- (bzw. Spalten-)summenprobe bei der Matrizenmultiplikation

Für die Zeilensummenprobe wird eine neue Spalte eingefügt. Die Elemente der Matrix $\boldsymbol{B}$ werden zeilenweise addiert. Die Berechnung der Ergebniselemente erfolgt als neue Spalte im FALKschen Schema, die Werte müssen mit der Zeilensumme von $\boldsymbol{C}$ jeweils übereinstimmen: ✓.

		b_{11}	b_{12}	$b_{11}+b_{12}$
$\boldsymbol{A}\cdot\boldsymbol{B}$		b_{21}	b_{22}	$b_{21}+b_{22}$
a_{11}	a_{12}	c_{11}	c_{12}	c_1 ✓
a_{21}	a_{22}	c_{21}	c_{22}	c_2 ✓

Für die Berechnung von c_1 und c_2 gilt:

1. $c_1 = a_{11}\cdot(b_{11}+b_{12}) + a_{12}\cdot(b_{21}+b_{22})$ und 2. $c_1 = c_{11}+c_{12}$
   $c_2 = a_{21}\cdot(b_{11}+b_{12}) + a_{22}\cdot(b_{21}+b_{22})$ $\quad c_2 = c_{21}+c_{22}$

Das Zeichen „✓" steht für die **positive Probe**, d. h., **dass die Werte jeweils zweimal ausgerechnet wurden und übereinstimmen**. Die Spaltensummenprobe erfolgt analog.

Beispiel 2.16

Schema von FALK

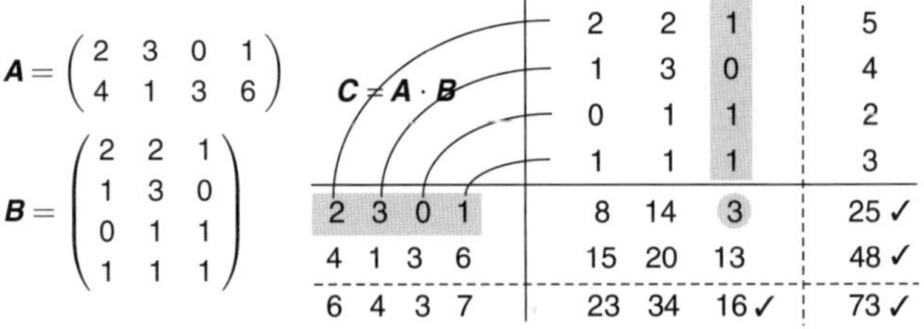

z. B.: $c_{13} = a_{11}b_{13} + a_{12}b_{23} + a_{13}b_{33} + a_{14}b_{43} = 2\cdot 1 + 3\cdot 0 + 0\cdot 1 + 1\cdot 1 = 3$

> Für die Multiplikation von Matrizen gelten das
> **Distributivgesetz** $(\boldsymbol{A}+\boldsymbol{B})\cdot\boldsymbol{C} = \boldsymbol{A}\cdot\boldsymbol{C}+\boldsymbol{B}\cdot\boldsymbol{C}$ und das
> **Assoziativgesetz** $(\boldsymbol{A}\cdot\boldsymbol{B})\cdot\boldsymbol{C} = \boldsymbol{A}\cdot(\boldsymbol{B}\cdot\boldsymbol{C}) = \boldsymbol{A}\cdot\boldsymbol{B}\cdot\boldsymbol{C}$,
> falls die einzelnen Summen und Produkte der Matrizen existieren.
> Das Kommutativgesetz gilt im Allgemeinen nicht, d. h. $\boldsymbol{A}\cdot\boldsymbol{B} \neq \boldsymbol{B}\cdot\boldsymbol{A}$.
> Es gilt aber: $(\boldsymbol{A}\cdot\boldsymbol{B})^{\mathrm{T}} = \boldsymbol{B}^{\mathrm{T}}\cdot\boldsymbol{A}^{\mathrm{T}}$

Bemerkung

*Bei der Matrizenmultiplikation ist es möglich, dass das Produkt **C** zweier Matrizen **A** und **B**, von denen keine die Nullmatrix ist, die Nullmatrix $\boldsymbol{C}=\boldsymbol{0}$ ergeben kann. **A** und **B** heißen in diesem Fall **Nullteiler**.*

Beispiel 2.17

$\boldsymbol{A}$ und $\boldsymbol{B}$ sind Nullteiler:

$$\boldsymbol{A} = \begin{pmatrix} 1 & 2 & -3 \\ 2 & 4 & -6 \\ -2 & -4 & 6 \end{pmatrix} \qquad \boldsymbol{B} = \begin{pmatrix} 5 & 7 & 13 \\ 2 & 1 & 1 \\ 3 & 3 & 5 \end{pmatrix}$$

			5	7	13
	$\boldsymbol{A} \cdot \boldsymbol{B}$		2	1	1
			3	3	5
1	2	−3	0	0	0
2	4	−6	0	0	0
−2	−4	6	0	0	0

			1	2	−3
	$\boldsymbol{B} \cdot \boldsymbol{A}$		2	4	−6
			−2	−4	6
5	7	13	−7	−14	21
2	1	1	2	4	−6
3	3	5	−1	−2	3

Das Beispiel zeigt auch, dass die **Matrizenmultiplikation nicht kommutativ** ist.

Verflechtungen als Anwendung der Matrizenmultiplikation

Zur Herstellung eines Endprodukts seien n Produktionsstufen erforderlich.

Bezeichnungen

j Nummer der einzelnen Produktionsstufe ($j = 1, 2, \ldots, n$)

$\boldsymbol{A}^{(j,j+1)}$ Matrix für den Übergang von der Stufe j zur Stufe $j+1$

$\boldsymbol{x}^{(j)}$ Vektor, der angibt, wie viele Einheiten in der Stufe j für die folgende Stufe $j+1$ benötigt werden ($j = 1, 2, \ldots, n-1$)

$\boldsymbol{y}^{(j)}$ Vektor, der angibt, wie viele Einheiten in der Stufe j zusätzlich hergestellt werden ($j = 1, 2, \ldots, n-1$)

(1) Die Produktionsmenge entspricht in allen Stufen der Verbrauchsmenge (**Verflechtung 1. Art**).

Die Elemente $a_{ik}^{(j,j+1)}$ der Matrix $\boldsymbol{A}^{(j,j+1)} = (a_{ik}^{(j,j+1)})$ geben an, wie viele Einheiten des Erzeugnisses i der Stufe j in eine Einheit des Erzeugnisses k der Stufe $j+1$ eingehen.
Für den Übergang von der Stufe j zur Stufe $j+1$ gilt die Beziehung

$\boldsymbol{x}^{(j)} = \boldsymbol{A}^{(j,j+1)} \cdot \boldsymbol{x}^{(j+1)}$, ($j = 1, 2, \ldots, n-1$).

Ist die Endproduktion durch den Vektor $\boldsymbol{x}^{(n)}$ vorgegeben, kann schrittweise der Bedarf an den Zwischenprodukten der Stufen $n-1, n-2, \ldots, 1$ (Stufe 1 evtl. Rohstoffe) ermittelt werden.

(2) Werden in den Produktionsstufen über den Verbrauch der Folgestufe hinaus Einheiten gefertigt (**erweiterte Verflechtung 1. Art**), gilt die Beziehung $\boldsymbol{x}^{(j)} = \boldsymbol{A}^{(j,j+1)} \cdot \boldsymbol{x}^{(j+1)} + \boldsymbol{y}^{(j)}$, ($j = 1, 2, \ldots, n-1$).

Beispiel 2.18

In einem Betrieb werden zur Produktion der Mengen e_1 und e_2 zweier Endprodukte E_1 und E_2 zwei Zwischenprodukte benötigt, die wiederum aus drei verschiedenen Rohstoffen R_i hergestellt werden. Die Mengeneinheiten der zwei

Zwischenprodukte Z_j seien z_1 und z_2 und die der Rohstoffe r_1, r_2 und r_3. Der Bedarf für die End- bzw. Zwischenprodukte sei

	Z_1	Z_2
R_1	3	1
R_2	1	2
R_3	1	2

	E_1	E_2
Z_1	2	1
Z_2	3	2

Gesucht ist der Rohstoffbedarf für die Erzeugung von $e_1 = 12$ und $e_2 = 15$ Endprodukten.

Lösung

Es handelt sich hier um einen **dreistufigen Produktionsprozess**.
Zur übersichtlichen Schreibweise wird folgende Bezeichnung der Vektoren vorgenommen:

$\boldsymbol{x}^{(1)} = \boldsymbol{r}$ (Rohstoffe)
$\boldsymbol{x}^{(2)} = \boldsymbol{z}$ (Zwischenprodukte)
$\boldsymbol{x}^{(3)} = \boldsymbol{e}$ (Endprodukte).

Wie viele von den 3 Rohstoffarten zur Produktion der einzelnen Zwischenprodukte erforderlich sind, gibt die Matrix $\boldsymbol{A}^{(1,2)}_{(3,2)}$ an; die Matrix $\boldsymbol{A}^{(2,3)}_{(2,2)}$ gibt an, wie viele der einzelnen Zwischenprodukte für die Produktion der Endprodukte erforderlich sind. Die oberen Indizes stehen für den Stufenübergang, die unteren geben optional das Format der Matrizen an.

$$\boldsymbol{r} = \boldsymbol{A}^{(1,2)} \cdot \boldsymbol{z} \quad \text{mit} \quad \boldsymbol{A}^{(1,2)} = \begin{pmatrix} 3 & 1 \\ 1 & 2 \\ 1 & 2 \end{pmatrix} \quad \text{und}$$

$$\boldsymbol{z} = \boldsymbol{A}^{(2,3)} \cdot \boldsymbol{e} \quad \text{mit} \quad \boldsymbol{A}^{(2,3)} = \begin{pmatrix} 2 & 1 \\ 3 & 2 \end{pmatrix}, \quad \boldsymbol{e} = \begin{pmatrix} 12 \\ 15 \end{pmatrix}$$

$$\boldsymbol{r} = \boldsymbol{A}^{(1,2)} \cdot \boldsymbol{A}^{(2,3)} \cdot \boldsymbol{e} = \begin{pmatrix} 3 & 1 \\ 1 & 2 \\ 1 & 2 \end{pmatrix} \cdot \begin{pmatrix} 2 & 1 \\ 3 & 2 \end{pmatrix} \cdot \begin{pmatrix} 12 \\ 15 \end{pmatrix}$$

$$= \begin{pmatrix} 3 & 1 \\ 1 & 2 \\ 1 & 2 \end{pmatrix} \cdot \begin{pmatrix} 39 \\ 66 \end{pmatrix} = \begin{pmatrix} 183 \\ 171 \\ 171 \end{pmatrix}$$

Für die Produktion der Mengeneinheiten $e_1 = 12$ und $e_2 = 15$ werden die Rohstoffmengen $r_1 = 183$, $r_2 = 171$ und $r_3 = 171$ benötigt.

Bemerkung

(1) Unter Beachtung der Reihenfolge $\mathbf{r} = \mathbf{A}^{(1,2)} \cdot (\mathbf{A}^{(2,3)} \cdot \mathbf{e})$ *lässt sich die Anzahl der notwendigen Rechenoperationen effektiv gestalten.*

(2) Die Matrix $\mathbf{A}^{(1,3)} = \mathbf{A}^{(1,2)} \cdot \mathbf{A}^{(2,3)}$ *liefert den direkten Zusammenhang zwischen dem Rohstoffverbrauch und den Endprodukten.*

MARKOV-Ketten

Bezeichnungen

j Nummer der einzelnen Prozessstufen ($j = 1, 2, \ldots, n$)
$\boldsymbol{M}^{(j)}$ Übergangsmatrix von Prozessstufe j zur Stufe $j+1$
$\boldsymbol{x}^{(j)}$ Vektor für den Zustand der Stufe j

Wenn in einer Kette von Vektoren $\boldsymbol{x}^{(j)}$ für Stufe j ($j = 1, 2, \ldots, n$) der Vektor $\boldsymbol{x}^{(j)}$ nur vom vorangegangenen Vektor $\boldsymbol{x}^{(j-1)}$ abhängt, heißen die Vektoren eine **MARKOV-Kette** und beschreiben einen **MARKOV-Prozess**. Es besteht dann der folgende Zusammenhang:
$\boldsymbol{x}^{(j+1)\mathrm{T}} = \boldsymbol{x}^{(j)\mathrm{T}} \cdot \boldsymbol{M}^{(j)}$, ($j = 1, 2, \ldots, n$). Siehe z. B. Larek 2012.

2.2.3 Besondere Matrizen

Eine quadratische Matrix, in der alle Elemente $a_{ik} = 0$ für $i \neq k$ sind, heißt **Diagonalmatrix**.

Beispiel 2.19

$$\boldsymbol{D}_1 = \begin{pmatrix} d_1 & 0 & 0 \\ 0 & d_2 & 0 \\ 0 & 0 & d_3 \end{pmatrix} \qquad \boldsymbol{D}_2 = \begin{pmatrix} 1 & 0 & 0 \\ 0 & 0 & 0 \\ 0 & 0 & 1 \end{pmatrix}$$

Eine Diagonalmatrix, deren Diagonalelemente alle Eins sind, heißt **Einheitsmatrix** $\boldsymbol{E}_{(n,n)} = (e_{ik})$ mit $e_{ik} = 0\ \forall i, k$ bei $i \neq k$ und $e_{ii} = 1\ \forall i$.

Für die Einheitsmatrix gilt: $\boldsymbol{E}_{(m,m)} \cdot \boldsymbol{A}_{(m,n)} = \boldsymbol{A}_{(m,n)} \cdot \boldsymbol{E}_{(n,n)} = \boldsymbol{A}_{(m,n)}$

Beispiel 2.20

Einheitsmatrix dritter Ordnung: $\boldsymbol{E} = \begin{pmatrix} 1 & 0 & 0 \\ 0 & 1 & 0 \\ 0 & 0 & 1 \end{pmatrix}$

Eine quadratische Matrix $\boldsymbol{A}$, die mit ihrer Transponierten multipliziert die Einheitsmatrix ergibt, heißt **orthogonale Matrix**, $\boldsymbol{A} \cdot \boldsymbol{A}^{\mathrm{T}} = \boldsymbol{E}$.

Beispiel 2.21

$$\boldsymbol{A} = \begin{pmatrix} \cos\beta & -\sin\beta \\ \sin\beta & \cos\beta \end{pmatrix}, \quad \boldsymbol{A}^{\mathrm{T}} = \begin{pmatrix} \cos\beta & \sin\beta \\ -\sin\beta & \cos\beta \end{pmatrix} \qquad \boldsymbol{A} \cdot \boldsymbol{A}^{\mathrm{T}} = \begin{pmatrix} 1 & 0 \\ 0 & 1 \end{pmatrix}$$

$\boldsymbol{A}^{-1}$ heißt die zur quadratischen Matrix $\boldsymbol{A}$ **inverse (reziproke) Matrix oder Kehrmatrix**, wenn gilt $\boldsymbol{A}^{-1} \cdot \boldsymbol{A} = \boldsymbol{A} \cdot \boldsymbol{A}^{-1} = \boldsymbol{E}$.

Eine Matrix $\boldsymbol{A}$ ist orthogonal, falls $\boldsymbol{A}^{\mathrm{T}} = \boldsymbol{A}^{-1}$ bzw. $\boldsymbol{A}^{\mathrm{T}} \cdot \boldsymbol{A} = \boldsymbol{E}$.

Jeder quadratischen Matrix $\boldsymbol{A}$ kann eine Zahl $\det(\boldsymbol{A})$ zugeordnet werden. Eine quadratische Matrix $\boldsymbol{A}$ heißt **regulär**, falls $\det(\boldsymbol{A}) \neq 0$ und **singulär**, falls $\det(\boldsymbol{A}) = 0$ ist.

Eine reguläre Matrix $\boldsymbol{A}$ hat eine eindeutige inverse Matrix $\boldsymbol{A}^{-1}$:

$$\boldsymbol{A}^{-1} = \frac{1}{\det(\boldsymbol{A})} \cdot \begin{pmatrix} A_{11} & \dots & A_{1n} \\ \vdots & & \vdots \\ A_{n1} & \dots & A_{nn} \end{pmatrix}^{\mathrm{T}}.$$

Hinweis: Die A_{ik} sind **Adjunkte**, siehe Abschnitt 2.1.1.

Für reguläre Matrizen gelten: $(\boldsymbol{A}^{-1})^{-1} = \boldsymbol{A}$, $(\boldsymbol{A} \cdot \boldsymbol{B})^{-1} = \boldsymbol{B}^{-1} \cdot \boldsymbol{A}^{-1}$, $(\boldsymbol{A}^{\mathrm{T}})^{-1} = (\boldsymbol{A}^{-1})^{\mathrm{T}}$ und $\det(\boldsymbol{A}^{-1}) = \dfrac{1}{\det(\boldsymbol{A})}$.

Beispiel 2.22

$$\boldsymbol{A} = \begin{pmatrix} 3 & 4 \\ 5 & 7 \end{pmatrix} \qquad \boldsymbol{A}^{-1} = \frac{1}{3 \cdot 7 - 4 \cdot 5} \begin{pmatrix} 7 & -5 \\ -4 & 3 \end{pmatrix}^{\mathrm{T}} = \begin{pmatrix} 7 & -4 \\ -5 & 3 \end{pmatrix}$$

bzw.: $\boldsymbol{B} = \begin{pmatrix} 4 & 1 & 2 \\ -2 & 3 & 5 \\ -1 & 0 & 2 \end{pmatrix}$

$$\boldsymbol{B}^{-1} = \frac{1}{29} \begin{pmatrix} \begin{vmatrix} 3 & 5 \\ 0 & 2 \end{vmatrix} & -\begin{vmatrix} -2 & 5 \\ -1 & 2 \end{vmatrix} & \begin{vmatrix} -2 & 3 \\ -1 & 0 \end{vmatrix} \\ -\begin{vmatrix} 1 & 2 \\ 0 & 2 \end{vmatrix} & \begin{vmatrix} 4 & 2 \\ -1 & 2 \end{vmatrix} & -\begin{vmatrix} 4 & 1 \\ -1 & 0 \end{vmatrix} \\ \begin{vmatrix} 1 & 2 \\ 3 & 5 \end{vmatrix} & -\begin{vmatrix} 4 & 2 \\ -2 & 5 \end{vmatrix} & \begin{vmatrix} 4 & 1 \\ -2 & 3 \end{vmatrix} \end{pmatrix}^{\mathrm{T}} = \frac{1}{29} \begin{pmatrix} 6 & -1 & 3 \\ -2 & 10 & -1 \\ -1 & -24 & 14 \end{pmatrix}^{\mathrm{T}}$$

$$\boldsymbol{B}^{-1} = \frac{1}{29} \begin{pmatrix} 6 & -2 & -1 \\ -1 & 10 & -24 \\ 3 & -1 & 14 \end{pmatrix}$$

Die Probe $\boldsymbol{B} \cdot \boldsymbol{B}^{-1} = \boldsymbol{B}^{-1} \cdot \boldsymbol{B} = \boldsymbol{E}$ bestätigt das Ergebnis. In diesem Fall ist die Matrizenmultiplikation kommutativ.

2.2.4 Eigenwerte, Eigenvektoren

In der Marktforschung und bei vielen weiteren Anwendungen besteht das Problem darin, für welche Werte λ (Eigenwerte) und welche Vektoren $\boldsymbol{x}$ (Eigenvektoren) die Gleichung $\boldsymbol{A} \cdot \boldsymbol{x} = \lambda \cdot \boldsymbol{x}$ lösbar ist.
Dazu ist das homogene Gleichungssystem $(\boldsymbol{A} - \lambda \cdot \boldsymbol{E}) \cdot \boldsymbol{x} = \boldsymbol{o}$ zu lösen.

Die Gleichung $\det(\boldsymbol{A} - \lambda \cdot \boldsymbol{E}) = 0$ mit der Variablen λ heißt **charakteristische Gleichung** einer quadratischen Matrix $\boldsymbol{A}$.

Die Lösungen der charakteristischen Gleichung $\det(\boldsymbol{A} - \lambda \cdot \boldsymbol{E}) = 0$ heißen **Eigenwerte** der quadratischen Matrix $\boldsymbol{A}$.

Ist λ ein Eigenwert der Matrix $\boldsymbol{A}$, so heißen die Vektoren $\boldsymbol{x} \neq \boldsymbol{o}$, die der Beziehung $\boldsymbol{A} \cdot \boldsymbol{x} = \lambda \cdot \boldsymbol{x}$ oder $(\boldsymbol{A} - \lambda \cdot \boldsymbol{E}) \cdot \boldsymbol{x} = \boldsymbol{o}$ genügen, die zum Eigenwert λ gehörenden **Eigenvektoren** der quadratischen Matrix $\boldsymbol{A}$.

Bemerkung

(1) Eine quadratische Matrix n-ter Ordnung hat n Eigenwerte, die ein- oder mehrfach auftreten können und reell oder komplex sein können.

(2) Für reelle symmetrische Matrizen sind alle Eigenwerte reell.

Zu m voneinander verschiedenen Eigenwerten λ_i $(i = 1, 2, \ldots, m \leqq n)$ von $\boldsymbol{A}_{(n,n)}$ gehören m linear unabhängige Eigenvektoren $\boldsymbol{x}_i$ (siehe Abschnitt 2.3.1).

Häufig werden **normierte Eigenvektoren** $\boldsymbol{x}_\mathrm{N}$ (Länge gleich 1) benötigt. Diese werden wie folgt ermittelt:

$$\boldsymbol{x}_{i\mathrm{N}} = t_i \cdot \boldsymbol{x}_i \quad \text{mit} \quad t_i = \frac{1}{\sqrt{\sum\limits_k \boldsymbol{x}_{ik}^2}}, \quad i = 1, 2, \ldots, m$$

Beispiel 2.23

(1) $\boldsymbol{A} = \begin{pmatrix} 5 & 3 \\ 3 & 5 \end{pmatrix}$ Charakteristische Gleichung: $\begin{vmatrix} 5-\lambda & 3 \\ 3 & 5-\lambda \end{vmatrix} = 0$

$25 - 10\lambda + \lambda^2 - 9 = 0, \quad \lambda^2 - 10\lambda + 16 = 0,$ Eigenwerte: $\lambda_1 = 8$
$\lambda_2 = 2$

Eigenvektoren: $\left[\begin{pmatrix} 5 & 3 \\ 3 & 5 \end{pmatrix} - \lambda \cdot \begin{pmatrix} 1 & 0 \\ 0 & 1 \end{pmatrix}\right] \cdot \boldsymbol{x} = \boldsymbol{o}$

$\lambda_1 = 8$: $\begin{pmatrix} -3 & 3 \\ 3 & -3 \end{pmatrix} \cdot \boldsymbol{x}_1 = \boldsymbol{o}$, $\begin{matrix} -3x_1 + 3x_2 = 0 \\ 3x_1 - 3x_2 = 0 \end{matrix}$, Lösung: $\boldsymbol{x}_1 = t_1 \cdot \begin{pmatrix} 1 \\ 1 \end{pmatrix}$

$\lambda_2 = 2$: $\begin{pmatrix} 3 & 3 \\ 3 & 3 \end{pmatrix} \cdot \boldsymbol{x}_2 = \boldsymbol{o}$, $\begin{matrix} 3x_1 + 3x_2 = 0 \\ 3x_1 + 3x_2 = 0 \end{matrix}$, Lösung: $\boldsymbol{x}_2 = t_2 \cdot \begin{pmatrix} -1 \\ 1 \end{pmatrix}$

Ermittlung der normierten Eigenvektoren:

$\boldsymbol{x}_{1\,\mathrm{N}} = \frac{1}{2}\sqrt{2} \cdot \begin{pmatrix} 1 \\ 1 \end{pmatrix}$ und $\boldsymbol{x}_{2\,\mathrm{N}} = \frac{1}{2}\sqrt{2} \cdot \begin{pmatrix} -1 \\ 1 \end{pmatrix}$

$\boldsymbol{x}_{1\,\mathrm{N}}$ und $\boldsymbol{x}_{2\,\mathrm{N}}$ sind linear unabhängig voneinander.

(2) Beispiel für eine Matrix 3. Ordnung:

$\boldsymbol{B} = \begin{pmatrix} 2 & 1 & 0 \\ 1 & 2 & 1 \\ 0 & 1 & 2 \end{pmatrix}$

Charakteristische Gleichung:

$$\begin{vmatrix} 2-\lambda & 1 & 0 \\ 1 & 2-\lambda & 1 \\ 0 & 1 & 2-\lambda \end{vmatrix} = 0$$

$(2-\lambda)^3 - (2-\lambda) - (2-\lambda) = 0$

$-\lambda^3 + 6\lambda^2 - 10\lambda + 4 = 0$

$\lambda^3 - 6\lambda^2 + 10\lambda - 4 = 0$ $\qquad \lambda_1 = 2$, Polynomdivision!

$(\lambda - 2)(\lambda^2 - 4\lambda + 2) = 0$ $\qquad \lambda_2 = 2 + \sqrt{2}$, $\lambda_3 = 2 - \sqrt{2}$

Ermittlung der drei Eigenvektoren zu den drei gefundenen Eigenwerten durch Einsetzen in:

$$\left[\begin{pmatrix} 2 & 1 & 0 \\ 1 & 2 & 1 \\ 0 & 1 & 2 \end{pmatrix} - \lambda \begin{pmatrix} 1 & 0 & 0 \\ 0 & 1 & 0 \\ 0 & 0 & 1 \end{pmatrix}\right] \cdot \boldsymbol{x} = \boldsymbol{o}$$

Es ist je Eigenvektor ein homogenes lineares Gleichungssystem zu lösen.

$\lambda_1 = 2$: $\quad \boldsymbol{x}_1 = t_1 \cdot \begin{pmatrix} -1 \\ 0 \\ 1 \end{pmatrix}$, $\quad \boldsymbol{x}_{1\,\mathrm{N}} = \frac{1}{\sqrt{2}} \cdot \begin{pmatrix} -1 \\ 0 \\ 1 \end{pmatrix}$

$$= \frac{\sqrt{2}}{2} \cdot \begin{pmatrix} -1 \\ 0 \\ 1 \end{pmatrix} = \begin{pmatrix} -0{,}707 \\ 0 \\ 0{,}707 \end{pmatrix}$$

$\lambda_2 = 2 + \sqrt{2}$: $\quad \boldsymbol{x}_2 = t_2 \cdot \begin{pmatrix} 1 \\ \sqrt{2} \\ 1 \end{pmatrix}$, $\quad \boldsymbol{x}_{2\,\mathrm{N}} = \frac{1}{2} \cdot \begin{pmatrix} 1 \\ \sqrt{2} \\ 1 \end{pmatrix} = \begin{pmatrix} 0{,}5 \\ 0{,}707 \\ 0{,}5 \end{pmatrix}$

$\lambda_3 = 2 - \sqrt{2}$: $\quad \boldsymbol{x}_3 = t_3 \cdot \begin{pmatrix} 1 \\ -\sqrt{2} \\ 1 \end{pmatrix}$, $\quad \boldsymbol{x}_{3\mathrm{N}} = \frac{1}{2} \cdot \begin{pmatrix} 1 \\ -\sqrt{2} \\ 1 \end{pmatrix} = \begin{pmatrix} 0{,}5 \\ -0{,}707 \\ 0{,}5 \end{pmatrix}$

Bemerkung

(1) Die normierten Eigenvektoren $\mathbf{x}_\mathrm{N}$ haben die Länge 1, auch die entgegengesetzten Vektoren $-\mathbf{x}_\mathrm{N}$ haben die Länge 1 und sind ebenfalls normierte Eigenvektoren.

(2) Zur Lösung homogener Gleichungssysteme siehe Abschnitt 2.3.5.

2.3 Lineare Gleichungssysteme

2.3.1 Lineare Abhängigkeit

Die Vektoren $\boldsymbol{a}_i$ $(i = 1, 2, \ldots, n)$ heißen **linear unabhängig**, wenn der Nullvektor $\boldsymbol{o}$ nur auf triviale Weise als Linearkombination der Vektoren $\boldsymbol{a}_i$ $(i = 1, 2, \ldots, n)$ dargestellt werden kann, d. h., wenn die Vektorgleichung $t_1 \cdot \boldsymbol{a}_1 + t_2 \cdot \boldsymbol{a}_2 + \ldots + t_n \cdot \boldsymbol{a}_n = \boldsymbol{o}$ nur die triviale Lösung $t_i = 0$, $(i = 1, 2, \ldots, n)$ hat, siehe Abschnitt 2.3.5.
Anderenfalls heißen die Vektoren **linear abhängig**.

L

Ist m die Ordnung der Vektoren, so sind höchstens m Vektoren linear unabhängig.

Beispiel 2.24

Folgende drei Vektoren sind auf ihre Ab- bzw. Unabhängigkeit zu prüfen:

(1) $\boldsymbol{a}_1 = \begin{pmatrix} 1 \\ 0 \\ 0 \end{pmatrix}, \quad \boldsymbol{a}_2 = \begin{pmatrix} 0 \\ 1 \\ 0 \end{pmatrix}, \quad \boldsymbol{a}_3 = \begin{pmatrix} 0 \\ 0 \\ 1 \end{pmatrix}, \quad t_1 \cdot \boldsymbol{a}_1 + t_2 \cdot \boldsymbol{a}_2 + t_3 \cdot \boldsymbol{a}_3 = \boldsymbol{o}$

d. h., zu lösen ist das Gleichungssystem:

$$\begin{aligned} t_1 + 0 + 0 &= 0 \\ 0 + t_2 + 0 &= 0 \\ 0 + 0 + t_3 &= 0 \end{aligned}$$

Als einzige Lösung ergibt sich: $t_1 = t_2 = t_3 = 0$.
Die Vektoren sind **linear unabhängig**.

(2) Für einen anstelle von $\boldsymbol{a}_3$ veränderten Vektor $\boldsymbol{a}_4$ ergibt sich:

$\boldsymbol{a}_1 = \begin{pmatrix} 1 \\ 0 \\ 0 \end{pmatrix}, \quad \boldsymbol{a}_2 = \begin{pmatrix} 0 \\ 1 \\ 0 \end{pmatrix}, \quad \boldsymbol{a}_4 = \begin{pmatrix} 3 \\ 2 \\ 0 \end{pmatrix}, \quad t_1 \cdot \boldsymbol{a}_1 + t_2 \cdot \boldsymbol{a}_2 + t_3 \cdot \boldsymbol{a}_4 = \boldsymbol{o}$

d. h., zu lösen ist das Gleichungssystem:

$$\begin{aligned} t_1 + 0 + 3t_3 &= 0 \\ 0 + t_2 + 2t_3 &= 0 \\ 0 + 0 + \ 0 \ &= 0 \end{aligned}$$

Eine Lösung ist z. B.: $t_1 = -3, \quad t_2 = -2, \quad t_3 = 1$.
Die Vektoren sind **linear abhängig**. Es gilt z. B.: $-3 \cdot \boldsymbol{a}_1 - 2 \cdot \boldsymbol{a}_2 + \boldsymbol{a}_4 = \boldsymbol{o}$

Bemerkung

Es sind n Vektoren genau dann linear abhängig, wenn das zugehörige Gleichungssystem eine Lösung mit nicht sämtlich verschwindenden t_i $(i = 1, 2, \ldots, n)$ hat.
Die Zeilen oder Spalten einer Matrix können als Zeilen- oder Spaltenvektoren aufgefasst werden, somit ist es sinnvoll, bei einer Matrix von linear abhängigen oder unabhängigen Zeilen oder Spalten zu sprechen.

2.3.2 Rang

Ein Vektorsystem von n Vektoren besitzt eine maximale Anzahl linear unabhängiger Vektoren r. Diese Anzahl wird als **Rang des Vektorsystems** r bzw. **Rang der entsprechenden Matrix** $r = \mathrm{r}(A)$ bezeichnet $(r \leqq n)$.

Berechnung des Ranges einer Matrix $r = \mathrm{r}(A)$

Enthält eine Matrix A vom Format (m,n) wenigstens eine von null verschiedene Unterdeterminante der Ordnung r, während alle Unterdeterminanten höherer Ordnung null sind, dann hat A den Rang r.

Beispiel 2.25

$$\boldsymbol{A} = \begin{pmatrix} 1 & 2 & 3 \\ -1 & -2 & 2 \\ 1 & 0 & 1 \end{pmatrix}, \quad \det(\boldsymbol{A}) = \begin{vmatrix} 1 & 2 & 3 \\ -1 & -2 & 2 \\ 1 & 0 & 1 \end{vmatrix} = 10 \neq 0, \quad \text{d. h. } r = \mathrm{r}(\boldsymbol{A}) = 3.$$

Beispiel 2.26

Gesucht ist der Rang eines Vektorsystems, bestehend aus den drei Vektoren:

$$\boldsymbol{a}_1 = \begin{pmatrix} 1 \\ -1 \\ 1 \end{pmatrix}, \quad \boldsymbol{a}_2 = \begin{pmatrix} 2 \\ -2 \\ 0 \end{pmatrix}, \quad \boldsymbol{a}_3 = \begin{pmatrix} 3 \\ -3 \\ 1 \end{pmatrix}.$$

Lösung:

Die drei Vektoren werden in einer Matrix angeordnet:

$$\boldsymbol{A} = \begin{pmatrix} 1 & 2 & 3 \\ -1 & -2 & -3 \\ 1 & 0 & 1 \end{pmatrix} \quad \text{mit} \quad \det(\boldsymbol{A}) = \begin{vmatrix} 1 & 2 & 3 \\ -1 & -2 & -3 \\ 1 & 0 & 1 \end{vmatrix} = 0,$$

d. h., $\boldsymbol{a}_1$, $\boldsymbol{a}_2$, $\boldsymbol{a}_3$ sind linear abhängig. Der Rang ist kleiner als drei. Wenn der Rang zwei sein sollte, ist eine Unterdeterminante zweiter Ordnung ungleich null zu finden, dann gibt es zwei linear unabhängige Vektoren:

$$U_{33} = \begin{vmatrix} 1 & 2 \\ -1 & -2 \end{vmatrix} = 0, \quad \text{aber} \quad U_{23} = \begin{vmatrix} 1 & 2 \\ 1 & 0 \end{vmatrix} = -2 \neq 0, \quad \text{also} \quad r = \mathrm{r}(\boldsymbol{A}) = 2.$$

Wären alle neun Unterdeterminanten 2. Ordnung gleich null, ist $r = \mathrm{r}(\boldsymbol{A}) = 1$, falls $\boldsymbol{A}$ mindestens ein von null verschiedenes Element enthält.

Der Rang einer Matrix mit m Zeilen und n Spalten ist höchstens gleich der kleineren der beiden Zahlen m und n: $r \leqq \min(m,n)$.
Der Rang einer Matrix bleibt unverändert, wenn

(1) je zwei parallele Reihen vertauscht werden,
(2) eine Reihe mit einem Faktor $k \neq 0$ multipliziert wird,
(3) die Matrix transponiert wird,
(4) das Vielfache einer Reihe zu einer parallelen Reihe addiert wird.

L

2.3.3 Lösbarkeitsbedingung linearer Gleichungssysteme

Gegeben sei ein Gleichungssystem der Form:

$$\begin{aligned} a_{11}x_1 + a_{12}x_2 + \ldots + a_{1n}x_n &= b_1 \\ a_{21}x_1 + a_{22}x_2 + \ldots + a_{2n}x_n &= b_2 \\ &\vdots \\ a_{m1}x_1 + a_{m2}x_2 + \ldots + a_{mn}x_n &= b_m \end{aligned}$$

Matrizenschreibweise:

$\boldsymbol{A} \cdot \boldsymbol{x} = \boldsymbol{b}$

bzw.

$\boldsymbol{A}_{(m,n)} \cdot \boldsymbol{x}_{(n,1)} = \boldsymbol{b}_{(m,1)}$

Bezeichnungen

$\boldsymbol{A}$ Koeffizientenmatrix (a_{ik}), $i = 1, 2, \ldots, m$; $k = 1, 2, \ldots, n$
$\boldsymbol{A}, \boldsymbol{b}$ erweiterte Koeffizientenmatrix (Hinzufügen von $\boldsymbol{b}$ als Spalte)
$\boldsymbol{x}$ Vektor der unbekannten Variablen $x_1, x_2, \ldots, x_n$
$\boldsymbol{b}$ Vektor der absoluten Werte (rechte Seite) $b_1, b_2, \ldots, b_m$

Ein lineares Gleichungssystem $\boldsymbol{A} \cdot \boldsymbol{x} = \boldsymbol{b}$ heißt bei $\boldsymbol{b} = \boldsymbol{o}$ **homogen**, bei $\boldsymbol{b} \neq \boldsymbol{o}$ heißt es **inhomogen**.
Ein Vektor $\boldsymbol{x}$, der die Gleichung $\boldsymbol{A} \cdot \boldsymbol{x} = \boldsymbol{b}$ identisch erfüllt, heißt **Lösung eines linearen Gleichungssystems $\boldsymbol{A} \cdot \boldsymbol{x} = \boldsymbol{b}$.**

Ein lineares Gleichungssystem hat mindestens eine Lösung, wenn der Rang der Koeffizientenmatrix gleich dem Rang der erweiterten Koeffizientenmatrix ist, also wenn $\mathrm{r}(\boldsymbol{A}) = \mathrm{r}(\boldsymbol{A}, \boldsymbol{b})$ gilt.

Für die Existenz einer eindeutigen Lösung eines Gleichungssystems ist notwendig und hinreichend, dass der Rang der Koeffizientenmatrix gleich dem Rang der erweiterten Koeffizientenmatrix und gleich der Anzahl der Unbekannten ist, d. h. $\mathrm{r}(\boldsymbol{A}) = \mathrm{r}(\boldsymbol{A}, \boldsymbol{b}) = n$.

Beispiel 2.27

$x_1 + 2x_2 = 1$
$x_1 + 2x_2 = 2$ ist auf Lösbarkeit zu untersuchen.

Lösung

$$\boldsymbol{A} = \begin{pmatrix} 1 & 2 \\ 1 & 2 \end{pmatrix}, \qquad \det(\boldsymbol{A}) = \begin{vmatrix} 1 & 2 \\ 1 & 2 \end{vmatrix} = 2 - 2 = 0,$$

$$\det(\boldsymbol{U}_{11}) = 2 \neq 0, \ \mathrm{r}(\boldsymbol{A}) = 1$$

$$(\boldsymbol{A}, \boldsymbol{b}) = \begin{pmatrix} 1 & 2 & 1 \\ 1 & 2 & 2 \end{pmatrix}, \quad \det(\boldsymbol{U}_1) = \begin{vmatrix} 2 & 1 \\ 2 & 2 \end{vmatrix} = 4 - 2 = 2 \neq 0,$$

$$\mathrm{r}(\boldsymbol{A}, \boldsymbol{b}) = 2 \neq 1 = \mathrm{r}(\boldsymbol{A})$$

Das Gleichungssystem hat keine Lösungen.

2.3.4 GAUSS-Algorithmus

Lösen von Gleichungssystemen im Fall $r = n$

Problem: Überführung eines linearen Gleichungssystems $\boldsymbol{A} \cdot \boldsymbol{x} = \boldsymbol{b}$ mit $\mathrm{r}(\boldsymbol{A}) = m = n$ in ein äquivalentes System $\boldsymbol{D} \cdot \boldsymbol{x} = \boldsymbol{d}$.

Lösung: Die quadratische Matrix $\boldsymbol{A}$ wird in eine Dreiecksmatrix $\boldsymbol{D}$ mit $d_{ii} \neq 0, i = 1, 2, \ldots, n$ überführt (transformiert), sodass aus der letzten Gleichung eine Variable, aus der vorletzten die nächste Variable usw. berechnet werden kann.

Bemerkung
Die Überführung in eine Dreiecksmatrix kann in Einzelschritten oder komprimiert erfolgen. Der einfache GAUSS*-Algorithmus nutzt mehrfach das Additionsverfahren. Beim verketteten* GAUSS*-Algorithmus wird die entstehende Dreiecks-Null-Matrix mit den notwendigen Hilfswerten besetzt. Mehrere Einzelschritte können so zusammengefasst werden.*

Der einfache GAUSS-Algorithmus (Eliminationsverfahren)

Ausgangspunkt sei ein lineares Gleichungssystem mit mindestens einer Lösung, bestehend aus n Gleichungen mit n Unbekannten (Variablen):

$$\begin{aligned} a_{11}x_1 + a_{12}x_2 + \ldots + a_{1n}x_n &= b_1 \\ a_{21}x_1 + a_{22}x_2 + \ldots + a_{2n}x_n &= b_2 \\ &\vdots \\ a_{n1}x_1 + a_{n2}x_2 + \ldots + a_{nn}x_n &= b_n \end{aligned}$$

Der einfache GAUSS-Algorithmus zur Lösung eines linearen Gleichungssystems läuft in zwei Schritten ab:

1. Vorwärtselimination

Bei der Vorwärtselimination werden schrittweise mithilfe einer Gleichung Unbekannte in den folgenden Gleichungen eliminiert. Dazu wird diese Gleichung mit einem jeweils geeigneten Faktor so multipliziert, dass bei Addition zu den folgenden Gleichungen die Terme einer Unbekannten wegfallen.
Dieses Verfahren wird so lange wiederholt, bis die letzte Gleichung nur noch eine Unbekannte enthält.

2. Rückwärtseinsetzen (Rücksubstitution)

Aus der letzten Gleichung wird als erstes die Unbekannte x_n errechnet. Unter Kenntnis von x_n kann aus der vorletzten Gleichung x_{n-1} berechnet werden, usw. Dieser Prozess wird bis zur ersten Gleichung mit der Berechnung der Unbekannten x_1 fortgesetzt.

Beispiel 2.28

$$\begin{array}{rcl} x_1-5x_2+2x_3&=&9\\ -x_1+6x_2+x_3&=&-7\\ -2x_1+x_2-3x_3&=&-8\end{array} \Rightarrow \begin{array}{rcl} x_1-5x_2+2x_3&=&9\\ x_2+3x_3&=&2\\ -9x_2+x_3&=&10\end{array} \Rightarrow \begin{array}{rcl} x_1-5x_2+2x_3&=&9\\ x_2+3x_3&=&2\\ 28x_3&=&28\end{array}$$

Die erste Zeile wird mit $\left(-\frac{a_{21}}{a_{11}}\right)=-\frac{-1}{1}=1,\ a_{11}\neq 0$ multipliziert und zur zweiten Zeile addiert und dann mit $\left(-\frac{a_{31}}{a_{11}}\right)=-\frac{-2}{1}=2$ multipliziert und zur dritten Zeile addiert. x_1 ist in der zweiten und dritten Gleichung eliminiert.

Im zweiten Schritt wird die zweite Zeile mit $\left(-\frac{a'_{32}}{a'_{22}}\right)=-\frac{-9}{1}=9,\ a'_{22}\neq 0$ multipliziert und zur dritten Zeile addiert. Dann ist x_2 in der dritten Gleichung eliminiert. Die dritte Gleichung enthält nur noch die Unbekannte x_3.

–2	2	0	–6✓	*s*	
1	–5	2	9	7	|·1 |·2
–1	6	1	–7	–1	← + (Zeile 1 ·1)
–2	1	–3	–8	12	← + (Zeile 1 ·2)
1	–5	2	9	7	
0	1	3	2	6✓	|·9
0	–9	1	10	2✓	← +
1	–5	2	9	7	
0	1	3	2	6	
0	0	28	28	56✓	
$x_1=2$	$x_2=-1$	$x_3=1$			

Aus der dritten Gleichung $28x_3=28$ wird die Unbekannte $x_3=1$ ermittelt.

Die zweite Gleichung $x_2 + 3x_3 = 2$ liefert mit $x_3 = 1$ für x_2:

$x_2 = 2 - 3x_3 = 2 - 3 \cdot 1 = -1$

Schließlich kann unter Kenntnis von x_3 und x_2 aus der ersten Gleichung $x_1 - 5x_2 + 2x_3 = 9$ die Unbekannte $x_1 = 2$ ermittelt werden:

$x_1 = 9 + 5x_2 - 2x_3 = 9 - 5 - 2 = 2$

Die Zeilen und Spalten sind so anzuordnen, dass in der Hauptdiagonale keine Nullen stehen (das wird durch Zeilen- oder Spaltentausch erreicht).

Die im Lösungsschema mit ***s*** bezeichnete Spalte dient der Zeilensummenprobe, die für eine Handrechnung von Vorteil ist. Es werden dazu im Schema für die gegebenen Gleichungen alle Werte einer Zeile addiert. In der Folge werden diese Werte denselben Operationen unterzogen wie auch die anderen Werte der Zeile. Zur Kontrolle sollten sie mit der Zeilensumme übereinstimmen – nur dann wird der Haken „✓" gesetzt, und es kann weiter gerechnet werden.

Der verkettete GAUSS-Algorithmus

Ausgangspunkt sei wieder ein lineares Gleichungssystem mit mindestens einer Lösung, bestehend aus n Gleichungen mit n Unbekannten.

Beim einfachen GAUSS-Algorithmus entsteht im letzten Schema links unten eine Dreiecksmatrix, bestehend aus lauter Nullen, im Beispiel 2.28 sind das drei Nullen in den letzten zwei Zeilen. Zur Berechnung waren genauso viele Hilfsfaktoren nötig.

Unter Weglassen der Nullen werden die Hilfsfaktoren beim verketteten GAUSS-Algorithmus mit einer entsprechenden Rechenvorschrift an genau diese Stelle platziert. Es entsteht ein sehr komprimiertes Rechenschema.

Das Schema vom verketteten GAUSS-Algorithmus

u_1	u_2	$\dots$	u_s	$\dots$	u_n	u_0	
x_1	x_2	$\dots$	x_s	$\dots$	x_n	$\boldsymbol{b}$	$\boldsymbol{s}$
a_{11}	a_{12}	$\dots$	a_{1s}	$\dots$	a_{1n}	b_1	s_1
$\vdots$							
a_{r1}	a_{r2}	$\dots$	a_{rs}	$\dots$	a_{rn}	b_r	s_r
$\vdots$							
a_{n1}	a_{n2}	$\dots$	a_{ns}	$\dots$	a_{nn}	b_n	s_n
d_{11}	d_{12}	$\dots$	d_{1r}	$\dots$	d_{1n}	d_1	s'_1
c_{21}	d_{22}	$\dots$	d_{2r}	$\dots$	d_{2n}	d_2	s'_2
c_{31}	c_{32}	$\dots$	d_{3r}	$\dots$	d_{3n}	d_3	s'_3
$\vdots$							
c_{r1}	c_{r2}	$\dots$	d_{rr}	$\dots$	d_{rn}	d_r	s'_r
$\vdots$							
c_{n1}	c_{n2}	$\dots$	c_{nr}	$\dots$	d_{nn}	d_n	s'_n
x_1	x_2		x_r		x_n		

Der verkettete GAUSS-Algorithmus

1. Aufschreiben des vollständigen Schemas. Die $s_r \; \forall r$ sind die Zeilensummen und die $u_s \; \forall s$ die Spaltensummen.

$$s_k = \sum_{j=1}^{n} a_{ij} + b_i, \quad k = 1, 2, \ldots, n$$

2. Die erste Zeile wird übernommen. Das erste Hauptelement ist $a_{11} \neq 0$.
3. Die Elemente d_{ik} „oberhalb der Treppe“ ergeben sich aus der Summe des alten Elementes und dem Skalarprodukt der bereits berechneten Elemente des Zeilenvektors c_i und des Spaltenvektors d_k:

$$d_{ik} = a_{ik} + \sum_{j=1}^{i-1} c_{ij} \cdot d_{jk}, \qquad \text{für alle } i = 2, 3, \ldots, n;\; k = i, i+1, \ldots, n$$

Die Formel gilt auch für die Spalten $\boldsymbol{b}$ und $\boldsymbol{s}$ sinngemäß:

$$d_i = b_i + \sum_{j=1}^{i-1} c_{ij} \cdot d_j \qquad s_i' = s_i + \sum_{j=1}^{i-1} c_{ij} \cdot s_j, \quad i = 2, 3, \ldots, n$$

4. Die Zeilensummenprobe besteht darin, dass die berechneten s_i' mit den $s_i'^{*}$ übereinstimmen müssen: $s_i'^{*} = \sum\limits_j d_{ij}$, $i = 2, 3, \ldots, n$.
5. Bei der Berechnung der Elemente c_{ik}, die nur „unterhalb der Treppe“ stehen, kommt neben der Vorschrift für die d_{ik} noch eine Division durch das mit (-1) multiplizierte Hauptelement d_{kk} hinzu $(-d_{kk} \neq 0)$:

$$c_{ik} = \frac{d_{ik}}{-d_{kk}} = \frac{a_{ik} + \sum\limits_{j=1}^{k-1} c_{ij} \cdot d_{jk}}{-d_{kk}}, \quad i = 2, 3, \ldots, n;\; k = 1, 2, \ldots, i-1$$

Ist $d_{kk} = 0$, muss ein Spaltentausch (Variablentausch im Gleichungssystem) so vorgenommen werden, dass das neue $d_{kk} \neq 0$ ist.

6. Die Berechnung der Variablen beginnt rückwärts mit x_n:

$$x_n = \frac{d_n}{d_{nn}}, \quad x_{n-1} = \frac{d_{n-1} - d_{n-1,n} \cdot x_n}{d_{n-1,n-1}}, \quad \text{usw., allgemein:}$$

$$x_{n-i} = \frac{1}{d_{n-i,n-i}} \cdot \left(d_{n-i} - \sum_{k=1}^{i} d_{n-k,n-k+1} \cdot x_{n-k+1} \right),$$

$i = 0, 1, \ldots, n-1$

7. Kontrolle der Lösung: $u_0 = \sum\limits_{j=1}^{n} u_j \cdot x_j$.

L

Bemerkungen

(1) Ergibt sich als Treppenelement null, muss zunächst geprüft werden, ob das Gleichungssystem mindestens eine Lösung hat (alle folgenden Elemente der Zeile sind gleich null). Sind bei Lösbarkeit alle Elemente der Zeile gleich null, ist die Gleichung linear abhängig und kann gestrichen werden. Es wird die folgende Zeile anstelle der gestrichenen Zeile genommen. Ist bei Lösbarkeit die Zeile nicht komplett gleich null, ist ein geeigneter Spaltentausch (Variablentausch) vorzunehmen.

(2) Die Lösung homogener Gleichungssysteme ist als Spezialfall enthalten und wird nicht extra dargestellt.

(3) Die Berechnung inverser Matrizen ist analog zu übertragen.

Beispiel 2.29

$$\begin{aligned} x_1 - 5x_2 + 2x_3 &= 9 \\ -x_1 + 6x_2 + x_3 &= -7 \\ -2x_1 + x_2 - 3x_3 &= -8 \end{aligned}$$

Lösung:

$$\boldsymbol{x} = \begin{pmatrix} x_1 \\ x_2 \\ x_1 \end{pmatrix} = \begin{pmatrix} 2 \\ -1 \\ 1 \end{pmatrix}$$

Lösungsschema

–2	2	0	–6✓	
x_1	x_2	x_3	***b***	***s***
1	–5	2	9	7
–1	6	1	–7	–1
–2	1	–3	–8	–12
1	–5	2	9	7
1	1	3	2	6✓
2	9	28	28	56✓
2	–1	1		

$x_1 = 2 \quad x_2 = -1 \quad x_3 = 1$

Das Zeichen „✓“ steht für die positive Probe.

Die Lösung kann direkt im Lösungsschema von „unten“ nach „oben“ berechnet werden. Die drei entstandenen Gleichungen sind einfach erkennbar:

$$\begin{aligned} x_1 - 5x_2 + 2x_3 &= 9 \\ x_2 + 3x_3 &= 2 \\ 28x_3 &= 28 \end{aligned}$$

Entsprechend der Vorgehensweise des Rückwärtseinsetzens im zweiten Schritt wird mit der letzten Gleichung begonnen, die Unbekannten auszurechnen.

Lösen von Gleichungssystemen im Fall $r < n$

Im Fall $r < n$ mit mindestens einer Lösung entsteht im umgerechneten Schema eine Matrix $\boldsymbol{D}$, die Nullzeilen enthalten kann, d. h. alle Elemente dieser Zeilen sind null. Entsprechende Gleichungen sind linear abhängig. Nach Ermittlung des Freiheitsgrades $f = n - r$ können die f letzten Variablen jeweils frei gewählt werden und ein inhomogener Lösungsvektor sowie f homogene Lösungsvektoren für die allgemeine Lösung ermittelt werden (siehe Abschnitt 2.3.5).

Beispiel 2.30

$$\begin{aligned} x_1 + x_2 + x_3 - x_4 &= 4 \\ x_1 - x_2 + x_3 + x_4 &= 8 \\ 3x_1 + x_2 + 3x_3 - x_4 &= 16 \end{aligned}$$

Lösung:

$$\boldsymbol{x} = \begin{pmatrix} x_1 \\ x_2 \\ x_3 \\ x_4 \end{pmatrix} = \begin{pmatrix} 6 \\ -2 \\ 0 \\ 0 \end{pmatrix} + t_1 \cdot \begin{pmatrix} -1 \\ 0 \\ 1 \\ 0 \end{pmatrix} + t_2 \cdot \begin{pmatrix} 0 \\ 1 \\ 0 \\ 1 \end{pmatrix}$$

5	1	5	−1	28✓	0✓✓	
x_1	x_2	x_3	x_4	$\boldsymbol{b}_{\text{inh}}$	$\boldsymbol{b}_{\text{hom}}$	$\boldsymbol{s}$
1	1	1	−1	4	0	6
1	−1	1	1	8	0	10
3	1	3	−1	16	0	22
1	1	1	−1	4	0	6✓
−1	−2	0↓	2↓	4	0	4✓
−3	−1	0	0	0	0	0✓
6	−2	0	0	inh		
−1	0	1	0		hom	
0	1	0	1		hom	

Die Anzahl der Nicht-Nullzeilen in $\boldsymbol{D}_{(r,\,n)}$ gibt den Rang r an. Die Nullzeile, in diesem Beispiel die dritte Zeile, zeigt eine linear abhängige Gleichung an, sie kann gestrichen werden.
In diesem Beispiel ist der Rang $r = 2$.
Der Freiheitsgrad f ist damit $f = n - r = 2$. Siehe dazu auch Abschnitt 2.3.5.
Es sind f Variable frei wählbar, hier x_3 und x_4. Sie werden $x_3 = t_1$ bzw. $x_4 = t_2$ gesetzt. Dazu werden im Lösungsschema in den Spalten der Nichtbasisvariablen (Pfeile ↓) für die inhomogene Lösung jeweils null und für die beiden Lösungsvektoren des zugehörigen homogenen Gleichungssystems die Einheitsmatrix f-ter Ordnung, hier also zweiter Ordnung, gewählt.
Die fehlenden Werte werden entsprechend der Vorgehensweise des Rückwärtseinsetzens mit der letzten Gleichung beginnend aus den beiden von null verschiedenen Gleichungen des umgerechneten Schemas berechnet.

2.3.5 Basistransformation

Lösen von Gleichungssystemen im Fall $r = n$

Problem

Basistransformation (auch GAUSS-JORDAN-Algorithmus)
Überführung eines Gleichungssystems $\boldsymbol{A} \cdot \boldsymbol{x} = \boldsymbol{b}$ mit eindeutiger Lösung, $\mathrm{r}(\boldsymbol{A}) = m = n$, in ein äquivalentes System $\boldsymbol{E} \cdot \boldsymbol{x} = \boldsymbol{b}'$.

Lösung

Die quadratische Matrix $\boldsymbol{A}$ wird durch einen Algorithmus in eine Einheitsmatrix überführt (transformiert), sodass $\boldsymbol{b}'$ die Lösung angibt.

Ein lineares Gleichungssystem der Form $\boldsymbol{E} \cdot \boldsymbol{x} = \boldsymbol{b}'$ oder $\boldsymbol{E} \cdot \boldsymbol{x}_{\mathrm{BV}} + \boldsymbol{R} \cdot \boldsymbol{x}_{\mathrm{NBV}} = \boldsymbol{b}'$ heißt lineares Gleichungssystem in **kanonischer Form** ($\boldsymbol{E}$ ist eine Einheitsmatrix). Die Variablen eines linearen Gleichungssystems in kanonischer Form, die zur Einheitsmatrix gehören (enthalten in $\boldsymbol{x}_{\mathrm{BV}}$), heißen **Basisvariable** (BV). Die anderen Variablen (enthalten in $\boldsymbol{x}_{\mathrm{NBV}}$) heißen **Nichtbasisvariable** (NBV).

Das vollständige Schema

	u_1	u_2 ...	u_s	... u_n	u_0	
BV	x_1	x_2 ...	x_s	... x_n	$\boldsymbol{b}$	$\boldsymbol{s}$
	a_{11}	a_{12} ...	a_{1s}	... a_{1n}	b_1	s_1
	$\vdots$					
	a_{r1}	a_{r2} ...	a_{rs}	... a_{rn}	b_r	s_r
	$\vdots$					
	a_{m1}	a_{m2} ...	a_{ms}	... a_{mn}	b_m	s_m

Algorithmus

0. Aufschreiben des vollständigen Schemas. Die $s_r \; \forall r$ sind die Zeilensummen und die $u_s \; \forall s$ die Spaltensummen.
1. Bestimmen eines Hauptelementes $a_{rs} \neq 0$ (Zeile ohne BV).
2. Die Elemente der Hauptzeile werden durch das Hauptelement dividiert
$$a'_{rj} = \frac{a_{rj}}{a_{rs}}, \text{ für alle } j; \quad b'_r = \frac{b_r}{a_{rs}} \quad \text{und} \quad s'_r = \frac{s_r}{a_{rs}}.$$
3. Die restlichen Elemente der Hauptspalte sind gleich null.
4. Umrechnen der restlichen Elemente nach der Rechteckregel:
$$a'_{ij} = a_{ij} - \frac{a_{is}a_{rj}}{a_{rs}} = \frac{a_{ij}a_{rs} - a_{is}a_{rj}}{a_{rs}}$$

L

Die Rechteckregel gilt auch für die Spalten $\boldsymbol{b}$ und $\boldsymbol{s}$

$$b_i' = b_i - \frac{a_{is}b_r}{a_{rs}} = \frac{b_i a_{rs} - a_{is}b_r}{a_{rs}} \qquad s_i' = s_i - \frac{a_{is}s_r}{a_{rs}} = \frac{s_i a_{rs} - a_{is}s_r}{a_{rs}}.$$

Die s_i'-Werte müssen mit der jeweiligen Zeilensumme übereinstimmen.

5. Die Punkte 1. bis 4. werden so lange wiederholt, bis sich kein weiteres Hauptelement mehr finden lässt.

Probe: Kontrolle der Lösung: $u_1x_1 + u_2x_2 + u_3x_3 + \ldots + u_nx_n = u_0$

Beispiel 2.31

$$\begin{aligned} x_1 - 5x_2 + 2x_3 &= 9 \\ -x_1 + 6x_2 + x_3 &= -7 \\ -2x_1 + x_2 - 3x_3 &= -8 \end{aligned}$$

Lösung des Gleichungssystems mit der Basistransformation

Lösungsschema

	–2	2	0	–6✓	
BV	x_1	x_2	x_3	**b**	**s**
	1	–5	2	9	7
	–1	6	1	–7	–1
	–2	1	–3	–8	–12
x_1	1	–5	2	9	7✓
	0	1	3	2	6✓
	0	–9	1	10	2✓
x_1	1	0	17	19	37✓
x_2	0	1	3	2	6✓
	0	0	28	28	56✓
x_1	1	0	0	2	3✓
x_2	0	1	0	–1	0✓
x_3	0	0	1	1	2✓
	2	–1	1		

$x_1 = 2 \quad x_2 = -1 \quad x_3 = 1$

Das Zeichen „✓" steht für die positive Probe.
Der Haken wird gesetzt, wenn der mit der 4. Regel der Basistransformation berechnete *s*-Wert mit der jeweiligen Zeilensumme übereinstimmt. Für die Probe müssen die *s*-Werte also zweimal ausgerechnet werden.

Lösen von Gleichungssystemen im Fall $r < n$

$\boldsymbol{A} \cdot \boldsymbol{x} = \boldsymbol{b}$ sei ein lineares Gleichungssystem mit n Unbekannten. Es gelte $\mathrm{r}(\boldsymbol{A}) = \mathrm{r}(\boldsymbol{A}, \boldsymbol{b}) = r$.
Dann heißt $f = n - r$ der **Freiheitsgrad** des linearen Gleichungssystems.
f ist die Anzahl der frei wählbaren Parameter (Unbekannten).

Homogenes Gleichungssystem $A \cdot x = o$

Ein allgemeines homogenes Gleichungssystem besitzt stets die Lösung $\boldsymbol{x} = \boldsymbol{o}$, die **triviale Lösung**.

Weitere Lösungen existieren nur, wenn $r < n$, d. h. $f = n - r > 0$ ist. In diesem Fall existieren unendlich viele Lösungen. Die Darstellung für die **allgemeine Lösung** lautet: $\boldsymbol{x} = t_1\boldsymbol{x}_1 + t_2\boldsymbol{x}_2 + \ldots + t_f\boldsymbol{x}_f$.
Dabei sind die t_i, $(i = 1, 2, \ldots, f)$ frei wählbare Parameter und die Vektoren $\boldsymbol{x}_i$, $(i = 1, 2, \ldots, f)$ linear unabhängige Lösungsvektoren.

Beispiel 2.32

$$\begin{aligned} x_1 + 3x_2 - 5x_3 + 4x_4 &= 0 \\ 2x_1 + 3x_2 - 4x_3 + 2x_4 &= 0 \\ 3x_1 + 2x_2 - x_3 - 2x_4 &= 0 \\ x_1 + 4x_2 - 7x_3 + 6x_4 &= 0 \end{aligned}$$

Lösung:

$$\boldsymbol{x} = \begin{pmatrix} x_1 \\ x_2 \\ x_3 \\ x_4 \end{pmatrix} = t_1 \cdot \begin{pmatrix} -1 \\ 2 \\ 1 \\ 0 \end{pmatrix} + t_2 \cdot \begin{pmatrix} 2 \\ -2 \\ 0 \\ 1 \end{pmatrix}$$

Lösungsschema

	7	12	–17	10	0✓✓		
BV	x_1	x_2	x_3	x_4	$\boldsymbol{b}$	$\boldsymbol{s}$	
	1	3	–5	4	0	3	
	2	3	–4	2	0	3	
	3	2	–1	–2	0	2	
	1	4	–7	6	0	4	
x_1	1	3	–5	4	0	3✓	
	0	–3	6	–6	0	–3✓	
	0	–7	14	–14	0	–7✓	
	0	1	–2	2	0	1✓	
x_1	1	0	1	–2	0	0✓	$n = 4$
x_2	0	1	–2 ↓	2 ↓	0	1✓	$r = 2$
	0	0	0	0	0	0✓	$f = 2$
	0	0	0	0	0	0✓	
	–1	2	1	0	hom		
	2	–2	0	1	hom		

Zwei Nullzeilen (linear abhängige Gleichungen) können gestrichen werden.
f Variable, hier x_3 und x_4, sind frei wählbar und werden $x_3 = t_1$ bzw. $x_4 = t_2$ gesetzt. Dazu wird im Lösungsschema in den Spalten der Nichtbasisvariablen (Pfeile ↓) die Einheitsmatrix f-ter, hier also zweiter Ordnung gewählt.
Die fehlenden Werte für die Basisvariablen können der Basisdarstellung aus dem Schema entnommen werden (Vorzeichenwechsel beachten!).
Das Zeichen „✓" steht für die positive Probe. In der obersten Summenzeile kann die Probe für die beiden ($f = 2$) Lösungsvektoren gemacht werden.

Inhomogenes Gleichungssystem $A \cdot x = b$

Die **allgemeine Lösung des inhomogenen linearen Gleichungssystems $\boldsymbol{A} \cdot \boldsymbol{x} = \boldsymbol{b}$** ergibt sich als Summe einer speziellen Lösung des gegebenen inhomogenen Gleichungssystems und der allgemeinen Lösung des zugehörigen homogenen Gleichungssystems $\boldsymbol{A} \cdot \boldsymbol{x} = \boldsymbol{o}$,

$$\boldsymbol{x} = \boldsymbol{x}_{\text{inh}} + \boldsymbol{x}_{\text{hom}}$$

$$\boldsymbol{x} = \boldsymbol{x}_{\text{inh}} + t_1\boldsymbol{x}_1 + t_2\boldsymbol{x}_2 + \ldots + t_f\boldsymbol{x}_f \quad \text{mit} \quad f = n - r.$$

Beispiel 2.33

$$\begin{aligned} x_1 + x_2 + x_3 - x_4 &= 4 \\ x_1 - x_2 + x_3 + x_4 &= 8 \\ 3x_1 + x_2 + 3x_3 - x_4 &= 16 \end{aligned}$$

Lösung:

$$\boldsymbol{x} = \begin{pmatrix} x_1 \\ x_2 \\ x_3 \\ x_4 \end{pmatrix} = \begin{pmatrix} 6 \\ -2 \\ 0 \\ 0 \end{pmatrix} + t_1 \cdot \begin{pmatrix} -1 \\ 0 \\ 1 \\ 0 \end{pmatrix} + t_2 \cdot \begin{pmatrix} 0 \\ 1 \\ 0 \\ 1 \end{pmatrix}$$

Lösungsschema

	5	1	5	–1	28✓	0✓✓		
BV	x_1	x_2	x_3	x_4	$\boldsymbol{b}_{\text{inh}}$	$\boldsymbol{b}_{\text{hom}}$	$\boldsymbol{s}$	
	1	1	1	–1	4	0	6	
	1	–1	1	1	8	0	10	
	3	1	3	–1	16	0	22	
x_1	1	1	1	–1	4	0	6✓	
	0	–2	0	2	4	0	4✓	
	0	–2	0	2	4	0	4✓	
x_1	1	0	1	0	6	0	8✓	$n = 4$
x_2	0	1	0 ↓	–1 ↓	–2	0	–2✓	$r = 2$
	0	0	0	0	0	0	0✓	$f = 2$
	6	–2	0	0	inh			
	–1	0	1	0		hom		
	0	1	0	1		hom		

Bemerkungen

(1) *Es gilt* $\boldsymbol{A} \cdot \boldsymbol{x} = \boldsymbol{A} \cdot \boldsymbol{x}_{\text{inh}} + \boldsymbol{A} \cdot \boldsymbol{x}_{\text{hom}} = \boldsymbol{b} + \boldsymbol{o} = \boldsymbol{b}$.

(2) *Im Fall* $\mathrm{r}(\boldsymbol{A}) = \mathrm{r}(\boldsymbol{A}, \boldsymbol{b}) = r = n$ *gibt es eine eindeutige Lösung des inhomogenen Gleichungssystems* ($\boldsymbol{x}_{\text{hom}} = \boldsymbol{o}$).

(3) *Da im inhomogenen und im zugehörigen homogenen Gleichungssystem gerechnet werden muss, kann die* $\boldsymbol{b}$*-Spalte zur besseren Übersicht als* $\boldsymbol{b}_{\text{inh}}$*- und* $\boldsymbol{b}_{\text{hom}}$*-Spalte getrennt geschrieben werden.*

Anwendung der Basistransformation zur Berechnung der inversen Matrix

Problem

Aus der Gleichung $\boldsymbol{A} \cdot \boldsymbol{X} = \boldsymbol{E}$ ist die Matrix $\boldsymbol{X}$ zu bestimmen.

Lösung

Es sind n Gleichungssysteme zu lösen, die alle die gleiche Koeffizientenmatrix $\boldsymbol{A}$ mit verschiedenen rechten Seiten haben. Diese n Gleichungssysteme können mithilfe der Basistransformation in einem Schema gelöst werden. Das erste Gleichungssystem lautet:

$$\begin{array}{l} a_{11}x_{11} + a_{12}x_{21} + \ldots + a_{1n}x_{n1} = 1 \\ a_{21}x_{11} + a_{22}x_{21} + \ldots + a_{2n}x_{n1} = 0 \\ \qquad \vdots \\ a_{n1}x_{11} + a_{n2}x_{21} + \ldots + a_{nn}x_{n1} = 0 \end{array}$$

Die übrigen Gleichungssysteme haben entsprechend veränderte rechte Seiten, die jeweils Spalten der Einheitsmatrix $\boldsymbol{E}$ sind.
Diese rechten Seiten werden im Schema berücksichtigt, und es ergibt sich folgende Anordnung, wobei im unteren Teil die Probe $\boldsymbol{A} \cdot \boldsymbol{A}^{-1} = \boldsymbol{E}$ mit dem FALKschen Schema (dickerer Strich) direkt angeschlossen werden kann:

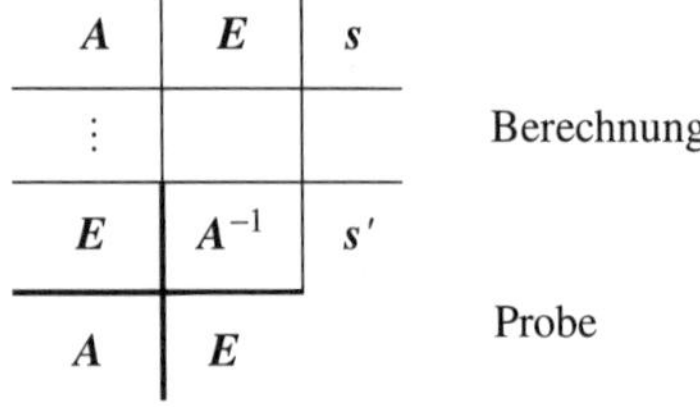

Beispiel 2.34

Gesucht ist zur gegebenen Matrix $\boldsymbol{A}$ die inverse Matrix $\boldsymbol{A}^{-1}$.

$$\boldsymbol{A} = \begin{pmatrix} -1 & 4 & 3 \\ -1 & 5 & 3 \\ 1 & -6 & -4 \end{pmatrix} \qquad \textit{Lösung}: \boldsymbol{A}^{-1} = \begin{pmatrix} -2 & -2 & -3 \\ -1 & 1 & 0 \\ 1 & -2 & -1 \end{pmatrix}$$

Lösungsschema

							s	
	−1	4	3	1	0	0	7	
$\boldsymbol{A}$:	−1	5	3	0	1	0	8	$\boldsymbol{E}$
	1	−6	−4	0	0	1	−8	
	1	−4	−3	−1	0	0	−7 ✓	
	0	1	0	−1	1	0	1 ✓	
	0	−2	−1	1	0	1	−1 ✓	
	0	1	−3	−5	4	0	−3 ✓	
	0	1	0	−1	1	0	1 ✓	
	0	0	−1	−1	2	1	1 ✓	
	1	0	0	**−2**	**−2**	**−3**	−6 ✓	
$\boldsymbol{E}$:	0	1	0	**−1**	**1**	**0**	1 ✓	$\boldsymbol{A}^{-1}$
	0	0	1	**1**	**−2**	**−1**	−1 ✓	
	−1	4	3	1	0	0		
$\boldsymbol{A}$:	−1	5	3	0	1	0	✓	$\boldsymbol{E} = \boldsymbol{A} \cdot \boldsymbol{A}^{-1}$
	1	−6	−4	0	0	1		(Probe)

Wenn die gegebene Matrix $\boldsymbol{A}$ in die Einheitsmatrix $\boldsymbol{E}$ transformiert wurde, dann wurde rechts daneben die Einheitsmatrix $\boldsymbol{E}$ in die inverse Matrix $\boldsymbol{A}^{-1}$ transformiert.

Werden die Hauptelemente nicht in der Hauptdiagonale gewählt, ist noch ein entsprechender Zeilentausch notwendig.

In diesem Fall ist die Matrizenmultiplikation kommutativ. Es gilt also auch $\boldsymbol{A}^{-1} \cdot \boldsymbol{A} = \boldsymbol{E}$:

$\boldsymbol{A}^{-1} \cdot \boldsymbol{A}$			−1	4	3		
			−1	5	3		
			1	−6	−4		
−2	−2	−3	1	0	0		
−1	1	0	0	1	0	✓	$\boldsymbol{E} = \boldsymbol{A}^{-1} \cdot \boldsymbol{A}$
1	−2	−1	0	0	1		(Probe)

2.4 Matrizengleichungen

2.4.1 Lösen von Matrizengleichungen

Aus einer Gleichung, die Matrizen enthält, ist eine unbekannte Matrix X zu bestimmen. Anwendungen finden sich vor allem bei wirtschaftlichen Verflechtungen. Es wird vorausgesetzt, dass alle Matrizenoperationen möglich sind. Dabei können folgende Fälle auftreten:

(1) X ist nur mit konstanten Faktoren verknüpft.
(2) X ist mit bekannten Matrizen nur als Rechtsfaktor verknüpft.
(3) X ist mit bekannten Matrizen nur als Linksfaktor verknüpft.
(4) X ist sowohl mit einem Rechts- als auch mit einem Linksfaktor verknüpft.

Beispiel 2.35

Folgende Matrizengleichung soll nach $\boldsymbol{X}$ aufgelöst werden:

$\boldsymbol{AB} + m\boldsymbol{X} = \boldsymbol{C} - n\boldsymbol{X}$

Lösung

Nach Sortieren und Ausklammern $(m+n)\boldsymbol{X} = \boldsymbol{C} - \boldsymbol{AB}$ kann durch Division durch den Faktor $(m+n)$ die Matrix $\boldsymbol{X}$ ermittelt werden: $\boldsymbol{X} = \frac{1}{m+n}(\boldsymbol{C} - \boldsymbol{AB})$

Beispiel 2.36

Folgende Matrizengleichung soll nach $\boldsymbol{X}$ aufgelöst werden:

$\boldsymbol{BX} = \boldsymbol{A}$

Lösung

Da die Matrizenmultiplikation nicht kommutativ ist, wird die Gleichung zur Auflösung nach $\boldsymbol{X}$ **von links** mit $\boldsymbol{B}^{-1}$ multipliziert:

$\boldsymbol{B}^{-1} \cdot \boldsymbol{B} \cdot \boldsymbol{X} = \boldsymbol{B}^{-1} \cdot \boldsymbol{A}$

Da $\boldsymbol{B}^{-1} \cdot \boldsymbol{B} = \boldsymbol{E}$ ist, ergibt sich die Lösung $\boldsymbol{X} = \boldsymbol{B}^{-1} \cdot \boldsymbol{A}$.

Beispiel 2.37

Folgende Matrizengleichung soll nach $\boldsymbol{X}$ aufgelöst werden:

$\boldsymbol{X} + \boldsymbol{XAB} - \boldsymbol{A} - \boldsymbol{XC} = \boldsymbol{E}$

Lösung

Sortieren und Ausklammern von $\boldsymbol{X}$ **nach links** liefert:

$\boldsymbol{X}(\boldsymbol{E} + \boldsymbol{AB} - \boldsymbol{C}) = \boldsymbol{E} + \boldsymbol{A}$

Beim Ausklammern ist zu beachten, dass das Einselement bez. der Matrizenmultiplikation die Einheitsmatrix $\boldsymbol{E}$ ist.

$\boldsymbol{X}$ ergibt sich nach Multiplikation mit der inversen Matrix von $(\boldsymbol{E}+\boldsymbol{AB}-\boldsymbol{C})$ **von rechts**, da dieser Faktor rechts von $\boldsymbol{X}$ steht:

$$\boldsymbol{X}=(\boldsymbol{E}+\boldsymbol{A})\cdot(\boldsymbol{E}+\boldsymbol{AB}-\boldsymbol{C})^{-1}$$

Im folgenden Beispiel ist die gesuchte Matrix X sowohl als Rechts- als auch als Linksfaktor vorhanden. Eine explizite Auflösung nach X ist in diesem Fall nicht mehr möglich.

L

Beispiel 2.38

Folgende Matrizengleichung soll nach $\boldsymbol{X}$ aufgelöst werden:

$$\boldsymbol{AXB}-\boldsymbol{BX}=\boldsymbol{C} \quad \text{mit} \quad \boldsymbol{A}=\begin{pmatrix}1 & 2\\ 2 & -1\end{pmatrix},\quad \boldsymbol{B}=\begin{pmatrix}2 & 1\\ 0 & 2\end{pmatrix} \quad \text{und} \quad \boldsymbol{C}=\begin{pmatrix}6 & 2\\ 8 & 14\end{pmatrix}$$

Lösung

Die unbekannte Matrix $\boldsymbol{X}$ muss eine Matrix vom Typ $(2,2)$ sein, damit alle Operationen ausführbar sind. Nachdem alle Zahlen eingesetzt sind, ergibt sich ein Gleichungssystem mit den vier Variablen der Matrix $\boldsymbol{X}$.

$$\begin{pmatrix}1 & 2\\ 2 & -1\end{pmatrix}\cdot\begin{pmatrix}x_{11} & x_{12}\\ x_{21} & x_{22}\end{pmatrix}\cdot\begin{pmatrix}2 & 1\\ 0 & 2\end{pmatrix}-\begin{pmatrix}2 & 1\\ 0 & 2\end{pmatrix}\cdot\begin{pmatrix}x_{11} & x_{12}\\ x_{21} & x_{22}\end{pmatrix}=\begin{pmatrix}6 & 2\\ 8 & 14\end{pmatrix}$$

$$\begin{pmatrix}x_{11}+2x_{21} & x_{12}+2x_{22}\\ 2x_{11}-x_{21} & 2x_{12}-x_{22}\end{pmatrix}\cdot\begin{pmatrix}2 & 1\\ 0 & 2\end{pmatrix}-\begin{pmatrix}2x_{11}+x_{21} & 2x_{12}+x_{22}\\ 2x_{21} & 2x_{22}\end{pmatrix}=\begin{pmatrix}6 & 2\\ 8 & 14\end{pmatrix}$$

$$\begin{pmatrix}2x_{11}+4x_{21} & x_{11}+2x_{12}+2x_{21}+4x_{22}\\ 4x_{11}-2x_{21} & 2x_{11}+4x_{12}-x_{21}-2x_{22}\end{pmatrix}-\begin{pmatrix}2x_{11}+x_{21} & 2x_{12}+x_{22}\\ 2x_{21} & 2x_{22}\end{pmatrix}=\begin{pmatrix}6 & 2\\ 8 & 14\end{pmatrix}$$

$$\begin{pmatrix}3x_{21} & x_{11}+2x_{21}+3x_{22}\\ 4x_{11}-4x_{21} & 2x_{11}+4x_{12}-x_{21}-4x_{22}\end{pmatrix}=\begin{pmatrix}6 & 2\\ 8 & 14\end{pmatrix}$$

Durch elementweisen Vergleich ergibt sich nun ein lineares Gleichungssystem bestehend aus 4 Gleichungen mit vier Variablen:

$$\begin{aligned}
3x_{21} &= 6\\
x_{11}+2x_{21}+3x_{22} &= 2\\
4x_{11}-4x_{21} &= 8\\
2x_{11}+4x_{12}-x_{21}-4x_{22} &= 14
\end{aligned}$$

Die Lösung dieses Gleichungssystems ist:

$$x_{11}=4,\quad x_{12}=0,\quad x_{21}=2,\quad x_{22}=-2$$

Die gesuchte Matrix $\boldsymbol{X}$ lautet: $\boldsymbol{X}=\begin{pmatrix}4 & 0\\ 2 & -2\end{pmatrix}$

Beispiel 2.39

Folgende Matrizengleichung soll nach $\boldsymbol{X}$ aufgelöst werden: $\boldsymbol{AX}=\boldsymbol{XA}$

Lösung

Lösungen für diese Matrizengleichung sind $\boldsymbol{X}=\boldsymbol{0}$, $\boldsymbol{X}=\boldsymbol{E}$ und $\boldsymbol{X}=\boldsymbol{A}^n$ und deren Linearkombinationen ($n\in\mathbf{Z}$ und $|\boldsymbol{A}|\neq 0$ bei $n<0$), also auch $\boldsymbol{X}=\boldsymbol{A}^{-1}$.

2.4.2 Anwendungen in der Wirtschaft

Verflechtung

Bei Verflechtungen 1. Art (siehe Beispiel 2.18 im Abschnitt 2.2.2) kann auch eine Umkehrung der Fragestellung von Interesse sein.
Aus $\boldsymbol{r} = \boldsymbol{A}^{(1,2)} \cdot \boldsymbol{A}^{(2,3)} \cdot \boldsymbol{e} = \boldsymbol{A}^{(1,3)} \cdot \boldsymbol{e}$, also $\boldsymbol{A}^{(1,3)} = \boldsymbol{A}^{(1,2)} \cdot \boldsymbol{A}^{(2,3)}$, ist bei vorgegebenem Rohstoffvektor $\boldsymbol{r}$ die mögliche Menge an Endprodukten $\boldsymbol{e}$ zu ermitteln.
Ist die Matrix $\boldsymbol{A}^{(1,3)}$ regulär, führt eine einfache Umstellung der Matrizengleichung mithilfe der inversen Matrix zum Ziel:

$$\boldsymbol{e} = (\boldsymbol{A}^{(1,3)})^{-1} \cdot \boldsymbol{r} = (\boldsymbol{A}^{(1,2)} \cdot \boldsymbol{A}^{(2,3)})^{-1} \cdot \boldsymbol{r}$$

Existiert die inverse Matrix nicht, so stellt $\boldsymbol{r} = \boldsymbol{A}^{(1,3)} \cdot \boldsymbol{e}$ bzw. $\boldsymbol{A}^{(1,3)} \cdot \boldsymbol{e} = \boldsymbol{r}$ ein lineares Gleichungssystem dar, das keine Lösung, genau eine Lösung oder unendlich viele Lösungen haben kann.

Beispiel 2.40

Es liege der Sachverhalt aus Beispiel 2.18 vor. Die Aufgabenstellung wird in folgender Weise modifiziert:
Gesucht ist die Anzahl der einzelnen Endprodukte, die aus vorhandenen Rohstoffmengen $r_1 = 61$ ME und $r_2 = r_3 = 57$ ME hergestellt werden können.

Lösung

Die Gleichung $\boldsymbol{r}_{(3,1)} = \boldsymbol{A}^{(1,3)}_{(3,2)} \cdot \boldsymbol{e}_{(2,1)}$ kann nach $\boldsymbol{e}$ explizit nicht aufgelöst werden, da $\boldsymbol{A}^{(1,3)}_{(3,2)}$ nicht quadratisch und somit nicht invertierbar ist. Es muss ein Gleichungssystem gelöst werden:

$$\begin{aligned} 9e_1 + 5e_2 &= 61 \\ 8e_1 + 5e_2 &= 57 \\ 8e_1 + 5e_2 &= 57 \end{aligned}$$

Dieses Gleichungssystem hat die eindeutige Lösung $e_1 = 4$ und $e_2 = 5$. Es können genau 4 ME von E_1 und 5 ME von E_2 produziert werden.

LEONTIEF-Modell

Bei den Verflechtungsmodellen 1. Art im Abschnitt 2.2.2 (siehe Beispiel 2.18) wurde noch nicht berücksichtigt, dass die produzierten Einheiten in der j-ten Stufe auch gleichzeitig Ausgangseinheit in der j-ten Stufe sein können (**Eigenverbrauch**).
Betrachtet wird eine bestimmte Stufe j einer Verflechtung.

Bezeichnungen

x Vektor des Eigenverbrauchs

y Nachfragevektor

A Verbrauchsmatrix, die für jede Stufe angibt, wie viel Mengen je produzierter Einheiten in welcher Stufe benötigt werden

Es gilt dann $\boldsymbol{x} = \boldsymbol{A} \cdot \boldsymbol{x} + \boldsymbol{y}$. Die Bestimmung der Gesamtproduktion der Stufe erfolgt mithilfe der Einheitsmatrix $\boldsymbol{E}$ durch Umstellung nach $\boldsymbol{x}$:

$$\boldsymbol{x} = (\boldsymbol{E} - \boldsymbol{A})^{-1} \cdot \boldsymbol{y}$$

Die Matrix $(\boldsymbol{E} - \boldsymbol{A})^{-1}$ wird als LEONTIEF-Inverse bezeichnet.
Siehe z. B. Larek, 2009 oder Luderer, 2011.

2.5 Lineare Ungleichungssysteme

2.5.1 Begriffe

Ein System $\boldsymbol{A} \cdot \boldsymbol{x} \, \mathrm{R} \, \boldsymbol{b}$, mit den Relationszeichen $\mathrm{R} \in \{\leqq, =, \geqq\}$, der Koeffizientenmatrix $\boldsymbol{A} = (a_{ij})$ und dem Vektor der absoluten Glieder der rechten Seite $\boldsymbol{b} = (b_i)$, $i = 1, 2, \ldots, m$; $j = 1, 2, \ldots, n$ heißt **lineares Ungleichungssystem mit m Nebenbedingungen** (Restriktionen).

Ein System $\boldsymbol{A} \cdot \boldsymbol{x} \, \mathrm{R} \, \boldsymbol{b}$, $\boldsymbol{x} \geqq \boldsymbol{o}$ mit den Relationszeichen $\mathrm{R} \in \{\leqq, =, \geqq\}$, der Koeffizientenmatrix $\boldsymbol{A} = (a_{ij})$ und dem Vektor $\boldsymbol{b} = (b_i)$, $i = 1, 2, \ldots, m$; $j = 1, 2, \ldots, n$ heißt **lineares Ungleichungssystem mit m Nebenbedingungen und n Nichtnegativitätsbedingungen**.

Das Relationszeichen R ist komponentenweise zu verstehen, in jeder Nebenbedingung kann eines der angegebenen Zeichen Verwendung finden.

Die Form $\boldsymbol{A}_{(m,n)} \cdot \boldsymbol{x}_{(n)} \, \mathrm{R} \, \boldsymbol{b}_{(m)}$, $\boldsymbol{x}_{(n)} \geqq \boldsymbol{o}_{(n)}$ eines linearen Ungleichungssystems mit den Relationszeichen $\mathrm{R} \in \{\leqq, =\}$ heißt **2. Normalform des linearen Ungleichungssystems**. m und n geben das Format an.

In der 2. Normalform tritt in den Nebenbedingungen nur das Ungleichheitszeichen $\leqq$ oder ein Gleichheitszeichen auf. Aus den $\geqq$-Bedingungen können durch Multiplikation mit -1 $\leqq$-Bedingungen gemacht werden.
Gibt es Variable x_j, die der Nichtnegativitätsbedingung $x_j \geqq 0$ **nicht** genügen müssen, werden sie in allen Nebenbedingungen durch jeweils eine Differenz zweier neuer Variablen $x_j = x_{j1} - x_{j2}$ mit $x_{j1}, x_{j2} \geqq 0$ ersetzt.

Ein lineares Ungleichungssystem $\boldsymbol{A} \cdot \boldsymbol{x} \leqq \boldsymbol{b}$, $\boldsymbol{x} \geqq \boldsymbol{o}$ mit $\boldsymbol{b} \geqq \boldsymbol{o}$ heißt **normales lineares Ungleichungssystem**.

Ein normales lineares Ungleichungssystem enthält keine Gleichungen und der Vektor $\boldsymbol{b}$ hat keine negativen Komponenten.

Die Form $(\boldsymbol{A},\boldsymbol{E})_{(m,n+m)} \cdot \boldsymbol{x}_{(n+m)} = \boldsymbol{b}_{(m)}$, $\boldsymbol{b}_{(m)} \geqq \boldsymbol{o}_{(m)}$, $\boldsymbol{x}_{(n+m)} \geqq \boldsymbol{o}_{(n+m)}$ eines normalen linearen Ungleichungssystems heißt **1. Normalform** des normalen linearen Ungleichungssystems.

Jede 2. Normalform eines normalen linearen Ungleichungssystems lässt sich in die 1. Normalform überführen, indem in jeder $\leqq$-Bedingung auf der linken Seite eine zusätzliche **Schlupfvariable** eingeführt wird.
Das in der 1. Normalform auftretende lineare Gleichungssystem $(\boldsymbol{A},\boldsymbol{E}) \cdot \boldsymbol{x} = \boldsymbol{b}$ liegt in der kanonischen Form vor, siehe Abschnitt 2.3.5.

Beispiel 2.41

Folgendes Ungleichungssystem soll zunächst in die 2. Normalform und anschließend in die 1. Normalform überführt werden.

$x_1 + x_2 \leqq 9 \qquad x_1 - x_2 \leqq 5 \qquad x_1 \geqq 0 \qquad x_2$ beliebig

Lösung

Variablensubstitution: $x_2 = x_{21} - x_{22}$ mit $x_{21}, x_{22} \geqq 0$

2. Normalform

$$\begin{aligned} x_1 + x_{21} - x_{22} &\leqq 9 \\ x_1 - x_{21} + x_{22} &\leqq 5 \\ x_1, x_{21}, x_{22} &\geqq 0 \end{aligned}$$

1. Normalform

$$\begin{aligned} x_1 + x_{21} - x_{22} + x_3 \qquad &= 9 \\ x_1 - x_{21} + x_{22} \qquad + x_4 &= 5 \\ x_1, x_{21}, x_{22}, x_3, x_4 &\geqq 0 \end{aligned}$$

Jeder Vektor $\boldsymbol{x}$, für den $\boldsymbol{A} \cdot \boldsymbol{x} \leqq \boldsymbol{b}$, $\boldsymbol{b} \geqq \boldsymbol{o}$ gilt, heißt **Lösung** des normalen linearen Ungleichungssystems $\boldsymbol{A} \cdot \boldsymbol{x} \leqq \boldsymbol{b}$.

Jeder Vektor $\boldsymbol{x}$, für den $\boldsymbol{A} \cdot \boldsymbol{x} \leqq \boldsymbol{b}$, $\boldsymbol{b} \geqq \boldsymbol{o}$, $\boldsymbol{x} \geqq \boldsymbol{o}$ gilt, heißt **zulässige Lösung** des normalen linearen Ungleichungssystems $\boldsymbol{A} \cdot \boldsymbol{x} \leqq \boldsymbol{b}$.

Eine **Punktmenge** heißt **konvex**, wenn neben zwei beliebig gewählten Punkten dieser Menge auch alle Punkte der Verbindungsstrecke der Punktmenge angehören.

Der Bereich B der zulässigen Lösungen von $\boldsymbol{A} \cdot \boldsymbol{x} \leqq \boldsymbol{b}$, $\boldsymbol{b} \geqq \boldsymbol{o}$, $\boldsymbol{x} \geqq \boldsymbol{o}$ ist eine konvexe Punktmenge, wenn sie nicht leer ist. Sind $\boldsymbol{x}_1$ und $\boldsymbol{x}_2$ zulässige Lösungen, so ist auch jede **konvexe Linearkombination** $\boldsymbol{x} = t_1\boldsymbol{x}_1 + t_2\boldsymbol{x}_2$ mit $t_1 + t_2 = 1$, $t_1, t_2 \geqq 0$ eine zulässige Lösung.

2.5.2 Lösen linearer Ungleichungssysteme

Lineare Ungleichungssysteme mit zwei Variablen lassen sich grafisch lösen.
Der vorgestellte Algorithmus für die rechnerische Lösung linearer Ungleichungssysteme bezieht sich nur auf normale lineare Ungleichungssysteme mit beschränkten Lösungsmengen und geht von der zugehörigen 1. Normalform (lineares Gleichungssystem) aus. Unter allen Lösungen interessieren besonders die Basislösungen. **Basislösungen** sind die Lösungen des Gleichungssystems, bei denen die Nichtbasisvariablen gleich null sind. Von diesen Basislösungen sind besonders die **zulässigen Basislösungen** mit $\boldsymbol{x} \geqq \boldsymbol{o}$ von Interesse. Die Anzahl der zulässigen Basislösungen eines normalen linearen Ungleichungssystems $\boldsymbol{A} \cdot \boldsymbol{x} \leqq \boldsymbol{b}, \boldsymbol{b} \geqq \boldsymbol{o}, \boldsymbol{x} \geqq \boldsymbol{o}$ ist endlich.

Sind $\boldsymbol{x}_1, \ldots, \boldsymbol{x}_n$ die zulässigen Basislösungen eines normalen beschränkten linearen Ungleichungssystems $\boldsymbol{A} \cdot \boldsymbol{x} \leqq \boldsymbol{b}$, $\boldsymbol{b} \geqq \boldsymbol{o}$, $\boldsymbol{x} \geqq \boldsymbol{o}$, so ist die **Menge aller zulässigen Lösungen** B durch die Menge aller konvexen Linearkombinationen der zulässigen Basislösungen gegeben:

$B = \{\boldsymbol{x} \mid \boldsymbol{x} = t_1\boldsymbol{x}_1 + \ldots + t_n\boldsymbol{x}_n \text{ mit } \Sigma t_i = 1 \text{ und } t_i \geqq 0 \, \forall i\}$.

B heißt **allgemeine zulässige Lösung**.

Grafische Lösung bei zwei Variablen

Der zulässige Lösungsbereich B ergibt sich als Durchschnitt aller Lösungsmengen der Nebenbedingungen, dabei sind die Randgeraden zu zeichnen. Die Lösungsmenge jeder Ungleichung stellt eine Halbebene dar, siehe Abschnitt 1.9.2. Die „richtige Seite“ kann ermittelt werden, indem für einen ausgewählten Punkt (z. B. (0; 0) oder einen einfachen, nicht auf der Randgerade liegenden Punkt) die Zugehörigkeit zur Lösungsmenge geprüft wird. Der zulässige Lösungsbereich B ist eine durch die Eckpunkte bestimmte konvexe Punktmenge, bei der alle Punkte der Strecke zwischen zwei beliebig aus B gewählten Punkten dem zulässigen Lösungsbereich B angehören.

Rechnerische Lösung für ein normales lineares Ungleichungssystem

Bezeichnungen

BV	Basisvariable	HZ	Hauptzeile
NBV	Nichtbasisvariable	HS	Hauptspalte
BL	Basislösung	HE	Hauptelement
ZBL	Zulässige Basislösung	BT	Basistransformation

Lösungsweg

0. Ermitteln der 1. Normalform des normalen linearen Ungleichungssystems.
1. Wählen einer HS mit einer NBV x_s, die in der vorangegangenen Tabelle keine BV war (sonst ergibt sich eine bereits bekannte BL).
2. Für alle positiven Elemente a_{is} der Spalte s und b_i der rechten Seite werden die Quotienten $q_i = b_i/a_{is}$ gebildet (zusätzliche Spalte).
3. Die Zeile mit dem kleinsten Quotienten q_i wird die Hauptzeile HZ.
4. Die Basistransformation BT (siehe Abschnitt 2.3.5) wird für das ermittelte Hauptelement HE durchgeführt.
5. Die Punkte 1. bis 4. werden wiederholt, bis durch die BT keine neue BL gefunden werden kann.
6. Bildung der allgemeinen zulässigen Lösung.

Beispiel 2.42

Zur Herstellung von zwei Erzeugnissen E_1 und E_2 stehen für die Bearbeitung drei Maschinen zur Verfügung. Die erforderlichen Maschinenzeiten und die zur Verfügung stehenden Zeitfonds sind in der folgenden Tabelle enthalten.

Maschine	Maschinenzeit		Zeitfonds
	E_1	E_2	
1	4	8	200
2	5	4	200
3	0	5	100

Es sollen alle möglichen Stückzahlenvarianten unter Einhaltung aller Bedingungen ermittelt werden.

Lösungsansatz

x_1 – Anzahl der Erzeugnisse vom Typ E_1
x_2 – Anzahl der Erzeugnisse vom Typ E_2

Mathematisches Modell

$$\begin{aligned} 4x_1 + 8x_2 &\leqq 200 \\ 5x_1 + 4x_2 &\leqq 200 \\ 5x_2 &\leqq 100 \\ x_1, x_2 &\geqq 0 \end{aligned}$$

Grafische *Lösung*

Da x_1 und x_2 nichtnegativ sind, kann der Lösungsbereich nur im I. Quadranten liegen. Jede weitere der drei Ungleichungen beschreibt eine weitere Halbebene, deren Durchschnitt den zulässigen Lösungsbereich B im I. Quadranten ergibt, in dem alle Nebenbedingungen erfüllt werden, siehe Bild 2.1.

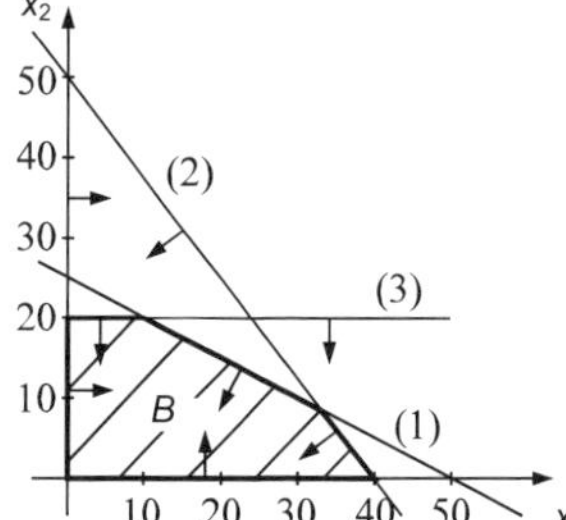

Bild 2.1

L

Der Lösungsbereich B wird als konvexe Linearkombination der fünf beteiligten Eckpunkte angegeben, die entweder als Näherungswerte dem Bild 2.1 entnommen werden, als Schnittpunkte der entsprechenden Geraden berechnet werden oder auf rechnerischem Wege mit der Basistransformation ermittelt werden können.

Lösung

$$\boldsymbol{x} = t_1 \begin{pmatrix} 0 \\ 0 \end{pmatrix} + t_2 \begin{pmatrix} 40 \\ 0 \end{pmatrix} + t_3 \begin{pmatrix} \frac{100}{3} \\ \frac{25}{3} \end{pmatrix} + t_4 \begin{pmatrix} 10 \\ 20 \end{pmatrix} + t_5 \begin{pmatrix} 0 \\ 20 \end{pmatrix} \qquad \text{mit } t_i \geqq 0 \; \forall i \quad \text{und } \sum_{i=1}^{5} t_i = 1$$

Rechnerische *Lösung*

2. Normalform

$$\begin{aligned} 4x_1 + 8x_2 &\leqq 200 \\ 5x_1 + 4x_2 &\leqq 200 \\ 5x_2 &\leqq 100 \\ x_1, x_2 &\geqq 0 \end{aligned}$$

1. Normalform

$$\begin{aligned} 4x_1 + 8x_2 + x_3 &= 200 \\ 5x_1 + 4x_2 + x_4 &= 200 \\ 5x_2 + x_5 &= 100 \\ x_1, x_2, x_3, x_4, x_5 &\geqq 0 \end{aligned}$$

Lösung mit Angabe der Werte für die Schlupfvariablen (Lösungsschema auf der folgenden Seite):

$$\boldsymbol{x} = t_1 \begin{pmatrix} 0 \\ 0 \\ 200 \\ 200 \\ 100 \end{pmatrix} + t_2 \begin{pmatrix} 40 \\ 0 \\ 40 \\ 0 \\ 100 \end{pmatrix} + t_3 \begin{pmatrix} \frac{100}{3} \\ \frac{25}{3} \\ 0 \\ 0 \\ \frac{175}{3} \end{pmatrix} + t_4 \begin{pmatrix} 10 \\ 20 \\ 0 \\ 70 \\ 0 \end{pmatrix} + t_5 \begin{pmatrix} 0 \\ 20 \\ 40 \\ 120 \\ 0 \end{pmatrix} \qquad \text{mit } \sum_{i=1}^{5} t_i = 1 \quad \text{und } t_i \geqq 0 \; \forall i$$

Lösungsschema

BV	x_1	x_2	x_3	x_4	x_5	$\boldsymbol{b}$	q	
x_3	4	8	1	0	0	200	50	
x_4	**5**	4	0	1	0	200	40 ←	$\boldsymbol{x}_1 = \begin{pmatrix} 0 \\ 0 \end{pmatrix}$
x_5	0	5	0	0	1	100	–	
x_3	0	$\mathbf{\frac{24}{5}}$	1	$-\frac{4}{5}$	0	40	$\frac{25}{3}$ ←	
x_1	1	$\frac{4}{5}$	0	$\frac{1}{5}$	0	40	50	$\boldsymbol{x}_2 = \begin{pmatrix} 40 \\ 0 \end{pmatrix}$
x_5	0	5	0	0	1	100	20	
x_2	0	1	$\frac{5}{24}$	$-\frac{1}{6}$	0	$\frac{25}{3}$	–	
x_1	1	0	$-\frac{1}{6}$	$\frac{1}{3}$	0	$\frac{100}{3}$	100	$\boldsymbol{x}_3 = \begin{pmatrix} \frac{100}{3} \\ \frac{25}{3} \end{pmatrix}$
x_5	0	0	$-\frac{25}{24}$	$\mathbf{\frac{5}{6}}$	1	$\frac{175}{3}$	70 ←	
x_2	0	1	0	0	$\frac{1}{5}$	20	–	
x_1	1	0	$\mathbf{\frac{1}{4}}$	0	$-\frac{2}{5}$	10	40 ←	$\boldsymbol{x}_4 = \begin{pmatrix} 10 \\ 20 \end{pmatrix}$
x_4	0	0	$-\frac{5}{4}$	1	$\frac{6}{5}$	70	–	
x_2	0	1	0	0	$\mathbf{\frac{1}{5}}$	20	100 ←	
x_3	4	0	1	0	$-\frac{8}{5}$	40	–	$\boldsymbol{x}_5 = \begin{pmatrix} 0 \\ 20 \end{pmatrix}$
x_4	5	0	0	1	$-\frac{4}{5}$	120	–	

x_5	Diese Basislösung $\boldsymbol{x}_6$ ist mit $\boldsymbol{x}_1$ (oberstes Schema) identisch,
x_3	daher kann hier abgebrochen werden.
x_4	Die Reihenfolge der x_i hier im Schema ist dabei unerheblich.

2.6 Lineare Optimierung

2.6.1 Begriffe

L

Bei der **Optimierung**, häufig Operations Research oder der Unternehmensforschung zugeordnet, soll unter vielen zulässigen Varianten die hinsichtlich eines bestimmten Kriteriums beste (optimale) Variante gefunden werden. Die mathematische Modellierung eines ökonomischen Problems erfordert die Umsetzung der ökonomischen Sachverhalte in mathematisch abzuarbeitende Rechenschritte. Jede Bedingung leitet sich aus ökonomischen Aussagen ab. Die ökonomische Zielstellung wird mit einer mathematischen Funktion beschrieben.

Ein **Optimierungsproblem** besteht darin, unter der Berücksichtigung von Nebenbedingungen eine Zielfunktion zu maximieren oder zu minimieren.

Beschreibung linearer Optimierungsprobleme

Lineare Optimierung bedeutet, dass die verwendeten Funktionen, Ungleichungen und Gleichungen linear sind, die Variablen kommen alle in der ersten Potenz vor.

Bei einem linearen Optimierungsproblem (LOP) ist das Maximum oder Minimum einer linearen

ZF: **ZielFunktion** Z zu bestimmen, wobei die Struktur- oder Entscheidungsvariablen $x_1, x_2, \ldots, x_n$ den

NB: **NebenBedingungen** oder Restriktionen und der

NNB: **NichtNegativitätsBedingung** genügen müssen.

$$Z(\boldsymbol{x}) = c_0 + c_1 x_1 + c_2 x_2 + \ldots + c_n x_n \to \max / \min$$

$$\begin{aligned} a_{11}x_1 + a_{12}x_2 + \ldots + a_{1n}x_n \,\mathrm{R}\, b_1 \\ a_{21}x_1 + a_{22}x_2 + \ldots + a_{2n}x_n \,\mathrm{R}\, b_2 \\ \vdots \\ a_{m1}x_1 + a_{m2}x_2 + \ldots + a_{mn}x_n \,\mathrm{R}\, b_m; \quad \mathrm{R} \in (\leqq, =, \geqq) \end{aligned}$$

$x_j \geqq 0$, $j = 1, 2, \ldots, n$. Die Größen a_{ij}, b_i, c_j sind bekannt.

Ein LOP in Matrizenschreibweise:

ZF: $Z(\boldsymbol{x}) = c_0 + \boldsymbol{c}^{\mathrm{T}} \cdot \boldsymbol{x} \to \max / \min$

NB: $\boldsymbol{A} \cdot \boldsymbol{x} \,\mathrm{R}\, \boldsymbol{b}$

NNB: $\boldsymbol{x} \geqq \boldsymbol{o}$

Beispiel 2.43

ZF: $Z(\boldsymbol{x}) = Z(x_1, x_2) = x_1 + 4x_2 \to \max$

Z ist eine lineare Zielfunktion mit zwei Variablen x_1 und x_2, deren Wert ein Maximum annehmen soll. c_0 ist in diesem Fall gleich null.

NB: $4x_1 + 8x_2 \leqq 200$

$5x_1 + 4x_2 \leqq 200$

$5x_2 \leqq 100$

Ein System von drei linearen Nebenbedingungen liegt vor, in diesem Fall drei $\leqq$-Beziehungen (sprich: „Kleiner-gleich-Beziehungen").

NNB: $x_1, x_2 \geqq 0$

Die Nichtnegativitätsbedingungen für die beiden Variablen x_1 und x_2 sind gegeben.

Jeder Vektor $\boldsymbol{x}$, der den Nebenbedingungen genügt, heißt **Lösung** des linearen Optimierungsproblems.
Jeder Vektor $\boldsymbol{x}$, der den Nebenbedingungen und der Nichtnegativitätsbedingung genügt, heißt **zulässige Lösung** des linearen Optimierungsproblems.
Die Gesamtheit aller zulässigen Lösungen eines linearen Optimierungsproblems heißt **Menge der zulässigen Lösungen**.
Jede zulässige Lösung, die die Werte der Zielfunktion maximiert bzw. minimiert, heißt **optimale Lösung** des linearen Optimierungsproblems.

2.6.2 Lösen linearer Optimierungsprobleme

Grafische Lösung linearer Optimierungsprobleme

Lineare Optimierungsprobleme mit zwei Variablen können **grafisch** gelöst werden.

$Z(\boldsymbol{x}) = c_0 + c_1x_1 + c_2x_2 \to \max\ (\min)$

$a_{i1}x_1 + a_{i2}x_2 \,\mathrm{R}\, b_i, \quad \mathrm{R} \in (\leqq, =, \geqq), \quad i = 1, 2, \ldots, m$

$x_1, x_2 \geqq 0$

Lösungsweg (für den Fall einer optimalen Lösung)

1. Modellierung des Problems
2. Ermittlung des zulässigen Bereiches
3. Konstruktion der Niveaulinien der Zielfunktionswerte
4. Bestimmung des optimalen Punktes und des Zielfunktionswertes

Bemerkungen

(1) *Die Zielfunktion stellt für einen festen Z-Wert eine Niveaulinie (Gerade) in der x_1, x_2-Ebene dar. Für unterschiedliche Z-Werte ergeben sich unterschiedliche, aber* ***parallele*** *Niveaulinien. Daher kann eine Maximierung bzw. Minimierung durch Parallelverschiebung einer beliebigen Niveaulinie von $Z(\mathbf{x})$ erfolgen.*
Häufig ist der Wert für die Ausgangszielfunktion $Z(\mathbf{x}) = 0$.

(2) *Durch die Nebenbedingungen werden Halbebenen (bzw. Geraden bei Gleichungen) beschrieben. Der zulässige Bereich B ergibt sich als Durchschnitt der Lösungsmengen aller Nebenbedingungen.*

(3) *Die Nichtnegativitätsbedingungen für beide Variable verlangen eine Lösung im I. Quadranten.*

Beispiel 2.44

Es wird der Sachverhalt von Beispiel 2.42 betrachtet.
Der Gewinn beim Verkauf eines Erzeugnisses E_1 beträgt 1 GE (Geldeinheit) und eines Erzeugnisses E_2 4 GE.
Wie soll produziert werden, damit der Gewinn des Betriebes maximal wird?

Modellierung: x_1 – Anzahl der Erzeugnisse vom Typ E_1
x_2 – Anzahl der Erzeugnisse vom Typ E_2

$$
\begin{aligned}
Z(\mathbf{x}) = \quad x_1 + 4x_2 &\to \max \\
4x_1 + 8x_2 &\leqq 200 \quad (1) \\
5x_1 + 4x_2 &\leqq 200 \quad (2) \\
5x_2 &\leqq 100 \quad (3) \\
x_1, x_2 &\geqq \ \ 0
\end{aligned}
$$

Grafische Lösung

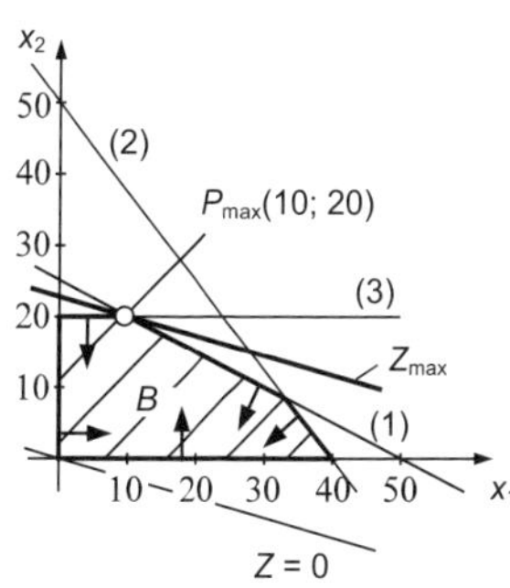

Die zunächst für z. B. $Z = 0$ gezeichnete Niveaulinie der Zielfunktion wird so parallel verschoben, dass noch mindestens ein Punkt von B erfasst wird, siehe Bild 2.2.

$x_1 = 10$

$x_2 = 20$

$Z_{max} = 1 \cdot 10 + 4 \cdot 20 = 90$

Rechnerische Lösung siehe unter Beispiel 2.49

Bild 2.2

Beispiel 2.45

Für die Aufzucht von Vieh wird eine Mischung von zwei Futtersorten vorgesehen. Mindestgehalt von Kohlehydraten, Eiweißen und Fetten sowie die Kosten für die Futtersorten sind in der Tabelle enthalten.
Wie muss das Futter gemischt werden, damit die Kosten minimal werden?

Futtersorte	Kohlehydrate (mg/ME)	Eiweiße (mg/ME)	Fette (mg/ME)	Kosten (GE)
1	4	4	0	10
2	2	8	8	12
Mindestgehalt	12	24	8	

Modellierung: x_1 – Mengeneinheiten von Futtersorte 1
x_2 – Mengeneinheiten von Futtersorte 2

$$
\begin{aligned}
Z(x) = 10x_1 + 12x_2 &\to \min \\
4x_1 + 2x_2 &\geqq 12 \quad (1) \\
4x_1 + 8x_2 &\geqq 24 \quad (2) \\
8x_2 &\geqq 8 \quad (3) \\
x_1, x_2 &\geqq 0
\end{aligned}
$$

Grafische Lösung, siehe Bild 2.3:

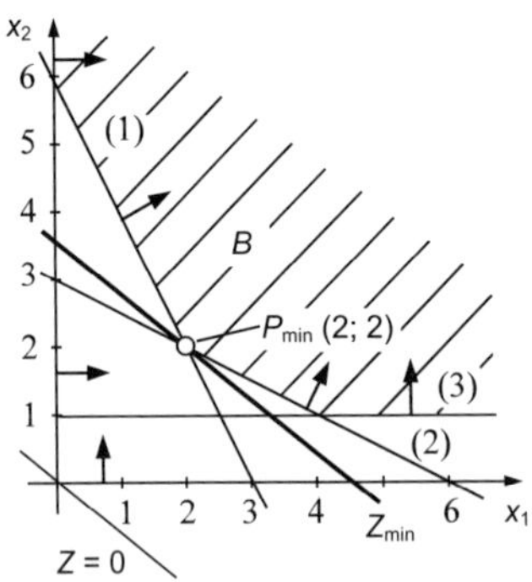

Bild 2.3

$x_1 = 2$

$x_2 = 2$

$Z_{min} = 10 \cdot 2 + 12 \cdot 2 = 44$

Rechnerische Lösung siehe unter Beispiel 2.52

Sonderfälle

1. Unendlich viele Lösungen

Ist die Niveaulinie der Zielfunktionswerte für die optimale Lösung parallel zur berührenden Randgeraden, so sind alle die Punkte optimal, die gleichzeitig dem zulässigen Bereich und den maximalen Zielfunktionswerten angehören.

L

Beispiel 2.46

$$\begin{aligned} Z(\boldsymbol{x}) = x_1 + 2x_2 &\to \max \\ x_2 &\leqq 4 \quad (1) \\ x_1 + x_2 &\leqq 9 \quad (2) \\ x_1 + 2x_2 &\leqq 12 \quad (3) \\ x_1, x_2 &\geqq 0 \end{aligned}$$

Grafische Lösung

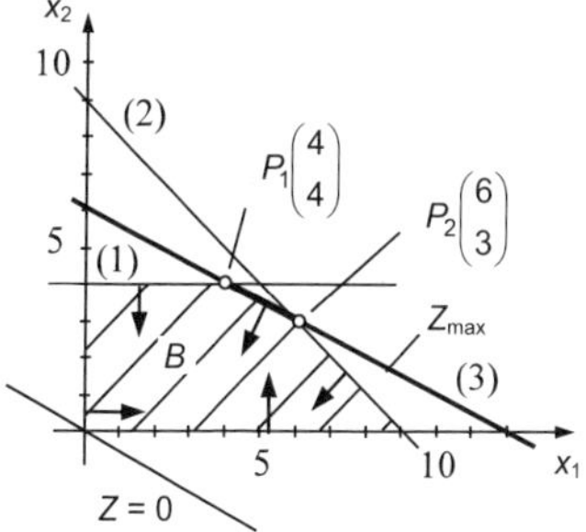

Bild 2.4

Es gibt unendlich viele optimale Lösungen. Alle Punkte, die auf der Strecke zwischen P_1 und P_2 liegen, sind Lösung, siehe Bild 2.4.

Die Menge der Lösungen lässt sich durch die konvexe Linearkombination der zulässigen Basislösungen $\boldsymbol{x}_1$ und $\boldsymbol{x}_2$ beschreiben:

$$\boldsymbol{x} = t_1 \cdot \boldsymbol{x}_1 + t_2 \cdot \boldsymbol{x}_2 \qquad \text{mit} \quad t_1, t_2 \geqq 0 \quad \text{und} \quad t_1 + t_2 = 1$$

$$\boldsymbol{x} = t_1 \cdot \begin{pmatrix} 4 \\ 4 \end{pmatrix} + t_2 \cdot \begin{pmatrix} 6 \\ 3 \end{pmatrix} \qquad \text{mit} \quad t_1, t_2 \geqq 0 \quad \text{und} \quad t_1 + t_2 = 1$$

$Z_{\max} = 12$

2. Keine Lösung

Der Bereich B kann eine leere Menge sein (damit existieren keine zulässigen Lösungen).

Ist der zulässige Bereich B unbeschränkt, kann sich in Abhängigkeit von der Zielfunktion der Fall ergeben, dass es keine optimale Lösung gibt.

Beispiel 2.47

$$\begin{aligned} Z(\boldsymbol{x}) = 3x_1 + 4x_2 &\to \max \\ -x_1 + x_2 &\geqq 4 \quad (1) \\ -x_1 + 6x_2 &\leqq 6 \quad (2) \\ x_1, x_2 &\geqq 0 \end{aligned}$$

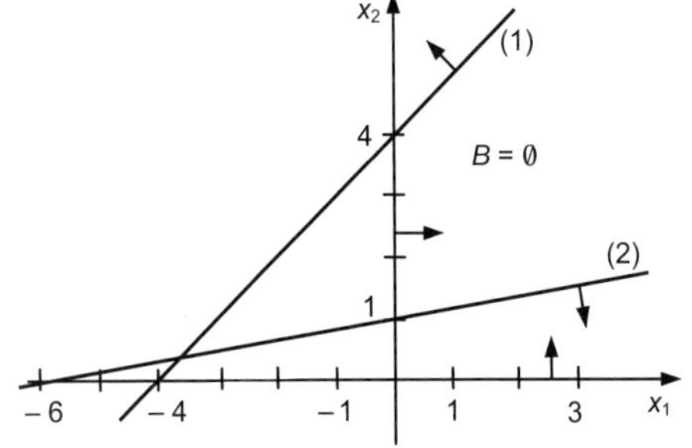

Der Bereich B ist die leere Menge, dieses Problem hat keine Lösung, siehe Bild 2.5.

Der Sachverhalt der Aufgabe enthält Widersprüche.

Bild 2.5

Beispiel 2.48

$$\begin{aligned} Z(\boldsymbol{x}) = x_1 + 2x_2 &\to \max \\ -x_1 + 2x_2 &\leqq 2 \quad (1) \\ x_2 &\leqq 4 \quad (2) \\ x_1, x_2 &\geqq 0 \end{aligned}$$

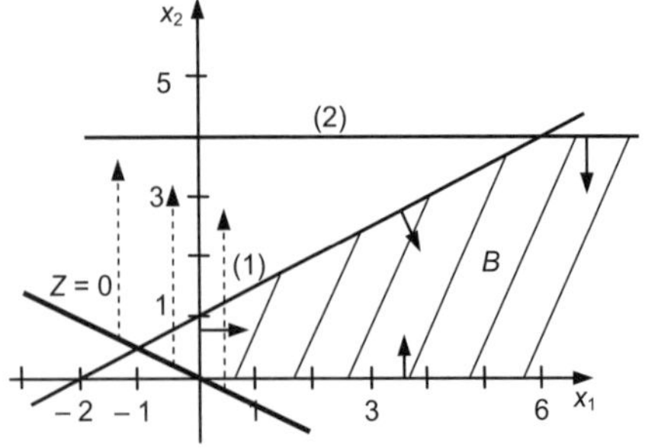

B ist unbeschränkt, die Zielfunktion hat kein endliches Maximum, siehe Bild 2.6.

Es fehlen bei einer wirtschaftlich sinnvollen Aufgabenstellung weitere Nebenbedingungen.

Bild 2.6

Rechnerische Lösung linearer Optimierungsprobleme

Die Normalform

Wird in der Zielfunktion die additive Konstante c_0 weggelassen, hat das keinen Einfluss auf die Gesamtheit der optimalen Lösungen. Lediglich bei der Berechnung des Zielfunktionswertes ist diese Konstante wieder zu berücksichtigen.

Ein lineares Optimierungsproblem in der Form

Zielfunktion	$Z(\boldsymbol{x}) = \boldsymbol{c}^{\mathrm{T}} \cdot \boldsymbol{x} \to \max$
Nebenbedingungen	$\boldsymbol{A} \cdot \boldsymbol{x}\, \mathrm{R}\, \boldsymbol{b} \quad \text{mit} \quad \mathrm{R} \in \{\leqq, =\}$
Nichtnegativitätsbedingung	$\boldsymbol{x} \geqq \boldsymbol{o}$

heißt **2. Normalform des linearen Optimierungsproblems.**

Jedes lineare Optimierungsproblem kann in die 2. Normalform überführt werden.
Soll das **Minimum** von Z mit $Z(\boldsymbol{x}) = c_1x_1 + c_2x_2 + \ldots + c_nx_n \to \min$ eines linearen Optimierungsproblems bestimmt werden, ist das der Ermittlung des **Maximums** von $Z'(\boldsymbol{x}) = -Z(\boldsymbol{x}) = -c_1x_1 - c_2x_2 - \ldots - c_nx_n \to \max$ unter den gleichen Nebenbedingungen äquivalent. Beide Aufgaben besitzen die gleiche Gesamtheit optimaler Lösungen. Lediglich die Minimal- bzw. Maximalwerte der Zielfunktionen haben entgegengesetzte Vorzeichen. Eine Minimumaufgabe kann also durch eine Maximumaufgabe ersetzt werden, indem die Werte der Zielfunktion mit -1 multipliziert werden.
Gibt es unter den Nebenbedingungen $\geqq$-Bedingungen, werden sie ebenso mit -1 multipliziert, sodass daraus $\leqq$-Bedingungen werden.
Gibt es Variable x_j, die der Nichtnegativitätsbedingung $x_j \geqq 0$ **nicht** genügen müssen, werden sie jeweils durch eine Differenz zweier neuer Variablen $x_j = x_{j1} - x_{j2}$ mit $x_{j1}, x_{j2} \geqq 0$ ersetzt.

Ein lineares Optimierungsproblem in der Form

Zielfunktion	$Z(\boldsymbol{x}) = \boldsymbol{c}^{\mathrm{T}} \cdot \boldsymbol{x} \to \max$
Nebenbedingungen	$(\boldsymbol{A}, \boldsymbol{E}) \cdot \boldsymbol{x} = \boldsymbol{b}$
Nichtnegativitätsbedingung	$\boldsymbol{x} \geqq \boldsymbol{o}$

heißt **1. Normalform des linearen Optimierungsproblems.**

In jeder $\leqq$-Bedingung der Nebenbedingungen wird eine **Schlupfvariable** eingeführt.
In jeder Gleichung wird ebenfalls eine zusätzliche Variable eingeführt, eine sogenannte **künstliche Variable** oder auch **Sternvariable**, siehe dazu Abschnitt 2.6.3.

Jedes lineare Optimierungsproblem kann in die 1. Normalform überführt werden, bei der das Maximum für die gegebene Zielfunktion Z

$$Z(\boldsymbol{x}) = c_1x_1 + c_2x_2 + \ldots + c_nx_n + 0 \cdot x_{n+1} + \ldots + 0 \cdot x_{n+m} \to \max$$

unter den Bedingungen

$$\begin{array}{llll} a_{11}x_1 + a_{12}x_2 + \ldots + a_{1n}x_n + x_{n+1} & & & = b_1 \\ a_{21}x_1 + a_{22}x_2 + \ldots + a_{2n}x_n & + x_{n+2} & & = b_2 \\ \vdots & & & \\ a_{m1}x_1 + a_{m2}x_2 + \ldots + a_{mn}x_n & & + x_{n+m} & = b_m \end{array}$$

mit $x_j \geqq 0,\ j = 1, 2, \ldots, n+m$ zu bestimmen ist.

Bei Verwendung der Matrizenschreibweise mit Formatangabe, wenn dabei $(\boldsymbol{A}, \boldsymbol{E})$ die um die Einheitsmatrix $\boldsymbol{E}$ erweiterte Matrix $\boldsymbol{A}$ ist, gilt:

2. Normalform

$$\begin{aligned} Z(\boldsymbol{x}) = \boldsymbol{c}^{\mathrm{T}}_{(1,n)} \cdot \boldsymbol{x}_{(n,1)} &\to \max \\ \boldsymbol{A}_{(m,n)} \cdot \boldsymbol{x}_{(n,1)} &\ \mathrm{R}\ \boldsymbol{b}_{(m,1)} \\ \boldsymbol{x}_{(n,1)} &\geqq \boldsymbol{o}_{(n,1)} \\ \text{mit } \mathrm{R} &\in \{\leqq, =\} \end{aligned}$$

1. Normalform

$$\begin{aligned} Z(\boldsymbol{x}) = \boldsymbol{c}^{\mathrm{T}}_{(1,n+m)} \cdot \boldsymbol{x}_{(n+m,1)} &\to \max \\ (\boldsymbol{A}, \boldsymbol{E})_{(m,n+m)} \cdot \boldsymbol{x}_{(n+m,1)} &= \boldsymbol{b}_{(m,1)} \\ \boldsymbol{x}_{(n+m,1)} &\geqq \boldsymbol{o}_{(n+m,1)} \end{aligned}$$

Basisdarstellung

Je m linear unabhängige Spaltenvektoren von $(\boldsymbol{A}, \boldsymbol{E})$ bilden eine **Basis**. Die zu diesen Vektoren gehörigen Variablen heißen **Basisvariable**, (m – Anzahl der Nebenbedingungen).

In der **Basisdarstellung** (BD) liegt das Gleichungssystem $(\boldsymbol{A}, \boldsymbol{E}) \cdot \boldsymbol{x} = \boldsymbol{b}$ in kanonischer Form vor, sodass für eine **Basis** die Basisvariablen (BV) durch die Nichtbasisvariablen (NBV) ausgedrückt sind:
$\boldsymbol{x}_{\mathrm{BV}} = \boldsymbol{b}' - \boldsymbol{A}' \cdot \boldsymbol{x}_{\mathrm{NBV}}$

Bemerkung
In der 1. Normalform sind die Schlupfvariablen $x_{n+1}, x_{n+2}, \ldots, x_{n+m}$ Basisvariable (die restlichen Variablen sind Nichtbasisvariable).

Eine **Basislösung** (BL) ergibt sich, wenn in einer Basisdarstellung eines Gleichungssystems alle Nichtbasisvariablen gleich null gesetzt werden. Eine Basislösung heißt darüber hinaus **zulässige Basislösung** (ZBL), wenn alle Basisvariablen nicht negativ sind.

Besitzt die zulässige Basislösung eines linearen Optimierungsproblems in der 1. Normalform genau m positive Komponenten, wird sie **nicht ausgeartet** genannt. Besitzt die zulässige Basislösung weniger als m positive Komponenten, wird sie **ausgeartet** genannt.

L

Bemerkung
Im Falle einer Ausartung können beim Lösungsprozess Komplikationen auftreten (Zyklenbildung).

2.6.3 Simplexmethode

Mit der Simplexmethode kann ein lineares Optimierungsproblem rechnerisch schrittweise gelöst werden. Dazu wird hier die **kombinierte Simplexmethode** als Simplexalgorithmus vorgestellt. Voraussetzung ist das Vorliegen des linearen Optimierungsproblems in der 1. Normalform.
Die Aufgabe besteht darin, zulässige Basislösungen zu finden, in denen die Zielfunktion ihr Maximum annimmt.
Nebenbedingungen in Form von Gleichungen werden in der 1. Normalform mit der M-Methode berücksichtigt. In diese Gleichungen werden **künstliche** oder **Sternvariable** x_j^* eingeführt, die gemeinsam mit den Schlupfvariablen die Basisvariablen der ersten Basislösung sind.
Die ursprünglichen Gleichungen sind nur dann erfüllt, wenn die künstlichen Variablen null sind. Das kann erreicht werden, wenn beim Variablentausch in der Basistransformation die künstlichen Variablen von Basisvariablen zu Nichtbasisvariablen getauscht werden.
In der Zielfunktion erhalten die künstlichen Variablen einen sehr großen negativen Koeffizienten $-M$, M ist sehr groß positiv, $M \gg 0$.

Besitzt das lineare Optimierungsproblem eine optimale Lösung, nimmt die Zielfunktion ihr Extremum in mindestens einer zulässigen Basislösung der Menge der zulässigen Lösungen an (Eckpunkt des konvexen Bereiches B).
Ist die Menge B der zulässigen Lösungen nicht leer und die Zielfunktion über B nach oben beschränkt, existiert bei einer Maximumaufgabe wenigstens eine optimale Lösung (Simplextheorem).

Das Ausgangsschema enthält mit dem Koordinatenursprung in der Regel nicht die optimale Lösung. Negative g-Werte deuten an, dass noch keine maximale Lösung vorliegt, negative b-Werte zeigen, dass noch keine zulässige Lösung vorliegt.

Ein Schema enthält eine optimale Lösung, wenn die Werte sowohl in der g-Zeile als auch in der b-Spalte nichtnegativ sind.
Für eine **optimale Lösung** gilt: $g_j \geqq 0 \, \forall j$ und $b_i \geqq 0 \, \forall i$.

Schritte des Simplexalgorithmus

1. Zunächst wird über die **Simplexmethode** (SM), Schritt (1.1) des Algorithmus, versucht, $g_j \geqq 0$ zu erreichen.
2. Falls erforderlich, wird anschließend über die **duale Simplexmethode** (DSM), Schritt (1.2) des Algorithmus, versucht, $b_i \geqq 0$ zu erreichen.
3. Ob **mehrere optimale Lösungen** existieren, ist gegebenenfalls im Schritt (3) zu prüfen.

Ist die Menge der zulässigen Lösungen beschränkt, und nimmt die Zielfunktion ihren Optimalwert in mehr als einem Eckpunkt (ZBL) an, ist die Gesamtheit der Optimallösungen eine **konvexe Linearkombination** aller optimalen Basislösungen:

$$\boldsymbol{x} = t_1\boldsymbol{x}_1 + t_2\boldsymbol{x}_2 + \ldots + t_n\boldsymbol{x}_n \quad \text{mit} \quad \sum_{i=1}^{n} t_i = 1 \quad \text{und} \quad t_1, t_2, \ldots, t_n \geqq 0$$

Ist das lineare Optimierungsproblem nicht ausgeartet, führt die Simplexmethode **nach endlich vielen Schritten** zur Optimallösung oder zur Erkenntnis der Unlösbarkeit der Aufgabe.

Ausführliches Schema für die Simplexmethode (einschl. der BV-Spalten)

BV	x_1	x_2	x_3	x_4	x_5	x_6	x_7	$\boldsymbol{b}$
x_5	a_{11}	a_{12}	a_{13}	a_{14}	1	0	0	b_1
x_6	a_{21}	a_{22}	a_{23}	a_{24}	0	1	0	b_2
x_7	a_{31}	a_{32}	a_{33}	a_{34}	0	0	1	b_3
Z	$-c_1$	$-c_2$	$-c_3$	$-c_4$	0	0	0	0

Als Rechenschema wird das **verkürzte** Schema (siehe folgende Seite) verwendet, dabei wird auf die Spalten der Basisvariablen mit den Einheitsvektoren verzichtet. In der dadurch freien Spalte der neuen Basisvariablen wird die Spalte der neuen Nichtbasisvariablen positioniert. Es ist somit zu beachten, dass sich die Rechenregeln im Schritt (2) **Verkürzte Basistransformation** für die **Werte in der Hauptspalte** (1. Das Hauptelement HE und 3. Die restlichen Elemente der Hauptspalte) gegenüber der ausführlichen Basistransformation (Abschnitt 2.3.5) **verändern**.

L

Bemerkung
In den Spalten der BV steht immer die Einheitsmatrix $\boldsymbol{E}$. *Im folgenden* ***verkürzten Schema*** *werden diese Spalten der BV weggelassen. Dafür ändern sich die Regeln für die HS einschließlich des HE.*

Verkürztes Schema als Ausgangsschema für die kombinierte Methode

Die Spalten für die Basisvariablen entfallen, die letzte Nebenbedingung wird beispielhaft als Gleichung angenommen.

1.	NBV	x_1	x_2	x_3	x_4	$\boldsymbol{b}$	
BV	-1	c_1	c_2	c_3	c_4	0	q
x_5	0	a_{11}	a_{12}	a_{13}	a_{14}	b_1	q_1
x_6	0	a_{21}	a_{22}	a_{23}	a_{24}	b_2	q_2
x_7^*	$-M$	a_{31}	a_{32}	a_{33}	a_{34}	b_3	q_3
	$\boldsymbol{g}$	g_1: $-c_1$	g_2: $-c_2$	g_3: $-c_3$	g_4: $-c_4$	Z: 0	
	$*$	$-a_{31}$	$-a_{32}$	$-a_{33}$	$-a_{34}$	$-b_3$	
	p	p_1	p_2	p_3	p_4		

Koeffizienten der Zielfunktion

Die Koeffizienten in der Zielfunktion sind für Schlupfvariable null und für künstliche Variable $-M$ (M ist eine sehr große positive Zahl, $M \gg 0$).

Berechnung der $\boldsymbol{g}$-Zeile

(1) Die g_j und Z ergeben sich aus dem Skalarprodukt der 2. Spalte (NBV) mit den entsprechenden Spalten von $\boldsymbol{A}$ und $\boldsymbol{b}$.

(2) Die $*$-Zeile entfällt, wenn sich unter den Basisvariablen keine $*$-Variable befinden.
Sind $*$-Variable unter den Basisvariablen, so besteht der g-Wert aus einem M-freien und einem M-behafteten Bestandteil.
Die Koeffizienten der M-Bestandteile werden in die $*$-Zeile geschrieben und entscheiden somit über Vorzeichen und Größe der g-Werte.
z. B.: $g_1 = -c_1 - a_{31}M, \quad g_2 = -c_2 - a_{32}M \quad$ oder $\quad Z = 0 - b_3M$

p-**Zeile**: Die p-Zeile kann zunächst entfallen, sie wird nur bei Anwendung von Schritt (1.2) notwendig.

BT: **Die Rechenvorschriften der verkürzten Basistransformation gelten nur innerhalb des verstärkten Rahmens.**

Probe: In den Folgeschemata werden die Werte in der $\boldsymbol{g}$-Zeile mit der verkürzten Basistransformation im Schritt (2) berechnet, können zur Kontrolle aber auch wieder als Skalarprodukt der 2. Spalte mit der entsprechenden Spalte berechnet werden.

Simplexalgorithmus mit den Schritten (1), (2) und (3)

(1) Bestimmen des Hauptelementes (HE)

(1.1) Auswerten der $\boldsymbol{g}$-Zeile (**SM**): Gibt es $g_j < 0$?
NEIN: $\rightarrow$ (1.2)
JA: Suche $\min g_j = g_s$, s-Spalte wird Hauptspalte (HS)
Bilde für die nichtnegativen Elemente der $\boldsymbol{b}$-Spalte und die positiven Elemente der HS die Quotienten $q_i = b_i / a_{is}$
Existieren ein oder mehrere Quotienten q_i?
NEIN: Sind alle $b_i \geqq 0$?
NEIN: $\rightarrow$ (1.2)
JA: ZBL nicht optimal. Abbruch!
JA: $\min q_i = q_r$, r-Zeile wird Hauptzeile (HZ) $\rightarrow$ **(2)**

(1.2) Auswerten der $\boldsymbol{b}$-Spalte (**DSM**): Gibt es $b_i < 0$?
NEIN: Die ZBL ist optimal.
Gibt es $g_j = 0$?
NEIN: $\rightarrow$| **ENDE**, Angabe der Lösung! |
JA: Mehrere optimale Lösungen möglich $\rightarrow$ **(3)**
JA: Suche $\min b_i = b_r$, r-Zeile wird Hauptzeile (HZ)
Bilde für die nichtnegativen Elemente der $\boldsymbol{g}$-Zeile und die negativen Elemente der HZ die Quotienten $p_j = g_j / -a_{rj}$
Existieren ein oder mehrere Quotienten p_j?
NEIN: BL nicht zulässig. Abbruch!
JA: $\min p_j = p_s$, s-Spalte wird Hauptspalte (HS) $\rightarrow$ **(2)**

(2) Verkürzte Basistransformation (für a'_{rs}, a'_{ij}, b'_i, g'_j und Z')

0. Die BV aus der Hauptzeile wird mit der NBV aus der Hauptspalte vertauscht (einschließlich der Koeffizienten der Zielfunktion).
   Falls eine $*$-Variable NBV wird, ist die entsprechende Spalte zu streichen.
   Ist keine $*$-Variable mehr unter den BV, entfällt die $*$-Zeile in der $\boldsymbol{g}$-Zeile.
1. Das Hauptelement a_{rs} wird durch den Kehrwert ersetzt $a'_{rs} = 1/a_{rs}$.
2. Die restlichen Elemente der Hauptzeile werden durch a_{rs} dividiert.
3. Die restlichen Elemente der Hauptspalte werden durch $-a_{rs}$ dividiert.
4. Alle übrigen Elemente werden nach folgender Regel ermittelt

$$a'_{ij} = a_{ij} - \frac{a_{rj}a_{is}}{a_{rs}} = \frac{a_{ij}a_{rs} - a_{rj}a_{is}}{a_{rs}} \qquad g'_j = g_j - \frac{a_{rj}g_s}{a_{rs}} = \frac{g_j a_{rs} - a_{rj}g_s}{a_{rs}}$$

$$b'_i = b_i - \frac{b_r a_{is}}{a_{rs}} = \frac{b_i a_{rs} - a_{rj}b_r}{a_{rs}} \qquad Z' = Z - \frac{b_r g_s}{a_{rs}} = \frac{Z a_{rs} - b_r g_s}{a_{rs}}$$

5. $\rightarrow$ (1.1) **Hinweis:** Die Abkürzungen sind auf Seite 89 erklärt.

(3) Mehrere optimale Lösungen

Nullen in der **g**-Zeile deuten auf mögliche weitere optimale Basislösungen hin und bestimmen die Wahl einer neuen Hauptspalte (HS).
Wähle eine Null, die nicht gerade gewählt wurde → Hauptspalte.
Bilde für die nichtnegativen Elemente der **b**-Spalte und die positiven Elemente der HS die Quotienten $q_i = b_i/a_{is}$. Existieren ein oder mehrere Quotienten q_i?
NEIN: Das LOP hat keine weitere optimale BL.
JA: $\min q_i = q_r$, r-Zeile wird Hauptzeile → **(2)**

L

Beispiel 2.49 Rechnerische *Lösung* zum Beispiel 2.44

2. Normalform

$$\begin{aligned} Z(\boldsymbol{x}) &= x_1 + 4x_2 \to \max \\ 4x_1 + 8x_2 &\leqq 200 \\ 5x_1 + 4x_2 &\leqq 200 \\ 5x_2 &\leqq 100 \\ x_1, x_2 &\geqq 0 \end{aligned}$$

1. Normalform

$$\begin{aligned} Z(\boldsymbol{x}) &= x_1 + 4x_2 \to \max \\ 4x_1 + 8x_2 + x_3 &= 200 \\ 5x_1 + 4x_2 + x_4 &= 200 \\ 5x_2 + x_5 &= 100 \\ x_1, x_2, x_3, x_4, x_5 &\geqq 0 \end{aligned}$$

Lösungsschema

1	NBV	x_1	x_2	**b**	
BV	–1	1	4	0	q
x_3	0	4	8	200	25
x_4	0	5	4	200	50
x_5	0	0	5	100	20 ←
	g	–1	–4 ↑	0	
2	**NBV**	x_1	x_5	**b**	
BV	–1	1	0	0	q
x_3	0	4	–8/5	40	10 ←
x_4	0	5	–4/5	120	24
x_2	4	0	1/5	20	–
	g	–1 ↑	4/5	80	
3	**NBV**	x_3	x_5	**b**	
BV	–1	0	0	0	q
x_1	1	1/4	–2/5	10	
x_4	0	–5/4	6/5	70	
x_2	4	0	1/5	20	
	g	1/4	2/5	90	

Im verstärkten Rahmen gelten die Rechenvorschriften der verkürzten BT, Schritt (2).

$\boldsymbol{x}_1 = \begin{pmatrix} 0 \\ 0 \end{pmatrix}$

$\boldsymbol{x}_2 = \begin{pmatrix} 0 \\ 20 \end{pmatrix}$

$\boldsymbol{x}_3 = \begin{pmatrix} 10 \\ 20 \end{pmatrix}$

Die Lösung im dritten Schema ist optimal, weil sowohl die **g**-Zeile als auch die **b**-Spalte nur noch positive Werte enthalten. Der optimale Punkt liegt bei $x_1 = 10$, $x_2 = 20$. $Z(x)$ hat einen maximalen Wert von $Z_{\max} = 90$.

Beispiel 2.50

Ein Unternehmen produziert drei verschiedene Geräte. Beim Verkauf dieser Geräte erzielt der Unternehmer für das Gerät G_1 30 GE, für das Gerät G_2 20 GE und für das Gerät G_3 50 GE Gewinn. In der Produktionsstätte können höchstens 60 Geräte hergestellt werden. Außerdem muss gesichert werden, dass mindestens 30 Geräte vom Typ G_1 sowie von den Typen G_1 und G_2 zusammen mindestens 40 Geräte hergestellt werden.
Wie ist zu produzieren, damit ein größtmöglicher Gewinn erzielt wird?

Lösung

Modellierung: x_i – Anzahl der Geräte G_i, $x_i \geqq 0$, $i = 1, 2, 3$

$$Z(\boldsymbol{x}) = 30x_1 + 20x_2 + 50x_3 \to \max$$

$$\begin{aligned} x_1 + x_2 + x_3 &\leqq 60 \\ x_1 &\geqq 30 \\ x_1 + x_2 &\geqq 40 \end{aligned}$$

2. Normalform

$$\begin{aligned} Z(\boldsymbol{x}) = 30x_1 + 20x_2 + 50x_3 &\to \max \\ x_1 + x_2 + x_3 &\leqq 60 \\ -x_1 &\leqq -30 \\ -x_1 - x_2 &\leqq -40 \\ x_1, x_2, x_3 &\geqq 0 \end{aligned}$$

1. Normalform

$$\begin{aligned} Z(\boldsymbol{x}) = 30x_1 + 20x_2 + 50x_3 &\to \max \\ x_1 + x_2 + x_3 + x_4 &= 60 \\ -x_1 + x_5 &= -30 \\ -x_1 - x_2 + x_6 &= -40 \\ x_1, x_2, x_3, x_4, x_5, x_6 &\geqq 0 \end{aligned}$$

1	NBV	x_1	x_2	x_3	$\boldsymbol{b}$	
BV	–1	30	20	50	0	q
x_4	0	1	1	1	60	60 ←
x_5	0	–1	0	0	–30	–
x_6	0	–1	–1	0	–40	–
	$\boldsymbol{g}$	–30	–20	–50 ↑	0	

$$\boldsymbol{x}_1 = \begin{pmatrix} 0 \\ 0 \\ 0 \end{pmatrix}$$

2	NBV	x_1	x_2	x_4	$\boldsymbol{b}$	
BV	–1	30	20	0	0	q
x_3	50	1	1	1	60	
x_5	0	–1	0	0	–30	
x_6	0	–1	–1	0	–40	←
	$\boldsymbol{g}$	20	30	50	3 000	
	p	20 ↑	30	–		

$$\boldsymbol{x}_2 = \begin{pmatrix} 0 \\ 0 \\ 60 \end{pmatrix}$$

3	NBV	x_6	x_2	x_4	$\boldsymbol{b}$	
BV	–1	0	20	0	0	q
x_3	50	1	0	1	20	
x_5	0	–1	1	0	10	
x_1	30	–1	1	0	40	
	$\boldsymbol{g}$	20	10	50	2 200	

$$\boldsymbol{x}_3 = \begin{pmatrix} 40 \\ 0 \\ 20 \end{pmatrix}$$

Die Lösung im dritten Schema ist optimal. Es müssen $x_1 = 40$ Geräte vom Typ G_1, $x_2 = 0$ Geräte vom Typ G_2 und $x_3 = 20$ Geräte vom Typ G_3 hergestellt werden. Der Gewinn ist mit $Z_{\max} = 2\,200$ maximal.

Beispiel 2.51

$$Z(\boldsymbol{x}) = -2x_1 - x_2 \to \min$$
$$\begin{aligned} 2x_1 + 3x_2 &= 30 \\ x_1 \quad &\leqq 6 \\ x_2 &\leqq 8 \\ x_1, x_2 &\geqq 0 \end{aligned}$$

Lösung

$$\hat{Z}(\boldsymbol{x}) = -Z(\boldsymbol{x}) = 2x_1 + x_2 \to \max$$

Dieses LOP enthält unter den Nebenbedingungen eine Gleichung, in diese wird eine künstliche Variable x_3^* eingeführt.

1. Normalform:

$$\begin{aligned} \hat{Z}(\boldsymbol{x}) = 2x_1 + x_2 - M \cdot x_3^* &\to \max \\ M &\gg 0 \\ 2x_1 + 3x_2 + x_3^* &= 30 \\ x_1 + x_4 &= 6 \\ x_2 + x_5 &= 8 \\ x_1, x_2, x_3^*, x_4, x_5 &\geqq 0 \end{aligned}$$

Lösungsschema

1	NBV	x_1	x_2	$\boldsymbol{b}$	
BV	–1	2	1	0	q
x_3^*	$-M$	2	3	30	10
x_4	0	1	0	6	–
x_5	0	0	1	8	8 ←
	$\boldsymbol{g}$	–2	–1	0	
	*	–2	–3 ↑	–30	

$$\boldsymbol{x}_1 = \begin{pmatrix} 0 \\ 0 \end{pmatrix}$$

Im verstärkten Rahmen gelten die Rechenvorschriften der verkürzten BT, Schritt (2).

2	NBV	x_1	x_5	$\boldsymbol{b}$	
BV	–1	2	0	0	q
x_3^*	$-M$	2	–3	6	3 ←
x_4	0	1	0	6	6
x_2	1	0	1	8	–
	$\boldsymbol{g}$	–2	1	8	
	*	–2 ↑	3	–6	

$$\boldsymbol{x}_2 = \begin{pmatrix} 0 \\ 8 \end{pmatrix}$$

3	NBV	x_3^*	x_5	$\boldsymbol{b}$	
BV	–1	$-M$	0	0	q
x_1	2		–1,5	3	–
x_4	0		1,5	3	2 ←
x_2	1		1	8	8
	$\boldsymbol{g}$		–2 ↑	14	

Die künstliche Variable x_3^* ist Nichtbasisvariable geworden, also wird die Spalte gestrichen.
Da keine künstliche Variable mehr unter den Basisvariablen ist, entfällt die *-Zeile.

$$\boldsymbol{x}_3 = \begin{pmatrix} 3 \\ 8 \end{pmatrix}$$

4	NBV		x_4	$\boldsymbol{b}$	
BV	–1		0	0	q
x_1	2		1	6	
x_5	0		2/3	2	
x_2	1		–2/3	6	
	$\boldsymbol{g}$		4/3	18	

$$\boldsymbol{x}_4 = \begin{pmatrix} 6 \\ 6 \end{pmatrix}$$

$$\hat{Z}_{\max}(\boldsymbol{x}) = -Z_{\min} = 18$$

Der Punkt $x_4 = \begin{pmatrix} 6 \\ 6 \end{pmatrix}$ ist die optimale Lösung mit $Z_{\min} = -18$.

2.6.4 Dualität in der linearen Optimierung

Die Darlegungen zur Dualität beschränken sich auf lineare Optimierungsprobleme in der 2. Normalform ohne Gleichungen als Nebenbedingungen. Zu jedem LOP in der 2. Normalform

$$
\begin{aligned}
Z(\boldsymbol{x}) = c_1x_1 + c_2x_2 + \ldots + c_nx_n &\to \max \\
a_{11}x_1 + a_{12}x_2 + \ldots + a_{1n}x_n &\leqq b_1 \\
a_{21}x_1 + a_{22}x_2 + \ldots + a_{2n}x_n &\leqq b_2 \\
&\vdots \\
a_{m1}x_1 + a_{m2}x_2 + \ldots + a_{mn}x_n &\leqq b_m \\
x_j \geqq 0,\ j = 1, 2, \ldots, n &
\end{aligned}
\qquad
\begin{aligned}
Z(\boldsymbol{x}) = \boldsymbol{c}^{\mathrm{T}}\boldsymbol{x} &\to \max \\
\boldsymbol{A}\boldsymbol{x} &\leqq \boldsymbol{b} \\
\boldsymbol{x} &\geqq \boldsymbol{o}
\end{aligned}
$$

existiert ein **duales Problem** der Form

$$
\begin{aligned}
W(\boldsymbol{y}) = b_1y_1 + b_2y_2 + \ldots + b_my_m &\to \min \\
a_{11}y_1 + a_{21}y_2 + \ldots + a_{m1}y_m &\geqq c_1 \\
a_{12}y_1 + a_{22}y_2 + \ldots + a_{m2}y_m &\geqq c_2 \\
&\vdots \\
a_{1n}y_1 + a_{2n}y_2 + \ldots + a_{mn}y_m &\geqq c_n \\
y_i \geqq 0,\ i = 1, 2, \ldots, m &
\end{aligned}
\qquad
\begin{aligned}
W(\boldsymbol{y}) = \boldsymbol{b}^{\mathrm{T}}\boldsymbol{y} &\to \min \\
\boldsymbol{A}^{\mathrm{T}}\boldsymbol{y} &\geqq \boldsymbol{c} \\
\boldsymbol{y} &\geqq \boldsymbol{o}
\end{aligned}
$$

Dabei existieren folgende **Zusammenhänge**:

1. Aus der primalen **Maximum**aufgabe wird eine duale **Minimum**aufgabe.
2. Aus „$\leqq$“ in den Nebenbedingungen wird „$\geqq$“.
3. Die Komponenten der rechten Seite $\boldsymbol{b}$ werden Koeffizienten der Zielfunktion.
4. Die Koeffizienten der Zielfunktion $\boldsymbol{c}$ werden zu Komponenten der rechten Seite.
5. Die Matrix $\boldsymbol{A}$ wird transponiert.

Dualitätssatz

Existiert eine beliebige Lösung $\boldsymbol{x}$ des primalen und eine beliebige Lösung $\boldsymbol{y}$ des dualen Problems, dann gilt stets $Z(\boldsymbol{x}) \leqq W(\boldsymbol{y})$, und beide Probleme besitzen eine optimale Lösung.
Sind $\boldsymbol{x}$ bzw. $\boldsymbol{y}$ optimale Lösungen des primalen bzw. dualen Problems, so gilt $Z(\boldsymbol{x}) = W(\boldsymbol{y})$ und umgekehrt.

Bemerkungen

(1) *Die* ***Lösung der dualen Aufgabe*** *steht im Simplexschema bei dualer Interpretation in der* **g***-Zeile.*

(2) *Mit jedem primalen Problem ist gleichzeitig ein duales gelöst.*

(3) *In der hier behandelten kombinierten Methode sind die Vorteile beim Lösen der primalen und dualen Aufgabe vereint, sodass nicht näher auf die Lösung der dualen Aufgabe eingegangen wird.*

Zwischen den Variablen des primalen und dualen Problems besteht die folgende Zuordnung:

Primalproblem

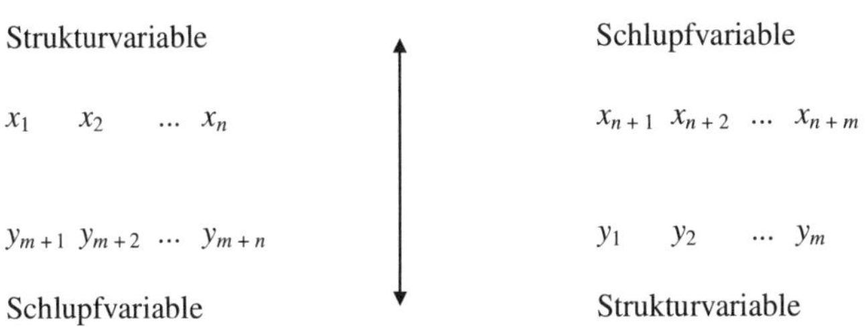

Dualproblem

Eine Lösung ist **primal zulässig**, wenn im Simplexschema alle Werte der $\boldsymbol{b}$-Spalte nicht negativ sind.
Eine Lösung ist **dual zulässig**, wenn im Simplexschema alle Werte der $\boldsymbol{g}$-Zeile nicht negativ sind.

Ein Simplexschema liefert eine **optimale Lösung**, wenn sie sowohl primal als auch dual zulässig ist.

Bemerkung

Die zu den Schlupfvariablen gehörenden Werte in der **g***-Zeile des optimalen Schemas werden auch als* ***Schattenpreise*** *bezeichnet. Diese Werte geben die* ***Gewinnsteigerung*** *an, wenn in der Bedingung der entsprechenden Schlupfvariablen die Kapazität (rechte Seite der Bedingung) um eine Einheit erhöht wird.*

Beispiel 2.52

Rechnerische *Lösung* des Beispiels 2.45 primal und dual

Primale Aufgabe

$$\begin{aligned} Z = 10x_1 + 12x_2 &\to \min \\ 4x_1 + 2x_2 &\geqq 12 \\ 4x_1 + 8x_2 &\geqq 24 \\ 8x_2 &\geqq 8 \\ x_1, x_2 &\geqq 0 \end{aligned}$$

Duale Aufgabe

$$\begin{aligned} W = 12y_1 + 24y_2 + 8y_3 &\to \max \\ 4y_1 + 4y_2 &\leqq 10 \\ 2y_1 + 8y_2 + 8y_3 &\leqq 12 \\ y_1, y_2, y_3 &\geqq 0 \end{aligned}$$

Lösungsschema

Primal:

1	NBV	x_1	x_2	$\boldsymbol{b}$	
BV	−1	−10	−12	0	q
x_3	0	−4	−2	−12	
x_4	0	−4	−8	−24	←
x_5	0	0	−8	−8	
	$\boldsymbol{g}$	10	12	0	
	p	2,5	1,5↑		

2	NBV	x_1	x_4	$\boldsymbol{b}$	
BV	−1	−10	0	0	q
x_3	0	−3	$-\frac{1}{4}$	−6	←
x_2	−12	$\frac{1}{2}$	$-\frac{1}{8}$	3	
x_5	0	4	−1	16	
	$\boldsymbol{g}$	4	1,5	−36	
	p	$\frac{4}{3}$↑	6		

3	NBV	x_3	x_4	$\boldsymbol{b}$	
BV	−1	0	0	0	q
x_1	−10			2	
x_2	−12			2	
x_5	0			8	
	$\boldsymbol{g}$	$\frac{4}{3}$	$\frac{7}{6}$	−44	

$-Z_{min} = -44 \qquad Z_{min} = 44$

Dual:

1	NBV	y_1	y_2	y_3	$\boldsymbol{b}$	
BV	−1	12	24	8	0	q
y_4	0	4	4	0	10	2,5
y_5	0	2	8	8	12	1,5 ←
	$\boldsymbol{g}$	−12	−24↑	−8	0	

2	NBV	y_1	y_5	y_3	$\boldsymbol{b}$	
BV	−1	12	0	8	0	q
y_4	0	3	$-\frac{1}{2}$	−4	4	$\frac{4}{3}$ ←
y_2	24	$\frac{1}{4}$	$\frac{1}{8}$	1	$\frac{3}{2}$	6
	$\boldsymbol{g}$	−6↑	3	16	36	

3	NBV	y_4	y_5	y_3	$\boldsymbol{b}$	
BV	−1	0	0	8	0	q
y_1	12				$\frac{4}{3}$	
y_2	24				$\frac{7}{6}$	
	$\boldsymbol{g}$	2	2	8	44	

$W_{max} = 44$

$\boldsymbol{x}_3 = \begin{pmatrix} x_1 \\ x_2 \end{pmatrix} = \boldsymbol{y}_3 = \begin{pmatrix} y_4 \\ y_5 \end{pmatrix} = \begin{pmatrix} 2 \\ 2 \end{pmatrix}$ ist die optimale Lösung mit $Z_{min} = W_{max} = 44$

3 Funktionen, Folgen, Reihen

3.1 Begriffe

Durch Funktionen werden Zusammenhänge zwischen verschiedenen mathematischen oder wirtschaftlichen Größen in eindeutiger Weise beschrieben.

Beispiel 3.1 Kontostand

Der Kontostand hängt unter anderem ab von:

(1) der Höhe des Anfangskapitals K_0,

(2) der Höhe der Ein- und Auszahlungen,

(3) der Größe des Zinssatzes $i = \frac{p}{100}$,

(4) der Zeit.

Wird jeweils eine dieser Größen als veränderlich angesehen und sind die restlichen Größen fest vorgegeben (Parameter), so liegt eine Funktion mit einer reellen Variablen vor.

Es seien M_1 und M_2 nichtleere Mengen.
Wenn jedem Element $x \in \mathrm{D}_f \subseteq M_1$ durch eine Vorschrift f genau ein Element $y \in \mathrm{W}_f \subseteq M_2$ zugeordnet ist, so wird diese Zuordnung als **Funktion** $f: y = f(x)$ bezeichnet.

Bezeichnungen

y abhängige Variable, Funktionswert
x unabhängige Variable, Argument
f Abbildungsvorschrift, Funktion
$f(x)$ Funktionswert in Abhängigkeit von x
D_f Definitionsbereich von f
W_f Wertebereich von f

Es liegt eine **reellwertige Funktion** vor, wenn $\mathrm{W}_f \subseteq \mathbf{R}$. Bei **reellen Funktionen mit einer reellen Variablen** gilt $\mathrm{D}_f \subseteq \mathbf{R}$ und $\mathrm{W}_f \subseteq \mathbf{R}$.

Arten der Vorgabe der Abbildungsvorschrift

(1) Verbale Beschreibung
f sei die Funktion, die jedem Jahr einer längeren Zeitperiode das Bruttosozialprodukt eines Landes zuordnet.

(2) Tabellenform
Steuertabellen, Preistabellen

(3) Rechenvorschrift
$K_1 = K_0(1 + i)$, mit K_0 Anfangskapital, i Zinssatz
Hierbei gibt es folgende Möglichkeiten:

a) K_0 veränderlich, i fest:
Schreibweise: $K_1 = K_1(K_0)$
Definitionsbereich: $-\infty < K_0 < \infty$
Wertebereich: $-\infty < K_1 < \infty$
(positives Vorzeichen: Guthaben, negatives Vorzeichen: Kredit)

b) i veränderlich, K_0 fest:
Schreibweise: $K_1 = K_1(i)$
Definitionsbereich: $i \geqq 0$ (in der Regel)
Wertebereich: $-\infty < K_1 < \infty$

(4) Durch grafische Darstellungen

Eine Funktion besteht aus zwei Bestandteilen, aus der **Abbildungsvorschrift** und dem **zugehörigen Definitionsbereich**. Es können auch unterschiedliche Abbildungsvorschriften für verschiedene Teile ihres Definitionsbereiches gelten, z. B. bei bestimmten Preismodellen mit Rabatt (siehe Beispiel 3.2).

Beispiel 3.2

Bei einer bestimmten Warenart wird beim Kauf Mengenrabatt gewährt.
Werden bis 100 Mengeneinheiten gekauft, beträgt der Preis je Mengeneinheit 50 €, für jede Mengeneinheit darüber hinaus beträgt er 25 €.
Welche Funktionen beschreiben den Gesamtpreis und den durchschnittlichen Preis je Stück?

Lösung

Der Gesamtpreis $P(x)$ wird durch die folgende Funktion P beschrieben:

$$P(x) = \begin{cases} 50 \cdot x & \text{für} \quad 0 < x \leqq 100 \\ 2\,500 + 25 \cdot x & \text{für} \quad 100 < x \end{cases} \qquad \text{(siehe Bild 3.1)}$$

Der durchschnittliche Preis je Stück $p(x)$ lässt sich durch die folgende Funktion p mathematisch in Abhängigkeit von der gekauften Menge x beschreiben:

$$p(x) = \frac{P(x)}{x} = \begin{cases} 50 & \text{für} \quad 0 < x \leqq 100 \\ \dfrac{2\,500}{x} + 25 & \text{für} \quad 100 < x \end{cases} \qquad \text{(siehe Bild 3.2)}$$

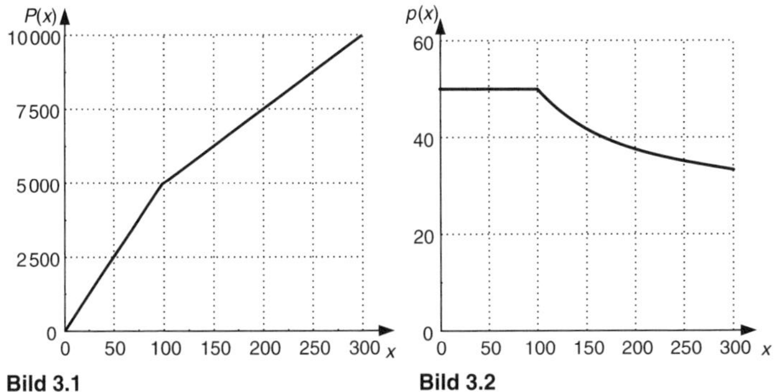

Bild 3.1 **Bild 3.2**

3.2 Eigenschaften

Eine Funktion f heißt auf der Menge $M \subseteq D_f$ **beschränkt**, wenn es eine endliche Konstante c derart gibt, sodass $|f(x)| \leqq c$, d. h. $-c \leqq f(x) \leqq c$, für alle $x \in M$ gilt. Dabei wird c eine **Schranke** von f auf M genannt.

Eine Funktion f heißt auf der Menge $M \subseteq D_f$ **nach unten** (1) bzw. **nach oben beschränkt** (2), wenn es endliche Konstanten c_1 bzw. c_2 gibt, sodass

$$\left.\begin{array}{ll}(1) & c_1 \leqq f(x) \\ (2) & c_2 \geqq f(x)\end{array}\right\} \text{ für alle } x \in M \text{ gilt.}$$

Eine Funktion f heißt in dem Intervall $I \subseteq D_f$ **monoton wachsend**, wenn $f(x_1) \leqq f(x_2)$ für alle $x_1, x_2 \in I$ mit $x_1 < x_2$ gilt.
Entsprechend wird sie **monoton fallend** in I genannt, wenn $f(x_1) \geqq f(x_2)$ für alle $x_1, x_2 \in I$ mit $x_1 < x_2$ gilt.

Bemerkung
*Tritt die Gleichheit nicht ein, so wird f **streng monoton wachsend** bzw. **fallend** genannt.*

Eine Funktion f heißt im Intervall $I \subseteq D_f$ **konvex**, wenn für alle $x_1, x_2 \in I$ die Ungleichung $f\left(\frac{x_1+x_2}{2}\right) \leqq \frac{1}{2}[f(x_1)+f(x_2)]$ gilt.
Entsprechend wird sie in I **konkav** genannt, wenn die Ungleichung $f\left(\frac{x_1+x_2}{2}\right) \geqq \frac{1}{2}[f(x_1)+f(x_2)]$ gilt.
Der Übergangspunkt wird als **Wendepunkt** bezeichnet (siehe Bild 3.3).

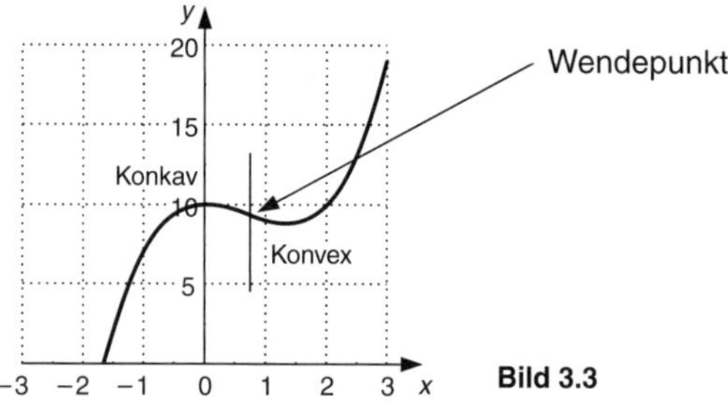

Bild 3.3

Eine Funktion f heißt im Intervall $I = (-a, a) \subseteq D_f$ mit $a > 0$ **gerade**, wenn $f(-x) = f(x)$ gilt,
ungerade dagegen heißt sie, falls $f(-x) = -f(x)$ gilt.

3.3 Umkehrfunktionen

Eine Funktion $f\colon D_f \to W_f$ heißt **umkehrbar** oder **injektiv** genau dann, wenn es zu jedem $y \in W_f$ höchstens ein $x \in D_f$ mit $y = f(x)$ gibt.
Die entsprechende Zuordnung $f^{-1}\colon W_f \to D_f$ wird als **inverse Funktion** oder **Umkehrfunktion** bezeichnet.

Eine Funktion f ist in $I \subseteq D_f$ umkehrbar, wenn sie in I streng monoton wachsend oder streng monoton fallend ist.

Konstruktion der Umkehrfunktion

(1) Auflösen der Gleichung $y = f(x)$ nach x: $x = f^{-1}(y)$

(2) Tauschen der Bezeichnungen x und y (falls sinnvoll)

Bemerkung

Wird die Bezeichnung der Variablen vertauscht, so ist der Graph der Umkehrfunktion f^{-1} das Spiegelbild der Funktion f an der Geraden $y = x$. Dabei gilt: $\mathrm{D}_f = \mathrm{W}_{f^{-1}}$ und $\mathrm{W}_f = \mathrm{D}_{f^{-1}}$.

Beispiel 3.3

(1) Gesamtpreis P mit $P(x) = \begin{cases} 50 \cdot x & \text{für} \quad 0 < x \leqq 100 \\ 2\,500 + 25 \cdot x & \text{für} \quad 100 < x \end{cases}$

Die Umkehrung dieser Funktion erfolgt zunächst im Bereich $0 < x \leqq 100$. Hier gilt $P(x) = 50 \cdot x$, aufgelöst nach x ergibt sich: $x(P) = \frac{P}{50}$.

Ist dagegen $x > 100$, gilt $P(x) = 2\,500 + 25 \cdot x$. Das Umstellen nach x liefert $x(P) = \frac{P}{25} - 100$.

Damit kann die Umkehrfunktion in folgender Weise beschrieben werden:

$$x(P) = \begin{cases} \frac{P}{50} & \text{für} \quad 0 < P \leqq 5\,000 \\ \frac{P}{25} - 100 & \text{für} \quad 5\,000 < P \end{cases}$$

Diese Funktion gibt an, welche Menge x für einen Gesamtpreis P erworben werden kann.

(2) Preis je Stück mit $p(x) = \begin{cases} 50 & \text{für} \quad 0 < x \leqq 100 \\ \frac{2\,500}{x} + 25 & \text{für} \quad 100 < x \end{cases}$

Die Funktion p ist nicht umkehrbar, da sie nicht streng monoton ist.

3.4 Verknüpfungen und Verkettungen

Sind f und g zwei reellwertige Funktionen mit den Definitionsbereichen D_f bzw. D_g und ist $\mathrm{D}_f \cap \mathrm{D}_g \neq \emptyset$, so sind ihre **Summe**, ihr **Produkt** und ihr **Quotient** punktweise erklärt:

$$(f \pm g)(x) = f(x) \pm g(x) \quad \text{für } x \in \mathrm{D}_f \cap \mathrm{D}_g$$

$$(f \cdot g)(x) = f(x) \cdot g(x) \quad \text{für } x \in \mathrm{D}_f \cap \mathrm{D}_g$$

$$\left(\frac{f}{g}\right)(x) = \frac{f(x)}{g(x)} \quad \text{für } x \in \mathrm{D}_f \cap \{x \in \mathrm{D}_g; g(x) \neq 0\}$$

Hier handelt es sich um **Verknüpfungen von Funktionen**.

Bemerkungen

*(1) **Ganzrationale Funktionen** (Polynome) P lassen sich aus Konstanten und dem Funktionswert $f(x) = x$ durch die Verknüpfungen Addition und Multiplikation erzeugen, siehe auch Abschnitt 1.8:*

z. B.: $P(x) = 1 + 3x + 4x^2 + x^3 - x^4$

*(2) **Gebrochenrationale Funktionen** ergeben sich als Quotient zweier ganzrationaler Funktionen, z. B.:* $R(x) = \frac{1+x^2}{1-x^2},\ x \neq -1,\ x \neq 1$

Beispiel 3.4

Ein Artikel wird mit fixen Kosten von 180 € und variablen Kosten von 40 € je Stück produziert. Der Verkaufspreis beträgt 80 € je Stück.

Dann lauten die Gleichungen

- der Kostenfunktion $K(x) = 180 + 40 \cdot x$
- der Erlösfunktion $E(x) = 80 \cdot x$
- der Gewinnfunktion $G(x) = E(x) - K(x) = 40 \cdot x - 180$
- der Durchschnittskostenfunktion (Stückkostenfunktion)

$$k(x) = \frac{K(x)}{x} = \frac{180}{x} + 40$$

als gebrochenrationale Funktion der Ausbringmenge (des Outputs) x.

Es seien f und g zwei beliebige Funktionen. Wenn dabei $W_g \subseteq D_f$ gilt, dann kann eine neue Funktion $f \circ g$ gebildet werden, sie wird **mittelbare** oder **verkettete Funktion** genannt. Die Funktionswerte werden durch $y = f(z)$, mit $z = g(x)$, $x \in D_g$, bestimmt. So entsteht eine neue Funktion durch die Vorschrift $f[g(x)]$. Dieses Vorgehen wird als **Verkettung** bezeichnet.
Die Funktion f heißt **äußere Funktion** und die Funktion g **innere Funktion**.

Beispiel 3.5

Gegeben sind die Funktionen f: $f(x) = e^x$, $x \in D_f = \mathbf{R}$, und g: $g(x) = -x^2$, $x \in D_g = \mathbf{R}$. Durch $f[g(x)] = e^{-x^2}$ entsteht eine **verkettete** oder **mittelbare Funktion**. (Der Term $-x^2$ wird anstelle von x in $f(x) = e^x$ eingesetzt.)

Wird eine Funktion mit ihrer Umkehrfunktion verkettet, so ergibt sich für den betrachteten Definitionsbereich die **identische Funktion** f: $f(x) = x$.

Beispiel 3.6

Gegeben ist die Funktion f: $y = f(x) = x^2$, $x \in \mathbf{R}$. Diese Funktion ist für $x \geqq 0$ umkehrbar, für die inverse Funktion gilt $y = f^{-1}(x) = \sqrt{x}$, $x \geqq 0$. Dann ist für $x \geqq 0$: $f[f^{-1}(x)] = (\sqrt{x})^2 = x$.

3.5 Grundfunktionen einer reellen Variablen

(1) Ganzrationale Funktionen 1. Grades (lineare Funktionen)

Normalform:

$y = ax + b, \qquad a, b \in \mathbf{R}, \quad \mathrm{D}_f = \mathbf{R}, \quad \mathrm{W}_f \subseteq \mathbf{R}$

(2) Potenzfunktionen, Wurzelfunktionen

Standardform:

$y = x^n, \qquad x \in \mathrm{D}_f$

Definitionsbereich und Wertebereich hängen von n ab:

	f	D_f	W_f	Bemerkung
$n \in \mathbf{N}$	$y = x^n$	$(-\infty, \infty)$	$(-\infty, \infty)$, n ungerade $[0, \infty)$, n gerade	Parabel (siehe Bild 3.4)
$n \in \mathbf{N}$	$y = x^{-n}$	$(-\infty, \infty)\backslash\{0\}$	$(-\infty, \infty)\backslash\{0\}$, n ungerade $(0, \infty)$, n gerade	Hyperbel (siehe Bild 3.5)
$n \in \mathbf{N}$	$y = x^{1/n}$ $= \sqrt[n]{x}$	$[0, \infty)$	$[0, \infty)$	Wurzelfunktion (siehe Bild 3.6)
$\alpha \in \mathbf{R}$	$y = x^{\alpha}$	$(0, \infty)$	$(0, \infty)$	allgemeine Potenzfunktion

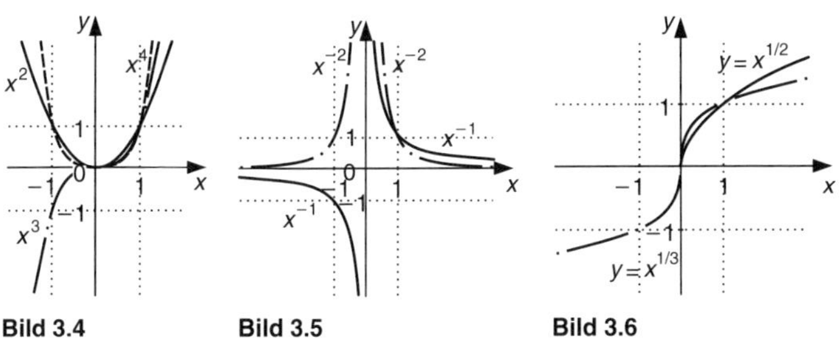

Bild 3.4 **Bild 3.5** **Bild 3.6**

Bemerkung

Die Umkehrfunktion einer Potenzfunktion ist wieder eine Potenzfunktion.

(3) Ganzrationale Funktionen *n*-ten Grades (Polynome)

Diese setzen sich verknüpft aus Summen von Potenzfunktionen mit nicht negativen Exponenten zusammen.

$$y = P(x) = a_n \cdot x^n + a_{n-1} \cdot x^{n-1} + \ldots + a_1 \cdot x + a_0 = \sum_{k=0}^{n} a_k \cdot x^k, \quad x \in \mathbf{R}, n \in \mathbf{N}^*$$

Funktionswerte der Polynomfunktion lassen sich mithilfe der Berechnungsmethode von HORNER mit dem Taschenrechner günstig bestimmen. Dazu wird die Variable x auf folgende Weise ausgeklammert:

$$P(x) = \Big(\big(\ldots\big((a_n \cdot x + a_{n-1}) \cdot x + a_{n-2}\big) \cdot x + \ldots + a_2\big) \cdot x + a_1\Big) \cdot x + a_0$$

Beispiel 3.7

Zu berechnen ist $P(x) = 3x^4 - 2x^3 + x - 5$ für $x = 4$. Die Polynomfunktion hat unter Nutzung von Klammern die folgende Funktionsgleichung:

$P(x) = \{[(3x - 2) \cdot x + 0] \cdot x + 1\} \cdot x - 5.$

(Da x^2 nicht auftritt, ist der entsprechende Koeffizient gleich null.)

Die Berechnung erfolgt von innen nach außen, indem für x jeweils die Zahl 4 eingesetzt wird.

$P(4) = \{[(3 \cdot 4 - 2) \cdot 4 + 0] \cdot 4 + 1\} \cdot 4 - 5 = 639.$

(4) Exponential- und Logarithmusfunktionen

Exponentialfunktionen (siehe Bild 3.7)

Standardform:

$$y = a^x, \qquad x \in \mathbf{R}, \quad a > 0, \quad a \neq 1, \quad \mathrm{D} = (-\infty, \infty), \quad \mathrm{W} = (0, \infty)$$

speziell

$a = 10 \quad y = 10^x$
$a = \mathrm{e} \quad y = \mathrm{e}^x,$
$\mathrm{e} = 2{,}718\,281\,828\,459\ \ldots$ (EULERsche Zahl)

Logarithmusfunktionen (Umkehrung von Exponentialfunktionen) (siehe Bild 3.8)

Standardform:

$$y = \log_a x, \qquad x > 0, \quad a > 0, \quad a \neq 1, \quad \mathrm{D} = (0, \infty), \quad \mathrm{W} = (-\infty, \infty)$$

speziell

$a = 10 \quad y = \lg(x)$ (dekadischer Logarithmus)
$a = \mathrm{e} \quad y = \ln(x)$ (natürlicher Logarithmus)

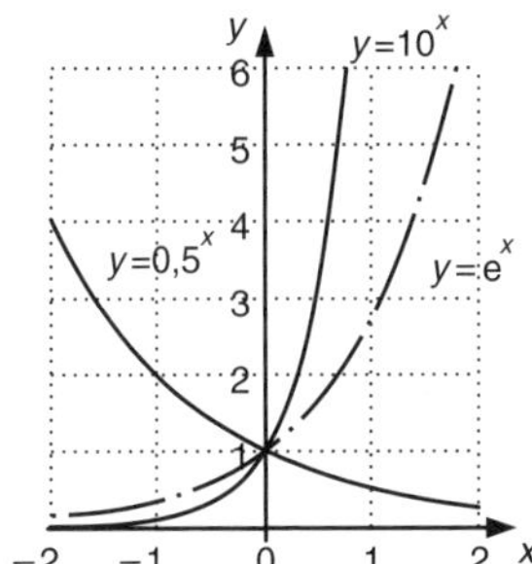

Bild 3.7

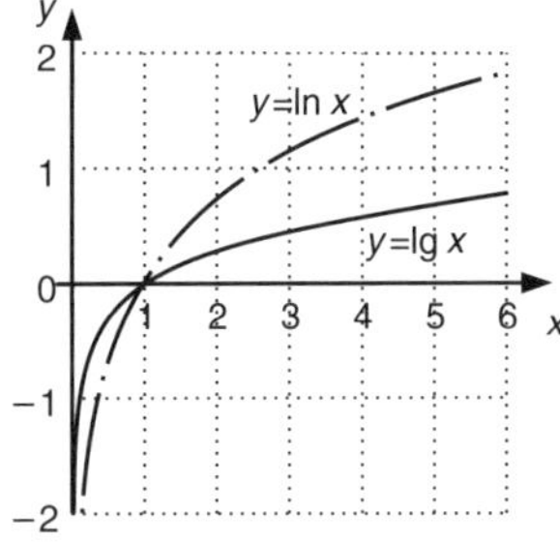

Bild 3.8

Beispiel 3.8

Wird zu einem bestimmten Zeitpunkt ein Kapital K_0 auf einer Bank angelegt und mit einem Zinssatz i jährlich verzinst (Zinseszins), so wächst dieses Kapital nach n Jahren auf $K_n = (1+i)^n \cdot K_0$. Dieses ist eine Exponentialfunktion mit der folgenden Zuordnung: $y = K_n$, $K_0 =$ konstant, $a = 1 + i$, $x = n$. Wird die Anzahl der Jahre gesucht, nach denen bei einem festen Zinssatz i aus einem Kapital K_0 ein Kapital K_n wird, so wird die Logarithmusfunktion benötigt: $n = \dfrac{\lg K_n - \lg K_0}{\lg(1+i)}$.

(5) Trigonometrische Funktionen (Winkelfunktionen)

(siehe Bilder 3.9 bis 3.10) mit $\pi = 3{,}141\,592\,653\,589\,793\ \ldots$

Funktion	Definitionsbereich	Wertebereich	Periode
$\sin x$	$(-\infty,\infty)$	$[-1,1]$	2π
$\cos x$	$(-\infty,\infty)$	$[-1,1]$	2π
$\tan x$	$(-\infty,\infty)\backslash\{\pi/2+k\pi\}$	$(-\infty,\infty)$	$\pi \quad k \in \mathbf{Z}$
$\cot x$	$(-\infty,\infty)\backslash\{k\pi\}$	$(-\infty,\infty)$	$\pi \quad k \in \mathbf{Z}$

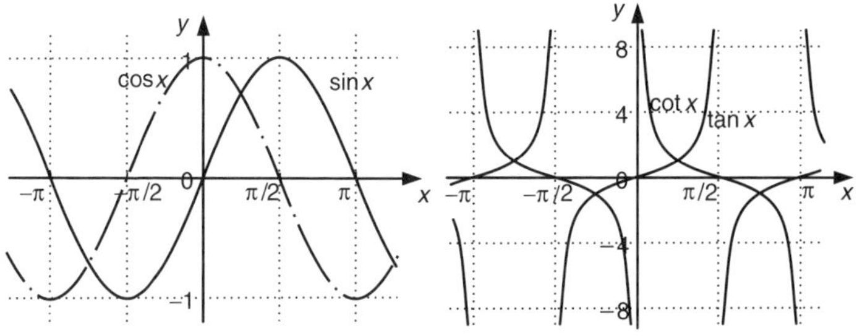

Bild 3.9

Bild 3.10

3.6 Zahlenfolgen

Wird jeder positiven ganzen Zahl k genau eine Zahl $a_k \in \mathbf{R}$ zugeordnet, so bilden die Zahlen $a_1, a_2, a_3, a_4, \ldots$ eine **Zahlenfolge**.
Dabei wird a_1 das erste, a_2 das zweite usw. sowie a_k das allgemeine (k-te) **Glied** der Zahlenfolge genannt.

***Darstellung*:**

(a_k),	$k = 1, 2, \ldots$	Aufzählung
$a_k = f(k)$,	$k = 1, 2, \ldots$	unabhängige Darstellung
$a_k = g(a_{k-1})$,	$k = 2, 3, \ldots$	rekursive Darstellung

Beispiel 3.9

Folgende drei Darstellungen repräsentieren die gleiche Zahlenfolge:

(1) $(a_k) = \{2, -2, 2, -2, \ldots\}$

(2) $a_k = 2 \cdot (-1)^{k+1}$, $k = 1, 2, \ldots$

(3) $a_k = -a_{k-1}$, $a_1 = 2$, $k = 2, 3, \ldots$

Bemerkung
*Zahlenfolgen sind **eindeutige Abbildungen** (Funktionen) aus der Menge der positiven ganzen Zahlen* $\mathbf{N}^*$ *in die Menge der reellen Zahlen* $\mathbf{R}$.
Deshalb können für sie die bei Funktionen eingeführten Begriffe (Monotonie, Schranken usw.) genutzt werden.

Eine Zahlenfolge (a_k) heißt eine

(1) **konstante Folge**, wenn für alle $k \in \mathbf{N}^*$

$$a_k = a_1$$

(2) **arithmetische Folge**, wenn für alle $k \in \mathbf{N}^*$

$$a_k = a_1 + (k-1) \cdot d$$

(3) **geometrische Folge**, wenn für alle $k \in \mathbf{N}^*$

$$a_k = a_1 \cdot q^{k-1}$$

gilt. ($\mathbf{N}^*$ sind die positiven ganzen Zahlen)

Bei einer arithmetischen Zahlenfolge ist die **Differenz** benachbarter Glieder **konstant**, es gilt $a_{k+1} - a_k = d$.

Bei einer geometrischen Zahlenfolge ist der **Quotient** benachbarter Glieder **konstant**, es gilt $\dfrac{a_{k+1}}{a_k} = q$.

Beispiel 3.10

(1) $2, 5, 8, 11, \ldots$ ist eine arithmetische Folge mit $a_1 = 2$ und $d = 3$.

(2) $2, 4, 8, 16, \ldots$ ist eine geometrische Folge mit $a_1 = 2$ und $q = 2$.

(3) $1, \frac{1}{2}, \frac{1}{4}, \frac{1}{8}, \ldots$ ist eine geometrische Folge mit $a_1 = 1$ und $q = \frac{1}{2}$.

Eine Zahlenfolge heißt **alternierend**, wenn benachbarte Glieder entgegengesetzte Vorzeichen haben, d. h. $a_{k-1} \cdot a_k < 0 \; \forall k$.

R

Beispiel 3.11

Die Folge $1, -2, 4, -8, \ldots$ ist eine alternierende Zahlenfolge.

Eine endliche Zahl a heißt **Grenzwert der Zahlenfolge** (a_k), wenn es zu jedem $\varepsilon > 0$ eine positive ganze Zahl $N(\varepsilon)$ derart gibt, dass $|a_k - a| < \varepsilon$ für alle $k \geqq N(\varepsilon)$ gilt.
Existiert eine solche Zahl a, so wird die Folge **konvergent** genannt, andernfalls heißt sie **divergent**.

Schreibweise: $\lim\limits_{k \to \infty} a_k = a$ oder $a_k \to a$, für $k \to \infty$.

Jede Zahlenfolge, die gegen den Grenzwert null konvergiert, heißt **Nullfolge**.

Wichtige Grenzwerte für Zahlenfolgen

(1) $\lim\limits_{k \to \infty} \frac{1}{k} = 0$

(2) $\lim\limits_{k \to \infty} a^k = \begin{cases} 0 & \text{für} \quad |a| < 1 \\ 1 & \text{für} \quad a = 1 \\ \text{divergent} & \text{für} \quad |a| > 1 \text{ oder } a = -1 \end{cases}$

(3) $\lim\limits_{k \to \infty} \left(1 + \frac{1}{k}\right)^k = \mathrm{e} = 2{,}718\,281\,828\,459 \ldots$ (EULERsche Zahl)

(4) $\lim\limits_{k \to \infty} \frac{a^k}{k!} = 0$

Die beiden Zahlenfolgen (a_k) bzw. (b_k) seien konvergent gegen den Grenzwert a bzw. b, d. h. $\lim\limits_{k\to\infty} a_k = a \quad \lim\limits_{k\to\infty} b_k = b$.

Dann gilt:

(1) $\lim\limits_{k\to\infty} (a_k \pm b_k) = \lim\limits_{k\to\infty} a_k \pm \lim\limits_{k\to\infty} b_k = a \pm b$

(2) $\lim\limits_{k\to\infty} (a_k \cdot b_k) = \lim\limits_{k\to\infty} a_k \cdot \lim\limits_{k\to\infty} b_k = a \cdot b$

(3) $\lim\limits_{k\to\infty} \frac{a_k}{b_k} = \frac{\lim\limits_{k\to\infty} a_k}{\lim\limits_{k\to\infty} b_k} = \frac{a}{b}, \quad b_k, b \neq 0.$

3.7 Zahlenreihen

Es sei (a_k) eine beliebige Zahlenfolge, dann wird die Zahlenfolge (s_n), $s_n = \sum\limits_{k=1}^{n} a_k$, **endliche Reihe** (endliche Zahlenreihe) genannt.

(s_n Teilsumme, Partialsumme; a_k Glieder der Reihe)

Spezielle Reihen

(1) Arithmetische Reihe

Die Partialsumme s_n der Glieder einer arithmetischen Folge a_k mit $a_k = a_1 + (k-1) \cdot d$, $k = 1, 2, \ldots, n$, lautet:

$$s_n = \sum_{k=1}^{n} a_k = n \cdot \left(a_1 + \frac{n-1}{2} \cdot d\right) = \frac{n}{2} \cdot (a_1 + a_n)$$

speziell gilt für $a_1 = 1$, $d = 1$:

$$s_n = \frac{n(n+1)}{2}$$

Beispiel 3.12

$$2 + 4 + 6 + 8 + \ldots + 100 = \sum_{k=1}^{50} 2 \cdot k = 50 \cdot \left(2 + \frac{50-1}{2} \cdot 2\right) = 2\,550$$

$(a_1 = 2, d = 2)$

(2) Geometrische Reihe

Die Glieder a_k einer geometrischen Folge werden summiert.

$$s_n = \sum_{k=1}^{n} a_1 \cdot q^{k-1} = \begin{cases} a_1 \cdot \dfrac{1-q^n}{1-q}, & q \neq 1 \\ n \cdot a_1, & q = 1 \end{cases} \qquad a_k = a_1 \cdot q^{k-1}, \quad k = 1, 2, \ldots, n$$

Beispiel 3.13

$$1 - \frac{1}{2} + \frac{1}{4} - \frac{1}{8} + \ldots - \frac{1}{512} = \sum_{k=1}^{10} 1 \cdot \left(-\frac{1}{2}\right)^{k-1} = 1 \cdot \frac{1 - \left(-\frac{1}{2}\right)^{10}}{1 - \left(-\frac{1}{2}\right)} = 0{,}666\,0$$

$(a_1 = 1, q = -\frac{1}{2})$

Unendliche Reihen

Es sei (a_k) eine beliebige Zahlenfolge, dann wird der Ausdruck $\sum\limits_{k=1}^{\infty} a_k = \lim\limits_{n\to\infty} \sum\limits_{k=1}^{n} a_k$ **unendliche Reihe** genannt.

Eine unendliche Reihe heißt **konvergent**, wenn die Folge ihrer Teilsummen (s_n), $s_n = \sum\limits_{k=1}^{n} a_k$, konvergiert.
Der **Grenzwert** s der konvergenten Folge (s_n) heißt dann **Summe** der unendlichen Reihe mit der Darstellung $s = \sum\limits_{k=1}^{\infty} a_k$.
Liegt keine Konvergenz vor, wird die Reihe **divergent** genannt.

Grenzwert einer unendlichen geometrischen Reihe

$$\lim_{n\to\infty} s_n = \sum_{k=1}^{\infty} a_1 \cdot q^{k-1} = \frac{a_1}{1-q}, \quad \text{für } |\,q\,| < 1$$

Beispiel 3.14

$$1 - \frac{1}{2} + \frac{1}{4} - \frac{1}{8} \pm \ldots = \sum_{k=1}^{\infty} \left(-\frac{1}{2}\right)^{k-1} = \frac{1}{1 - \left(-\frac{1}{2}\right)} = \frac{2}{3}$$

R

Besteht eine Reihe nur aus positiven Gliedern, wird sie **positive Reihe** genannt.
Eine **alternierende Reihe** ist eine Reihe, deren Glieder eine alternierende Zahlenfolge bilden.
Die Reihe $\sum\limits_{k=1}^{n} \frac{1}{k} = 1 + \frac{1}{2} + \frac{1}{3} + \frac{1}{4} + \ldots$ wird als **harmonische Reihe** bezeichnet.

Bemerkung
Die harmonische Reihe ist divergent (nicht konvergent).

Konvergenzkriterien für unendliche Reihen

Leibniz-Kriterium

Wenn die Beträge einer alternierenden Reihe monoton fallen und gegen null konvergieren, d. h., wenn $|\,a_k\,| > |\,a_{k+1}\,|$ $(k = 1, 2, \ldots)$ und $\lim\limits_{k\to\infty} a_k = 0$ gilt, dann konvergiert die alternierende Reihe.

Beispiel 3.15

Die Reihe $\sum\limits_{k=1}^{\infty} (-1)^{k-1} \cdot \frac{1}{k} = 1 - \frac{1}{2} + \frac{1}{3} - \frac{1}{4} \pm \ldots$ ist konvergent, denn es gilt für $|\,a_k\,|$ sowohl $\frac{1}{k} > \frac{1}{k+1}$ als auch $\lim\limits_{k\to\infty} \frac{1}{k} = 0$.

Quotientenkriterium

Es gelte $a_k > 0, k > 0$ (positive Reihe).
Betrachtet wird der Grenzwert $\lim\limits_{k\to\infty} \frac{a_{k+1}}{a_k} = q$. Gilt $q < 1$, dann konvergiert die Reihe. Ist dagegen $q > 1$, so divergiert die Reihe, d. h., sie ist nicht konvergent.
Für $q = 1$ ist keine Aussage möglich.

Beispiel 3.16

Die unendliche Reihe $\sum\limits_{k=1}^{\infty} \frac{a^k}{k}$ ist im Intervall $-1 \leqq a < 1$ auf Konvergenz zu untersuchen.

Lösung

(1) Für $-1 \leqq a < 0$ liegt eine alternierende Reihe vor, bei der die Beträge ihrer Glieder streng monoton fallen und die den Grenzwert null hat. Nach dem LEIBNIZ-Kriterium ist diese Reihe somit konvergent.

(2) Für $a = 0$ ist der Grenzwert null und damit die Reihe konvergent.

(3) Im Fall $0 < a < 1$ gilt nach dem Quotientenkriterium

$$\lim_{k\to\infty} \frac{a^{k+1} \cdot k}{(k+1) \cdot a^k} = \lim_{k\to\infty} a \cdot \frac{k}{k+1} = a < 1. \text{ (Konvergenz)}$$

Die Reihe ist im Intervall $-1 \leqq a < 1$ konvergent. Für $a = 1$ entsteht die harmonische Reihe, und diese ist divergent.

R

Wurzelkriterium

> Es gelte $a_k > 0, k > 0$ (positive Reihe).
> Betrachtet wird der Grenzwert $\lim\limits_{k\to\infty} \sqrt[k]{a_k} = q$. Gilt $q < 1$, dann konvergiert die Reihe. Ist dagegen $q > 1$, so divergiert die Reihe, d. h., sie ist nicht konvergent.
> Für $q = 1$ ist keine Aussage möglich.

Beispiel 3.17

Welche Werte darf die Konstante a mit $0 < a < 1$ annehmen, damit die unendliche Reihe $\sum\limits_{k=1}^{\infty} \left(\frac{a}{1-a}\right)^k$ konvergiert?

Lösung

Nach dem Wurzelkriterium gilt $\sqrt[k]{a_k} = \sqrt[k]{\left(\frac{a}{1-a}\right)^k} = \frac{a}{1-a}$.

Es muss gelten: $\frac{a}{1-a} < 1$, wegen $1 - a > 0$ folgt daraus $a < 1 - a$ bzw. $a < \frac{1}{2}$.

Damit konvergiert die Reihe für $a < \frac{1}{2}$, für $a = \frac{1}{2}$ ist sie dagegen divergent, wie ein Einsetzen in die unendliche Reihe zeigt.

4 Grundlagen der Finanzmathematik

4.1 Einfache Verzinsung

Für ein genutztes Kapital werden Zinsen erhoben. Innerhalb einer Zinsperiode (in der Regel ein Jahr) wird dabei nur das Kapital verzinst.

Bezeichnungen

K_0	Anfangskapital	B	Barwert
K_n	Endkapital nach n Zinsperioden (Endwert)	n	Anzahl der Zinsperioden (Laufzeit)
p	Zinssatz in % (Zinsfuß)	q	Aufzinsfaktor $q = 1 + i$
i	vereinbarter Zinssatz je 1 €	Z	Zinsen

Für die entstehenden Zinsen bei einem Anfangskapital K_0 bei einfacher Verzinsung mit dem Zinssatz i gilt für eine Zinsperiode $Z = K_0 \cdot i$. Das Kapital beträgt dann nach der ersten Zinsperiode $K_1 = K_0 + Z$, also $K_1 = K_0 + K_0 \cdot i = K_0(1 + i)$.

Für n Zinsperioden gilt für das Endkapital $K_n = K_0 + Z$ mit den Zinsen $Z = K_0 \cdot n \cdot i$, also $K_n = K_0(1 + n \cdot i)$.

Bild 4.1 zeigt die Kapitalentwicklung für verschiedene Zinssätze.

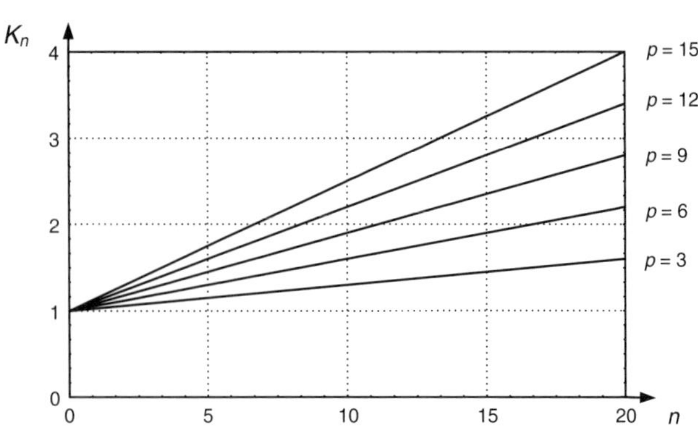

Bild 4.1

Zur Berechnung des Kapitals K_T nach T **Zinstagen** und einem Jahreszinssatz i gilt die folgende Formel:

$$K_T = K_0\left(1 + i \cdot \frac{T}{360}\right) \quad \text{mit} \quad n = \frac{T}{360}$$

Bemerkung

Es wird hier mit 12 Monaten zu je 30 Tagen, d. h., mit insgesamt 360 Tagen im Jahr gerechnet (Methode 30/360, siehe Tafel 4). Die Anzahl der Zinstage T zwischen einer Einzahlung und einer Auszahlung kann dann nach der folgenden Formel ermittelt werden.

$$T = (m_2 - m_1) \cdot 30 + t_2 - t_1$$

Hierbei bedeuten: t_1, m_1 Tag und Monat des ersten Termins
t_2, m_2 Tag und Monat des zweiten Termins

F

Den Überblick über weitere Zinsmethoden liefert Tafel 4 (im Anhang).

Der Betrag K_0, der aufgebracht werden muss, um nach n Zinsperioden bzw. T Zinstagen den **Endwert** (das Endkapital) K_n zu erreichen, wird als **Barwert** B bezeichnet.

Für den Barwert gilt für n Jahre bzw. für T Zinstage:

$$B = K_0 = \frac{K_n}{1 + i \cdot n} \qquad B = K_0 = \frac{K_T}{1 + i \cdot \frac{T}{360}}$$

Daraus können auch i und n berechnet werden,

$$i = \frac{1}{n} \cdot \left(\frac{K_n}{K_0} - 1\right) \qquad n = \frac{1}{i} \cdot \left(\frac{K_n}{K_0} - 1\right)$$

oder auch i und T bezogen auf die Zinstage K_T:

$$i = \frac{360}{T} \cdot \left(\frac{K_T}{K_0} - 1\right) \qquad T = \frac{360}{i} \cdot \left(\frac{K_T}{K_0} - 1\right)$$

Zinsen bei regelmäßiger Zahlung

Im Finanzwesen wird zwischen der **vorschüssigen** (zu Beginn der Zahlungsperiode – **pränumerando**) und der **nachschüssigen** (am Ende der Zahlungsperiode – **postnumerando**) Zahlungsweise unterschieden.
Dieses hat Einfluss auf die entstehenden Zinsen.
Zinsperioden können in m Unterperioden unterteilt werden. Unterperioden eines Jahres können beispielsweise sein:
Halbjahr ($m = 2$), **Quartal** ($m = 4$), **Monat** ($m = 12$).

Bei **einfacher Verzinsung** mit dem Zinssatz i, einer Einteilung in m Unterperioden und konstanter Zahlung C in jeder Unterperiode beträgt das Kapital S_m nach der m-ten Unterperiode

vorschüssig:

$$S_m^{(V)} = C \cdot \left(m + i \cdot \frac{m+1}{2}\right)$$

nachschüssig:

$$S_m^{(N)} = C \cdot \left(m + i \cdot \frac{m-1}{2}\right)$$

Beispiel 4.1

Ab Jahresanfang werden zu Beginn jeden Monats jeweils 300 € auf ein Konto eingezahlt, das mit 4,5 % p. a. (pro Jahr) verzinst wird. Wie hoch ist der Kontostand nach Ablauf eines Jahres?

Lösung

$p = 4{,}5\,\%$, damit $i = 0{,}045$, $C = 300\,€$, $m = 12$, vorschüssig

$$S_{12}^{(V)} = 300 \cdot \left(12 + 0{,}045 \cdot \frac{13}{2}\right) = 3\,687{,}75\,€$$

Der Kontostand beträgt nach Ablauf eines Jahres 3 687,75 €.

Bestimmung von Tageszinsen (bei der Methode 30/360)

Es ist günstig, folgende Hilfsgrößen zu verwenden.

Zinszahl: $ZZ = K_0 \cdot \frac{T}{100}$ Zinsteiler: $ZT = \frac{360}{p}$

Zinsen Z_T nach T Tagen = Zinszahl/Zinsteiler: $Z_T = \frac{ZZ}{ZT}$

Beispiel 4.2

Ein Betrag von 500 € wird 60 Tage, ein Betrag von 800 € wird 76 Tage und ein Betrag von 1 000 € wird 25 Tage lang auf einem Guthaben verzinst. Wie hoch sind die Zinserträge, wenn der Zinssatz 5 % p. a. beträgt?

Lösung

1. Berechnung der Zinszahlen

Betrag in €	500	800	1 000	Summe ZZ
Dauer in Tagen	60	76	25	
Zinszahl ZZ	$500 \cdot 60/100$ $= 300$	$800 \cdot 76/100$ $= 608$	$1\,000 \cdot 25/100$ $= 250$	1 158

2. Berechnung des Zinsteilers: $ZT = 360/5 = 72$
3. Berechnung der Zinsen: $Z = 1\,158/72 = \underline{16{,}08\,€}$

Bestimmung von Zinsen bei Kontobewegungen

1. Staffelmethode

Bei der Anwendung der Staffelmethode wird bei jeder Kontobewegung eine Zinszahl für die Periode zwischen den letzten Bewegungen berechnet. Zur Bestimmung der Zinszahlen werden dann die Zinszahlen addiert und durch den Zinsteiler dividiert.

F

2. Progressive Zinsmethode

Bei der progressiven Zinsmethode werden bei jeder Kontobewegung die zu erwartenden Zinsen bis zum Jahresende bei einer Einzahlung positiv und bei einer Abbuchung negativ (nicht realisierte Zinsen) berechnet. Die Summe ergibt die Zinsen insgesamt.

Beispiel 4.3

Für ein Sparbuch, das jährlich mit $p = 2\,\%$ verzinst wird, sind bei folgenden Kontobewegungen die Zinsen zu berechnen:

31.12. Kontostand 3 000 €
22.01. Einzahlung 1 400 €
15.03. Auszahlung 2 000 €
30.06. Kontoauflösung

Lösung nach der Staffelmethode

Datum	Saldo	Tage	Zinszahl
31.12.	3 000	22	660
22.01.	4 400	53	2 332
15.03.	2 400	105	2 520
30.06.		**Summe**	5 512

Zinsteiler: $ZT = 360/p = 360/2 = 180$

Zinsen: $Z = 5\,512/180 = 30{,}62$

Damit betragen die Zinsen zum 30.06.: $\underline{30{,}62\,€}$.

Lösung nach der progressiven Zinsmethode

Datum	Betrag	Tage	Zinsen
31.12.	3 000	360	60,00
22.01.	1 400	338	26,29
15.03.	2 000–	285	–31,67
30.06.	2 400–	180	–24,00
		Summe	30,62

4.2 Zinseszinsen

Beträgt die Laufzeit n mehr als eine Zinsperiode, können die Zinsen jeweils nach Abschluss einer Zinsperiode (in der Regel ein Jahr) mitverzinst (siehe Bild 4.2) werden. Damit entstehen Zinseszinsen. Dieses Vorgehen wird als **Aufzinsung** bezeichnet.

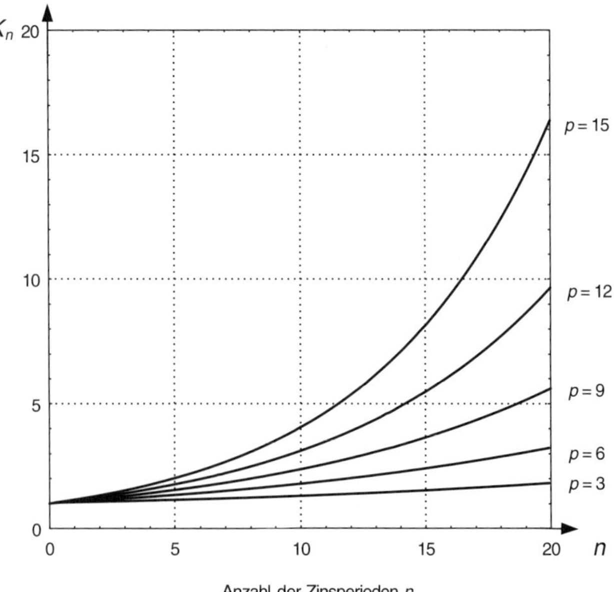

Bild 4.2

Aufzinsung (Endkapital)

Wird ein Kapital K_0 mit einem Zinssatz i verzinst und die Zinsen nach Ablauf der Zinsperiode mitverzinst, so berechnet sich das Endkapital (der Endwert) K_n nach n Zinsperioden auf folgende Weise:

$$K_n = K_0 \cdot (1+i)^n = K_0 \cdot q^n$$ (**LEIBNIZsche Zinseszinsformel**) (L1)

Hierbei wird $q = 1 + i$ als **Aufzinsfaktor** bezeichnet.

Sind die Laufzeit n, das Endkapital K_n und das Anfangskapital K_0 gegeben, so lassen sich durch Umstellen der Formel (L1) der Aufzinsfaktor q und der Zinssatz i bzw. p berechnen.

$$q = 1 + i = \sqrt[n]{\frac{K_n}{K_0}}, \quad i = \sqrt[n]{\frac{K_n}{K_0}} - 1 \quad \text{bzw.} \quad p = 100 \cdot i$$

Sind der Zinsfuß p bzw. i, das Anfangskapital K_0 und das Endkapital K_n bekannt, lässt sich auch die Anzahl der Zinsperioden n bestimmen.

$$n = \frac{\log K_n - \log K_0}{\log(1+i)}, \quad i = \frac{p}{100}$$

Abzinsung (Barwert)

Der **Barwert** oder **diskontierte Wert**, d. h. der Wert, den das Kapital K_0 haben muss, um bei einer Anlage mit Zinseszins nach n Perioden den Wert K_n zu erreichen, wird mit der folgenden Formel durch **Abzinsung** (Division durch q^n) berechnet:

$$B = K_0 = \frac{K_n}{(1+i)^n} = \frac{K_n}{q^n}$$

Beispiel 4.4

Nach 10 Jahren soll ein Guthaben 15 000 € betragen. Welcher einmalige Geldbetrag ist bei einer Verzinsung von 7 % p. a. (Zinseszins) sofort einzuzahlen?

Lösung

$$B = K_0 = \frac{K_n}{q^n} = \frac{15\,000}{1{,}07^{10}} = 7\,625{,}24\,€.$$

Es ist also ein Betrag von 7 625,24 € sofort einzuzahlen, um nach 10 Jahren 15 000,00 € zu erhalten.

F

Zahlungen bei unterschiedlichen Terminen

Unter Annahme eines **konstanten Zinssatzes** i können Zahlungen, die zu unterschiedlichen Terminen erfolgen, verglichen werden. Es sind zu einem **festen Zeitpunkt** die jeweiligen Zeitwerte zu berechnen.

Dabei kann der betrachtete Termin t Zeitperioden vor oder nach dem Endwerttermin K_n liegen (siehe Bild 4.3). Der Zeitwert K_{n+t} ergibt sich für t vom Endtermin abweichende Zinsperioden:

$$K_{n+t} = K_0 \cdot (1+i)^{n+t} = K_n \cdot (1+i)^t$$

t = Anzahl der abweichenden Zinsperioden

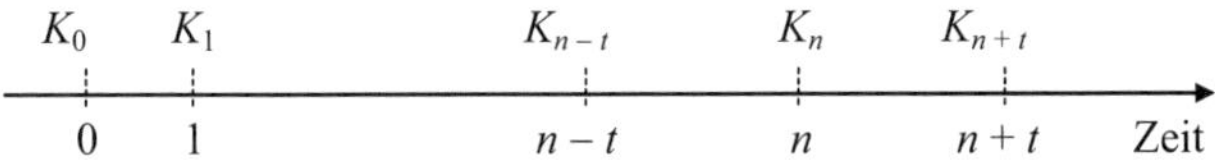

Bild 4.3

Beispiel 4.5

Für eine Zahlung bestehen zwei Alternativen: Entweder sind je 3 000 € in 6 Jahresraten vorschüssig zu zahlen oder nach 3 Jahren ein einmaliger Betrag von 18 000 €. Dabei wird ein Zinssatz von 5 % p. a. zugrunde gelegt. Welche Alternative ist für den Zahlenden günstiger?

Lösung

Um beide Zahlungen zu vergleichen, wird der Endwert der ersten Alternative berechnet und dieser auf das dritte Jahr zurückgerechnet (mit Anwendung der Formel V1):

$$K_6 = 3\,000 \cdot \frac{1{,}05^6 - 1}{0{,}05} \cdot 1{,}05 = 21\,426{,}03 \qquad K_3 = K_6 \cdot (1{,}05)^{-3} = 18\,508{,}61$$

K_3 ist größer als 18 000 €. Deshalb ist die zweite Alternative günstiger.

Unterjährliche Verzinsung

Das Zinsjahr werde in m Unterperioden unterteilt.

Bezeichnungen i Jahreszinssatz

i_{rel} Zinssatz für eine Unterperiode

Der Zinssatz für eine Unterperiode i_{rel} wird als **relativer Zinssatz** bezeichnet. Der **nominelle Zinssatz** i ist genau derjenige, der bezogen auf das Jahr bei der einfachen Zinsrechnung dem relativen Zinssatz entspricht. Die entsprechenden Formeln lauten:

$$i = m \cdot i_{\text{rel}} \quad \text{mit} \quad i_{\text{rel}} = \frac{i}{m}$$

Als **konformer Zinssatz** i_{kon} wird der Zinssatz bezeichnet, der bezogen auf das Jahr dem relativen Zinssatz bei reiner (unterperiodischer) Zinseszinsrechnung entspricht. Es gilt:

$$i_{\text{kon}} = (1 + i_{\text{rel}})^m - 1 \quad \text{bzw.} \quad i_{\text{rel}} = \sqrt[m]{1 + i_{\text{kon}}} - 1$$

Der konforme Zinssatz wird oft auch als **effektiver Jahreszinssatz** bezeichnet. (Diese Bezeichnungsweise ist jedoch in der Literatur nicht einheitlich.)

F

Beispiel 4.6

Für eine Zahlungsverpflichtung wurde eine monatliche Verzinsung ($m = 12$) mit einem Jahreszinssatz von 9 % vereinbart. Der relative Zinssatz beträgt somit $i_{\text{rel}} = \frac{0{,}09}{12} = 0{,}0075$ (je Monat). Dann beträgt der effektive oder konforme Zinssatz $i_{\text{kon}} = (1 + 0{,}0075)^{12} - 1 = 0{,}0938$, d. h. 9,38 %.
Damit entspricht eine monatliche Verzinsung mit einem Zinssatz von 0,75 % je Monat einer jährlichen Verzinsung von 9,38 %.

Die Berechnung des Kapitals bei unterjährlicher Verzinsung erfolgt nach der folgenden Formel:

$$K_n = K_0 \cdot \left(1 + \frac{i}{m}\right)^{n \cdot m}$$

(n Anzahl der Perioden, m Anzahl der Unterperioden)

Stetige Verzinsung (kontinuierliche Verzinsung)

Wird das Jahr in unendlich viele Unterperioden unterteilt, das ist der Grenzfall $m \to \infty$, und wird in jeder dieser Unterperioden gemäß der Zinseszinsrechnung verzinst, so wird dieses als stetige Verzinsung bezeichnet. Das Kapital nach n Jahren ist dann (siehe auch Beispiel 5.4):

$$K_n = K_0 \cdot \mathrm{e}^{i \cdot n}$$

Beispiel 4.7

Ein Kapital von 1 000 € wird 5 Jahre und 9 Monate zu einem nominellen Zinssatz von 4 % p. a. angelegt. Wie hoch wäre das Endkapital

(1) bei gemischter Verzinsung (jährliche Zinsgutschrift),
(2) bei vierteljährlicher Zinsgutschrift,
(3) bei monatlicher Zinsgutschrift,
(4) bei kontinuierlicher Verzinsung?

Lösung

Bei dem Problem (1) ist zu berücksichtigen, dass 5 Jahre die Zinseszinsrechnung und 9 Monate die einfache Zinsrechnung angewandt werden muss.

(1) $K_{5{,}75} = 1\,000 \cdot (1 + 0{,}04)^5 \cdot \left(1 + \frac{9}{12} \cdot 0{,}04\right) = 1\,253{,}15$

(2) $K_{5{,}75} = 1\,000 \cdot \left(1 + \frac{0{,}04}{4}\right)^{5{,}75 \cdot 4} = 1\,257{,}16$

(3) $K_{5{,}75} = 1\,000 \cdot \left(1 + \frac{0{,}04}{12}\right)^{5{,}75 \cdot 12} = 1\,258{,}12$

(4) $K_{5{,}75} = 1\,000 \cdot e^{0{,}04 \cdot 5{,}75} = 1\,258{,}60$

4.3 Rentenrechnung

Rentenendwert

Eine **Rente** ist eine feste Zahlung E, die zu bestimmten Zeitpunkten (in der Regel am Anfang oder Ende einer Zinsperiode oder Unterperiode) geleistet wird.

Der **Rentenendwert** R_n stellt den Gesamtbetrag aller Zahlungen E einschließlich Zinsen nach n Perioden mit $K_0 = 0$ dar.

Es gilt mit $q = 1 + i$ (Aufzinsfaktor):

(1) Zinsperiode = Zahlungsperiode, konstante Einzahlung E

vorschüssig: (V1)

$$R_n^{(V)} = \frac{q^n - 1}{q - 1} \cdot q \cdot E$$

nachschüssig: (N1)

$$R_n^{(N)} = \frac{q^n - 1}{q - 1} \cdot E$$

Beispiel 4.8

Ein Rentenbeitrag von 4 000 € wird jährlich 20 Jahre lang a) zu Beginn eines jeden Jahres, b) am Ende eines jeden Jahres geleistet. Wie hoch ist der Rentenendwert nach 20 Jahren, wenn ein Zinssatz von 6 % p. a. vorausgesetzt wird?

Lösung

$p = 6$, $E = 4\,000$, $q = 1 + i$, $i = \frac{p}{100} = 0{,}06$, $n = 20$

a) $R_{20}^{(V)} = \frac{1{,}06^{20} - 1}{1{,}06 - 1} \cdot 1{,}06 \cdot 4\,000 = 155\,970{,}91$

Bei vorschüssiger Zahlungsweise beträgt der Rentenendwert nach 20 Jahren 155 970,91 €.

b) $R_{20}^{(N)} = \frac{1{,}06^{20} - 1}{1{,}06 - 1} \cdot 4\,000 = 147\,142{,}36$

Bei nachschüssiger Zahlungsweise beträgt der Rentenendwert dagegen 147 142,36 €.

F

(2) Zinsperiode > Zahlungsperiode, konstante Einzahlung *C*

vorschüssig: (V2)

$$R_n^{(V)} = \frac{q^n - 1}{q - 1} \cdot \left(m + i \cdot \frac{m+1}{2}\right) \cdot C$$

nachschüssig: (N2)

$$R_n^{(N)} = \frac{q^n - 1}{q - 1} \cdot \left(m + i \cdot \frac{m-1}{2}\right) \cdot C$$

Die Einzahlung *E* wird hier durch die entsprechende Formel für die einfache Zinsrechnung ersetzt (vgl. Abschnitt 4.1). Zu beachten ist, dass dieser Betrag erst am Ende des Jahres entsteht und somit von der Formel (N1) auszugehen ist.

Beispiel 4.9

Wird eine Rente von 600 € ab Januar am Anfang (Ende) eines jeden Monats 10 Jahre lang bezahlt und wird das Kapital jährlich zu 6 % verzinst (Zinseszins), so ergeben sich wegen $C = 600$, $n = 10$, $i = 0{,}06$ folgende Rentenendwerte

a) vorschüssig: $R_{10}^{(V)} = \frac{1{,}06^{10} - 1}{0{,}06} \cdot (12 + 0{,}06 \cdot 6{,}5) \cdot 600 = 97\,986{,}03$ €

b) nachschüssig: $R_{10}^{(N)} = \frac{1{,}06^{10} - 1}{0{,}06} \cdot (12 + 0{,}06 \cdot 5{,}5) \cdot 600 = 97\,511{,}52$ €

Barwert einer Rente

Als **Barwert einer Rente** wird der Betrag *B* bezeichnet, der zu Beginn aufgebracht werden muss, um *n* Perioden lang eine Rente *E* zu erhalten.

Der **Barwert** kann aus den Formeln (V1) und (N1) bzw. (V2) und (N2) berechnet werden, indem durch q^n dividiert wird.

(1) Zinsperiode = Zahlungsperiode, konstante Einzahlung E

vorschüssig:

$$B^{(V)} = \frac{q^n - 1}{q^{n-1} \cdot i} \cdot E$$

nachschüssig:

$$B^{(N)} = \frac{q^n - 1}{q^n \cdot i} \cdot E$$

(2) Zinsperiode > Zahlungsperiode, konstante Einzahlung C

vorschüssig:

$$B^{(V)} = \frac{q^n - 1}{q^n \cdot i} \cdot \left(m + i \cdot \frac{m+1}{2}\right) \cdot C$$

nachschüssig:

$$B^{(N)} = \frac{q^n - 1}{q^n \cdot i} \cdot \left(m + i \cdot \frac{m-1}{2}\right) \cdot C$$

Beispiel 4.10

Welcher einmalige Betrag müsste eingezahlt werden, um 10 Jahre lang einen monatlichen Rentenbetrag von 600 € zu erhalten, wenn ein Zinssatz von 6 % p. a. zugrunde gelegt wird und im Januar mit der Zahlung begonnen werden soll?

Lösung

Gesucht ist der Barwert.
Bei vorschüssiger Zahlungsweise (am Beginn jeden Monats) ist die folgende einmalige Einzahlung erforderlich:

$$B^{(V)} = \frac{1{,}06^{10} - 1}{1{,}06^{10} \cdot 0{,}06} \cdot (12 + 0{,}06 \cdot 6{,}5) \cdot 600 = 54\,714{,}89\,€ \qquad \text{(vorschüssig)}$$

Erfolgt dagegen die Zahlung jeweils erst am Ende eines jeden Monats, ist der folgende Betrag einmalig einzuzahlen:

$$B^{(N)} = \frac{1{,}06^{10} - 1}{1{,}06^{10} \cdot 0{,}06} \cdot (12 + 0{,}06 \cdot 5{,}5) \cdot 600 = 54\,449{,}92\,€ \qquad \text{(nachschüssig)}$$

Raten-Renten-Formeln (Sparkassenformeln)

Es sei ein **Anfangskapital** K_0 gegeben, das in jeder Zinsperiode (Monat, Quartal, Jahr usw.) um einen gleich bleibenden Betrag E erhöht oder verringert wird. Dann beträgt das Kapital K_n nach n Zinsperioden:

vorschüssig: (V3)

$$K_n^{(V)} = K_0 \cdot q^n + \frac{q^n - 1}{q - 1} \cdot q \cdot E$$

nachschüssig: (N3)

$$K_n^{(N)} = K_0 \cdot q^n + \frac{q^n - 1}{q - 1} \cdot E$$

Beispiel 4.11

Ein Betrag von 5 000 € wird zu einem Zinssatz von 6,5 % p. a. angelegt. Eine Einzahlung von 200 € wird jeweils am Ende (1) bzw. am Anfang (2) jeden Jahres geleistet. Welcher Endbetrag steht nach 10 Jahren zur Verfügung (Zinseszins)?

Lösung

$K_0 = 5\,000,\ i = 0{,}065,\ n = 10,\ E = 200,\ q = 1 + i = 1{,}065$

(1) nachschüssige Zahlungsweise:

$$K_n^{(N)} = K_0 \cdot q^n + \frac{q^n - 1}{q - 1} \cdot E$$

$$= 1{,}065^{10} \cdot 5\,000 + \frac{1{,}065^{10} - 1}{0{,}065} \cdot 200 = 12\,084{,}57\,€$$

Das Kapital beträgt nach 10 Jahren 12 084,57 €.

(2) vorschüssige Zahlungsweise:

$$K_n^{(V)} = K_0 \cdot q^n + \frac{q^n - 1}{q - 1} \cdot q \cdot E$$

$$= 1{,}065^{10} \cdot 5\,000 + \frac{1{,}065^{10} - 1}{0{,}065} \cdot 1{,}065 \cdot 200 = 12\,260{,}00\,€$$

Das Kapital ist nach 10 Jahren auf 12 260 € angewachsen.

F

Liegt der Fall einer **gemischten Verzinsung** vor, d. h., wird eine Periode noch in m weitere Unterperioden unterteilt (z. B.: ein Jahr in Monate oder Quartale), in denen nur einfache Verzinsung erfolgt, so gilt:

$$K_n^{(V)} = K_0 \cdot q^n + \frac{q^n - 1}{q - 1} \cdot \left(m + i \cdot \frac{m+1}{2}\right) \cdot C \qquad \text{(vorschüssig)}$$

$$K_n^{(N)} = K_0 \cdot q^n + \frac{q^n - 1}{q - 1} \cdot \left(m + i \cdot \frac{m-1}{2}\right) \cdot C \qquad \text{(nachschüssig)}$$

Da das in den Unterperioden entstandene Kapital S_m erst am Ende einer Zinsperiode vorliegt, trifft die Formel (N3) zu.

Beispiel 4.12

Auf ein Sparkonto, auf dem sich schon 1 000 € befinden, werden 10 Jahre lang zum Ende eines jeden Monats 100 € eingezahlt.
Wie hoch ist das Guthaben am Ende des 10. Jahres (Zinsen 6 % p. a.)?

Lösung

Gemischte Verzinsung, nachschüssig.
Es gilt: $K_0 = 1\,000$, $C = 100$ €, $m = 12$ (Monate), $n = 10$, $i = 0{,}06$, $q = 1{,}06$

$$K_n^{(N)} = K_0 \cdot q^n + \frac{q^n - 1}{q - 1} \cdot \left(m + i \cdot \frac{m-1}{2}\right) \cdot C$$

$$K_{10}^{(N)} = 1{,}06^{10} \cdot 1\,000 + \frac{1{,}06^{10} - 1}{0{,}06} \cdot (12 + 0{,}06 \cdot 5{,}5) \cdot 100 = 18\,042{,}77 \text{ €}$$

4.4 Tilgungsrechnung

Ratentilgung

Zur Tilgung einer Schuld K_0, die zu einem Zinssatz p ausgeliehen ist, werden für eine fest vereinbarte Laufzeit von n Jahren konstante Tilgungsraten Q gezahlt, die die fälligen Zinsen Z_k für das k-te Jahr nicht beinhalten. Dabei gilt:

$$Q = \frac{K_0}{n}$$

$$Z_k = [K_0 - (k-1) \cdot Q] \cdot i$$

Die Summe aus der Tilgungsrate Q und den anfallenden Zinsen Z_k $A_k = Q + Z_k$ wird als **Annuität** bezeichnet.

Bemerkung
Bei der Ratentilgung bleibt die Tilgungsrate Q für die gesamte Laufzeit ***konstant****, während die Annuität* ***monoton fällt****.*

Annuitätentilgung

Zur Tilgung einer Schuld K_0, die zu einem Zinssatz p ausgeliehen ist, wird über eine fest vereinbarte Laufzeit am Anfang oder am Ende jeder Zinsperiode ein **gleich bleibender Betrag** E bezahlt. Dieser wird als **Annuität** bezeichnet und setzt sich aus der Tilgungsrate T und den Zinsen Z zusammen: $A = T + Z$.
Da die Schuld nach n Perioden vollständig beglichen werden soll, wird $K_n = 0$ gesetzt (siehe Abschnitt 4.3).

Die Annuität $A = -E$ kann über (V3) bzw. (N3) berechnet werden.

vorschüssig:

$$A^{(V)} = q^{n-1} \cdot \frac{q-1}{q^n - 1} \cdot K_0$$

nachschüssig:

$$A^{(N)} = q^n \cdot \frac{q-1}{q^n - 1} \cdot K_0$$

Beispiel 4.13

Einem Hausbesitzer wird ein Instandhaltungskredit von 20 000 € bei 100 % Auszahlung und 8 % Jahreszinsen angeboten, der in 6 Jahren durch Annuitätentilgung jeweils am Ende eines jeden Jahres zurückzuzahlen ist. Zu bestimmen sind die Annuität und der Tilgungsplan.

Lösung

Die Annuität beträgt $A^{(N)} = 1{,}08^6 \cdot \dfrac{0{,}08}{1{,}08^6 - 1} \cdot 20\,000 = 4\,326{,}31$ €.

Jahr	Schuld	Zinsen	Tilgungsrate	Annuität	Restschuld
1	20 000,00	1 600,00	2 726,31	4 326,31	17 273,69
2	17 273,69	1 381,90	2 944,41	4 326,31	14 329,28
3	14 329,28	1 146,34	3 179,97	4 326,31	11 149,31
4	11 149,31	891,94	3 434,37	4 326,31	7 714,94
5	7 714,94	617,20	3 709,11	4 326,31	4 005,83
6	4 005,83	320,47	4 005,84	4 326,31	−0,02

Sind die Tilgungsraten im Rhythmus der Unterperioden zu zahlen, so ergeben sich nach (V2) und (N2) die Tilgungsraten $D = -C$ $(q = 1 + i)$:

vorschüssig:

$$D^{(V)} = q^n \cdot \frac{q-1}{q^n-1} \cdot \frac{K_0}{m+i \cdot \dfrac{m+1}{2}}$$

nachschüssig:

$$D^{(N)} = q^n \cdot \frac{q-1}{q^n-1} \cdot \frac{K_0}{m+i \cdot \dfrac{m-1}{2}}$$

Bemerkungen

(1) Bei der Annuitätentilgung ist die Annuität für die gesamte Laufzeit ***konstant****, während die Tilgungsrate* ***monoton steigt****.*

(2) Bei den letzten beiden Formeln sind im Tilgungsplan die Zinsen erst jeweils am Ende jeder Zinsperiode zu berücksichtigen. Das kompliziert die Berechnung. Einfacher wird es mit den oberen beiden Formeln, wenn in jeder Periode (auch monatlich oder quartalsweise) die Zinsen sofort berücksichtigt werden.

Beispiel 4.14

Um ein Darlehen von 175 000 € in 20 Jahren zurückzuzahlen, muss bei einem Zinssatz von 8 % jährlich bei nachschüssiger Zahlung ein Betrag von

$$A = -E = \frac{1{,}08^{20} \cdot 0{,}08}{1{,}08^{20} - 1} \cdot 175\,000 = 17\,824{,}14 \text{ €}$$

aufgebracht werden. Dieses entspricht einem monatlichen ($m = 12$) Betrag von

$$D = -C = \frac{A}{m + i \cdot \frac{m-1}{2}} = \frac{17\,824{,}14}{12 + 0{,}08 \cdot \frac{12-1}{2}} = 1\,432{,}81\,€.$$

4.5 Investitionsrechnung

In der Investitionsrechnung sind das einzusetzende Kapital (Ausgaben) und der Kapitalrückfluss zwei wichtige Größen, die unter Berücksichtigung der Zeit und der damit zu erwartenden Zinsen (Kalkulationszinsen) miteinander verglichen werden (dynamische Bewertung).
Der **Kapitalrückfluss** C_k in der k-ten Zeitperiode ist die Differenz zwischen den Einnahmen e_k und den Ausgaben a_k: $C_k = e_k - a_k$.
Bei den unten vorgestellten Bewertungsverfahren werden ein konstanter Kalkulationszinssatz p und ein nachschüssiger Kapitalrückfluss C_k vorausgesetzt.

Die Annuitätenmethode

Die **Annuitätenmethode** vergleicht den Barwert $B_a = \sum_{k=0}^{n} \frac{a_k}{q^k}$ der Ausgaben mit dem Barwert $B_e = \sum_{k=0}^{n} \frac{e_k}{q^k}$ der Einnahmen. Dabei werden die entsprechenden Annuitäten bestimmt, die die Überschuss- bzw. Verlustraten darstellen.

Die entsprechenden Annuitäten A_e und A_a lassen sich dann mit dem **nachschüssigen Rentenbarwertfaktor** $b_n = \frac{q^n - 1}{q^n(q-1)}$ bestimmen:

$$A_e = B_e \cdot \frac{q^n(q-1)}{q^n - 1} = \frac{B_e}{b_n}$$

$$A_a = B_a \cdot \frac{q^n(q-1)}{q^n - 1} = \frac{B_a}{b_n}$$

Die **Gewinnannuität** ist $A_g = A_e - A_a$.

Eine Investition ist nach der Annuitätenmethode wirtschaftlich, wenn die Differenz $A_g = A_e - A_a$ größer oder gleich null ist.

Bemerkung

Die Annuitätenmethode und die nachfolgende Kapitalwertmethode sind äquivalente Bewertungsverfahren. Sie unterscheiden sich nur durch den Rentenbarwertfaktor.

Die Kapitalwertmethode

Bei der **Kapitalwertmethode** werden die Investitionen und die Kapitalrückflüsse verglichen. Dazu werden diese beiden Größen auf den Zeitpunkt $t = 0$ (Beginn der Investition) transformiert, also umgerechnet.

Der **Gegenwartswert** G einer Investition ist der Wert

$$G = \frac{C_1}{q} + \frac{C_2}{q^2} + \ldots + \frac{C_n}{q^n} = \sum_{k=1}^{n} \frac{C_k}{q^k}.$$

$C_k = e_k - a_k$ sind die in der Periode k zu erwartenden **Kapitalrückflüsse**.

Dabei ist der **Gegenwartswert** das Kapital, das zu einem Zinssatz p angelegt werden müsste, um die Einnahmen $C_1, C_2, \ldots, C_n$ in den einzelnen Perioden zu erzielen.
Es wird der Barwert des einzusetzenden Kapitals K_0 mit dem Gegenwartswert G verglichen.

Der **Kapitalwert** W ist die Differenz von Gegenwartswert und eingesetztem Kapital K_0

$$W = G - K_0 = \frac{C_1}{q} + \frac{C_2}{q^2} + \ldots + \frac{C_n}{q^n} - K_0 = \sum_{k=1}^{n} \frac{C_k}{q^k} - K_0.$$

Eine Investition ist nach der Kapitalwertmethode wirtschaftlich, wenn der Kapitalwert W größer oder gleich null ist.

Die interne Zinsfußmethode

Die interne Zinsfußmethode wird häufig als Bewertungsverfahren herangezogen, obwohl sie mathematisch aufwendig ist und eine mehrdeutige Lösung liefern kann. Sie ist als Bewertungsverfahren deshalb nicht zu empfehlen, soll aber dennoch zum Vergleich vorgestellt werden.

Derjenige Zinsfuß p_{int} einer Investition, der beim Diskontieren der Kapitalrückflüsse den Kapitalwert null ergibt, heißt **interner Zinsfuß**.

Es muss also gelten:

$$K_0 - \sum_{k=1}^{n} \frac{C_k}{q_{\text{int}}^k} = 0 \quad \text{mit} \quad q_{\text{int}} = 1 + i_{\text{int}} = 1 + \frac{p_{\text{int}}}{100}$$

F

> Nach der internen Zinsfußmethode ist eine Investition zweckmäßig, wenn der interne Zinsfuß p_{int} nicht niedriger als der Kalkulationszinsfuß p ist.

Beispiel 4.15

Beim Einsatz einer zusätzlichen Maschine mit einem Anschaffungswert von 7 000 € sind in einem Betrieb die folgenden Einnahmenüberschüsse bei einem geschätzten Zinssatz von 5 % p. a. zu erwarten.

Jahr k	1	2	3	4
Kapitalrückfluss C_k (€)	1 000	5 000	2 000	500

(1) Lösung nach der Annuitätenmethode:

$$B_e = 0 + \frac{1\,000}{1{,}05} + \frac{5\,000}{1{,}05^2} + \frac{2\,000}{1{,}05^3} + \frac{500}{1{,}05^4} = 7\,626{,}56$$

$$B_a = 7\,000 + 0 + 0 + 0 + 0 = 7\,000$$

$$A_e = B_e \cdot \frac{1{,}05^4 \cdot 0{,}05}{1{,}05^4 - 1} = 2\,150{,}80$$

$$A_a = B_a \cdot \frac{1{,}05^4 \cdot 0{,}05}{1{,}05^4 - 1} = 1\,974{,}08$$

$$A_g = A_e - A_a = 176{,}70\,€$$

Die Investition ist also von Vorteil, da die Differenz positiv ist.

(2) Lösung nach der Kapitalwertmethode:

$$W = G - K_0 = \frac{1\,000}{1{,}05} + \frac{5\,000}{1{,}05^2} + \frac{2\,000}{1{,}05^3} + \frac{500}{1{,}05^4}$$

$$= 7\,626{,}55 - 7\,000 = 626{,}55 > 0$$

Die Investition ist auch nach der Kapitalwertmethode vorteilhaft.

(3) Lösung nach der internen Zinsfußmethode mit $x = q_{\text{int}}$:

Es soll gelten: $7\,000 - \left(\frac{1\,000}{x} + \frac{5\,000}{x^2} + \frac{2\,000}{x^3} + \frac{500}{x^4}\right) = 0.$

Eine Multiplikation mit x^4 $(x \neq 0)$ liefert

$$7\,000x^4 - 1\,000x^3 - 5\,000x^2 - 2\,000x - 500 = 0.$$

Diese Gleichung 4. Grades ist mit elementaren mathematischen Mitteln nicht lösbar. Zur Nullstellenbestimmung kann das NEWTON-Verfahren verwendet werden.

Die Lösungen lauten $x_1 = 1{,}09$ und $x_2 = -0{,}59$. Diesen entsprechen die Zinsfüße $p_{\text{int}} = 9$ bzw. $p_{\text{int}} = -159$. Der letzte Wert ist wirtschaftlich unsinnig.

Der interne Zinssatz von 9 % liegt über 5 %, und damit ist auch nach dieser Methode die Investition günstig.

4.6 Abschreibungsrechnung

Wirtschaftsgüter verlieren durch materiellen oder ideellen Verschleiß ihren Wert. Der dabei verloren gegangene Wert wird zu einem Kostenbestandteil zum Beispiel an einem Haus, einem Auto oder einem Computer. Es wird zwischen der **technischen Nutzungsdauer** und der **wirtschaftlichen Nutzungsdauer** unterschieden.
Als **wirtschaftliche Nutzungsdauer** wird diejenige Zeit bezeichnet, in der eine Anlage ökonomisch günstig eingesetzt werden kann.

Die Übertragung der Wertverminderung bei bestimmten Gütern auf die Kosten wird als **Abschreibung** bezeichnet. Diese Kostenübertragung erstreckt sich in der Regel über mehrere Jahre.

F

Es gibt unterschiedliche Abschreibungsstrategien, die Einfluss auf die zu zahlenden Steuern haben können.

Formen der Abschreibung

(1) **lineare Abschreibung**,
(2) **degressive Abschreibung**,
(3) **progressive Abschreibung**,
(4) **leistungsbedingte Abschreibung**.

Welche Abschreibungsform gewählt werden kann, wird durch das Steuerrecht festgelegt.

Bezeichnungen

$A_0 = R_0$	Anschaffungs- bzw. Herstellungskosten
n	wirtschaftliche Nutzungsdauer (in Jahren)
Q	Abschreibung(-sbetrag oder -srate)
p	Abschreibungssatz in %
R_k	Restwert des Gutes nach k Jahren
R_n	Restwert am Ende der Nutzungsdauer (Schrottwert)

4.6.1 Lineare Abschreibung

Diejenige Abschreibungsform, bei der die jährliche Abschreibung $Q_k = Q$, d. h. konstant ist, wird als **lineare** oder **konstante Abschreibung** bezeichnet.

Die lineare Abschreibung wird bei einer n-jährigen Nutzungsdauer auf folgende Weise berechnet:

$$Q = \frac{A_0 - R_n}{n}$$

Häufig ist der **Restwert** $R_n = 0$, sodass sich die Formel entsprechend vereinfacht.
Der **Abschreibungsprozentsatz** p ist in diesem Fall ebenfalls konstant, er hat die Form:

$$p = \frac{A_0 - R_n}{n \cdot A_0} \cdot 100$$

Da der Restwert in jeder Zeiteinheit um einen konstanten Wert Q abnimmt, entsteht eine arithmetische Folge (R_k).

$$R_1 = A_0 - Q, \quad R_2 = A_0 - 2 \cdot Q, \ldots, \quad R_n = A_0 - n \cdot Q$$

$$R_k = A_0 - k \cdot \frac{A_0 - R_n}{n}, \qquad k = 1, 2, \ldots, n$$

Der Abschreibungsprozentsatz der jährlichen Abschreibung kann auch auf den jeweiligen **Buchwert** (**Restwert**) R_k bezogen werden:

$$p_B = \frac{A_0 - R_n}{n \cdot A_0 - (k-1) \cdot (A_0 - R_n)} \cdot 100$$

Bemerkung
Mit zunehmender Laufzeit k wird der Abschreibungssatz bezogen auf den Buchwert größer.

Beispiel 4.16

Eine Anlage wird zu einem Preis von 100 000 € angeschafft. Die wirtschaftliche Nutzungsdauer beträgt 10 Jahre. Es wird mit einem Schrottwert von 10 000 € gerechnet. Für die Abschreibungsrate gilt dann

$$Q = \frac{A_0 - R_n}{n} = \frac{100\,000 - 10\,000}{10} = 9\,000\,€ \quad \text{und prozentual}$$

$$p = \frac{A_0 - R_n}{n \cdot A_0} \cdot 100 = \frac{100\,000 - 10\,000}{10 \cdot 100\,000} \cdot 100 = 9.$$

In der folgenden Tabelle sind die Restwerte, die Abschreibungsraten und der Prozentsatz bezogen auf den Buchwert angegeben.

Jahr k	Restwert Jahresanfang	Abschreibungs-rate	Abschreibungs-prozentsatz	Restwert Jahresende
1	100 000	9 000	9,00	91 000
2	91 000	9 000	9,89	82 000
3	82 000	9 000	10,98	73 000
4	73 000	9 000	12,33	64 000
5	64 000	9 000	14,06	55 000
6	55 000	9 000	16,36	46 000
7	46 000	9 000	19,57	37 000
8	37 000	9 000	24,32	28 000
9	28 000	9 000	32,14	19 000
10	19 000	9 000	47,37	10 000

F

4.6.2 Degressive Abschreibung

Bei der degressiven Abschreibung nehmen die Abschreibungsbeträge mit der Zeit ab. Zwei Formen, die **arithmetisch degressive** und die **geometrisch degressive** Form der Abschreibung, werden unterschieden.

Arithmetisch degressive Abschreibung

Eine Abschreibungsform, bei der die Abschreibungsraten Q_k eine fallende arithmetische Folge darstellen, heißt **arithmetisch degressive Abschreibung.**

Die Abschreibungsraten Q_k berechnen sich dann auf folgende Weise:

$$Q_2 = Q_1 - d, \quad Q_3 = Q_1 - 2 \cdot d, \ \ldots, \quad Q_n = Q_1 - (n-1) \cdot d,$$
$$Q_{n+1} = Q_1 - n \cdot d = 0.$$

Aus der letzten Zeile folgt $d = \dfrac{Q_1}{n}$.

Aus der Bedingung, dass die Summe der Abschreibungen und dem Restwert den Anschaffungswert ergibt, folgt $A_0 - R_n = \dfrac{n+1}{2} \cdot Q_1$.

Hieraus lassen sich die **erste Abschreibungsrate** Q_1 und deren **jährliche Reduzierung** berechnen:

$$Q_1 = \frac{2(A_0 - R_n)}{n+1} \quad \text{und} \quad d = \frac{Q_1}{n}$$

Beispiel 4.17

Ein Wirtschaftsgut mit einem Anschaffungswert von 55 000 € soll in 10 Jahren voll abgeschrieben sein. Zu bestimmen ist der Abschreibungsplan für eine arithmetisch degressive Abschreibung.

Lösung

$$Q_1 = \frac{2(A_0 - R_n)}{n+1} = \frac{2 \cdot 55\,000}{11} = 10\,000 \quad \text{und} \quad d = \frac{Q_1}{n} = \frac{10\,000}{10} = 1\,000$$

Damit ist der folgende Abschreibungsplan aufstellbar:

Jahr k	Restwert Jahresanfang	Abschreibungs- rate	Restwert Jahresende
1	55 000	10 000	45 000
2	45 000	9 000	36 000
3	36 000	8 000	28 000
4	28 000	7 000	21 000
5	21 000	6 000	15 000
6	15 000	5 000	10 000
7	10 000	4 000	6 000
8	6 000	3 000	3 000
9	3 000	2 000	1 000
10	1 000	1 000	0

Geometrisch degressive Abschreibung

Ist der Abschreibungsprozentsatz $i = \frac{p}{100}$ bezogen auf den jeweiligen Restwert konstant, so heißt eine derartige Abschreibungsform **geometrisch degressive Abschreibung**.

Für die geometrisch degressive Abschreibung gilt somit:

$$Q_k = R_{k-1} \cdot i$$

Abschreibungsraten und **Restwerte** für die geometrisch degressive Abschreibung lassen sich nach den folgenden Formeln berechnen:

$$R_k = A_0 \cdot (1-i)^k$$
$$Q_k = R_{k-1} \cdot i = A_0 \cdot (1-i)^{k-1} \cdot i$$

Nach einer endlichen Zeit kann der Restwert nicht null werden. Ist für das n-te Jahr ein Restwert R_n vorgegeben, so lässt sich der Abschreibungsprozentsatz i bzw. p berechnen.

$$i = 1 - \sqrt[n]{\frac{R_n}{A_0}} \quad \text{oder} \quad p = 100 \cdot i = 100 \cdot \left(1 - \sqrt[n]{\frac{R_n}{A_0}}\right)$$

Beispiel 4.18

Ein Lastkraftwagen mit einem Anschaffungswert von 50 000 € soll in 8 Jahren geometrisch degressiv auf einen Schrottwert von 5 000 € abgeschrieben werden. Wie lautet der Abschreibungsplan?

Lösung

$$p = 100 \cdot i = 100 \cdot \left(1 - \sqrt[n]{\frac{R_n}{A_0}}\right) = 100 \cdot \left(1 - \sqrt[8]{\frac{5\,000}{50\,000}}\right) = 25{,}010\,571$$

also $1 - i = 0{,}749\,894\,29$

Die folgende Tabelle enthält den Abschreibungsplan.

Jahr k	Restwert Jahresanfang	Abschreibungsrate	Restwert Jahresende
1	50 000,00	12 505,29	37 494,71
2	37 494,71	9 377,64	28 117,07
3	28 117,07	7 032,24	21 084,83
4	21 084,83	5 273,44	15 811,40
5	15 811,40	3 954,52	11 856,87
6	11 856,87	2 965,47	8 891,40
7	8 891,40	2 223,79	6 667,61
8	6 667,61	1 667,61	5 000,00

4.6.3 Progressive Abschreibung

Bei der progressiven Abschreibung wird mit niedrigen Abschreibungssätzen begonnen, die dann mit den Jahren steigen.

Eine Abschreibungsform, bei der die Abschreibungsraten eine steigende arithmetische Folge darstellen, heißt **arithmetisch progressive Abschreibung**. Die Steigerungen d werden als **Progressionsbetrag** bezeichnet.

Ist die erste Abschreibungsrate Q_1, so lauten dann bei einer arithmetisch progressiven Abschreibung die folgenden

$$Q_2 = Q_1 + d, \quad Q_3 = Q_1 + 2 \cdot d, \ldots, \quad Q_n = Q_1 + (n-1) \cdot d.$$

Für die Abschreibungsrate Q_1 bei dieser Abschreibungsart gilt:

$$Q_1 = \frac{A_0 - R_n}{n} - \frac{n-1}{2} \cdot d \qquad (d \text{ so wählen, dass } Q_1 > 0)$$

Beispiel 4.19

Eine Produktionsanlage mit einem Anschaffungswert von 30 000 € soll in 8 Jahren auf einen Schrottwert von 2 000 € arithmetisch progressiv abgeschrieben werden.

(1) Wie lautet der Abschreibungsplan bei einem Progressionsbetrag d von 500 €?

(2) Wie groß müsste der Progressionsbetrag d gewählt werden, damit die erste Abschreibungsrate 700 € beträgt?

Lösung

(1) $Q_1 = \frac{A_0 - R_n}{n} - \frac{n-1}{2} \cdot d = \frac{30\,000 - 2\,000}{8} - \frac{8-1}{2} \cdot 500 = 1\,750$

Jahr k	Restwert Jahresanfang	Abschreibungs-rate	Restwert Jahresende
1	30 000,00	1 750,00	28 250,00
2	28 250,00	2 250,00	26 000,00
3	26 000,00	2 750,00	23 250,00
4	23 250,00	3 250,00	20 000,00
5	20 000,00	3 750,00	16 250,00
6	16 250,00	4 250,00	12 000,00
7	12 000,00	4 750,00	7 250,00
8	7 250,00	5 250,00	2 000,00

(2) $d = \frac{2}{n-1}\left(\frac{A_0 - R_n}{n} - Q_1\right) = \frac{2}{7}\left(\frac{30\,000 - 2\,000}{8} - 700\right) = 800\,€$

4.7 Kursrechnung

Anwendungsgebiet: Bewertung von Wertpapieren

Ein Wertpapier besitzt einen **Nennwert** oder **Nominalwert** (**Nominalkapital**) und einen **Handels**-, **Realwert** oder **Preis** (**Realkapital**).
Das Realkapital hängt in der Regel von der Nachfrage nach dem Wertpapier ab.

Der Quotient aus Realkapital K_{real} und Nominalkapital K_{nom} heißt **Kurs** C.

$$C = \frac{K_{\text{real}}}{K_{\text{nom}}} \cdot 100 \text{ (Angabe als Prozentsatz)}$$

Bei der Kursrechnung spielen die Zinsen eine wichtige Rolle.
Es wird zwischen einem **nominellen Zinssatz** und einem **realen** oder **effektiven Zinssatz** unterschieden.

4.7.1 Kurs einer Annuitätenschuld

Bei einer **Annuitätentilgung** ist die Summe aus Zinsen und Tilgungsrate **konstant**.

F

Die Annuität A wird nach der folgenden Formel berechnet

$$A = \frac{K}{b_n} = \frac{B}{b_n} \quad \text{mit} \quad b_n = \frac{q^n - 1}{q^n(q-1)}$$

b_n ist der **nachschüssige Rentenbarwertfaktor**, vgl. Abschnitt 4.5.
Die aufgenommene Schuld K ist hier gleich ihrem Barwert B.

Der **Kurs** C einer Annuitätenschuld mit der Laufzeit n ist der Barwert aller künftigen Leistungen bezogen auf $K = 100$.

Bei Verwendung des nachschüssigen Rentenbarwertfaktors gilt unter Berücksichtigung des nominellen und des realen Zinssatzes

$B_{\text{real}} = A \cdot b_{n,\text{real}}$ und $B_{\text{nom}} = A \cdot b_{n,\text{nom}}$ und somit

$$C = \frac{B_{\text{real}}}{B_{\text{nom}}} \cdot 100 = \frac{b_{n,\text{real}}}{b_{n,\text{nom}}} \cdot 100$$

Beispiel 4.20

Eine Bank möchte bei einer Annuitätenschuld, die in 10 Jahren zurückzuzahlen ist, bei einer Nominalverzinsung von $p = 6\,\%$ mindestens einen Zinssatz von $p = 8\,\%$ erreichen. Wie hoch darf der Ausgabekurs höchstens sein?

Lösung

$n = 10$, $i_{\text{nom}} = 0{,}06$, $i_{\text{real}} = 0{,}08$

$$C = \left(\frac{1{,}06}{1{,}08}\right)^{10} \cdot \frac{1{,}08^{10} - 1}{0{,}08} \cdot \frac{0{,}06}{1{,}06^{10} - 1} \cdot 100 = 91{,}17$$

Der Kurs darf höchstens 91,17 % betragen.

4.7.2 Kurs einer Ratenschuld

Jeweils am Jahresende sind eine feste Tilgungsrate und entsprechende Zinsen zu zahlen. Die konstante Tilgungsrate betrage K/n (nachschüssig). Wird der Barwert aller künftigen Zahlungen ins Verhältnis zu K_0 gesetzt, ergibt sich der Kurs:

$$C = \frac{100}{n} \cdot \left[\frac{p_{\text{nom}} \cdot n}{p_{\text{real}}} + b_{n,\,\text{real}} \cdot \left(1 - \frac{p_{\text{nom}}}{p_{\text{real}}}\right)\right]$$

Beispiel 4.21

Eine Ratenschuld von 8 000 € soll bei einer Nominalverzinsung von 7 % und einem Realzinssatz von 9 % in 8 Jahren getilgt werden.

(1) Wie hoch ist der Barwert aller künftigen Leistungen?

(2) Wie hoch ist der Auszahlungskurs?

Lösung

(1) Barwertfaktor (real):

$$b_{n,\,\text{real}} = \frac{1{,}09^8 - 1}{1{,}09^8 \cdot 0{,}09} = 5{,}534\,82$$

Barwert:

$$B = \frac{8\,000}{8} \cdot \left[\frac{7 \cdot 8}{9} + 5{,}534\,82 \cdot \left(1 - \frac{7}{9}\right)\right] = 7\,452{,}18.$$

(2) Kurs:

$$\frac{7\,452{,}18}{8\,000{,}00} \cdot 100 = 93{,}15.$$

4.7.3 Kurs einer gesamtfälligen Schuld

Schuldablösung zu einem festen Zeitpunkt

Der Kurs C für eine Gesamtschuld (Laufzeit n, Ablösetermin t) beträgt:

$$C = \frac{K_{\text{real}}}{K_{\text{nom}}} \cdot 100 = \left(\frac{1 + i_{\text{nom}}}{1 + i_{\text{real}}}\right)^{n-t} \cdot 100$$

Beispiel 4.22

Eine Schuld von 10 000 € wird nach 5 Jahren zuzüglich Zinseszinsen von 5 % fällig. Nach 3 Jahren zweifelt der Gläubiger an der Zahlungsfähigkeit. Er möchte seine Forderung an eine Bank abtreten, die jedoch 8 % Zinsen verlangt. Zu welchem Kurs übernimmt die Bank nach dem dritten Jahr die Schuld?

Lösung

Es gilt: $K_0 = 10\,000$, $p = 5$, $n = 5$.
Nach 5 Jahren wäre ein Betrag von $K_5 = 10\,000 \cdot (1{,}05)^5 = 12\,762{,}82$ € zu zahlen.
Der Nominalwert beträgt nach drei Jahren $K_{3,\,\text{nom}} = K_5/(1{,}05)^2 = 11\,576{,}25$ €.
Der Realwert für die Bank dagegen $K_{3,\,\text{real}} = K_5/(1{,}08)^2 = 10\,942{,}06$ €.

Der Übernahmekurs der Bank beträgt $C = \dfrac{10\,942{,}06}{11\,576{,}25} \cdot 100 = 94{,}52$.

Der Kurs C beträgt 94,52 % und hängt vom Verhältnis der Aufzinsfaktoren sowie von der verbleibenden Zeit ab. Diese Zeit erscheint im Exponenten.

Zinsschulden (Kuponanleihen)

Im Gegensatz zu oben gilt für die Zinsen weiter der nominelle Zinssatz. Folgende Annahmen werden vorausgesetzt:

(1) Zinsen sind auf den Nennwert des ausgeliehenen Kapitals am Ende eines jeden Jahres fällig.

(2) Die Rückzahlung des Nennwertes erfolgt am Ende des letzten Jahres mit oder ohne Aufgeld.

Kuponanleihe

Es werden Wertpapiere ausgegeben, denen Zinsscheinbögen (Kuponbögen) beigefügt sind. Zu einem bestimmten Termin wird der Zinsbetrag für einen entsprechenden Kupon gezahlt. Die Wertpapiere entsprechen in der Regel gewissen Anteilen der gesamten Kreditsumme (z. B. 100, 500, 1 000, 5 000 oder 10 000 €).

Bezeichnungen

N Nennwert eines Stücks
p Zinssatz p. a. eines Stücks in %
α Aufgeldprozentsatz

Der Kurs wird folgendermaßen berechnet:

$$C = 100 \cdot \left(\frac{i_{\text{nom}}}{i_{\text{real}}} \cdot \frac{q_{\text{real}}^n - 1}{q_{\text{real}}^n} + \frac{1}{q_{\text{real}}^n} \right) = 100 \cdot \frac{i_{\text{nom}}}{i_{\text{real}}} \cdot \frac{q_{\text{real}}^n - 1}{q_{\text{real}}^n} + \frac{100}{q_{\text{real}}^n}$$

Allgemein gilt unter Berücksichtigung des Aufgeldes:

$$C = 100 \cdot \left(\frac{i_{\text{nom}}}{i_{\text{real}}} \cdot \frac{q_{\text{real}}^n - 1}{q_{\text{real}}^n} + \frac{1 + \frac{\alpha}{100}}{q_{\text{real}}^n} \right) = 100 \cdot \frac{i_{\text{nom}}}{i_{\text{real}}} \cdot \frac{q_{\text{real}}^n - 1}{q_{\text{real}}^n} + \frac{100 + \alpha}{q_{\text{real}}^n}$$

F

Folgende Aufgabenstellungen sind möglich:

(1) Bestimmen des Kurses C, wenn n, p_{nom} und p_{real} gegeben sind.

(2) Bestimmen von $p_{\text{real}} = 100 \cdot i_{\text{real}}$, wenn n, C und p_{nom} gegeben sind.

Problem (2) führt auf die Nullstellenbestimmung eines Polynoms vom Grade $n+1$. Dazu stehen Näherungsverfahren wie z. B. das NEWTON-Verfahren zur Verfügung (siehe Abschnitt 5.4.4).

Beispiel 4.23

Betrachtet wird ein Kapital $K = 50\,000$ € mit einer Laufzeit von 8 Jahren und einem nominellen Zinssatz von $p_{\text{nom}} = 4$. Der reale Zinssatz betrage $p_{\text{real}} = 6$. Die jährlichen Zinsen in Höhe von $R = 2\,000$ € können als jährliche nachschüssige Rente aufgefasst werden. Der Barwert der Zinsen zum Anfangszeitpunkt ist $B_Z = \frac{2\,000}{1{,}06^8} \cdot \frac{1{,}06^8 - 1}{0{,}06} = 12\,419{,}59$ €. Der Barwert des Rückzahlungsbetrages beträgt $B_N = \frac{50\,000}{1{,}06^8} = 31\,370{,}62$ €.

Die Summe beider Beträge ist $43\,790{,}21$ €, was durch den Erwerber zu zahlen wäre. Der Kurs, zu dem er das Wertpapier kauft, beträgt demnach $C = \frac{43\,790{,}21}{50\,000{,}00} \cdot 100 = 87{,}58$, also 87,58 %.

5 Funktionen mit einer reellen Variablen

Mithilfe von Funktionen können wirtschaftliche Zusammenhänge beschrieben und untersucht werden.

5.1 Grenzwert von Funktionen

Untersucht werden soll eine Funktion $f\colon y = f(x)$, $x \in \mathrm{D}_f$, an einer gewissen Stelle $x = a$, die nicht unbedingt zum Definitionsbereich von f gehören muss. Die Funktion f muss aber in der Umgebung von a erklärt sein.

Beispiel 5.1

Betrachtet wird die Funktion $f\colon f(x) = \dfrac{x^2 - 9}{x - 3}$, $x \in \mathbf{R}\setminus\{3\}$, die an der Stelle $x = 3$ nicht definiert ist, da der Nenner null wird. Der Funktionsverlauf an der Stelle $a = 3$ wird nun näher untersucht. Dazu wird eine beliebige Folge (x_k) ausgewählt, die gegen 3 strebt: $x_k = 3 + a_k$, wobei (a_k) eine beliebige Nullfolge ist. Dann gilt

$$f(x_k) = \frac{x_k^2 - 9}{x_k - 3} = \frac{(3 + a_k)^2 - 9}{3 + a_k - 3} = \frac{9 + 6 \cdot a_k + a_k^2 - 9}{a_k} = \frac{6 \cdot a_k + a_k^2}{a_k} = 6 + a_k.$$

Da (a_k) eine Nullfolge ist, strebt $f(x)$ gegen 6 für $x \to 3$.

Die Stelle $a \in \mathbf{R}$ habe die Eigenschaft, dass in jeder Umgebung $U(a)$ Werte $x \neq a$ enthalten sind, die zum Definitionsbereich der Funktion $f\colon y = f(x)$, $x \in \mathrm{D}_f$, gehören. (Dabei kann auch $a \in \mathrm{D}_f$ gelten, muss jedoch nicht erfüllt sein.)
Wenn für jede beliebige Zahlenfolge (x_k) mit den Eigenschaften

E_1: $\lim\limits_{k\to\infty} x_k = a$

E_2: $x_k \in \mathrm{D}_f \wedge x_k \neq a \quad$ für alle $k = 1, 2, \ldots$

die Zahlenfolge der Funktionswerte $(f(x_k))$ gegen denselben Grenzwert f_a konvergiert, dann wird f_a **Grenzwert** der Funktion an der Stelle $x = a$ genannt oder $f(x)$ **konvergiert** gegen f_a für $x \to a$.

Für diesen Sachverhalt werden die folgenden Schreibweisen verwendet:

$$\lim_{x\to a} f(x) = f_a \quad \text{oder} \quad f(x) \to f_a \quad \text{für } x \to a.$$

Damit kann der Konvergenzbegriff von Funktionen auf den Konvergenzbegriff von Folgen zurückgeführt werden.

Wenn für eine Stelle $a \in \mathbf{R}$ sowie für Zahlenfolgen (x_n) mit den Eigenschaften E_1 und E_2 die Zahlenfolgen der Funktionswerte $(f(x_n))$ nicht gegen den gleichen Grenzwert oder überhaupt nicht konvergieren, so hat $f(x)$ in $x = a$ **keinen** Grenzwert. $f(x)$ heißt dann in $x = a$ **divergent**.

Einseitige Grenzwerte

Für detaillierte Untersuchungen ist es häufig günstig, einseitige Grenzwerte zu betrachten. Dabei werden der linksseitige und der rechtsseitige Grenzwert unterschieden.

Beim **linksseitigen Grenzwert** einer Funktion wird der Definitionsbereich der Funktion durch $x < a$, beim **rechtsseitigen Grenzwert** durch $a < x$ eingeschränkt.

Damit können sich die x-Werte nur von einer Seite (entweder von links oder von rechts) nähern. Ausgedrückt wird das durch die Schreibweisen $\lim\limits_{x \to a-0} f(x)$ bzw. $\lim\limits_{x \to a+0} f(x)$. Existieren beide und stimmen sie überein, liegt ein Grenzwert vor.

Beispiel 5.2

Die Funktion f: $f(x) = \dfrac{|x|}{x}$, $x \neq 0$ ist an der Stelle $x = 0$ $(a = 0)$ zu untersuchen.

Für den linksseitigen Grenzwert ist $x < 0$ zu berücksichtigen. Dann gilt nach der Definition des Betrages (vgl. Abschnitt 1.5.1)

$f(x) = \dfrac{|x|}{x} = \dfrac{-x}{x} = -1$, d. h., der linksseitige Grenzwert beträgt

$\lim\limits_{x \to 0-0} f(x) = \dfrac{-x}{x} = -1$.

Entsprechend gilt bei dem rechtsseitigen Grenzwert die Einschränkung $0 < x$ und somit $f(x) = \dfrac{|x|}{x} = \dfrac{x}{x} = 1$, d. h., der rechtsseitige Grenzwert beträgt

$\lim\limits_{x \to 0+0} f(x) = \dfrac{x}{x} = 1$.

Der linksseitige und der rechtsseitige Grenzwert stimmen nicht überein, d. h., es existiert kein Grenzwert an der Stelle $x = 0$.

Regeln für das Rechnen mit Grenzwerten

Aus der Existenz der Grenzwerte $\lim\limits_{x \to a} f(x) = f$ und $\lim\limits_{x \to a} g(x) = g$ folgt:

$$\lim_{x \to a} [f(x) \pm g(x)] = \lim_{x \to a} f(x) \pm \lim_{x \to a} g(x) = f \pm g$$

$$\lim_{x \to a} [f(x) \cdot g(x)] = \lim_{x \to a} f(x) \cdot \lim_{x \to a} g(x) = f \cdot g$$

$$\lim_{x \to a} \frac{f(x)}{g(x)} = \frac{\lim\limits_{x \to a} f(x)}{\lim\limits_{x \to a} g(x)} = \frac{f}{g}, \quad g(x) \neq 0$$

Wichtige Grenzwerte

$$\lim_{x \to \infty} \frac{1}{x} = 0, \qquad \lim_{x \to -\infty} \mathrm{e}^x = 0, \qquad \lim_{x \to \infty} \mathrm{e}^{-x} = 0$$

$$\lim_{x \to \infty} q^x = \begin{cases} 0 & \text{für } 0 < q < 1 \\ 1 & \text{für } q = 1 \\ \infty & \text{für } q > 1 \end{cases}$$

$$\lim_{x \to \infty} \left(1 + \frac{1}{x}\right)^x = \mathrm{e} = 2{,}718\,281\,828\,459\ldots \quad \text{(EULERsche Zahl)}$$

Eine Gerade $y = a \cdot x + b$ heißt **Asymptote** von $f(x)$ für $x \to \pm\infty$, wenn gilt $\lim\limits_{x \to \pm\infty} [f(x) - (a \cdot x + b)] = 0$.

Ermittlung der Konstanten a und b für $y = a \cdot x + b$:

$$a = \lim_{x \to \infty} \frac{f(x)}{x}, \qquad b = \lim_{x \to \infty} [f(x) - a \cdot x]$$

Beispiel 5.3

Gegeben ist die Funktion f: $f(x) = \dfrac{x^2 - 1}{x + 2}$, $x \neq -2$. Es ist

$$a = \lim_{x \to \infty} \frac{1}{x} \cdot \frac{x^2 - 1}{x + 2} = 1,$$

$$b = \lim_{x \to \infty} \left(\frac{x^2 - 1}{x + 2} - 1 \cdot x\right) = \lim_{x \to \infty} \left(\frac{x^2 - 1 - x^2 - 2 \cdot x}{x + 2}\right) = -2.$$

Also lautet die Gleichung der Asymptote $y = x - 2$.

E

Beispiel 5.4 (stetige Verzinsung)

Das Wachstum eines Kapitals K zu einem Zinssatz i nach n Perioden mit einem Anfangskapital K_0 wird durch $K(n) = K_0 \cdot (1 + i)^n$ bestimmt.

Annahme:
Jede Periode wird in m gleiche Zeitabschnitte unterteilt.
Wird dann das in jeder dieser $m \cdot n$ Unterperioden vorhandene Kapital zu einem Zinssatz $\frac{i}{m}$ verzinst, so ergibt sich: $K(n) = K_0 \left(1 + \frac{i}{m}\right)^{m \cdot n}$.

Für $m \to \infty$ gilt (siehe Abschnitt 3.6, wichtige Grenzwerte für Zahlenfolgen):

$$K(n) = \lim_{m\to\infty} K_0 \left(1 + \frac{i}{m}\right)^{m \cdot n} = K_0 \left[\lim_{m\to\infty} \left(1 + \frac{1}{\frac{m}{i}}\right)^{\frac{m}{i}}\right]^{i \cdot n} = K_0 \cdot e^{i \cdot n}$$

So entsteht die Formel für die stetige Verzinsung (siehe Abschnitt 4.2).

5.2 Stetigkeit

Der Punkt $a \in \mathbf{R}$ habe die Eigenschaft, dass in jeder Umgebung $U(a)$ Werte $x \neq a$ enthalten sind, die zum Definitionsbereich der Funktion $f\colon y = f(x), x \in D_f$, gehören; außerdem gelte $a \in D_f$, sodass $f(a)$ erklärt ist.
Falls $\lim\limits_{x\to a} f(x) = f(a)$ gilt, heißt $f(x)$ an der Stelle $x = a$ **stetig**.

Wenn die Funktion diese Eigenschaft für alle x aus einem offenen Intervall $I \subseteq D_f$ besitzt, heißt sie in I **stetig**.

Insbesondere ist eine Funktion f in einem Punkt $x = a$ stetig, wenn dort der linksseitige und der rechtsseitige Grenzwert sowie der Funktionswert $f(a)$ an der Stelle $x = a$ übereinstimmen.

Beispiel 5.5
Die Funktion f: $f(x) = \begin{cases} \dfrac{x^2 - 9}{x - 3} & \text{für} \quad x \neq 3 \\ 6 & \text{für} \quad x = 3 \end{cases}$

ist stetig, da der Grenzwert an der Stelle $x = 3$ mit dem Funktionswert übereinstimmt (vgl. Beispiel 5.1).

Beispiel 5.6

Eine Warenart kostet in Abhängigkeit von der Menge x je Mengeneinheit 100 €, wenn weniger als 10 Mengeneinheiten gekauft werden, sonst beträgt der Preis 90 €.

Folgende Funktion P beschreibt den Gesamtpreis in Abhängigkeit von der gekauften Menge x:

$$P(x) = \begin{cases} 100 \cdot x & \text{für} \quad 0 < x < 10 \\ 90 \cdot x & \text{für} \quad 10 \leqq x \end{cases}$$

Diese Funktion ist nicht stetig, da für den Punkt $x = 10$ von links kommend der Wert 1 000 und von rechts kommend der Wert 900 erreicht wird. Praktisch bedeutet dieses, dass beispielsweise für 9,9 Mengeneinheiten genau so viel bezahlt werden müsste wie für 11, nämlich 990 € (siehe Bild 5.1).

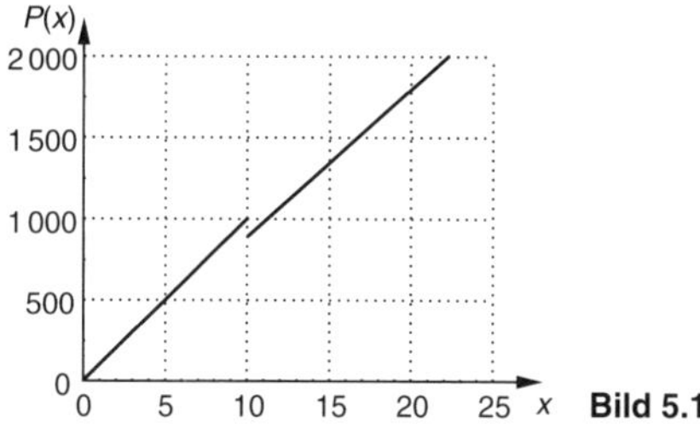

Bild 5.1

Jede in einem abgeschlossenen Intervall stetige Funktion ist dort beschränkt; insbesondere nimmt sie ihren größten und kleinsten Funktionswert in diesem Intervall wenigstens einmal an.

Ist eine Funktion in einem abgeschlossenen Intervall stetig, so nimmt sie jeden Wert, der dem Intervall zwischen ihrem kleinsten und größten Funktionswert angehört, wenigstens einmal an.

Wenn $U(a) \subseteq D_f$ und $\lim\limits_{x \to a} f(x)$ einer Funktion f existiert, jedoch verschieden von $f(a)$ ist, so heißt $x = a$ eine **Unstetigkeitsstelle 1. Art** von f.

Wenn $U(a) \subseteq D_f$ und $\lim\limits_{x \to a} f(x)$ nicht existiert, so heißt $x = a$ eine **Unstetigkeitsstelle 2. Art** der Funktion f (siehe Bild 5.2).

Wenn $f(x)$ in $x = a$ nicht definiert ist, jedoch $\lim\limits_{x \to a} f(x)$ existiert, so heißt $x = a$ eine **hebbare Unstetigkeitsstelle** der Funktion f (siehe Bild 5.2).

E

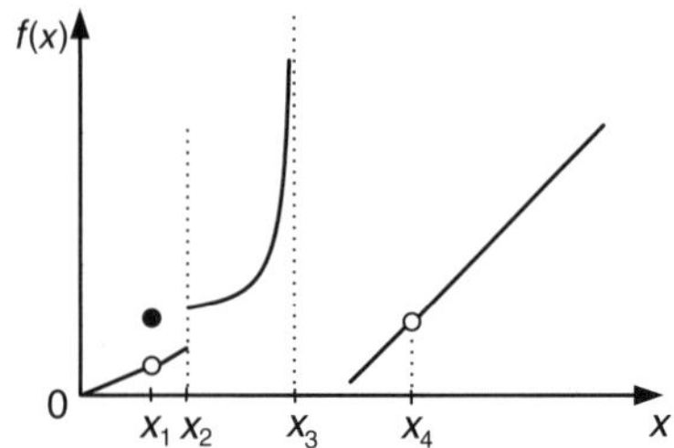

x_1 Unstetigkeitsstelle 1. Art
x_2 Unstetigkeitsstelle 2. Art (Sprungstelle)
x_3 Unstetigkeitsstelle 2. Art (Polstelle)
x_4 hebbare Unstetigkeitsstelle (Lücke)

Bild 5.2

5.3 Ableitung einer Funktion

Es sei f eine beliebige Funktion. Werden $x \in D_f$ und $\Delta x \neq 0$ so gewählt, dass auch $x + \Delta x \in D_f$, dann heißt $\frac{\Delta f(x)}{\Delta x} = \frac{f(x+\Delta x) - f(x)}{\Delta x}$ **Differenzenquotient** der Funktion f an der Stelle x.

Es sei f eine beliebige Funktion. Wenn für ein festes $x \in D_f$ der Grenzwert $y' = \frac{dy}{dx} = \lim\limits_{\Delta x \to 0} \frac{f(x+\Delta x) - f(x)}{\Delta x}$ existiert, dann heißt er **Differenzialquotient** oder **Ableitung** der Funktion f an der Stelle x.

Bemerkungen

(1) *In den Wirtschaftswissenschaften wird die erste Ableitung von Funktionen oft als* ***Grenz-*** *oder* ***Marginalfunktion*** *bezeichnet.*

(2) *Geometrisch stellt die erste Ableitung den* ***Anstieg*** *der Funktionskurve (bzw. ihrer Tangente) im Punkt x dar, während der Differenzenquotient den Anstieg der Sekante angibt (siehe Bild 5.3).*

Ableitungen von Grundfunktionen (siehe auch Umschlagseite 1)

Konstante, Potenz- und Wurzelfunktion

y	a	x^n	$\frac{1}{x^n} = x^{-n}$	$\sqrt{x}$	$\sqrt[n]{x}$
y'	0	$n \cdot x^{n-1}$	$\frac{-n}{x^{n+1}}$	$\frac{1}{2\sqrt{x}}$	$\frac{1}{n} \cdot \sqrt[n]{x^{1-n}}$

Exponential- und Logarithmusfunktion

y	e^x	a^x	$\ln x$	$\log_a x$	$\lg x$
y'	e^x	$a^x \cdot \ln a$	$\frac{1}{x}$	$\frac{1}{x \cdot \ln a}$	$\frac{1}{x \cdot \ln 10}$

Trigonometrische Funktionen

y	$\sin x$	$\cos x$	$\tan x$	$\cot x$
y'	$\cos x$	$-\sin x$	$\frac{1}{\cos^2 x} = 1 + \tan^2 x$	$\frac{-1}{\sin^2 x} = -1 - \cot^2 x$

Zyklometrische Funktionen

y	$\arcsin x$	$\arccos x$	$\arctan x$	$\operatorname{arccot} x$
y'	$\frac{1}{\sqrt{1-x^2}}$	$\frac{-1}{\sqrt{1-x^2}}$	$\frac{1}{1+x^2}$	$\frac{-1}{1+x^2}$

Differenziationsregeln

(1) Summen-, Faktor-, Produkt- und Quotientenregel

Es seien u und v zwei Funktionen, deren Ableitungen für jedes $x \in \mathrm{D} \subseteq \mathbf{R}$ existieren. Dann gilt:

$$[u(x) \pm v(x)]' = u'(x) \pm v'(x)$$

$$[c \cdot v(x)]' = c \cdot v'(x)$$

$$[u(x) \cdot v(x)]' = u'(x) \cdot v(x) + u(x) \cdot v'(x)$$

$$\left[\frac{u(x)}{x(x)}\right]' = \frac{u'(x) \cdot v(x) - u(x) \cdot v'(x)}{[v(x)]^2}, \quad v(x) \neq 0$$

E

Beispiel 5.7

Gegeben ist die Funktion f: $f(x) = x \cdot \ln x$.
Diese Funktion ist ein Produkt der Funktionen u und v: $u(x) = x$ und $v(x) = \ln x$.
Somit gilt $y' = \ln x + x \cdot \frac{1}{x} = \ln x + 1$.

Die Funktion f: $f(x) = \frac{e^x}{x}$, $x \neq 0$, ist ein Quotient mit $u(x) = e^x$ und $v(x) = x$.
Die Ableitung nach x lautet $y' = \frac{e^x \cdot x - e^x \cdot 1}{x^2} = e^x \cdot \left(\frac{x-1}{x^2}\right)$.

(2) Kettenregel für verkettete Funktionen

Sind die Funktionen u nach x und f nach u differenzierbar, dann gilt

$$[f[u(x)]]' = f'(u) \cdot u'(x) \quad \text{oder} \quad \frac{\mathrm{d}y}{\mathrm{d}x} = \frac{\mathrm{d}y}{\mathrm{d}u} \cdot \frac{\mathrm{d}u}{\mathrm{d}x}$$

Dabei ist f die **äußere** Funktion, u die **innere** Funktion.

Beispiel 5.8

Gegeben ist die Funktion f: $f[u(x)] = \ln(1 + x^2)$.
Hier gilt für die äußere Funktion und deren Ableitung nach u:

$$f(u) = \ln u, \quad f'(u) = \frac{1}{u}$$

sowie für die innere Funktion und deren Ableitung

$$u(x) = 1 + x^2, \quad u'(x) = 2x.$$

Für die Ableitung der mittelbaren Funktion gilt

$$\left[f[u(x)]\right]' = f'(u) \cdot u'(x) = \frac{1}{1+x^2} \cdot 2x.$$

(3) Logarithmische Differenziation

Die Funktion f sei differenzierbar und es gelte $f(x) \neq 0$, $x \in \mathrm{D}_f$.
Die Kettenregel für $u = \ln|f(x)|$ liefert

$$u'(x) = \frac{1}{f(x)} \cdot f'(x) = (\ln|f(x)|)'.$$

Umgestellt nach $f'(x)$ ergibt sich:

$$f'(x) = f(x) \cdot (\ln|f(x)|)'$$

Beispiel 5.9

Die Funktion f: $f(x) = x^x$, $x > 0$, wird zunächst logarithmiert. Das liefert $\ln y = x \cdot \ln x$, und dann wird nach der Kettenregel differenziert:

$$\frac{y'}{y} = 1 \cdot \ln x + x \cdot \frac{1}{x} = \ln x + 1$$

(auf der rechten Seite wird die Produktregel angewendet).
Abschließend wird nach y' umgestellt: $y' = y \cdot (\ln x + 1) = x^x \cdot (\ln x + 1)$

Ableitungen höherer Ordnung

Ist die Ableitung einer Funktion differenzierbar, so kann weiter differenziert werden, und es entstehen Ableitungen höherer Ordnung.

$$f''(x) = f^{(2)}(x) = \left[f'(x)\right]',$$

$$f'''(x) = f^{(3)}(x) = \left[f''(x)\right]',$$

...

$$f^{(n)}(x) = \left[f^{(n-1)}(x)\right]'$$

Beispiel 5.10

$f(x) = x^3 + 2x^2 - 3x + 2$ $\quad$ $f'(x) = 3x^2 + 4x - 3$

$f''(x) = 6x + 4$ $\quad$ $f'''(x) = f^{(3)}(x) = 6$ $\quad$ $f^{(4)}(x) = 0$

5.4 Anwendung der Ableitung

5.4.1 Differenzial und Fehlerrechnung

Die Funktion f sei für $x \in I \subseteq \mathrm{D}_f$ differenzierbar, dann heißt der Ausdruck $\mathrm{d}f(x) = \mathrm{d}x \cdot f'(x)$ **Differenzial** der Funktion f.

Der Ausdruck $\Delta f(x)$ gibt **näherungsweise** den **absoluten Fehler** des Funktionswertes von f an der Stelle x an, wenn sich x um Δx ändert.

$\Delta f(x) \approx \Delta x \cdot f'(x)$ **Fehlerformel** für den **absoluten Fehler**

$\dfrac{\Delta f(x)}{f(x)}$ liefert den **relativen Fehler** des Funktionswertes.

Falls das Vorzeichen der Abweichung keine Rolle spielt, können in der Fehlerformel auch Betragsstriche gesetzt werden.

Beispiel 5.11

Gegeben ist eine Kostenfunktion K in Abhängigkeit von der Produktionshöhe x (Output)

$K(x) = 0{,}02x^3 - 2{,}5x^2 + 50x + 250.$

Bei einer Produktion von $x = 10$ Mengeneinheiten entstehen Kosten von $K(10) = 20 - 250 + 500 + 250 = 520$ GE.
Wie ändern sich die Kosten, falls sich die Produktionshöhe um 0,2 Mengeneinheiten nach oben oder unten ändern kann?

Lösung

Es ist $\Delta x = 0{,}2$ bzw. $\Delta x = -0{,}2$.
Für die absolute Änderung der Kostenfunktion K gilt

$\Delta K(x) \approx K'(x) \cdot \Delta x = (0{,}06x^2 - 5x + 50) \cdot \Delta x$

Für $x = 10$ und $\Delta x = 0{,}2$ gilt $\Delta K(10) = 1{,}2$.
Dagegen ist für $x = 10$ und $\Delta x = -0{,}2$ die Änderung $\Delta K(10) = -1{,}2$.
Es ist also näherungsweise für $K(10) = 520$ GE eine Kostenänderung von 1,2 GE nach oben bzw. unten zu erwarten.
Die **relative Kostenänderung** beträgt

$\frac{\Delta K(10)}{K(10)} = \frac{1{,}2}{520} = 0{,}0023 \mathrel{\widehat{=}} 0{,}23\,\%.$

Geometrische Interpretation

Bei der Darstellung einer Funktion durch eine Kurve im kartesischen Koordinatensystem ist Δy der Funktionswertezuwachs im Punkt $x + \Delta x$, bezogen auf den Punkt x, während unter Verwendung der Ableitung $\Delta x \cdot f'(x)$ den näherungsweisen Zuwachs darstellt (siehe Bild 5.3).

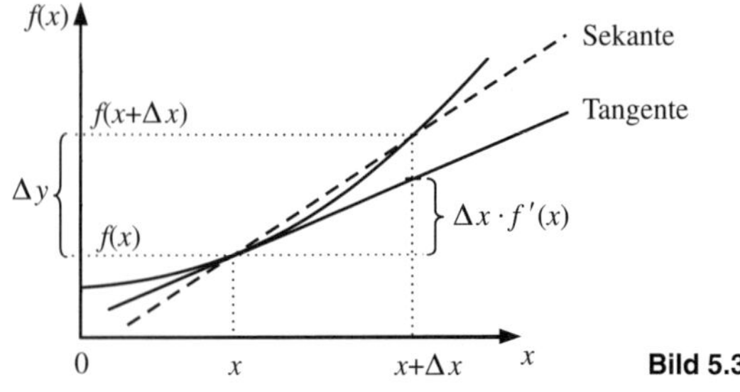

Bild 5.3

5.4.2 Grenzfunktion

Der Wert der ersten Ableitung $f'(x_0)$ an der Stelle x_0 einer Funktion f gibt näherungsweise an, um wie viele Einheiten sich der Funktionswert $f(x_0)$ ändert, wenn die unabhängige Variable um eine Einheit ($\Delta x = 1$) geändert wird.

Die **Grenzfunktion** oder **Marginalfunktion** einer ökonomischen Funktion f ist die erste Ableitung f' dieser Funktion. Der Wert der Grenzfunktion $f'(x)$ gibt näherungsweise die relative Änderung des Funktionswertes $f(x)$ an, die durch die Änderung der unabhängigen Variablen x hervorgerufen wird.
Die Untersuchung ökonomischer Probleme mithilfe von Grenzfunktionen wird häufig auch als **Marginalanalyse** bezeichnet.

Beispiel 5.12

Kostenfunktion K sei gegeben durch $K(x) = 0{,}02x^3 - 2{,}5x^2 + 50x + 250$, für die Grenzkostenfunktion gilt dann $K'(x) = 0{,}06x^2 - 5x + 50$.
Bei einer Produktion von $x = 10$ Mengeneinheiten betragen die Grenzkosten $K'(10) = 6$ Geldeinheiten je Mengeneinheit, d. h., wird die Produktion von $x = 10$ um eine Mengeneinheit vermehrt oder vermindert, entstehen etwa 6 Geldeinheiten vermehrte oder verminderte Kosten.

E

Bemerkung

Bei der Interpretation ökonomischer Zusammenhänge ist die Maßeinheit wichtig. Die Grenzfunktion (1. Ableitung) ist ein Quotient aus der Änderung der abhängigen Variablen y und der unabhängigen Variablen x. Das gilt auch für die Maßeinheiten.

Einige wichtige ökonomische Funktionen und deren Maßeinheiten

(y – abhängige Variable, x – unabhängige Variable)

Funktion	Maßeinheit (x, y)	Grenzfunktion	Maßeinheit (y)
Kostenfunktion	ME, GE	Grenzkostenfunktion	GE/ME
Stückkostenfunktion	ME, GE/ME	Grenzstückkostenfunktion	GE/(ME)^2
Erlösfunktion	ME, GE	Grenzerlösfunktion	GE/ME
Produktivität	ME, ME	Grenzproduktivität	ME/ME
Konsumfunktion	GE, GE	Marginale Konsumquote	GE/GE
Sparfunktion	GE, GE	Marginale Sparquote	GE/GE

Es ist also jeweils durch die Maßeinheit der unabhängigen Variablen zu dividieren.

5.4.3 Wachstumsrate und Elastizität

Wachstumsrate

Häufig ist es in der Wirtschaft von Interesse, wie sich bestimmte Kenngrößen im Laufe der Zeit t verändern. Dieses kann durch die Wachstumsrate beschrieben werden.

Als **Wachstumsrate (Wachstumstempo, Wachstumsintensität)** wird die relative Änderung $w_f(t) = \frac{f'(t)}{f(t)}$ bezeichnet.

Wachstumsrate für ausgewählte Funktionen

Lineare Funktionen: $f(t) = a \cdot t + b$, mit $a > 0$ (t sei die Zeit)

$$w_f(t) = \frac{f'(t)}{f(t)} = \frac{a}{a \cdot t + b}$$

Bei linearen Funktionen nimmt die Wachstumsrate im Laufe der Zeit ab.

Potenzfunktionen: $f(t) = t^n$, $n > 0$

$$w_f(t) = \frac{f'(t)}{f(t)} = \frac{n \cdot t^{n-1}}{t^n} = \frac{n}{t}$$

Bei Potenzfunktionen nimmt die Wachstumsrate im Laufe der Zeit ab.

Exponentialfunktionen: $f(t) = a^t$

$$w_f(t) = \frac{f'(t)}{f(t)} = \frac{a^t \cdot \ln a}{a^t} = \ln a$$

Bei Exponentialfunktionen ist die Wachstumsrate konstant.

Beispiel 5.13

In der Zinsrechnung spielt die Wachstumsrate eine wichtige Rolle. So lautet für die kontinuierliche Verzinsung $K(t) = K_0 \cdot e^{i \cdot t}$ in Abhängigkeit von der Zeit t die Wachstumsrate

$$w_K(t) = \frac{K'(t)}{K(t)} = \frac{K_0 \cdot i \cdot e^{i \cdot t}}{K_0 \cdot e^{i \cdot t}} = i,$$

sie ist also konstant und gleich dem Zinssatz i.
Bei der jährlichen Verzinsung $K(n) = K_0 \cdot (1+i)^n$ in Abhängigkeit von der Anzahl der Jahre n ist sie ebenfalls konstant. In diesem Fall beträgt sie

$$w_K(n) = \frac{K'(n)}{K(n)} = \frac{K_0 \cdot \ln(1+i) \cdot (1+i)^n}{K_0 \cdot (1+i)^n} = \ln(1+i).$$

Elastizität

Die Elastizität kann ebenso wie das Differenzial genutzt werden, um Auswirkungen auf eine Funktion bei Änderung von Einflussgrößen zu untersuchen.

Die Funktion f sei in $I \subseteq \mathbf{R}$ differenzierbar. Dann heißt der Ausdruck $\varepsilon_f(x_0) = x_0 \cdot \dfrac{f'(x_0)}{f(x_0)}$ **relative Elastizität** von f im Punkt x_0 für alle $x_0 \in I$ mit $f(x_0) \neq 0$.

Bemerkung

Die relative Elastizität gibt näherungsweise an, um wie viel Prozent sich der Wert einer Funktion $y = f(x)$ ändert, wenn sich die unabhängige Variable x um 1 % ändert.

Beispiel 5.14

Gegeben ist eine Kostenfunktion K in Abhängigkeit von der Produktionshöhe x (Output) $K(x) = 0{,}02x^3 - 2{,}5x^2 + 50x + 250$. Die Elastizität an der Stelle $x = 10$ beträgt dann

$$\varepsilon_K(10) = 10 \cdot \frac{0{,}06 \cdot 100 - 5 \cdot 10 + 50}{0{,}02 \cdot 1\,000 - 2{,}5 \cdot 100 + 50 \cdot 10 + 250} = 10 \cdot \frac{6}{520} = 0{,}115.$$

Eine Änderung von x um 1 % hat somit eine Änderung von $K(10)$ um 0,115 % zur Folge. Ändert sich nun x um 2 % (vergleiche Beispiel 5.11), so beträgt die Änderung der Kosten 2 % · 0,115 = 0,23 %.

Eine Funktion f heißt im Punkt x_0

(1) **elastisch**, falls $|\,\varepsilon_f(x_0)\,| > 1$

(2) **1-elastisch**, falls $|\,\varepsilon_f(x_0)\,| = 1$

(3) **unelastisch**, falls $|\,\varepsilon_f(x_0)\,| < 1$.

Beispiel 5.15

Betrachtet wird eine Funktion u: $u = f(p)$, die einen Zusammenhang zwischen der Nachfrage u und dem Preis p beschreibt (Nachfragefunktion).

(1) Ist diese **elastisch**, so verursachen relativ kleine Preisänderungen relativ starke Nachfrageänderungen.

(2) Ist sie **1-elastisch**, bewirkt eine Preisänderung um 1 % eine Nachfrageänderung um 1 %.

(3) Bei einer **unelastischen** Nachfragefunktion haben Preisänderungen nur eine geringe Nachfrageänderung zur Folge.

E

5.4.4 Newton-Verfahren (Tangentenverfahren)

Mit dem Newton-Verfahren können Nullstellen nichtlinearer Gleichungen näherungsweise bestimmt werden.

Diese Iteration konvergiert in der Umgebung $U(x^*)$ einfacher Nullstellen x^*, falls dort $f''(x)$ existiert und $\frac{|f(x)\cdot f''(x)|}{[f'(x)]^2} = k < 1,\ x \in U(x^*)$ gilt.

Die Iterationsvorschrift lautet $x_{n+1} = x_n - \frac{f(x_n)}{f'(x_n)},\ n = 0, 1, 2, \ldots$

Notwendige Schritte

(1) Startwertsuche (x_0) (Skizze, Wertetabelle)

(2) Konvergenzuntersuchung für den Startwert x_0
(Für den Startwert sollte die Konvergenzbedingung gelten.)

(3) Iteration

Beispiel 5.16

Gesucht ist eine Nullstelle der Funktion f: $f(x) = x^3 - 2x - 5$.

x	$f(x)$
-2	-9
-1	-4
0	-5
1	-6
2	-1
3	16

(1) **Startwertsuche** in Form einer Wertetabelle
Eine Nullstelle liegt zwischen $x = 2$ und $x = 3$. Als Startwert kann damit $x_0 = 2$ gewählt werden.

(2) **Konvergenzuntersuchung**

$f'(x) = 3x^2 - 2, \quad f''(x) = 6x, \quad f(2) = -1,$

$f'(2) = 10, \quad f''(2) = 12.$

Damit ist $k = \frac{|-1 \cdot 12|}{10^2} = 0{,}12 < 1$ und für $x_0 = 2$ ist die Konvergenzbedingung erfüllt.

(3) **Iteration**
(Genauigkeit: Dritte Nachkommastelle gerundet)

$$x_1 = x_0 - \frac{f(x_0)}{f'(x_0)} = 2 - \frac{f(2)}{f'(2)} = 2 - \frac{-1}{10} = 2{,}1$$

$$x_2 = x_1 - \frac{f(x_1)}{f'(x_1)} = 2{,}1 - \frac{f(2{,}1)}{f'(2{,}1)} = 2{,}1 - \frac{0{,}061}{11{,}23} = 2{,}094\,568$$

$$x_3 = x_2 - \frac{f(x_2)}{f'(x_2)} = 2{,}094\,568 - \frac{f(2{,}094\,568)}{f'(2{,}094\,568)} = 2{,}094\,551$$

Die gesuchte Nullstelle ist näherungsweise 2,095.

5.4.5 TAYLORscher Satz

Mithilfe des TAYLOR-Polynoms lassen sich näherungsweise komplizierte Funktionen einfacher darstellen.

Die reelle Funktion $f\colon y=f(x), x \in [a,b] \subseteq \mathbf{R}$, besitze in $[a,b]$ eine stetige Ableitung n-ter Ordnung und in (a,b) eine Ableitung der Ordnung $n+1$. Wenn x_0 und x Punkte aus $[a,b]$ sind, dann gibt es eine Zahl z zwischen x_0 und x, sodass Folgendes gilt:

$$f(x) = f(x_0) + \frac{f'(x_0)}{1!}\cdot(x-x_0) + \frac{f''(x_0)}{2!}\cdot(x-x_0)^2 + \ldots + \frac{f^{(n)}(x_0)}{n!}\cdot(x-x_0)^n + R_n(x,x_0)$$

Diese Darstellung wird als **TAYLOR-Polynom** n-ten Grades von f an der Stelle x mit dem Restglied R_n bezeichnet.
Dabei gilt

$$R_n(x,x_0) = \frac{f^{(n+1)}(z)}{(n+1)!}\cdot(x-x_0)^{n+1}, \qquad \begin{cases} z \in (x_0,x) \text{ falls } x > x_0 \\ z \in (x,x_0) \text{ falls } x \leqq x_0 \end{cases}$$

Beispiel 5.17

Gegeben ist die Funktion f: $f(x) = \ln x$. Gesucht ist das TAYLOR-Polynom an der Stelle $x_0 = 1$. Die Ableitungen zu dieser Funktion lauten

$$f'(x) = \frac{1}{x}, \quad f''(x) = \frac{-1}{x^2}, \quad f^{(3)} = \frac{2}{x^3}, \quad \ldots, \quad f^{(n)} = (-1)^{n-1}\frac{(n-1)!}{x^n}.$$

Es gilt dann

$$f(x) = f(1) + \frac{f'(1)}{1!}\cdot(x-1) + \frac{f''(1)}{2!}\cdot(x-1)^2 + \ldots + \frac{f^{(n)}(1)}{n!}\cdot(x-1)^n + R_n(x,1)$$

$$f(x) = 0 + 1\cdot(x-1) - \frac{1}{2}(x-1)^2 + \frac{1}{3}(x-1)^3 - \frac{1}{4}(x-1)^4 + R_4(x,1).$$

Die Funktionswerte $y = \ln x$ können durch das TAYLOR-Polynom recht gut in der Nähe von $x_0 = 1$ beschrieben werden. So gilt z. B. für $x = 1{,}1$

$$f(1,1) = 0 + 1\cdot 0{,}1 - \frac{1}{2}\cdot 0{,}1^2 + \frac{1}{3}\cdot 0{,}1^3 - \frac{1}{4}\cdot 0{,}1^4 = 0{,}095\,308.$$

Der genaue Wert beginnt mit den Ziffern 0,095 310 ... Das Restglied beträgt für $n = 4$ $R_4(1,1) = \frac{1}{5}\frac{1}{z^5}\cdot 0{,}1^5$. Bei $z = 1$, $z \in (1; 1{,}1)$, nimmt es seinen größten Wert an. Damit ist die größtmögliche Abweichung 0,000 002.

5.4.6 Regel von Bernoulli-L'Hospital

Die Regel von Bernoulli-L'Hospital ermöglicht eine einfache Berechnung bestimmter Typen von Grenzwerten.

(1) Grenzwerte vom Typ „$\frac{0}{0}$“ und „$\frac{\infty}{\infty}$“

Voraussetzungen

(1) Die Funktionen f_1 und f_2 seien in einem Intervall $(x_0, x_0 + c)$, $c > 0$, differenzierbar und es gelte dort $f_2'(x) \neq 0$.

(2) Es gelte $\lim\limits_{x\to x_0+0} f_1(x) = 0$ und $\lim\limits_{x\to x_0+0} f_2(x) = 0$ oder

$\lim\limits_{x\to x_0+0} f_1(x) = \pm\infty$ und $\lim\limits_{x\to x_0+0} f_2(x) = \pm\infty$.

Ist der Grenzwert $\lim\limits_{x\to x_0+0} \dfrac{f_1'(x)}{f_2'(x)}$ konvergent oder hat der Ausdruck einen unbestimmten Grenzwert, so trifft dasselbe für

$\lim\limits_{x\to x_0+0} \dfrac{f_1(x)}{f_2(x)}$ zu, und es gilt $\lim\limits_{x\to x_0+0} \dfrac{f_1(x)}{f_2(x)} = \lim\limits_{x\to x_0+0} \dfrac{f_1'(x)}{f_2'(x)}$.

Diese Regeln können auch mehrfach hintereinander angewandt werden. Sie gelten entsprechend auch für linksseitige Grenzwerte.

Beispiel 5.18 (Typ „$\frac{0}{0}$“)

Zu bestimmen ist der Grenzwert $\lim\limits_{x\to 0} \dfrac{\sin x}{x}$.

Es gilt $\lim\limits_{x\to 0} \dfrac{\sin x}{x} = \lim\limits_{x\to 0} \dfrac{(\sin x)'}{(x)'} = \lim\limits_{x\to 0} \dfrac{\cos x}{1} = \cos 0 = 1$.

(2) Grenzwerte vom Typ „$0 \cdot (\pm\infty)$“, „$\infty - \infty$“

Durch geeignete Umformungen (siehe Beispiele 5.19, 5.20) können diese Fälle auf Typ (1) zurückgeführt werden.

Beispiel 5.19 (Typ „$0 \cdot \infty$“)

In diesem Fall wird das Produkt durch Kürzen (Zähler und Nenner werden jeweils durch x dividiert) in einen Quotienten umgeformt:

$$\lim_{x\to 0} x \cdot \ln x = \lim_{x\to 0} \frac{\ln x}{\frac{1}{x}} = \lim_{x\to 0} \frac{(\ln x)'}{\left(\frac{1}{x}\right)'} = \lim_{x\to 0} \frac{\frac{1}{x}}{\frac{-1}{x^2}} = \lim_{x\to 0} \frac{x}{-1} = 0$$

Beispiel 5.20

In diesem Fall wird unter Ausnutzung der dritten Binomischen Formel so erweitert, dass die Wurzel im Zähler verschwindet (erweitert mit $x+\sqrt{x^2+2x-1}$).

$$\lim_{x\to\infty}\left(x-\sqrt{x^2+2x-1}\right)=\lim_{x\to\infty}\frac{x^2-x^2-2x+1}{x+\sqrt{x^2+2x-1}}=\lim_{x\to\infty}\frac{-2+\frac{1}{x}}{1+\sqrt{1+\frac{2}{x}-\frac{1}{x^2}}}$$
$$=-1$$

(Im vorletzten Schritt wurde der Bruch durch x gekürzt.)

(3) Grenzwerte vom Typ „0^0“, „$(\pm\infty)^0$“, „$1^{\pm\infty}$“

Durch Logarithmieren kann Typ (3) zunächst auf Typ (2) und dann durch geeignetes Kürzen auf Typ (1) zurückgeführt werden.

Beispiel 5.21 (Typ „0^0“)

Gesucht ist der Grenzwert $\lim\limits_{x\to 0} x^x$, $x>0$

Lösung

Nach den Logarithmengesetzen gilt $x^x=e^{x\cdot\ln x}$.
Der Grenzwert des Exponenten beträgt

$\lim\limits_{x\to 0}\ln x^x=\lim\limits_{x\to 0} x\cdot\ln x=0$ (vgl. Beispiel 5.19).

Damit ist der Grenzwert $\lim\limits_{x\to 0} x^x=e^0=1$.

Beispiel 5.22 (Typ „1^∞“)

Zu bestimmen ist der Grenzwert $\lim\limits_{x\to +0}(1+\sin x)^{\frac{1}{x}}$.

Lösung

Es gilt nach den Logarithmengesetzen

$(1+\sin x)^{\frac{1}{x}}=e^{\frac{\ln(1+\sin x)}{x}}$.

Berechnet wird der Grenzwert des Exponenten (Typ „$\frac{0}{0}$“):

$$\lim_{x\to +0}\frac{\ln(1+\sin x)}{x}=\lim_{x\to +0}\frac{[\ln(1+\sin x)]'}{(x)'}=\lim_{x\to +0}\frac{\cos x}{1+\sin x}=1$$

Damit wird $\lim\limits_{x\to +0}(1+\sin x)^{\frac{1}{x}}=e^1=e$.

5.5 Untersuchung von Funktionen

5.5.1 Stetigkeit und Mittelwertsatz

Wenn eine Funktion f an der Stelle $x = x_0$, $x_0 \in \mathrm{D}_f$, differenzierbar ist, dann ist sie dort auch stetig.

Die Stetigkeit ist eine **notwendige Voraussetzung** für die Differenzierbarkeit.

Mittelwertsatz

Wenn die Funktion f: $y = f(x)$, $x \in \mathrm{D}_f$, in einem abgeschlossenen Intervall $[a,b] \subseteq \mathrm{D}_f$ stetig und im offenen Intervall (a,b) differenzierbar ist, dann existiert eine Stelle $c \in (a,b)$ derart, dass

$f'(c) = \dfrac{f(b)-f(a)}{b-a}$, $a < c < b$, gilt.

5.5.2 Monotonie und Extremwerte

Wenn eine Funktion f: $y = f(x)$, $x \in \mathrm{D}_f$, in einem Intervall $I \subseteq \mathrm{D}_f$ differenzierbar ist und ihre Ableitung ein konstantes Vorzeichen hat, dann ist f in I monoton.

Speziell gilt für $x \in I$:

Eigenschaft von f	**Folgerung**: In I ist
$f'(x) > 0$	f **streng** monoton wachsend
$f'(x) \geqq 0$	f monoton wachsend
$f'(x) < 0$	f **streng** monoton fallend
$f'(x) \leqq 0$	f monoton fallend

Eine Funktion f: $y = f(x)$, $x \in \mathrm{D}_f$, hat an der Stelle $x_0 \in \mathrm{D}_f$ ein **relatives** (oder **lokales**) **Maximum** bzw. **ein relatives** (oder **lokales**) **Minimum**, wenn ein $\delta > 0$ derart existiert, dass $f(x) \leqq f(x_0)$ bzw. $f(x) \geqq f(x_0)$ $\forall x \in (x_0 - \delta, x_0 + \delta) \cap \mathrm{D}_f$ gilt.

Ein relatives Maximum wird auch als **Hochpunkt**, ein relatives Minimum als **Tiefpunkt** bezeichnet.

Gilt $\forall x \in D_f\ f(x) \leqq f(x_0)$ bzw. $f(x) \geqq f(x_0)$, so hat f an der Stelle x_0 ein **absolutes** (oder **globales**) **Maximum** bzw. ein **absolutes** (oder **globales**) **Minimum**.

Notwendige Bedingung für relative Extremwerte

Es sei $f\colon y = f(x), x \in D_f$, eine in $(a,b) \subseteq D_f$ differenzierbare Funktion. Wenn $f(x)$ bei $x_0 \in (a,b)$ ein relatives Extremum besitzt, dann ist $f'(x_0) = 0$.

Bemerkungen

(1) Diese Bedingung gilt nur für Bereiche, in denen die Funktion differenzierbar ist. Es werden also nicht die Intervallgrenzen oder weitere Punkte erfasst, in denen die Funktion nicht differenzierbar ist. In diesen Punkten ist die Funktion zur Extremwertbestimmung ***gesondert*** *zu untersuchen (siehe Beispiel 5.24).*

(2) Die Bedingung $f'(x) = 0$ allein genügt nicht zum Feststellen von Extremwerten. Die Punkte, die jedoch dieser Bedingung genügen, werden ***kritische*** *oder* ***stationäre*** *Punkt genannt.*

E

Hinreichende Bedingung für relative Extremwerte

Es sei $f\colon y = f(x), x \in D_f$, eine in $(a,b) \subseteq D_f$ n-mal differenzierbare Funktion und $x_0 \in (a,b)$ ein stationärer Punkt von f (d. h. $f'(x_0) = 0$). Die Funktion f hat dann an der Stelle $x_0 \in (a,b)$ ein relatives **Extremum**, wenn für die Ableitungen $f'(x_0) = f''(x_0) = \ldots = f^{(n-1)}(x_0) = 0$, jedoch $f^{(n)}(x_0) \neq 0$ gilt und n eine **gerade** Zahl ist.
Dabei ist dieses Extremum ein relatives **Maximum**, wenn $f^{(n)}(x_0) < 0$, und ein relatives **Minimum**, wenn $f^{(n)}(x_0) > 0$ ist.

Alternativ kann die Existenz von relativen Extremwerten an stationären Punkten durch die Vorzeichenbetrachtungen der ersten Ableitung nachgewiesen werden.

Wenn für $y = f(x)$ in der Umgebung eines stationären Punktes die erste Ableitung existiert und das Vorzeichen wechselt, so besitzt die Funktion ein Extremum.

(1) Erfolgt von links nach rechts der Wechsel von plus nach minus, so liegt ein **relatives Maximum** vor.

(2) Erfolgt von links nach rechts der Wechsel von minus nach plus, so liegt ein **relatives Minimum** vor.

Erfolgt kein Vorzeichenwechsel, so liegt ein **horizontaler Wendepunkt** (**Sattelpunkt**) vor.

Beispiel 5.23 (Maximierung einer ökonomischen Größe)

Gegeben sind der **Ertrag** $E(x) = -5 + 6x - 0{,}5x^2$ und die **Kosten** $K(x) = 4 - 3x + x^2$ (jeweils in T€). Es gilt: **Gewinn** = **Ertrag** − **Kosten**, d. h., $G(x) = E(x) - K(x) = -9 + 9x - 1{,}5x^2$. Es ist der **Gewinn** G in Abhängigkeit von x **zu maximieren**. Die Funktion G ist differenzierbar.

Lösung

Es gilt $G'(x) = 9 - 3x = 0$, woraus sich die Lösung $x = 3$ ergibt.
Weiter ist $G''(x) = -3$, sodass ein Maximum mit $G_{max} = 4{,}5$ T€ vorliegt.

Beispiel 5.24

Gegeben ist die folgende stückweise stetige Kostenfunktion in € durch

$$K(x) = \begin{cases} 810/x + 20 + 10x, & 0 < x < 10 \\ 810/x + 15 + 10x, & 10 \leqq x \end{cases}$$

Gesucht ist das Kostenminimum in Abhängigkeit von x (siehe Bild 5.4).

Lösung

In beiden Fällen ist $K'(x) = -\dfrac{810}{x^2} + 10 = 0$ mit der Lösung $x = 9$. Es gilt $K(9) = 90 + 20 + 90 = 200$. Kritisch ist die Unstetigkeitsstelle $x = 10$. Zum Vergleich wird $K(10) = 81 + 15 + 100 = 196$ berechnet, der kleiner als 200 ist. Der Wert $x = 10$ liefert das **Minimum** der Kostenfunktion mit $K_{min} = 196$ €.

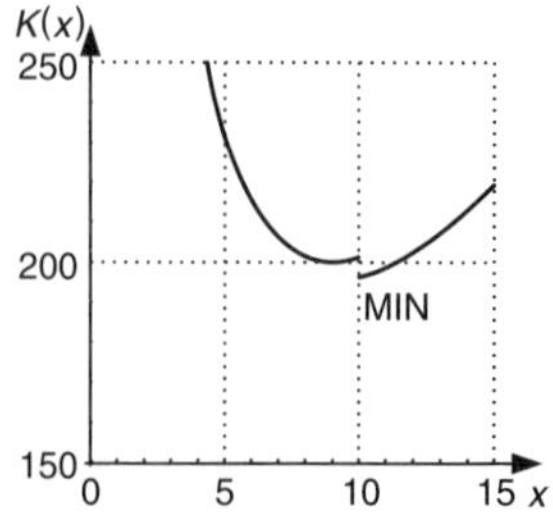

Bild 5.4

5.5.3 Krümmung und Wendepunkte

Krümmungsverhalten und Wendepunkte werden mithilfe der zweiten Ableitung untersucht.

Es sei f: $y = f(x)$, $x \in \mathrm{D}_f$, eine Funktion, deren zweite Ableitung für alle $x \in (a,b) \subseteq \mathrm{D}_f$ existiere. Dann gilt:

(1) $f(x)$ ist in (a,b) genau dann **konvex**, wenn dort $f''(x) \geqq 0$ ist.

(2) $f(x)$ ist in (a,b) genau dann **konkav**, wenn dort $f''(x) \leqq 0$ ist.

Wächst die Funktion f, gilt also $f'(x) > 0$, so bedeutet $f''(x) \geqq 0$ **progressives Wachstum** und $f''(x) \leqq 0$ **degressives Wachstum**.

Notwendige Bedingung für Wendepunkte

Es sei f: $y = f(x)$, $x \in \mathrm{D}_f$, eine Funktion, deren zweite Ableitung in $(a,b) \subseteq \mathrm{D}_f$ existiert. Wenn f einen Wendepunkt $x_w \in (a,b)$ besitzt, dann gilt $f''(x_w) = 0$.

Hinreichende Bedingung für Wendepunkte

Wechselt die zweite Ableitung der Funktion f unter der obigen Voraussetzung das Vorzeichen für einen kritischen Punkt x_w mit $f''(x_w) = 0$ (oder gilt $f'''(x_w) \neq 0$), so ist x_w Wendepunkt.

5.5.4 Kurvendiskussion

Die Kurvendiskussion ermöglicht die grafische Darstellung einer Funktion. In der folgenden Tabelle sind die einzelnen Schritte aufgelistet.

Charakteristik	Bedingungen
1. Schnittpunkte mit den Achsen	$x = 0$ (y-Achse) $y = 0$ (x-Achse)
2. Polstellen	Nenner $= 0$, Zähler $\neq 0$
3. Extremwerte	$f'(x) = 0, \quad f''(x) \begin{cases} < 0 & \text{Maximum} \\ > 0 & \text{Minimum} \end{cases}$ bei $f''(x) = 0$ siehe S. 171

E

Charakteristik	Bedingungen
4. Monotonie	$f'(x)\begin{cases}\geqq 0 & \text{monoton wachsend}\\ \leqq 0 & \text{monoton fallend}\end{cases}$
5. Wendepunkte	$f''(x)=0$, $f''(x)$ wechselt das Vorzeichen
6. Krümmungsverhalten	$f''(x)\begin{cases}\geqq 0 & \text{konvex}\\ \leqq 0 & \text{konkav}\end{cases}$
7. Verhalten im Unendlichen	$\lim\limits_{x\to\pm\infty} f(x)$
8. Asymptoten	$\lim\limits_{x\to\pm\infty} [f(x)-(ax+b)]=0$
9. Grafische Darstellung	Skizze

5.5.5 Anwendung in der Wirtschaft

Bei der serienmäßigen Produktion von Erzeugnissen entsteht das Problem, wie viele Erzeugnisse in einem Arbeitsgang (Los) gefertigt werden sollen, um die Gesamtkosten minimal zu halten. Dieses Problem kann auf folgende Weise formuliert werden:
Ein Betrieb fertigt ein Erzeugnis, das ständig verbraucht wird. Der Verbrauch je Zeiteinheit sei konstant. Es wird in Losen gefertigt.
(Ein **Los** ist die Fertigung einer endlichen Anzahl gleichartiger Teile mit einer Vorbereitungs- und Abschlusszeit, auch Rüstzeit genannt.)
Die **Losgröße** beeinflusst die Selbstkosten und die Lagerkosten: Je höher die Losgröße, desto größer die Lagerkosten und desto niedriger die Produktionskosten. Gesucht ist die optimale Losgröße, mit der die Summe aus Lagerkosten und Produktionskosten zum Minimum wird.

Lösung des Problems

Bezeichnungen

x	Losgröße, $x>0$	a	Anzahl der Lose
l	Lagerkosten (spezifisch)	c	Rüstkosten
u	Lohn- und Materialkosten aller Teile	$L(x)$	Lagerkosten
r	gesamter Produktionsumfang	$S(x)$	Fertigungskosten
T	betrachteter Zeitabschnitt		

Um r Erzeugnisse zu produzieren, müssen $a=\dfrac{r}{x}$ Lose aufgelegt werden, denn es gilt: $r=ax$.

Folgende Kosten können bestimmt werden:

Lagerkosten = durchschnittlicher Bestand · Lagerkosten (spezifisch) · Zeit

$$L(x) = \frac{x}{2} \cdot l \cdot T$$

Fertigungskosten = Lohn- und Materialk. + Rüstkosten · Anzahl der Lose

$$S(x) = u + c \cdot a = u + \frac{c \cdot r}{x}, \qquad a = \frac{r}{x}$$

Gesamtkosten = Lagerkosten + Fertigungskosten

$$K(x) = L(x) + S(x) = \frac{x}{2} \cdot l \cdot T + u + c \cdot \frac{r}{x}$$

Gesucht ist das **Minimum** der Gesamtkosten. Dazu wird die erste Ableitung gleich null gesetzt,

$$K'(x) = \frac{l \cdot T}{2} - \frac{c \cdot r}{x^2} = 0.$$

Die Lösungen dieser Gleichung lauten

$$x_{1,2} = \pm\sqrt{\frac{2r \cdot c}{l \cdot T}}.$$

Nur das positive Vorzeichen ist von Interesse. Die hinreichende Bedingung ergibt für $x > 0$

$$K''(x) = \frac{2c \cdot r}{x^3} > 0,$$

womit ein Minimum vorliegt.

Die Lösung dieses Problems ist $x_1 = \sqrt{\frac{2r \cdot c}{l \cdot T}}$.

Die dazugehörigen minimalen Kosten betragen

$$K_{\min} = u + \sqrt{2r \cdot c \cdot l \cdot T}.$$

(Nur im Fall $u = 0$ liefert der Schnittpunkt von $L(x)$ und $S(x)$ das Kostenminimum!)

Beispiel 5.25

Für $l = 10$ € je Stück und Woche, $c = 200$ € je Los, $T = 52$ Wochen,

$u = 10\,000$ €, $r = 1\,000$ Stück ergibt sich: $x = \sqrt{\frac{2 \cdot 1\,000 \cdot 200}{10 \cdot 52}} = 27{,}74 \approx 28$

$K(28) = 10\,000 + \sqrt{2 \cdot 1\,000 \cdot 200 \cdot 10 \cdot 52} = 24\,422{,}21$ €.

Der Schnittpunkt (SP) von $S(x)$ und $L(x)$ liefert nur im Spezialfall $u = 0$ die minimalen Kosten. Dieses Beispiel macht den Unterschied deutlich. Er liegt in der Nähe von $x = 53$. Die dazugehörigen Kosten betragen $K(53) = 27\,553{,}58$ €.

Dieser Wert ist wesentlich größer als das ermittelte Minimum bei $x = 28$ (siehe Bild 5.5).

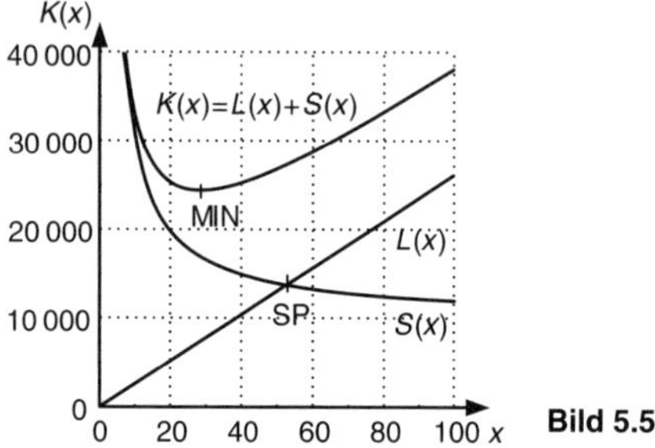

Bild 5.5

5.6 Integralrechnung

5.6.1 Unbestimmtes Integral

Betrachtet wird eine beliebige Funktion $f\colon y = f(x),\, x \in (a,b) \subseteq \mathbf{R}$. Es wird eine Funktion gesucht, deren Ableitung gleich $f(x)$ ist.

Eine in (a,b) definierte Funktion F heißt **Stammfunktion** von f, wenn für alle $x \in (a,b)$ die Relation $F'(x) = f(x)$ gilt.

Ist F eine Stammfunktion von f in (a,b), so hat jede andere Stammfunktion von f die Darstellung $F(x) + C$, wobei C eine gewisse Konstante ist.

Ist F eine Stammfunktion von f, so wird der Ausdruck $F(x) + C$ **unbestimmtes Integral** der Funktion f genannt. Hierbei ist C eine beliebig wählbare Konstante.

Das unbestimmte Integral wird mit dem Symbol $\int f(x)\,\mathrm{d}x$ bezeichnet. Es gilt: $\int f(x)\,\mathrm{d}x = F(x) + C$.

Grundintegrale (siehe auch innere Umschlagseite)

$\int a \, \mathrm{d}x = a \cdot x + C$	$a \in \mathbf{R}$	$\int \mathrm{e}^x \, \mathrm{d}x = \mathrm{e}^x + C$	
$\int x^n \, \mathrm{d}x = \frac{x^{n+1}}{n+1} + C$	$n \in \mathbf{N}$, $n \neq -1$	$\int a^x \, \mathrm{d}x = \frac{a^x}{\ln a} + C$	$a > 0$, $a \neq 1$
$\int x^{-n} \, \mathrm{d}x = \frac{x^{1-n}}{1-n} + C$	$n \in \mathbf{N}$, $n \neq 1$	$\int \sin x \, \mathrm{d}x = -\cos x + C$	
$\int \frac{1}{x} \, \mathrm{d}x = \ln \lvert x \rvert + C$	$x \neq 0$	$\int \cos x \, \mathrm{d}x = \sin x + C$	
$\int \sqrt{x} \, \mathrm{d}x = \frac{2}{3} \cdot \sqrt{x^3} + C$	$x \geqq 0$		
$\int x^r \, \mathrm{d}x = \frac{x^{r+1}}{r+1} + C$	$r \in \mathbf{R}$, $r \neq -1$, $x > 0$		

Weitere Integrale sind im Anhang (Tafel 5) zu finden.

Integrationsregeln

(1) Summen- und Faktorregel

$$\int [f(x) \pm g(x)] \, \mathrm{d}x = \int f(x) \, \mathrm{d}x \pm \int g(x) \, \mathrm{d}x$$

$$\int a \cdot f(x) \, \mathrm{d}x = a \cdot \int f(x) \, \mathrm{d}x, \quad a \in \mathbf{R}$$

(2) Substitutionsmethode

Es sei z eine differenzierbare Funktion, deren Wertebereich im Definitionsbereich von f enthalten ist, sodass die mittelbare Funktion $f\colon y = f[z(x)]$, $x \in \mathrm{D}_z$, gebildet werden kann.
Dann folgt aus $\int f(z) \, \mathrm{d}z = F(z) + C$ mit der Substitution $z = z(x)$, $\mathrm{d}z = z'(x) \, \mathrm{d}x$ die Relation $\int f[z(x)] \cdot z'(x) \, \mathrm{d}x = F[z(x)] + C$.

Beispiel 5.26 (Substitutionsmethode)

$$\int x \cdot e^{x^2}\,dx = \int x \cdot e^z \cdot \frac{dz}{2x} = \frac{1}{2}\int e^z\,dz = \frac{1}{2}e^z + C = \frac{1}{2}e^{x^2} + C$$

$$z(x) = x^2, \qquad z'(x) = \frac{dz}{dx} = 2x, \qquad dx = \frac{dz}{2x}$$

(3) Partielle Integration

Die partielle Integration ist die Umkehrung der Produktregel der Differenziation. Sie wird angewandt, wenn der Integrand ein entsprechendes Produkt zweier Funktionen ist.

> Ist u eine differenzierbare Funktion und v eine Stammfunktion von v', so gilt $\int u(x)\cdot v'(x)\,dx = u(x)\cdot v(x) - \int u'(x)\cdot v(x)\,dx$ bzw.
> ist v eine differenzierbare Funktion und u eine Stammfunktion von u', so gilt $\int u'(x)\cdot v(x)\,dx = u(x)\cdot v(x) - \int u(x)\cdot v'(x)\,dx$.

Typische Anwendungsfälle für die partielle Integration sind Funktionen vom Typ $x^n \cdot \sin x$, $x^n \cdot \cos x$, $x^n \cdot e^x$, $x^n \cdot \ln x$.

Beispiel 5.27

Es ist die folgende Funktion f: $f(x) = x \cdot e^x$ zu integrieren.
Dabei handelt es sich um ein Produkt von zwei Funktionen u und v', mit

$$u(x) = x, \quad u'(x) = 1 \quad \text{sowie} \quad v'(x) = e^x, \quad v(x) = \int e^x\,dx = e^x.$$

Die Anwendung der partiellen Integration liefert dann:

$$\int x \cdot e^x\,dx = x \cdot e^x - \int 1 \cdot e^x\,dx = e^x(x-1) + C$$

Die Funktion u wurde so gewählt, dass ihre Ableitung 1 wird und sich so die Integration vereinfacht.

Beispiel 5.28

Es ist die Funktion f: $f(x) = \ln x$ partiell zu integrieren.
Es wird $u(x) = \ln x$ und der fehlende zweite Faktor zum Integrieren 1 gesetzt:

$$u(x) = \ln x, \quad u'(x) = \frac{1}{x}, \quad v'(x) = 1, \quad v(x) = \int 1\,dx = x$$

$$\int (\ln x)\cdot 1\,dx = (\ln x)\cdot x - \int \frac{1}{x}\cdot x\,dx = x\cdot\ln x - x + C = x(\ln x - 1) + C$$

(4) Integration nach Partialbruchzerlegung

Mithilfe der Partialbruchzerlegung (siehe Abschnitt 1.5.1) lassen sich echt gebrochenrationale Funktionen f: $f(x) = \dfrac{Z(x)}{N(x)}$, die direkt nicht integriert werden können, in integrierbare Summanden zerlegen.
Für die vier verschiedenen Ansätze (siehe S. 24) sind folgende Integrale zu verwenden (auf die Integrationskonstante wurde dabei verzichtet):

1. Nennerpolynom $N(x)$ mit einfachen reellen Nullstellen

$$\int \frac{A}{(x-a)}\,\mathrm{d}x = A \cdot \ln|x-a|$$

2. Nennerpolynom $N(x)$ mit mehrfachen reellen Nullstellen

$$\int \frac{B}{(x-a)^m}\,\mathrm{d}x = \frac{-B}{(m-1)(x-a)^{m-1}}, \quad \text{mit } m \geqq 2$$

3. Nennerpolynom $N(x)$ mit einfachen komplexen Nullstellen

$$\int \frac{Cx+D}{x^2+px+q}\,\mathrm{d}x = \frac{C}{2} \cdot \ln|x^2+px+q| + \frac{2D-Cp}{\sqrt{4q-p^2}} \arctan \frac{2x+p}{\sqrt{4q-p^2}},$$

mit $p^2 - 4q < 0$

4. Nennerpolynom $N(x)$ mit mehrfachen komplexen Nullstellen

$$\int \frac{Cx+D}{(x^2+px+q)^n}\,\mathrm{d}x = \frac{(2D-Cp)x+Dp-2Cq}{(n-1)(4q-p^2)(x^2+px+q)^{n-1}} + \frac{(2n-3)(2D-Cp)}{(n-1)(4q-p^2)} \int \frac{\mathrm{d}x}{(x^2+px+q)^{n-1}} \quad \text{mit } n \geqq 2$$

Der Exponent n muss abgebaut werden bis auf $n = 2$.

$$\int \frac{\mathrm{d}x}{x^2+px+q} = \frac{2}{\sqrt{4q-p^2}} \arctan \frac{2x+p}{\sqrt{4q-p^2}}$$

Beispiel 5.29

$$\int \frac{x+2}{x(x-1)^2}\,\mathrm{d}x = \int \left(\frac{2}{x} - \frac{2}{x-1} + \frac{3}{(x-1)^2}\right)\mathrm{d}x$$
$$= 2\ln|x| - 2\ln|x-1| - \frac{3}{x-1} + C$$

Partialbruchzerlegung siehe unter Beispiel 1.3.

E

5.6.2 Bestimmtes Integral

Bestimmte Integrale ermöglichen die Berechnung von Flächeninhalten zwischen Funktionen, sie werden in der Wahrscheinlichkeitsrechnung benötigt und dienen zur Beschreibung ökonomischer Kenngrößen.

Der Grenzwert

$$I = \lim_{\max \Delta x_i \to 0} \sum_{i=1}^{n} f(\xi_i) \cdot \Delta x_i, \quad \Delta x_i = x_i - x_{i-1}, \quad \forall \xi_i \in (x_{i-1}, x_i)$$

wird bestimmtes **RIEMANNsches Integral** genannt:

$$I = \int_a^b f(x)\,\mathrm{d}x, \qquad x_0 = a, \quad x_n = b$$

Die Größen x_i, $i = 1, 2, \ldots, n$ hängen von n ab.

Hauptsatz der Integralrechnung

Ist die Funktion f: $y = f(x)$ im Intervall $[a, b]$ stetig, und ist F eine beliebige Stammfunktion von f, so gilt $\int_a^b f(x)\,\mathrm{d}x = F(b) - F(a)$.

Das ist eine Zurückführung des bestimmten Integrals auf das unbestimmte Integral (Stammfunktion).

Integrationsregeln

(1) $\int_a^b f(x)\,\mathrm{d}x + \int_b^c f(x)\,\mathrm{d}x = \int_a^c f(x)\,\mathrm{d}x$

(2) $\int_a^b [c_1 \cdot f_1(x) + c_2 \cdot f_2(x)]\,\mathrm{d}x = c_1 \cdot \int_a^b f_1(x)\,\mathrm{d}x + c_2 \cdot \int_a^b f_2(x)\,\mathrm{d}x$

(3) $\int_a^b f(x)\,\mathrm{d}x = -\int_b^a f(x)\,\mathrm{d}x$

(4) $\int_a^b f(x) \cdot g'(x)\,\mathrm{d}x = [f(x) \cdot g(x)]_a^b - \int_a^b f'(x) \cdot g(x)\,\mathrm{d}x$

(5) $\int_a^b f[z(x)] \cdot z'(x)\,\mathrm{d}x = \int_{z(a)}^{z(b)} f(z)\,\mathrm{d}z$ (Substitutionsmethode)

Beispiel 5.30 (Substitutionsmethode)

$$\int\limits_{x=-3}^{x=2} \frac{x\,\mathrm{d}x}{\sqrt{x^2+1}} = \int\limits_{z=10}^{z=5} \frac{x\,\mathrm{d}z}{\sqrt{z}\cdot 2x} = \frac{1}{2}\int\limits_{10}^{5} \frac{1}{\sqrt{z}}\,\mathrm{d}z = \left[\sqrt{z}\,\right]_{10}^{5} = \sqrt{5}-\sqrt{10} = -0{,}926$$

mit $z(x) = x^2+1, \quad z'(x) = \dfrac{\mathrm{d}z}{\mathrm{d}x} = 2x, \quad \mathrm{d}x = \dfrac{\mathrm{d}z}{2x}, \quad z(-3) = 10, \quad z(2) = 5$

Die Integrationsgrenzen sind von x auf z umzurechnen. Ersatzweise kann auch eine Rücksubstitution der Stammfunktion erfolgen.

Flächenberechnung

Bei der Flächenberechnung ist darauf zu achten, dass für die zu integrierende Funktion f im Intervall $a \leqq x \leqq b$ die Ungleichung $f(x) \geqq 0$ gilt. Dann stimmt das bestimmte Integral mit dem Flächeninhalt der eingeschlossenen Fläche überein. Weiter gilt:

> Wird ein Bereich A der x,y-Ebene durch $y = f(x), y = g(x), x = a, x = b$ mit $f(x) \geqq g(x)$ begrenzt, so gilt für den Flächeninhalt der eingeschlossenen Fläche $A = \int\limits_a^b [f(x) - g(x)]\;\mathrm{d}x$.

E

Beispiel 5.31

Zu bestimmen ist der Flächeninhalt der zwischen $f(x) = x - \pi$, $g(x) = \sin x$ und $x = 0$ liegenden Fläche (siehe Bild 5.6).

$$A = \int\limits_0^{\pi} (\sin x - x + \pi)\;\mathrm{d}x$$

$$= \left[-\cos x - \frac{x^2}{2} + \pi\cdot x\right]_0^{\pi} = 1 - \frac{\pi^2}{2} + \pi^2 + 1 = 2 + \frac{\pi^2}{2}$$

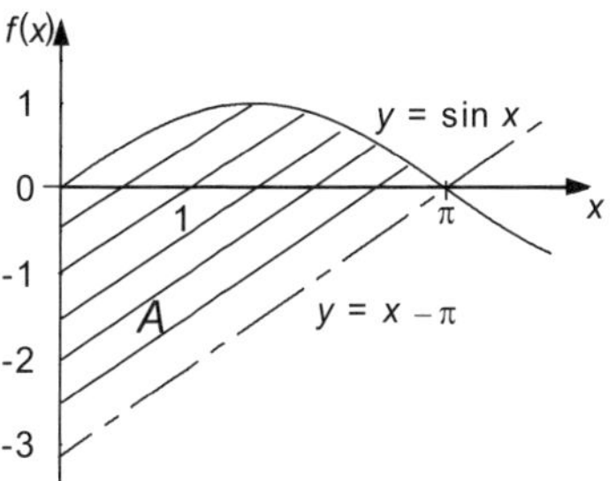

Bild 5.6

5.6.3 Uneigentliche Integrale

Mithilfe des Grenzwertes können bestimmte Integrale für unbeschränkte Integrationsintervalle oder unbeschränkte Funktionen ermittelt werden. Dabei werden **zwei Typen** uneigentlicher Integrale unterschieden:

(1) Eine oder beide Integrationsgrenzen sind **unendlich**, der Integrand jedoch beschränkt.

(2) Die Integrationsgrenzen sind endlich, der Integrand $f(x)$ hat jedoch im Intervall $[a,b]$ mindestens einen **Pol** (einen Punkt, in dessen Umgebung $f(x)$ unbeschränkt ist).

Die Funktion $f\colon y = f(x)$ sei in $[a,+\infty)$ definiert und in jedem endlichen Teilintervall der Form $[a,A]$ integrierbar, sodass $\int\limits_a^A f(x)\,\mathrm{d}x$ für jedes endliche $A > a$ existiert. Dann wird durch

$$\int\limits_a^\infty f(x)\,\mathrm{d}x = \lim_{A\to\infty} \int\limits_a^A f(x)\,\mathrm{d}x$$

das **uneigentliche Integral** der Funktion in $[a,+\infty)$ definiert, falls der Grenzwert existiert und endlich ist. Die Funktion f heißt in diesem Falle im unbeschränkten Intervall $[a,+\infty)$ **integrierbar**.

Beispiel 5.32

$$\int\limits_2^\infty \frac{\mathrm{d}x}{x^2} = \lim_{A\to\infty} \int\limits_2^A \frac{\mathrm{d}x}{x^2} = \lim_{A\to\infty} \left[-\frac{1}{x}\right]_2^A = \lim_{A\to\infty} \left[-\frac{1}{A} - \left(-\frac{1}{2}\right)\right] = \frac{1}{2}$$

Es sei f eine in einem endlichen Intervall $[a,b]$ mit $a < b$ gegebene Funktion, die für $x = b$ eine Polstelle besitzt. In jedem Intervall $[a,b-\varepsilon]$ sei $f(x)$ beschränkt und integrierbar. Dann wird durch

$$\int\limits_a^b f(x)\,\mathrm{d}x = \lim_{\varepsilon\to 0} \int\limits_a^{b-\varepsilon} f(x)\,\mathrm{d}x$$

das **uneigentliche Integral der unbeschränkten Funktion** f für $x \in [a,b]$ definiert, falls der Grenzwert existiert und endlich ist. In diesem Fall heißt die unbeschränkte Funktion in $[a,b]$ **integrierbar**.

Bemerkung
Diese Definitionen gelten für die unteren Integrationsgrenzen analog.

5.6.4 Integration stückweise stetiger Funktionen

Viele Funktionen in der Wirtschaft sind stückweise stetig, beispielsweise Funktionen, die einen Lagerbestand beschreiben oder Kostenfunktionen, die durch Rabattgewährung bestimmt werden.
An den Übergangsstellen x_k $(k = 1, 2, \ldots, n-1)$ ändert sich die Berechnungsvorschrift.
Derartige Funktionen werden integriert, indem an den Übergangsstellen das Integral zerlegt wird.
Anschließend werden die Teilergebnisse summiert.

$$\int_a^b f(x)\,\mathrm{d}x = \sum_{k=0}^{n} \int_{x_k}^{x_{k+1}} f(x)\,\mathrm{d}x$$

Beispiel 5.33

Gegeben ist die folgende Dichtefunktion f durch:

$$f(x) = \begin{cases} 0 & \text{für} \quad x < 0 \\ \dfrac{x}{2} & \text{für} \quad 0 \leqq x < 2 \\ 0 & \text{für} \quad 2 \leqq x \end{cases}$$

Gesucht ist die zugehörige Verteilungsfunktion F mit $F(x) = \int_{-\infty}^{x} f(z)\,\mathrm{d}z$.

(siehe Abschnitt 8.1.3)

Lösung

Es liegen drei Intervalle vor, die wegen unterschiedlicher Zuordnungsvorschriften einzeln berücksichtigt werden müssen.
Die Übergangsstellen liegen bei $x = 0$ und $x = 2$ (siehe Bild 5.7).
Damit sind bei der Integration in Abhängigkeit von x bis zu drei Intervalle mit den jeweils gegebenen Berechnungsvorschriften zu berücksichtigen.

(1) $-\infty < x < 0$:

$$F(x) = \int_{-\infty}^{x} f(z)\,\mathrm{d}z = \int_{-\infty}^{x} 0\,\mathrm{d}z = 0$$

(2) $0 \leqq x < 2$:

$$F(x) = \int_{-\infty}^{x} f(z)\,\mathrm{d}z = \int_{-\infty}^{0} 0\,\mathrm{d}z + \int_{0}^{x} \frac{z}{2}\,\mathrm{d}z = 0 + \left.\frac{z^2}{4}\right|_0^x = \frac{x^2}{4}$$

(3) $2 \leqq x$:

$$F(x) = \int_{-\infty}^{x} f(z)\,\mathrm{d}z = \int_{-\infty}^{0} 0\,\mathrm{d}z + \int_{0}^{2} \frac{z}{2}\,\mathrm{d}z + \int_{2}^{x} 0\,\mathrm{d}z = 0 + \left.\frac{z^2}{4}\right|_0^2 = 0 + 1 + 0 = 1$$

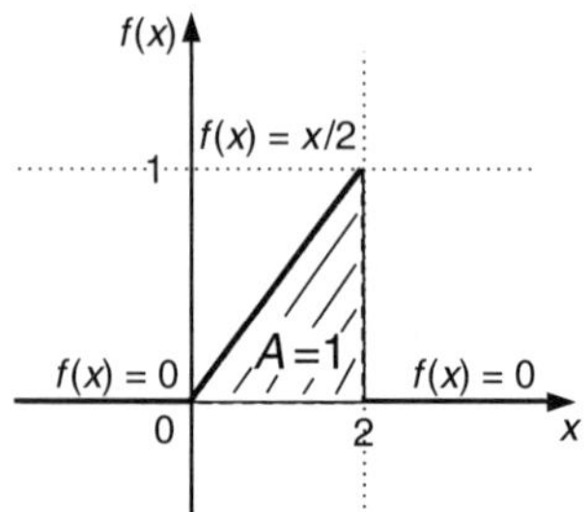

Bild 5.7

5.6.5 Numerische Integration

Nicht zu jeder Funktion lässt sich leicht eine Stammfunktion finden. Derartige **bestimmte** Integrale können mit numerischen Methoden **näherungsweise** ermittelt werden. Dabei wird der Wert des Integrals (dieser entspricht dem Flächeninhalt) allgemein durch A bezeichnet.

Das Intervall $[a,b]$ wird in n Teilintervalle der Länge $h = \dfrac{b-a}{n}$ zerlegt:

$[x_{i-1}, x_i]$ mit $x_0 = a$ und $x_n = b$, $x_i = a + i \cdot h$, $i = 1, 2, \ldots, n$

Sehnen-Trapezregel

$$A = \int_a^b f(x)\,\mathrm{d}x = h \cdot \left(\frac{f(x_0) + f(x_n)}{2} + \sum_{i=1}^{n-1} f(x_i) \right) + R_n$$

R_n gibt den Fehler an und kann abgeschätzt werden:

$$R_n = -\frac{(b-a)^3}{12n^2} \cdot f''(\xi) = -\frac{(b-a)h^2}{12} \cdot f''(\xi), \quad \xi \in (a,b)$$

Beispiel 5.34

Zu bestimmen ist mit der **Trapezregel** das folgende Integral (Verteilungsfunktion der Normalverteilung, vgl. Abschnitt 8.1.3) $\Phi_0(1) = \dfrac{1}{\sqrt{2\pi}} \displaystyle\int_0^1 \mathrm{e}^{-\frac{x^2}{2}}\,\mathrm{d}x$.

Die Berechnung des Klammerausdrucks erfolgt für $n = 10$ in der folgenden Tabelle. Laut Formel sind für die Randwerte der Faktor 0,5 und für die restlichen Werte der Faktor 1 zu berücksichtigen.

Die zu integrierende Funktion lautet $f(x) = \mathrm{e}^{-\frac{x^2}{2}}$. Die Funktionswerte werden zunächst berechnet, dann mit dem Faktor multipliziert und anschließend addiert.

			Faktor	
i	x_i	$f(x_i)$	**0,5**	**1,0**
0	0,0	1,000 00	1,000 00	
1	0,1	0,995 01		0,995 01
2	0,2	0,980 20		0,980 20
3	0,3	0,956 00		0,956 00
4	0,4	0,923 12		0,923 12
5	0,5	0,882 50		0,882 50
6	0,6	0,835 27		0,835 27
7	0,7	0,783 71		0,783 71
8	0,8	0,726 15		0,726 15
9	0,9	0,666 98		0,666 98
10	1,0	0,606 53	0,606 53	
		Summe	**1,606 53**	**7,748 94**

Unter Berücksichtigung der Vorfaktoren ergibt sich:

$$\Phi_0(1) \approx \frac{1}{\sqrt{2\pi}} \cdot \frac{1}{10} \cdot (0{,}5 \cdot 1{,}606\,53 + 7{,}748\,94) = 0{,}341\,18.$$

(Zum Vergleich: Der exakte Wert beträgt 0,341 399 ..., vgl. Tafel 1, mit $\Phi_0(x) = \Phi(x) - 0{,}5$)

E

SIMPSON-Regel

Die SIMPSON-Regel liefert genauere Werte, da die zu integrierende Funktion im Gegensatz zur Sehnen-Trapezregel nicht durch Sehnen, sondern durch Parabelbögen angenähert wird.
Die **Anzahl n der Unterteilungen muss gerade** sein.
Funktionswerte mit ungeradem Index werden mit dem Faktor 4, mit geradem Index mit dem Faktor 2, Randwerte mit dem Faktor 1 gewichtet.

$$A = \frac{h}{3} \cdot \left[f(x_0) + f(x_n) + 4 \cdot \sum_{i=1}^{n/2} f(x_{2 \cdot i-1}) + 2 \cdot \sum_{i=1}^{n/2-1} f(x_{2 \cdot i}) \right]$$

Beispiel 5.35

Das Integral von Beispiel 5.34 wird nun mit der **SIMPSON-Regel** bestimmt. Die Summen werden in der Tabelle berechnet.

			Faktor		
i	x_i	$f(x_i)$	**1**	**4**	**2**
0	0,0	1,000 00	1,000 00		
1	0,1	0,995 01		0,995 01	
2	0,2	0,980 20			0,980 20
3	0,3	0,956 00		0,956 00	
4	0,4	0,923 12			0,923 12
5	0,5	0,882 50		0,882 50	
6	0,6	0,835 27			0,835 27
7	0,7	0,783 71		0,783 71	
8	0,8	0,726 15			0,726 15
9	0,9	0,666 98		0,666 98	
10	1,0	0,606 53	0,606 53		
		Summe	**1,606 53**	**4,284 20**	**3,464 74**

Gegenüber der Trapezregel ändern sich die Faktoren bei den Funktionswerten und der Vorfaktor. Die Berechnung mit der SIMPSON-Regel liefert einen genaueren Wert für das Integral:

$$\Phi_0(1) \approx \frac{1}{\sqrt{2\pi}} \cdot \frac{0{,}1}{3} \cdot (1{,}606\,53 + 4 \cdot 4{,}284\,20 + 2 \cdot 3{,}464\,74) = 0{,}341\,399$$

5.6.6 Anwendungen der Integralrechnung

Sind für ökonomische Kenngrößen Grenzfunktionen bekannt, so lässt sich die Ausgangsfunktion durch Integration ermitteln. Einige Beispiele dazu werden im Folgenden aufgeführt.

Kostenfunktion

Ist K' eine Grenzkostenfunktion, dann lässt sich die Kostenfunktion $K(x)$ nach dem Hauptsatz der Integralrechnung auf folgende Weise ermitteln: $\int_0^x K'(t)\,\mathrm{d}t = K(x) - K(0)$. Daraus folgt $K(x) = \int_0^x K'(t)\,\mathrm{d}t + K(0)$. Dabei stellen $K(0) = K_f$ die fixen Kosten und $\int_0^x K'(t)\,\mathrm{d}t = K_v$ die variablen Kosten dar.

Erlösfunktion

Durch Integration kann aus einer Grenzerlösfunktion E' die Erlösfunktion ermittelt werden $\int_0^x E'(t)\,\mathrm{d}t = E(x) - E(0)$. Ist x die Menge des Absatzes, so ist $E(0) = 0$, und damit $\int_0^x E'(t)\,\mathrm{d}t = E(x)$.

Gewinnfunktion

Der Gewinn $G(x)$ ist die Differenz aus dem Erlös $E(x)$ und den Kosten $K(x)$, d. h. $G(x) = \int_0^x [E'(t) - K'(t)]\,\mathrm{d}t + K_f$.
Der Deckungsbeitrag als Differenz von Erlös $E(x)$ und variablen Kosten $K_v(x)$ ist dann $G_D(x) = \int_0^x [E'(t) - K'(t)]\,\mathrm{d}t$.

E

Konsumentenrente

Die Funktion p gibt den Preis eines Gutes in Abhängigkeit von der Nachfrage an, p_0 ist der tatsächlich gezahlte Preis, dieser entspricht einer Nachfrage x_0 (Gleichgewichtspunkt).
Dann wird der folgende Ausdruck als **Konsumentenrente** bezeichnet, $K_R(x_0) = \int_0^{x_0} p(x)\,\mathrm{d}x - p_0 x_0$.
Das ist der Betrag, den die Konsumenten insgesamt bereit zu zahlen gewesen wären, wenn jeder den für ihn höchsten akzeptablen Preis gezahlt hätte.

Produzentenrente

Die Funktion p_A gibt den Preis eines Gutes in Abhängigkeit vom Angebot an, p_0 ist der tatsächlich gezahlte Preis, dieser entspricht einer Nachfrage x_0 (Gleichgewichtspunkt).
Diejenigen Anbieter, die zu einem geringeren Preis verkauft hätten, erhalten dadurch einen zusätzlichen Gewinn, dessen Summe als Produzentenrente bezeichnet wird, $P_R(x_0) = p_0 x_0 - \int_0^{x_0} p_A(x)\,\mathrm{d}x$.

5.7 Differenzialgleichungen

5.7.1 Einführung

Bei der Untersuchung ökonomischer Modelle treten oft Gleichungen auf, in denen neben der gesuchten Funktion auch deren Ableitung enthalten ist.

Eine Beziehung der Form $F(x, y, y', y'', \ldots, y^{(n)}) = 0$ zwischen der unabhängigen Variablen x, einer Funktion y und deren Ableitungen y', y'', ... heißt **gewöhnliche Differenzialgleichung** (Dgl.).

Bemerkung
*Treten mehrere unabhängige Variable und ihre partiellen Ableitungen auf, so liegt eine **partielle Differenzialgleichung** vor.*

Charakterisierung der Differenzialgleichungen

(1) nach der **Anzahl der unabhängigen Variablen**
- eine unabhängige Variable: – **gewöhnliche** Dgl.
- mehrere unabhängige Variable: – **partielle** Dgl.

(2) nach der höchsten vorkommenden **Ableitungsordnung**: – **Ordnung** der Dgl.

(3) nach dem **Grad der Potenzen** der **abhängigen Variablen** und ihrer Ableitungen: – **Grad** der Dgl.

Eine Funktion y, die die Differenzialgleichung identisch erfüllt, heißt **Lösung der Differenzialgleichung**.

5.7.2 Separable Differenzialgleichungen

Separable Differenzialgleichungen 1. Ordnung sind Differenzialgleichungen, die auf die Form $y' = f(x) \cdot g(y)$ gebracht werden können.

Die Methode „**Trennen der Veränderlichen**" ist eine Methode zur Lösung von separablen Differenzialgleichungen 1. Ordnung.

Vorgehensweise

(1) **Trennen** der Veränderlichen $\frac{\mathrm{d}y}{g(y)} = f(x)\,\mathrm{d}x, \quad g(y) \neq 0$

(2) **Integrieren** $\int \frac{\mathrm{d}y}{g(y)} = \int f(x)\,\mathrm{d}x$

(3) **Umformen** nach $y = y(x)$

Beispiel 5.36

Die Differenzialgleichung $2x^2 \cdot y' = y$ mit dem Anfangswert $y\left(-\frac{1}{2}\right) = \mathrm{e}$ ist zu lösen.

Lösung

(1) Trennen der Veränderlichen: $\frac{y'}{y} = \frac{\frac{\mathrm{d}y}{\mathrm{d}x}}{y} = \frac{1}{2x^2}, \quad \frac{\mathrm{d}y}{y} = \frac{\mathrm{d}x}{2x^2}, \quad x \neq 0$

(2) Integration: $\int \frac{\mathrm{d}y}{y} = \int \frac{\mathrm{d}x}{2x^2}$ ergibt $\ln|y| = -\frac{1}{2x} + \ln|C|, \quad C \neq 0$

Diese spezielle Form der Konstante ist günstig für die weitere Umformung.

(3) Umformen: $y(x) = C \cdot \mathrm{e}^{-\frac{1}{2x}}$ liefert die allgemeine Lösung der Differenzialgleichung ($C = 0$ liefert auch eine Lösung, wie eine Probe zeigt).

Die Konstante C wird über die Anfangsbedingungen bestimmt.
Es gilt $y\left(-\frac{1}{2}\right) = C \cdot \mathrm{e} = \mathrm{e}$. Damit gilt für die Kostante $C = 1$ und die spezielle Lösung unter Berücksichtigung der Anfangsbedingung lautet $y(x) = \mathrm{e}^{-\frac{1}{2x}}$.

Beispiel 5.37 (Wachstumsmodell)

Die Veränderung eines Geldbetrages $K'(t)$ in einer Zeiteinheit durch Verzinsung ist dem Wert des Geldbetrages $K(t)$ proportional. Das führt auf die Differenzialgleichung $K'(t) = \alpha \cdot K(t)$,
α Proportionalitätskonstante, $K'(t) > 0$.
Die oben dargestellte Methode liefert die Lösung des Problems:

$$\frac{K'(t)}{K(t)} = \alpha, \quad \frac{\frac{\mathrm{d}K}{\mathrm{d}t}}{K} = \alpha, \quad \frac{\mathrm{d}K}{K} = \alpha\ \mathrm{d}t, \quad \int \frac{\mathrm{d}K}{K} = \int \alpha\ \mathrm{d}t,$$

$$\ln|K| = \alpha \cdot t + \ln|C|, \quad K = C \cdot \mathrm{e}^{\alpha \cdot t}.$$

Wird jetzt für C das Anfangskapital K_0 angenommen, für $t = n$ und $\alpha = \ln(1 + i)$, mit i als Zinssatz, ergibt sich als Lösung für die Differenzialgleichung die Zinseszinsformel: $K_n = K(n) = K_0 \cdot (1 + i)^n$.

Ermittlung von Funktionen mit vorgegebener Elastizität

Aus einer vorgegebenen relativen Elastizität kann über die Lösung einer Differenzialgleichung die zugehörige Funktion bis auf eine multiplikative Konstante ermittelt werden.

Gegeben ist die relative Elastizität in der Form $\varepsilon_f(x) = x \cdot \frac{f'(x)}{f(x)}$ und es gelte $x > 0$ und $f(x) > 0$. Hier liegt eine Differenzialgleichung für die Funktion f vor. Die Funktion f ist die Lösung dieser Differenzialgleichung.

E

Ist z. B. $\varepsilon_f(x) = a \cdot x + b$, dann gilt mit $y = f(x)$: $x \cdot y' = (a \cdot x + b) \cdot y$ oder $y' = \frac{a \cdot x + b}{x} \cdot y$ bzw. $\frac{\mathrm{d}y}{y} = \frac{a \cdot x + b}{x}\,\mathrm{d}x$.

Die Integration $\int \frac{\mathrm{d}y}{y} = \int \frac{a \cdot x + b}{x}\,\mathrm{d}x$ liefert $\ln|y| = a \cdot x + b \cdot \ln x + \ln C$.

Daraus kann die allgemeine Lösung in folgender Form dargestellt werden, $f(x) = y = \mathrm{e}^{a \cdot x + b \cdot \ln x + \ln C} = C \cdot x^b \cdot \mathrm{e}^{a \cdot x}$. Die so ermittelte Funktion f besitzt die vorgegebene Elastizität. Zur Ermittlung der Konstanten C ist ein Anfangswert erforderlich. Eine ausführliche Darstellung und weitere Anwendungen siehe z. B. bei Tietze, 2011.

5.7.3 Lineare Differenzialgleichungen 1. Ordnung

Als gewöhnliche **lineare Differenzialgleichung 1. Ordnung** wird eine Gleichung der Form $y' + p(x) \cdot y = q(x)$ bezeichnet.

Hierbei sind:

y abhängige Variable
x unabhängige Variable
q Störfunktion

Ist $q(x) \equiv 0$, so heißt die Differenzialgleichung **homogen**, sonst **inhomogen**.

Die allgemeine Lösung y einer inhomogenen linearen Differenzialgleichung setzt sich additiv aus der **allgemeinen Lösung** y_h der zugehörigen **homogenen** Differenzialgleichung und einer **speziellen Lösung** y_p der **inhomogenen Differenzialgleichung** $y = y_\mathrm{h} + y_\mathrm{p}$ zusammen.

Bemerkung
*Um die allgemeine Lösung einer inhomogenen Differenzialgleichung 1. Ordnung zu bestimmen, ist zunächst die Lösung der zugehörigen homogenen Differenzialgleichung zu berechnen (**Trennen der Veränderlichen**) und dann eine spezielle Lösung der inhomogenen Differenzialgleichung zu ermitteln (**Variation der Konstanten**).*

Die Lösung der homogenen Differenzialgleichung lautet in allgemeiner Form $y_\mathrm{h} = C \cdot \mathrm{e}^{-\int p(x)\,\mathrm{d}x}$.

Die Struktur der Lösung der inhomogenen Differenzialgleichung entspricht der Struktur der Lösung der zugehörigen homogenen Differenzialgleichung, wenn in der homogenen Lösung die Integrationskonstante durch eine geeignete Funktion ersetzt wird.

Das Ersetzen der Konstanten C durch die Variable $C(x)$ heißt **Variation der Konstanten**.

Vorgehensweise

(1) Die Lösung $y_\mathrm{h} = C \cdot \mathrm{e}^{-\int p(x)\,\mathrm{d}x}$ der zugehörigen homogenen Differenzialgleichung wird bestimmt (**Trennen der Veränderlichen**).

(2) Aus dieser Lösung wird ein Ansatz $y(x) = C(x) \cdot \mathrm{e}^{-\int p(x)\,\mathrm{d}x}$ gebildet, indem die Konstante C durch die Variable $C(x)$ ersetzt wird (**Variation der Konstanten**). Diese und deren Ableitung werden in die Ausgangsgleichung eingesetzt. Es entsteht eine Differenzialgleichung, aus der $C(x)$ zu bestimmen ist. Das Einsetzen von $C(x)$ in die allgemeine homogene Lösung liefert **eine spezielle Lösung** $y_\mathrm{p}(x)$ der inhomogenen Differenzialgleichung.

(3) Bilden der allgemeinen Lösung $y(x) = y_\mathrm{h}(x) + y_\mathrm{p}(x)$.

Beispiel 5.38

$y' - 2x \cdot y = x \cdot \mathrm{e}^{x^2}$ mit der Bedingung $y(0) = 1$

(1) Allgemeine Lösung der zugehörigen homogenen Differenzialgleichung über **Trennen der Veränderlichen**:

$$y' = 2x \cdot y, \quad \frac{\mathrm{d}y}{y} = 2x\,\mathrm{d}x, \quad \int \frac{\mathrm{d}y}{y} = \int 2x\,\mathrm{d}x,$$

$$\ln|y| = x^2 + \ln|C|, \quad C \neq 0, \quad y \neq 0$$

$$y_\mathrm{h} = \mathrm{e}^{x^2 + \ln|C|} = C \cdot \mathrm{e}^{x^2}$$

(2) Spezielle Lösung der gegebenen inhomogenen Differenzialgleichung über **Variation der Konstanten**:
Ansatz: $y = C(x) \cdot \mathrm{e}^{x^2}$ ergibt differenziert

$$y' = C'(x) \cdot \mathrm{e}^{x^2} + C(x) \cdot 2x \cdot \mathrm{e}^{x^2}.$$

Beides in die Ausgangsdifferenzialgleichung eingesetzt liefert:

$$C'(x) \cdot \mathrm{e}^{x^2} + C(x) \cdot 2x \cdot \mathrm{e}^{x^2} - 2x \cdot C(x) \cdot \mathrm{e}^{x^2} = x \cdot \mathrm{e}^{x^2}.$$

Die beiden mittleren Ausdrücke fallen heraus, sodass $C'(x) \cdot \mathrm{e}^{x^2} = x \cdot \mathrm{e}^{x^2}$ und somit $C'(x) = x$ gilt.

Es ist $C(x) = \frac{x^2}{2}$ und die spezielle Lösung $y_\mathrm{p} = \frac{x^2}{2} \cdot \mathrm{e}^{x^2}$.

(3) Bilden der allgemeinen Lösung der Differenzialgleichung

$$y = y_\mathrm{h} + y_\mathrm{p} = C \cdot \mathrm{e}^{x^2} + \frac{x^2}{2} \cdot \mathrm{e}^{x^2} = \left(C + \frac{x^2}{2}\right) \cdot \mathrm{e}^{x^2}$$

E

Berücksichtigung der Anfangsbedingung $y = 1$ für $x = 0$

$$1 = \left(C + \frac{0}{2}\right) \cdot e^{0^2} = C$$

Damit wird $C = 1$ und die spezielle Lösung y_s, die der Anfangsbedingung genügt, lautet $y_s = \left(1 + \frac{x^2}{2}\right) \cdot e^{x^2}$.

5.7.4 Lineare Differenzialgleichungen 2. Ordnung mit konstanten Koeffizienten

Als lineare Differenzialgleichung 2. Ordnung mit konstanten Koeffizienten wird die Gleichung $y'' + a_1 y' + a_0 y = q(x)$ bezeichnet.

Hierbei sind:

y abhängige Variable
x unabhängige Variable
q Störfunktion
a_0, a_1 Konstante

Ist $q(x) \equiv 0$, so heißt die Differenzialgleichung **homogen**, sonst **inhomogen**.

Die allgemeine Lösung y einer inhomogenen linearen Differenzialgleichung setzt sich additiv aus der **allgemeinen Lösung** y_h der zugehörigen **homogenen** Differenzialgleichung und einer **speziellen Lösung** y_p der **inhomogenen Differenzialgleichung** in der Form $y = y_h + y_p$ zusammen.

Vorgehensweise

1. Lösen der zugehörigen homogenen Differenzialgleichung

$$y'' + a_1 y' + a_0 y = 0$$

Die homogene lineare Differenzialgleichung besitzt zwei linear unabhängige Lösungen $y_h^{(1)}$ und $y_h^{(2)}$, die auf folgende Weise ermittelt werden:

1.1 Lösen der homogenen Differenzialgleichung mit dem Ansatz $y = e^{\lambda x}$. Dieser wird in die Differenzialgleichung eingesetzt.

1.2 Es wird durch $e^{\lambda x}$ dividiert und die daraus resultierende charakteristische Gleichung $\lambda^2 + a_1\lambda + a_0 = 0$ gelöst.

1.3 Die beiden Lösungen dieser quadratischen Gleichung seien λ_1 und λ_2. Dabei können die folgenden drei Fälle auftreten:

(a) $\lambda_1 \neq \lambda_2$ (Beide Lösungen sind reell und verschieden.)
Dann sind $y_h^{(1)} = e^{\lambda_1 x}$ und $y_h^{(2)} = e^{\lambda_2 x}$ die beiden linear unabhängigen Lösungen der homogenen Differenzialgleichung.

(b) $\lambda_1 = \lambda_2 = \lambda$ (Beide Lösungen sind reell und gleich.)
Dann sind $y_h^{(1)} = e^{\lambda x}$ und $y_h^{(2)} = x\,e^{\lambda x}$ die beiden linear unabhängigen Lösungen der homogenen Differenzialgleichung.

(c) λ_1 und λ_2 sind konjugiert komplex, d. h., sie haben die Form $\lambda_1 = \alpha + \beta \cdot \mathrm{i}$ und $\lambda_2 = \alpha - \beta \cdot \mathrm{i}$ (i – imaginäre Einheit, $\mathrm{i}^2 = -1$)
Dann sind $y_h^{(1)} = e^{\alpha x} \cos \beta x$ und $y_h^{(2)} = e^{\alpha x} \sin \beta x$ zwei linear unabhängige Lösungen der homogenen Differenzialgleichung.
Dieses gilt wegen der EULERschen Formel $e^{\mathrm{i}\varphi} = \cos\varphi + \mathrm{i} \cdot \sin\varphi$.

1.4 Die allgemeine Lösung der Differenzialgleichung ergibt sich aus der Linearkombination der linear unabhängigen Lösungen.

$y_h = C_1 y_h^{(1)} + C_2 y_h^{(2)}$

Beispiel 5.39

Zu lösen ist die homogene Differenzialgleichung $2y'' - 5y' - 3y = 0$ mit den Anfangsbedingungen $y(0) = 0$ und $y'(0) = 1$.
Der Ansatz $y = e^{\lambda x}$ und Division durch $e^{\lambda x}$ führt auf die charakteristische Gleichung mit den Lösungen $\lambda_1 = -\frac{1}{2}$ und $\lambda_2 = 3$.

Damit ist die allgemeine Lösung der Dgl. $y_h = C_1\,e^{-\frac{x}{2}} + C_2\,e^{3x}$.

Die Berücksichtigung der Anfangsbedingungen $y(0) = 0$ liefert die Gleichung $C_1 + C_2 = 0$, dagegen ergibt die Bedingung $y'(0) = 1$ die Gleichung $-\frac{1}{2}C_1 + 3C_2 = 1$. Beide Gleichungen haben die Lösung $C_1 = -\frac{2}{7}$ und $C_2 = \frac{2}{7}$.

Die spezielle Lösung lautet $y_h = -\frac{2}{7}\,e^{-\frac{x}{2}} + \frac{1}{7}\,e^{3x}$.

Beispiel 5.40

Gegeben ist die homogene Differenzialgleichung $4y'' + 12y' + 9y = 0$.
Der Ansatz $y = e^{\lambda x}$ und Division durch $e^{\lambda x}$ führt auf die charakteristische Gleichung $4\lambda^2 + 12\lambda + 9 = 0$ mit den Lösungen $\lambda_1 = \lambda_2 = -\frac{3}{2}$.

Damit lautet die allgemeine Lösung der Dgl. $y_h = C_1\,e^{-\frac{3x}{2}} + C_2 x\,e^{-\frac{3x}{2}}$.

Beispiel 5.41

Gesucht ist die Lösung der folgenden homogenen Differenzialgleichung $y'' + 4y' + 13y = 0$. Der Ansatz $y = e^{\lambda x}$ und Division durch $e^{\lambda x}$ führt auf die charakteristische Gleichung $\lambda^2 + 4\lambda + 13 = 0$ mit den Lösungen $\lambda_{1,2} = -2 \pm 3\,\mathrm{i}$.
Die allgemeine Lösung der Dgl. lautet $y = e^{-2x}(C_1 \cos 3x + C_2 \sin 3x)$.

E

2. Lösen der zugehörigen inhomogenen Differenzialgleichung

Lösungen der inhomogenen Differenzialgleichungen können durch spezielle Ansatzfunktionen über Koeffizientenvergleich gefunden werden. Diese hängen von der rechten Seite $q(x)$ der Differenzialgleichung ab.

Störfunktion q	Ansatz
$q(x) = e^{ax}(b_0 + b_1x + \ldots + b_nx^n)$	$Q(x) = e^{ax}(B_0 + B_1x + \ldots + B_nx^n)$
$q(x) = e^{ax}(b_1 \cdot \cos bx + b_2 \cdot \sin bx)$	$Q(x) = e^{ax}(B_1 \cdot \cos bx + B_2 \cdot \sin bx)$

Hinweis (Resonanzfall): Falls a eine einfache Lösung der charakteristischen Gleichung, wird der Ansatz um den Faktor x ergänzt, ist a zweifache Lösung der charakteristischen Gleichung, ist der Faktor x^2 zu berücksichtigen. Bei einer komplexen Lösung ist der Ansatz um den Faktor x zu ergänzen, falls deren Realteil α mit a und der Imagnärteil β mit b übereinstimmen.

Beispiel 5.42

Gegeben ist die inhomogene Differenzialgleichung

$2y'' - 5y' - 3y = 3x^2 - x - 1.$

Zunächst wird die zugehörige homogene Differenzialgleichung gelöst
$2y'' - 5y' - 3y = 0$ (vgl. Beispiel 5.39). Die allgemeine Lösung der homogenen Differenzialgleichung lautet $y_h = C_1 e^{-\frac{x}{2}} + C_2 e^{3x}$. Zur speziellen Lösung der inhomogenen Differenzialgleichung wird der Ansatz $y = B_2x^2 + B_1x + B_0$ gewählt. y wird differenziert und in die inhomogene Differenzialgleichung eingesetzt. Mit $y' = 2B_2x + B_1$, $y'' = 2B_2$ entsteht die Gleichung

$2(2B_2) - 5(2B_2x + B_1) - 3(B_2x^2 + B_1x + B_0) = 3x^2 - x - 1.$

Ein Koeffizientenvergleich liefert für x^2 den Wert $B_2 = -1$.
Für x muss $-10B_2 - 3B_1 = -1$ gelten. Wegen $B_2 = -1$ folgt $B_1 = -3$. Schließlich besteht die Forderung $4B_2 - 5B_1 - 3B_0 = -1$, woraus sich $B_0 = 4$ ergibt.
Damit lautet eine spezielle Lösung der inhomogenen Differenzialgleichung

$y_p = -x^2 - 3x + 4.$

Die allgemeine Lösung der inhomogenen Differenzialgleichung ist dann

$y = y_h + y_p = C_1 e^{-\frac{x}{2}} + C_2 e^{3x} - x^2 - 3x + 4.$

Beispiel 5.43 (Resonanzfall)

Betrachtet wird die Gleichung $y'' - y = e^x$. Deren charakteristische Gleichung lautet $\lambda^2 - 1 = 0$ mit den Lösungen $\lambda_1 = 1$ und $\lambda_2 = -1$.
Die allgemeine Lösung der homogenen Differenzialgleichung ist
$y_h = C_1 \cdot e^x + C_2 \cdot e^{-x}$. Der erste Teil dieser Lösung beinhaltet die Störfunktion (wegen $\lambda_1 = 1$, einfache Nullstelle).

Deshalb ist ein spezieller Ansatz $y = x \cdot e^x \cdot B_0$ mit dem Faktor x erforderlich. Der Lösungsansatz y wird zweimal differenziert und in die inhomogene Differenzialgleichung eingesetzt.
Mit $y' = e^x \cdot B_0 + x \cdot e^x \cdot B_0$ und $y'' = 2\,e^x \cdot B_0 + x \cdot e^x \cdot B_0$ entsteht die Gleichung $2B_0 \cdot e^x + B_0 \cdot e^x \cdot x - B_0 \cdot e^x \cdot x = e^x$.
Diese gilt für $B_0 = \frac{1}{2}$.

Die Lösung der inhomogenen Dgl. Ist $y = C_1 \cdot e^x + C_2 \cdot e^{-x} + \frac{1}{2} \cdot x \cdot e^x$.

5.8 Differenzengleichungen

5.8.1 Einführung

Häufig wird die Veränderung von Funktionswerten $y(x)$ untersucht, falls sich die unabhängige Variable x um h ändert. (Periodenanalyse, z. B. Aktienkurse nach jeweils einem Tag, Bevölkerungswachstum nach jeweils einem Jahr). Dieser Unterschied kann mithilfe des Differenzenoperators Δ ausgedrückt werden.
Unter der Voraussetzung, dass die Funktion y für nachfolgende Argumente definiert ist, wird

$\Delta y(x) = y(x + h) - y(x)$ als **erste Differenz**

$\Delta\Delta y(x) = \Delta^2 y(x) = y(x + h) - 2y(x) + y(x - h)$ als **zweite Differenz**

usw. bezeichnet.

Beispiel 5.44

$y(x) = x^2 + 2$, $x \in \mathbf{R}$, dann gilt z. B. für $x = 1$ und $h = 1$
$\Delta y(x) = y(x + h) - y(x) = y(2) - y(1) = (2^2 + 2) - (1^2 + 2) = 3$
$\Delta\Delta y(x) = \Delta^2 y(x) = y(2) - 2y(1) + y(0) = 6 - 2 \cdot 3 + 2 = 2$

Eine Beziehung der Form $F(x, y, \Delta y, \Delta^2 y, \ldots, \Delta^n y) = 0$, $x \in M$ (M vorgegebene Menge von Zahlen) zwischen der unabhängigen Variablen x, einer Funktion y und deren Differenzen Δy, $\Delta^2 y$, ... heißt **Differenzengleichung** (Dzgl.).

Eine Funktion y, die die Differenzengleichung identisch erfüllt, heißt **Lösung der Differenzengleichung**.

E

Beispiel 5.45

Die Differenzengleichung $\Delta y(x) = 2$, $x = 0, 1, 2, \ldots$; $h = 1$, ist zu lösen.
Mit der Bezeichnung $y(k) = y_k$ lässt sich diese Differenzengleichung auch in folgender Form schreiben: $y_{k+1} - y_k = 2$, $k = 0, 1, 2, \ldots$ Eine Lösung lautet $y_k = 2k + 1$. Eingesetzt in die Differenzengleichung liefert sie eine Identität.

Im Folgenden wird, falls die betrachtete Menge die Menge der nichtnegativen ganzen Zahlen **N** ist, die Bezeichnung $y(k) = y_k$ gewählt.

Bemerkung

Differenzengleichungen können auch zur näherungsweisen Lösung von Differenzialgleichungen genutzt werden (siehe auch Abschnitt 7.10).

5.8.2 Lineare Differenzengleichungen mit konstanten Koeffizienten

Wachstumsmodelle des Volkseinkommens nach BOULDING oder HARROD sowie das Cobwebmodell nach EZEKID führen auf Differenzengleichungen 1. Ordnung (siehe z. B. Luderer, 2012), weitere volkswirtschaftliche Modelle auf Differenzengleichungen 2. Ordnung.

Eine Differenzengleichung über der Menge der nichtnegativen ganzen Zahlen **N** heißt **linear**, wenn sie auf folgende Weise durch $y(k) = y_k$ dargestellt werden kann:

$$y_{k+n} + a_{n-1}y_{k+n-1} + \ldots + a_1 y_{k+1} + a_0 y_k = q(k), \quad a_0 \neq 0$$

n bezeichnet die Ordnung der Differenzengleichung. Ist $q(k) \equiv 0$, wird die Differenzengleichung **homogen**, andernfalls **inhomogen** genannt.

Eine lineare Differenzengleichung n-ter Ordnung besitzt eine eindeutige Lösung $y(k) = y_k$, wenn n aufeinanderfolgende Werte für y_k vorgegeben werden.

Lineare Differenzengleichungen 1. Ordnung

Normalform

$$y_{k+1} + a_0 y_k = q(k), \qquad k = 0, 1, 2, \ldots; \quad a_0 \neq 0$$

Lösungsverfahren bei vorgebendem Anfangswert y_0:
Auflösen nach y_{k+1}

$$y_{k+1} = -a_0 y_k + q(k).$$

So lässt sich schrittweise die Lösung bestimmen. Der Einfachheit halber wird die Bezeichnung $a = -a_0$ gewählt.

$y_1 = ay_0 + q(0)$

$y_2 = ay_1 + q(1) = a(ay_0 + q(0)) + q(1) = a^2 y_0 + aq(0) + q(1)$

$y_3 = ay_2 + q(2) = a(a^2 y_0 + aq(0) + q(1)) + q(2)$

$\quad = a^3 y_0 + a^2 q(0) + aq(1) + q(2)$ usw.

Ist $q(k) = q$ konstant, lässt sich die Lösung unter Ausnutzung der Summenformel der geometrischen Reihe in geschlossener Form angeben.

$$y_k = a^k y_0 + q(1 + a + a^2 + \ldots + a^{k-1}) = \begin{cases} a^k y_0 + q\dfrac{a^k - 1}{a - 1} & \text{für} \quad a \neq 1 \\ y_0 + k \cdot q & \text{für} \quad a = 1 \end{cases}$$

Beispiel 5.46

Gegeben ist die Differenzengleichung $y_{k+1} - 2y_k = 3$ mit der Anfangsbedingung $y_0 = 1$.

In diesem Fall sind $a = -a_0 = 2$ und $q = 3$. Nach der obigen Lösungsformel lautet die allgemeine Lösung $y_k = 2^k y_0 + 3\dfrac{2^k - 1}{2 - 1} = 2^k y_0 + 3(2^k - 1)$

und die spezielle Lösung unter Berücksichtigung von $y_0 = 1$

$y_k^{(s)} = 2^k \cdot 1 + 3(2^k - 1) = 4 \cdot 2^k - 3.$

Lineare Differenzengleichung 2. Ordnung

Normalform

$y_{k+2} + a_1 y_{k+1} + a_0 y_k = q(k), \quad k \in \mathbf{N}, a_0 \neq 0$

> Die allgemeine Lösung y einer linearen inhomogenen Differenzengleichung setzt sich additiv aus der allgemeinen Lösung $y^{(h)}$ der zugehörigen homogenen Differenzengleichung und einer speziellen Lösung $y^{(p)}$ der inhomogenen Differenzengleichung zusammen.

Vorgehensweise

1. Lösen der zugehörigen homogenen Differenzengleichung

$y_{k+2} + a_1 y_{k+1} + a_0 y_k = 0, \quad k \in \mathbf{N}$

Die homogene lineare Differenzengleichung besitzt zwei linear unabhängige Lösungen $y_k^{(1)}$ und $y_k^{(2)}$, die auf folgende Weise ermittelt werden:

1.1 Der Ansatz $y_k = \lambda^k$, $\lambda \neq 0$ wird in die homogene Dzgl. eingesetzt.

1.2 Es wird durch λ^k dividiert und die daraus resultierende charakteristische Gleichung $\lambda^2 + a_1\lambda + a_0 = 0$ gelöst.

1.3 Die beiden Lösungen dieser quadratischen Gleichung seien λ_1 und λ_2.

E

Dabei können die folgenden drei Fälle auftreten:

(a) $\lambda_1 \neq \lambda_2$ (Beide Lösungen sind reell und verschieden.)
Dann sind $y_k^{(1)} = \lambda_1^k$ und $y_k^{(2)} = \lambda_2^k$ die beiden linear unabhängigen Lösungen der homogenen Differenzengleichung.

(b) $\lambda_1 = \lambda_2 = \lambda$ (Beide Lösungen sind reell und gleich.)
Dann sind $y_k^{(1)} = \lambda^k$ und $y_k^{(2)} = k \cdot \lambda^k$ die beiden linear unabhängigen Lösungen der homogenen Differenzengleichung.

(c) λ_1 und λ_2 sind konjugiert komplex, d. h., sie haben die Form $\lambda_1 = \alpha + \beta \cdot \mathrm{i}$ und $\lambda_2 = \alpha - \beta \cdot \mathrm{i}$ (i – imaginäre Einheit, $\mathrm{i}^2 = -1$).
$y_k^{(1)} = r^k \cos k\varphi$ und $y_k^{(2)} = r^k \sin k\varphi$ sind zwei linear unabhängige Lösungen der homogenen Differenzengleichung mit $r = \sqrt{\alpha^2 + \beta^2}$ und $\tan\varphi = \dfrac{\beta}{\alpha}$.

1.4 Die allgemeine Lösung der Differenzengleichung ergibt sich aus der Linearkombination der linear unabhängigen Lösungen
$y_k^{(\mathrm{h})} = C_1 y_k^{(1)} + C_2 y_k^{(2)}$.

Beispiel 5.47

Es ist die homogene Differenzengleichung
$y_{k+2} - 4y_{k+1} + 4y_k = 0,\ k \in \mathbf{N}$ zu lösen.
Der Ansatz $y_k = \lambda^k$ eingesetzt liefert $\lambda^{k+2} - 4\lambda^{k+1} + 4\lambda^k = 0$.
Die Division durch λ^k ergibt die charakteristische Gleichung $\lambda^2 - 4\lambda + 4 = 0$.
Deren Lösungen lauten $\lambda_{1,2} = 2 \pm \sqrt{4-4} = 2 \pm 0$, also $\lambda_1 = \lambda_2 = 2$.
Daraus ergibt sich die allgemeine Lösung der homogenen Differenzengleichung
$y_k^{(\mathrm{h})} = C_1 \cdot 2^k + k \cdot C_2 2^k$.

Beispiel 5.48

Es ist die homogene Differenzengleichung
$y_{k+2} - 2y_{k+1} + 2y_k = 0,\ k \in \mathbf{N}$ zu lösen.
Der Ansatz $y_k = \lambda^k$ liefert $\lambda^{k+2} - 2\lambda^{k+1} + 2\lambda^k = 0$.
Die Division durch λ^k liefert die charakteristische Gleichung $\lambda^2 - 2\lambda + 2 = 0$.
Deren Lösungen lauten $\lambda_{1,2} = 1 \pm \sqrt{1-2} = 1 \pm \sqrt{\mathrm{i}^2} = 1 \pm \mathrm{i}$, also $\lambda_1 = 1 + \mathrm{i}$ und $\lambda_2 = 1 - \mathrm{i}$.
Weiterhin gilt $r = \sqrt{\alpha^2 + \beta^2} = \sqrt{1+1} = \sqrt{2}$ und $\tan\varphi = \dfrac{\beta}{\alpha} = \dfrac{1}{1} = 1$.
Damit ist $\varphi = \dfrac{\pi}{4}$.
Daraus ergibt sich die allgemeine Lösung der homogenen Differenzengleichung:
$y_k^{(\mathrm{h})} = C_1 \cdot (\sqrt{2})^k \cos k\dfrac{\pi}{4} + C_2(\sqrt{2})^k \sin k\dfrac{\pi}{4}$.
Über zusätzliche Anfangsbedingungen können die Größen C_1 und C_2 bestimmt werden.

2. Lösen der inhomogenen Differenzengleichung

Lösungen der inhomogenen Differenzengleichungen können durch einen speziellen Ansatz über Koeffizientenvergleich gefunden werden. Diese hängen von der rechten Seite $q(k)$ der Differenzengleichung ab.

Störfunktion	Ansatz
$q(k) = a^k(b_0 + b_1 k + \ldots + b_n k^n)$	$Q(k) = a^k(B_0 + B_1 k + \ldots + B_n k^n)$
$q(k) = a^k(b_1 \cdot \cos \varphi k + b_2 \cdot \sin \varphi k)$	$Q(k) = a^k(B_1 \cdot \cos \varphi k + B_2 \cdot \sin \varphi k)$

Hinweis (**Resonanzfall**): Ist a eine einfache reelle Lösung der charakteristischen Gleichung, wird der Ansatz um den Faktor k ergänzt, ist a zweifache reelle Lösung der charakteristischen Gleichung, ist der Faktor k^2 zu berücksichtigen.

Entsprechend ist der Ansatz um den Faktor k zu ergänzen, falls bei einer komplexen Lösung der charakteristischen Gleichung die Störfunktion Bestandteil der homogenen Lösung ist.

E

Beispiel 5.49

$y_{k+2} + y_{k+1} - 2y_k = 2^k, \quad k \in \mathbf{N}$

Zunächst wird die zugehörige homogene Differenzengleichung $y_{k+2} + y_{k+1} - 2y_k = 0$ gelöst.

Der Ansatz $y_k = \lambda^k$ liefert $\lambda^{k+2} + \lambda^{k+1} - 2\lambda^k = 0$.

Die Division durch λ^k liefert die charakteristische Gleichung $\lambda^2 + \lambda - 2 = 0$.

Deren Lösungen lauten $\lambda_{1,2} = -\frac{1}{2} \pm \sqrt{\frac{1+8}{4}} = -\frac{1}{2} \pm \frac{3}{2}$, also $\lambda_1 = 1$ und $\lambda_2 = -2$.

Daraus ergibt sich die allgemeine Lösung der homogenen Differenzengleichung:

$y_k^{(h)} = C_1 \cdot 1 + C_2(-2)^k$

Zur Bestimmung einer speziellen Lösung der inhomogenen Differenzengleichung wird der Ansatz $y_k = 2^k B_0$ gewählt.

Dieser wird in die inhomogene Differenzengleichung eingesetzt und mit der rechten Seite verglichen:

$y_{k+2} + y_{k+1} - 2y_k = 2^{k+2}B_0 + 2^{k+1}B_0 - 2 \cdot 2^k B_0 = B_0(4 + 2 - 2)2^k = 2^k$.

Dieses gilt für $B_0 = 0{,}25$ und die spezielle Lösung der inhomogenen Differenzengleichung lautet $y_k^{(p)} = 2^k \cdot 0{,}25$ und die allgemeine Lösung

$y_k = C_1 + C_2(-2)^k + 0{,}25 \cdot 2^k$.

Beispiel 5.50 (Resonanzfall)

Für die Differenzengleichung $y_{k+2} - 4y_{k+1} + 4y_k = 2^k$, $k \in \mathbf{N}$, lautet die Lösung der zugehörigen homogenen Differenzengleichung $y_k^{(h)} = C_1 \cdot 2^k + C_2 \cdot k \cdot 2^k$

($\lambda = 2$ ist doppelte Nullstelle der charakteristischen Gleichung). Die Störfunktion enthält ebenfalls 2^k, damit ist die Ansatzfunktion um den Faktor k^2 zu ergänzen, also $y_k = k^2 \cdot B_0 \cdot 2^k$.
Eingesetzt in die inhomogene Differenzengleichung entsteht

$$(k+2)^2 \cdot B_0 \cdot 2^{k+2} - 4(k+1)^2 \cdot B_0 \cdot 2^{k+1} + 4 \cdot k^2 \cdot B_0 \cdot 2^k = 2^k.$$

Die Division durch 2^k und Auflösen der Klammern liefert

$$(k^2+4k+4) \cdot B_0 \cdot 4 - 4(k^2+2k+1) \cdot B_0 \cdot 2 + 4 \cdot k^2 \cdot B_0 = 1.$$

Zusammengefasst entsteht die Gleichung $8B_0 = 1$ mit der Lösung $B_0 = \frac{1}{8}$.
Die so ermittelte spezielle Lösung der inhomogenen Differenzengleichung lautet
$y_k^{(p)} = k^2 \cdot \frac{1}{8} \cdot 2^k$.

Damit ist die allgemeine Lösung $y_k = C_1 \cdot 2^k + C_2 \cdot k \cdot 2^k + k^2 \cdot \frac{1}{8} \cdot 2^k$.

Beispiel 5.51

Für den Bedarf eines Erzeugnisses gibt es die folgenden Prognosen.

(1) Zu Beginn wird ein Bedarf von 170 000 Stück geschätzt.

(2) Für die Folgejahre wird der jährliche Bedarf jeweils um etwa 10 % steigen.

(3) Ein zusätzlicher Ersatzbedarf entsteht durch die beschränkte Lebensdauer des Erzeugnisses. Schätzungen ergaben, dass 40 % der Erzeugnisse nach einem Jahr und 60 % der Erzeugnisse nach 2 Jahren ersetzt werden müssen.

y_k sei der Bedarf im Jahr k, y_0 der Bedarf im Jahre 0 ($y_0 = 170\,000$), dann gilt

$$y_1 = 1{,}1y_0 + 0{,}4y_0$$

$$y_2 = 1{,}1^2y_0 + 0{,}4y_1 + 0{,}6y_0$$

$$y_3 = 1{,}1^3y_0 + 0{,}4y_2 + 0{,}6y_1$$

$$\vdots$$

$$y_{k+2} = 1{,}1^{k+2}y_0 + 0{,}4y_{k+1} + 0{,}6y_k$$

bzw.

$$y_{k+2} - 0{,}4y_{k+1} - 0{,}6y_k = 1{,}1^{k+2}y_0$$

Wird keine geschlossene Lösung benötigt, kann unter Ausnutzung der Anfangswerte die Lösung numerisch berechnet werden.
Dazu wird die Differenzengleichung nach y_{k+2} aufgelöst und beginnend mit $k = 0$ werden die Werte y_k schrittweise berechnet.
Da hier eine inhomogene lineare Differenzengleichung mit konstanten Koeffizienten vorliegt, ist auch eine geschlossene Lösung möglich.
Die charakteristische Gleichung lautet $\lambda^2 - 0{,}4\lambda - 0{,}6 = 0$,
ihre Lösungen sind $\lambda_1 = 1$, $\lambda_2 = -0{,}6$.

Daraus ergibt sich die allgemeine Lösung der zugehörigen Differenzengleichung in der Form
$y_k = C_1 + C_2(-0{,}6)^k$.
Für die spezielle Lösung kommt der Ansatz $y_k = 1{,}1^k \cdot B_0$ infrage, da
$1{,}1^{k+2} = 1{,}1^k \cdot 1{,}1^2$.
Eingesetzt in die Differenzengleichung entsteht die folgende Beziehung
$1{,}1^{k+2} \cdot B_0 - 0{,}4 \cdot 1{,}1^{k+1} \cdot B_0 - 0{,}6 \cdot 1{,}1^k \cdot B_0 = 1{,}1^{k+2} \cdot y_0$.
Dividiert durch $1{,}1^k$ entsteht $(1{,}1^2 - 0{,}4 \cdot 1{,}1 - 0{,}6)B_0 = 1{,}1^2 \cdot y_0$, somit gilt $B_0 = 1{,}1^2/0{,}17 \cdot y_0 = 1{,}1^2/0{,}17 \cdot 170\,000 = 1{,}1^2 \cdot 1\,000\,000$, und die spezielle Lösung ist $y_k^{(p)} = 1\,000\,000 \cdot 1{,}1^{k+2}$.
Damit lautet die allgemeine Lösung der inhomogenen Differenzengleichung
$y_k = C_1 + C_2(-0{,}6)^k + 1\,000\,000 \cdot 1{,}1^{k+2}$.
Zur Bestimmung der Konstanten C_1 und C_2 können die folgenden Angaben ausgenutzt werden.

1. Der Anfangsbedarf y_0 beträgt 170 000 Stück.
2. Die Summe $170\,000 \cdot 1{,}1 + 0{,}4 \cdot 170\,000 = 255\,000$ liefert den Gesamtbedarf nach einem Jahr.

E

Dieses eingesetzt in die allgemeine Lösung für $k = 0$ und $k = 1$ liefert die folgenden Gleichungen:
$C_1 + C_2 + 1\,000\,000 \cdot 1{,}1^2 = 170\,000$, $\quad C_1 - 0{,}6 \cdot C_2 + 1\,000\,000 \cdot 1{,}1^3 = 255\,000$
mit den Lösungen $C_1 = -1\,062\,500$ und $C_2 = 22\,500$.
Unter Berücksichtigung der Anfangsbedingungen lautet die spezielle Lösung somit
$y_k^{(s)} = -1\,062\,500 + 22\,500 \cdot (-0{,}6)^k + 1\,000\,000 \cdot 1{,}1^{k+2}$.

6 Funktionen mit mehreren Variablen

6.1 Begriff und Eigenschaften

Eine **reellwertige Funktion mit n Variablen** $f\colon y = f(\boldsymbol{x}), \boldsymbol{x} \in \mathrm{D}_f \subseteq \mathbf{R}^n$, ist eine eindeutige Abbildung einer Teilmenge $\mathrm{D}_f \subseteq \mathbf{R}^n$ auf eine Teilmenge $\mathrm{W}_f \subseteq \mathbf{R}$.

D_f: **Definitionsbereich** von f W_f: **Wertebereich** von f

Beispiel 6.1

Betrachtet wird eine Zielfunktion f mit $Z = f(x_1, x_2, x_3) = 3x_1 + 5x_2 + 2x_3$ aus der linearen Optimierung. Der Definitionsbereich ist $\mathrm{D}_f \subseteq \mathbf{R}^3$, im Falle mit einer Nichtnegativitätsbedingung lautet er $\mathrm{D}_f = \{\boldsymbol{x}\colon x_i \geqq 0,\ i = 1, 2, 3\}$. Der Wertebereich dieser Funktion ist $\mathrm{W}_f \subseteq \mathbf{R}$.

Der Punkt $\boldsymbol{a} \subseteq \mathbf{R}^n$ habe die Eigenschaft, dass in jeder Umgebung $K(\boldsymbol{a}, r)$ Punkte $\boldsymbol{x} \neq \boldsymbol{a}$ enthalten sind, die zum Definitionsbereich der Funktion $f\colon y = f(\boldsymbol{x}), \boldsymbol{x} \in \mathrm{D}_f \subseteq \mathbf{R}^n$, gehören. Außerdem gelte $\boldsymbol{a} \in \mathrm{D}_f$, sodass $f(\boldsymbol{a})$ erklärt ist.
Gilt $\lim\limits_{\boldsymbol{x} \to \boldsymbol{a}} f(\boldsymbol{x}) = f(\boldsymbol{a})$, so heißt $f(\boldsymbol{x})$ **im Punkt $\boldsymbol{a}$ stetig**.
Wenn die Funktion diese Eigenschaft für alle $\boldsymbol{x}$ aus einer Menge $M \subseteq \mathrm{D}_f$ besitzt, so heißt sie in M **stetig**.

(Zur Definition des Grenzwertes $\boldsymbol{x} \to \boldsymbol{a}$ siehe z. B. Körth, 1993.)

Sind $y = f(\boldsymbol{x}), \boldsymbol{x} \in \mathrm{D}_f \subseteq \mathbf{R}^n$, und $y = g(\boldsymbol{x}), \boldsymbol{x} \in \mathrm{D}_f \subseteq \mathbf{R}^n$, in $\boldsymbol{x} = \boldsymbol{a}$ stetig, dann ist es auch jede Linearkombination $c_1 \cdot f(\boldsymbol{x}) + c_2 \cdot g(\boldsymbol{x}), c_1, c_2 \in \mathbf{R}$, ihr Produkt $f(\boldsymbol{x}) \cdot g(\boldsymbol{x})$ sowie ihr Quotient $\dfrac{f(\boldsymbol{x})}{g(\boldsymbol{x})}$, mit $g(\boldsymbol{x}) \neq 0$.

Beispiel 6.2

Die Produktionsfunktion x: $x = x(r_1, r_2) = 3 \cdot r_1^{0,7} \cdot r_2^{0,3}$ gibt einen Zusammenhang zwischen der Ausbringmenge (Output) x in Abhängigkeit von den Einsatzmengen r_1, r_2 zweier Produktionsfaktoren an. Diese Funktion ist für r_1, $r_2 > 0$ stetig, da für diesen Bereich auch die einzelnen Faktoren $r_1^{0,7}$, $r_2^{0,3}$ stetig sind.

6.2 Partielle Ableitungen, Gradient, HESSE-Matrix

Die für Funktionen mit einer Variablen bekannten Begriffe Grenzwert, Stetigkeit und Ableitung werden auf Funktionen mit mehreren Variablen übertragen.

Wenn der Grenzwert

$$\lim_{\Delta x_1 \to 0} \frac{f(a_1 + \Delta x_1, a_2, \ldots, a_n) - f(a_1, a_2, \ldots, a_n)}{\Delta x_1}$$

existiert, so wird er **partielle Ableitung erster Ordnung** der Funktion $f\colon y = f(\boldsymbol{x})$ nach x_1 im Punkt $\boldsymbol{x} = \boldsymbol{a}$ genannt.

Schreibweise: $f_{x_1}(\boldsymbol{a})$ oder $\left[\frac{\partial f(\boldsymbol{x})}{\partial x_1}\right]_{\boldsymbol{x}=\boldsymbol{a}}$

Bemerkungen

(1) Die Definitionen der Ableitungen nach den anderen Variablen verlaufen analog.

(2) Alle Variablen, nach denen nicht differenziert wird, werden als ***konstant*** *angesehen. Dabei sind die Regeln für das Differenzieren bei Funktionen mit einer unabhängigen Variablen entsprechend anzuwenden.*

(3) Die partiellen Ableitungen höherer Ordnung werden durch Wiederholung des für die Ableitung erster Ordnung bekannten Vorgehens gebildet.

M

Beispiel 6.3

Gegeben ist die Funktion f: $f(x, y, z) = \frac{x^2 \cdot y}{z}, \quad z \neq 0$

Die partiellen Ableitungen erster Ordnung lauten:

$$f_x = \frac{2x \cdot y}{z}, \quad f_y = \frac{x^2}{z}, \quad f_z = -\frac{x^2 \cdot y}{z^2}.$$

Die partiellen Ableitungen zweiter Ordnung sind:

$$f_{xx} = \frac{2y}{z}, \qquad f_{xy} = \frac{2x}{z}, \qquad f_{xz} = -\frac{2x \cdot y}{z^2},$$

$$f_{yx} = \frac{2x}{z}, \qquad f_{yy} = 0, \qquad f_{yz} = -\frac{x^2}{z^2},$$

$$f_{zx} = -\frac{2x \cdot y}{z^2}, \qquad f_{zy} = -\frac{x^2}{z^2}, \qquad f_{zz} = 2 \cdot \frac{x^2 \cdot y}{z^3}.$$

Satz von SCHWARZ

Die Funktion f: $y = f(\boldsymbol{x})$, $\boldsymbol{x} \in \mathrm{D}_f \subseteq \mathbf{R}^2$, besitze in einer Menge $M \subseteq \mathrm{D}_f$ die partiellen Ableitungen $f_{x_1x_2}(\boldsymbol{x})$ und $f_{x_2x_1}(\boldsymbol{x})$, weiterhin seien diese dort stetig. Dann gilt $f_{x_1x_2}(\boldsymbol{x}) = f_{x_2x_1}(\boldsymbol{x})$.

Dieser Satz gilt entsprechend für mehr als zwei Variable und für Ableitungen höherer Ordnung.

Gegeben sei eine Funktion f: $f(\boldsymbol{x})$ mit $\boldsymbol{x} \in \mathrm{D}_f \subseteq \mathbf{R}^n$.
Ist dann

(1) f partiell differenzierbar nach $x_1, x_2, \ldots, x_n$, so heißt der Vektor

$$\operatorname{grad} f(\boldsymbol{x}) = \begin{pmatrix} f_{x_1}(\boldsymbol{x}) \\ f_{x_2}(\boldsymbol{x}) \\ \vdots \\ f_{x_n}(\boldsymbol{x}) \end{pmatrix}$$

Gradient von f an der Stelle $\boldsymbol{x}$,

(2) f zweimal partiell differenzierbar nach $x_1, x_2, \ldots, x_n$, so heißt die Matrix

$$\boldsymbol{H}(\boldsymbol{x}) = \begin{pmatrix} f_{x_1x_1}(\boldsymbol{x}) & f_{x_1x_2}(\boldsymbol{x}) & \cdots & f_{x_1x_n}(\boldsymbol{x}) \\ f_{x_2x_1}(\boldsymbol{x}) & f_{x_2x_2}(\boldsymbol{x}) & \cdots & f_{x_2x_n}(\boldsymbol{x}) \\ \vdots & \vdots & \vdots & \vdots \\ f_{x_nx_1}(\boldsymbol{x}) & f_{x_nx_2}(\boldsymbol{x}) & \cdots & f_{x_nx_n}(\boldsymbol{x}) \end{pmatrix}$$

HESSE-Matrix von f an der Stelle $\boldsymbol{x}$.

Beispiel 6.4

Unter Ausnutzung der Berechnung aus Beispiel 6.3 lassen sich für die Funktion f: $f(x, y, z) = \dfrac{x^2 \cdot y}{z}$, $z \neq 0$, Gradient und HESSE-Matrix angeben:

$$\operatorname{grad}(f) = \begin{pmatrix} \dfrac{2x \cdot y}{z} \\ \dfrac{x^2}{z} \\ -\dfrac{x^2 \cdot y}{z^2} \end{pmatrix} \quad \text{und} \quad \boldsymbol{H}(x, y, z) = \begin{pmatrix} \dfrac{2y}{z} & \dfrac{2x}{z} & -\dfrac{2x \cdot y}{z^2} \\ \dfrac{2x}{z} & 0 & -\dfrac{x^2}{z^2} \\ -\dfrac{2x \cdot y}{z^2} & -\dfrac{x^2}{z^2} & 2 \cdot \dfrac{x^2 \cdot y}{z^3} \end{pmatrix}$$

Wegen des Satzes von SCHWARZ ist die HESSE-Matrix symmetrisch.

6.3 Vollständiges Differenzial, Fehlerrechnung und Elastizität

Wie bei Funktionen mit einer Variablen ist es von Interesse, möglichst einfach einen Zusammenhang zwischen den Funktionswerten für „leicht veränderte“ Variable und dem ursprünglichen Funktionswert herzustellen.

Es sei $f\colon y = f(\boldsymbol{x}),\ \boldsymbol{x} \in \mathrm{D}_f \subseteq \mathbf{R}^2$, eine nach allen Variablen differenzierbare Funktion und $\boldsymbol{a} \in \mathrm{D}_f$ fest vorgegeben.
Dann wird der Ausdruck $\mathrm{d}f(\boldsymbol{a}) = f_{x_1}(\boldsymbol{a})\ \mathrm{d}x_1 + f_{x_2}(\boldsymbol{a})\ \mathrm{d}x_2$ **totales** oder **vollständiges Differenzial** der Funktion f im Punkt $\boldsymbol{x} = \boldsymbol{a}$ genannt. Die beiden Summanden werden jeweils als **partielle Differenziale** bezeichnet.

Für kleine Änderungen der unabhängigen Variablen x_i gilt näherungsweise die folgende Abschätzung für den **absoluten Fehler** (**Fehlerformel**):

$$|\Delta f(\boldsymbol{a})| \leqq |f_{x_1}(\boldsymbol{a})| \cdot |\Delta x_1| + |f_{x_2}(\boldsymbol{a})| \cdot |\Delta x_2| + \left|f_{x_3}(\boldsymbol{a})\right| \cdot |\Delta x_3| + \cdots$$

Der Ausdruck $\Delta f(\boldsymbol{a})$ gibt näherungsweise die **absolute Änderung des Funktionswertes** an, der Ausdruck $\dfrac{\Delta f(\boldsymbol{a})}{f(\boldsymbol{a})}$ die **relative Änderung** (den **relativen Fehler**).

Bei bestimmten Anwendungen ist es auch sinnvoll, die Betragsstriche wegzulassen. Auf diese Weise kann dann zwischen Abweichungen nach unten oder oben unterschieden werden.

Beispiel 6.5

Gegeben ist eine Produktionsfunktion S mit $S(A, K) = 100 \cdot A^{0,6} \cdot K^{0,4}$. Dabei ist $S(A, K)$ das Sozialprodukt, A der Arbeitsinput und K der Kapitalinput. Die gegenwärtigen Werte seien für $A = 20$ und $K = 40$. Wie ändert sich $S(A, K)$ näherungsweise, wenn A um 10 % fällt und K um 10 % steigt?

Lösung

Da Änderungen nach oben bzw. nach unten gleichzeitig berücksichtigt werden müssen, werden in der Fehlerformel die Betragsstriche weggelassen:

$$\Delta S(A, K) = \frac{\partial S}{\partial A} \cdot \Delta A + \frac{\partial S}{\partial K} \cdot \Delta K.$$

Die partiellen Ableitungen lauten:

$$\frac{\partial S}{\partial A} = 100 \cdot 0{,}6 \cdot A^{-0,4} \cdot K^{0,4}, \quad \frac{\partial S}{\partial K} = 100 \cdot 0{,}4 \cdot A^{0,6} \cdot K^{-0,6}.$$

M

Die absoluten Änderungen von A und K betragen $\Delta A = -2$ und $\Delta K = 4$. Damit ist die Änderung von S näherungsweise

$\Delta S(20,40) = 60 \cdot 20^{-0,4} \cdot 40^{0,4} \cdot (-2) + 40 \cdot 20^{0,6} \cdot 40^{-0,6} \cdot 4 = -52{,}78.$

Dieses entspricht einer relativen Änderung von $\dfrac{\Delta S(20,40)}{S(20,40)} = \dfrac{-52{,}78}{2\,639{,}02} = -0{,}02.$

Das Sozialprodukt würde um 2 % sinken.

Partielle Elastizität

Ist $f(\boldsymbol{x}) \neq 0$ für alle $\boldsymbol{x} \in D_f \subseteq \mathbf{R}^n$, so wird der Term

$$\varepsilon\left(f(\boldsymbol{x}), x_i\right) = \varepsilon(y, x_i) = \frac{f_{x_i}(\boldsymbol{x}) \cdot x_i}{f(\boldsymbol{x})}$$

relative partielle Elastizität von f bezüglich x_i im Punkt $\boldsymbol{x}$ genannt.

Bemerkung

Die relative partielle Elastizität $\varepsilon\left(f(\boldsymbol{x}), x_i\right)$ gibt näherungsweise an, um wie viel Prozent sich $y = f(\boldsymbol{x})$ ändert, wenn x_i um ein Prozent vergrößert wird und alle anderen Einflussgrößen konstant bleiben (siehe auch Abschitt 5.4.3).

Beispiel 6.6

Betrachtet wird die gleiche Funktion wie in Beispiel 6.5. Deren partielle Elastizitäten lauten:

$$\varepsilon\left(S(A,K),A\right) = \frac{\partial S}{\partial A} \cdot \frac{A}{S} = 60 \cdot A^{-0,4} \cdot K^{0,4} \cdot \frac{A}{100 \cdot A^{0,6} \cdot K^{0,4}} = 0{,}6$$

$$\varepsilon\left(S(A,K),K\right) = \frac{\partial S}{\partial K} \cdot \frac{K}{S} = 40 \cdot A^{0,6} \cdot K^{-0,6} \cdot \frac{K}{100 \cdot A^{0,6} \cdot K^{0,4}} = 0{,}4$$

Wenn sich also A um 1 % ändert, so hat das eine Änderung von S um 0,6 % zur Folge. Entsprechend ändert sich S um 0,4 %, wenn sich K um 1 % ändert.

Eine 10 %-ige Verringerung von A lässt somit S um 6 % fallen. Eine Steigerung von K um 10 % bewirkt eine Steigerung von S um 4 %. Erfolgt beides gleichzeitig, fällt S um 2 % (siehe Beispiel 6.5).

6.4 Extremwertbestimmung

Eine Funktion $f\colon y = f(\boldsymbol{x}),\ \boldsymbol{x} \in D_f \subseteq \mathbf{R}^n$, hat im Punkt $\boldsymbol{x}_0 \in D_f$ ein **relatives Maximum** (bzw. **relatives Minimum**), wenn in einer Umgebung von $\boldsymbol{x}$ stets $f(\boldsymbol{x}) \leqq f(\boldsymbol{x}_0)$ (bzw. $f(\boldsymbol{x}) \geqq f(\boldsymbol{x}_0)$) gilt.

Notwendige Bedingung für Extremwerte

Wenn $y = f(\boldsymbol{x})$, $\boldsymbol{x} \in \mathrm{D}_f \subseteq \mathbf{R}^n$, in $\boldsymbol{x}_0 \in \mathrm{D}_f$ ein relatives Extremum besitzt und in diesem Punkt alle partiellen Ableitungen 1. Ordnung existieren, dann gilt notwendig $f_{x_i}(\boldsymbol{x}) = 0$, $i = 1, 2, \ldots, n$.
Speziell für $n = 2$ gilt $f_{x_1}(\boldsymbol{x}) = 0$, $f_{x_2}(\boldsymbol{x}) = 0$.

Besitzt $y = f(\boldsymbol{x})$, $\boldsymbol{x} \in \mathrm{D}_f \subseteq \mathbf{R}^n$, alle partiellen Ableitungen 1. Ordnung, so heißt jede Lösung des Gleichungssystems $f_{x_i}(\boldsymbol{x}) = 0$, $i = 1, 2, \ldots, n$ **stationärer Punkt** der Funktion f.

Hinreichende Bedingung für Extremwerte im $\mathbf{R}^2$

Ist die Funktion $f\colon y = f(\boldsymbol{x})$, $\boldsymbol{x} \in \mathrm{D}_f \subseteq \mathbf{R}^2$, zweimal stetig differenzierbar und gilt $f_{x_1}(\boldsymbol{x}) = 0$, $f_{x_2}(\boldsymbol{x}) = 0$ sowie die Bedingung
$\Delta(\boldsymbol{x}_0) = f_{x_1x_1}(\boldsymbol{x}_0) \cdot f_{x_2x_2}(\boldsymbol{x}_0) - f^2_{x_1x_2}(\boldsymbol{x}_0) > 0$, dann besitzt $f(\boldsymbol{x})$ an der Stelle $\boldsymbol{x} = \boldsymbol{x}_0$ einen **relativen Extremwert**.

Gilt zusätzlich $f_{x_1x_1}(\boldsymbol{x}_0) > 0$, so liegt ein **Minimum** vor,
$f_{x_1x_1}(\boldsymbol{x}_0) < 0$, so liegt ein **Maximum** vor.

Ist dagegen

$\Delta(\boldsymbol{x}_0) < 0$, so existiert **kein** Extremwert,
$\Delta(\boldsymbol{x}_0) = 0$, so ist keine Entscheidung möglich.

Beispiel 6.7

Gegeben ist die Funktion S mit $S(x, y) = x \cdot y + \dfrac{64}{x} + \dfrac{64}{y}$, $x, y \neq 0$.

Zur Ermittlung der Extremwerte werden alle partiellen Ableitungen erster Ordnung berechnet und diese gleich null gesetzt:

$$S_x = y - \frac{64}{x^2} = 0 \quad \text{und} \quad S_y = x - \frac{64}{y^2} = 0.$$

Dieses Gleichungssystem wird gelöst, indem die erste Gleichung nach y aufgelöst und in die zweite Gleichung eingesetzt wird:

$$y = \frac{64}{x^2}, \quad \text{damit} \quad x - \frac{64}{y^2} = x - \frac{64 \cdot x^4}{64^2} = x - \frac{x^4}{64} = x\left(1 - \frac{x^3}{64}\right) = 0$$

Aus dem letzten Ausdruck sind die Lösungen $x = 0$ und $x = 4$ ablesbar.
Die Lösung $x = 0$ entfällt wegen $x \neq 0$. Aus $x = 4$ folgt über Einsetzen in die erste Gleichung $y = 4$. Damit existiert ein stationärer Punkt $P(4, 4)$, der nun weiter zu untersuchen ist.

Für die hinreichenden Bedingungen werden die partiellen Ableitungen zweiter Ordnung benötigt: $S_{xx} = \frac{128}{x^3}$, $S_{yy} = \frac{128}{y^3}$, $S_{xy} = 1$.
Im stationären Punkt $P(4,4)$ nehmen diese Ableitungen folgende Werte an: $S_{xx}(4,4) = 2$, $S_{yy}(4,4) = 2$, $S_{xy}(4,4) = 1$.
Daraus ergibt sich für die hinreichende Bedingung

$$\Delta(x,y) = S_{xx} \cdot S_{yy} - S_{xy}^2 = 2 \cdot 2 - 1 = 3 > 0.$$

Damit existiert ein Extremwert. Da $S_{xx} > 0$, liegt ein Minimum vor.

Der zugehörige minimale Funktionswert beträgt $S(4,4) = 48$.

Bemerkung
Das zu lösende Gleichungssystem ist nur in speziellen Fällen relativ einfach lösbar. Manchmal kann eine Gleichung nach einer Variablen aufgelöst und in eine weitere Gleichung eingesetzt werden.

Allgemeine hinreichende Bedingung für Extremwerte

Der Ausdruck $Q(\boldsymbol{x}) = \boldsymbol{x}^{\mathrm{T}} \cdot \boldsymbol{H}(\boldsymbol{a}) \cdot \boldsymbol{x}$ wird als **quadratische Form bezeichnet** ($\boldsymbol{H}(\boldsymbol{a})$ ist die HESSE-Matrix für einen Punkt $\boldsymbol{a} = \boldsymbol{x}_0$).
Gilt $Q(\boldsymbol{x}) > 0$ für alle $\boldsymbol{x} \neq \boldsymbol{o}$, so heißt die Matrix $\boldsymbol{H}(\boldsymbol{a})$ **positiv definit**.
Gilt $Q(\boldsymbol{x}) < 0$ für alle $\boldsymbol{x} \neq \boldsymbol{o}$, so heißt die Matrix $\boldsymbol{H}(\boldsymbol{a})$ **negativ definit**.
Gibt es Vektoren $\boldsymbol{x}, \boldsymbol{y}$ mit $Q(\boldsymbol{x}) > 0$ und $Q(\boldsymbol{y}) < 0$, so heißt $\boldsymbol{H}(\boldsymbol{a})$ **indefinit**.

Bemerkung
Ist $\boldsymbol{H}(\boldsymbol{a})$ positiv definit, so ist $-\boldsymbol{H}(\boldsymbol{a})$ negativ definit.
*Eine symmetrische Matrix **A** ist genau dann positiv definit, wenn sämtliche Hauptabschnittsdeterminanten (siehe Abschnitt 2.1.1) positiv sind.*

Es sei $y = f(\boldsymbol{x})$, $\boldsymbol{x} \in D_f \subseteq \mathbf{R}^n$, und $y = f(\boldsymbol{x})$ besitze stetige partielle Ableitungen zweiter Ordnung nach allen Variablen. $\boldsymbol{a} = \boldsymbol{x}_0$ sei ein stationärer Punkt von f.
Dann besitzt f an der Stelle $\boldsymbol{a}$ ein **relatives** (lokales) **Minimum**, wenn die HESSE-Matrix $\boldsymbol{H}(\boldsymbol{a})$ **positiv** definit ist bzw. ein **relatives** (lokales) **Maximum**, wenn $-\boldsymbol{H}(\boldsymbol{a})$ **positiv definit** ist.

Beispiel 6.8

Die Funktion f: $f(x, y, z) = x^2 + y^2 + z^2 - xy - yz + 2x + 2y + 2z$ soll auf Extremstellen untersucht werden.

Lösung

Die notwendigen Bedingungen

$$f_x = 2x - y + 2 = 0$$

$$f_y = -x + 2y - z + 2 = 0$$

$$f_z = -y + 2z + 2 = 0$$

liefern das Gleichungssystem

$$\begin{aligned} 2x - y \qquad &= -2 \\ -x + 2y - z &= -2 \\ - y + 2z &= -2 \end{aligned}$$

mit der Lösung $x = -3$
$y = -4$
$z = -3.$

Damit lauten die Koordinaten des stationären Punktes $(-3, -4, -3)$.
Die hinreichenden Bedingungen werden über die HESSE-Matrix $\boldsymbol{H}(x, y, z)$ überprüft.

$\boldsymbol{H}(x, y, z) = \begin{pmatrix} 2 & -1 & 0 \\ -1 & 2 & -1 \\ 0 & -1 & 2 \end{pmatrix}$ ist positiv definit, da alle Hauptabschnittsdeterminanten positiv sind, denn für die einzelnen Hauptabschnittsdeterminanten gilt

$$D_1 = \det(2) = 2, \quad D_2 = \det\begin{pmatrix} 2 & -1 \\ -1 & 2 \end{pmatrix} = 3, \quad D_3 = \det\begin{pmatrix} 2 & -1 & 0 \\ -1 & 2 & -1 \\ 0 & -1 & 2 \end{pmatrix} = 4.$$

Somit liegt beim stationären Punkt mit den Koordinaten $(-3, -4, -3)$ ein Minimum vor. Dieses Minimum beträgt $f_{\min} = -10$.

6.5 Extremwertbestimmung mit Nebenbedingungen

Gegeben ist eine Funktion f: $y = f(\boldsymbol{x})$, $\boldsymbol{x} \in D_f \subseteq \mathbf{R}^n$, und eine Nebenbedingung $g(\boldsymbol{x}) = 0$, unter der die Funktion f ein Extremum annehmen soll. Eine Möglichkeit zur Lösung des Problems besteht darin, die Nebenbedingung nach einer Variablen aufzulösen und diese in $f(\boldsymbol{x})$ einzusetzen. Das führt auf eine gewöhnliche Extremwertaufgabe.
Eine weitere Möglichkeit bietet die **LAGRANGEsche Multiplikatorenmethode**.

M

Notwendige Bedingung (LAGRANGEsche Multiplikatorenmethode)

Für eine Hilfsfunktion F mit $F(\boldsymbol{x}, \lambda) = f(\boldsymbol{x}) + \lambda \cdot g(\boldsymbol{x})$ gilt unter der Voraussetzung, dass sie partiell differenzierbar ist:

$F_{x_i}(\boldsymbol{x}_0, \lambda) = 0, \quad i = 1, 2, \ldots$

$F_\lambda(\boldsymbol{x}_0, \lambda) = 0,$

falls im Punkt $\boldsymbol{x}_0$ ein Extremum mit Nebenbedingungen vorhanden ist (**stationärer Punkt**).

Die hinreichende Bedingung für dieses Problem ist sehr kompliziert. Ersatzweise können verschiedene Punkte aus der Umgebung unter Berücksichtigung der Nebenbedingung eingesetzt werden, um zu prüfen, ob sie dort kleinere bzw. größere Werte als das Extremum ergeben. Dabei ist auf Vollständigkeit zu achten (siehe Fichtenholz, 1997).

Beispiel 6.9

Gegeben ist die Produktionsfunktion $x = 3 \cdot r_1^{0,7} \cdot r_2^{0,3}$. Unter der Bedingung $x = 300$ soll die Kostenfunktion $K(r_1, r_2) = 7 \cdot r_1 + 3 \cdot r_2$ minimal werden.

Lösung

$F(r_1, r_2, \lambda) = 7 \cdot r_1 + 3 \cdot r_2 + \lambda \cdot (3 \cdot r_1^{0,7} \cdot r_2^{0,3} - 300)$

$F_{r_1} = 7 + \lambda \cdot 2{,}1 \cdot r_1^{-0,3} \cdot r_2^{0,3} = 0$

$F_{r_2} = 3 + \lambda \cdot 0{,}9 \cdot r_1^{0,7} \cdot r_2^{-0,7} = 0$

$F_\lambda = 3 \cdot r_1^{0,7} \cdot r_2^{0,3} - 300 = 0$

Die beiden ersten Gleichungen werden nach λ umgestellt und durcheinander dividiert ($\lambda \neq 0$). Dieses liefert $r_1 = r_2$. Die Ausnutzung der dritten Gleichung ergibt dann die Lösung $r_1 = r_2 = 100$.

6.6 Methode der kleinsten Quadrate (MkQ)

Für eine Analyse oder Prognose ist es häufig erforderlich, eine stetige Funktion f: $\hat{y} = f(x, \boldsymbol{a})$, $\boldsymbol{a} = (a_0, a_1, \ldots, a_{m-1}) \in \mathbf{R}^m$, zu ermitteln, die eine gegebene Wertetabelle (Messreihe) „möglichst gut" annähert.
Dabei seien n **Wertepaare** (x_i, y_i), $i = 1, 2, \ldots, n$, gegeben.

Solche Funktionen können

Geraden $\hat{y} = a_1 \cdot x + a_0$

Parabeln $\hat{y} = a_2 \cdot x^2 + a_1 \cdot x + a_0$

Exponentialfunktionen $\hat{y} = a_1 \cdot \mathrm{e}^{a_2 \cdot x} + a_0$ (Transformation notwendig)

Hyperbeln $\hat{y} = \frac{a_1}{x} + a_0$

oder andere Zusammenhänge darstellen (siehe Abschnitt 8.2.2). Sie werden als **Regressionsfunktionen** oder bei einer zeitlichen Abhängigkeit als **Trendfunktionen** bezeichnet.

Optimalitätskriterium

Die Summe der **Quadrate der Differenzen** der Messpunkte y_i von den Funktionswerten $f(x_i, \boldsymbol{a})$ soll in Abhängigkeit von $\boldsymbol{a}$ ein Minimum werden (siehe Bild 6.1), d. h.,

$$S(\boldsymbol{a}) = \sum_{i=1}^{n} [f(x_i, \boldsymbol{a}) - y_i]^2 \to \min, \qquad \boldsymbol{a} = (a_0, a_1, \ldots, a_{m-1}) \in \mathbf{R}^m,$$

also lauten die notwendigen Bedingungen

$$\frac{\partial S(\boldsymbol{a})}{\partial a_j} = 0, \qquad j = 0, 1, \ldots, m-1.$$

M

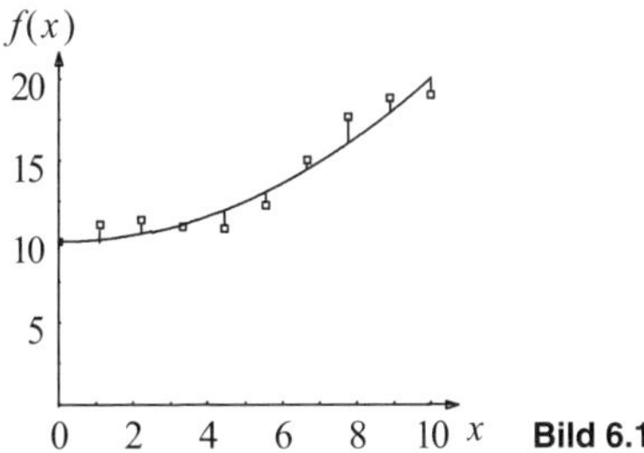

Bild 6.1

Es liegt eine **Extremwertaufgabe** für die Variablen $a_0, a_1, \ldots, a_{m-1}$ vor. Dabei ist im Allgemeinen ein nichtlineares Gleichungssystem zu lösen. Die partiellen Ableitungen führen auf ein lineares Gleichungssystem, wenn die Größen a_i in den Ansatzfunktionen **linear** vorkommen.

Das Vorgehen wird zunächst mit dem Ansatz $\hat{y} = a_1 \cdot x + a_0$ demonstriert.

Es gilt: $S(a_0, a_1) = \sum_{i=1}^{n} (a_1 x_i + a_0 - y_i)^2 \to \min$

Die partiellen Ableitungen liefern

$$\frac{\partial S(a_0,a_1)}{\partial a_0} = 2 \cdot \sum_{i=1}^{n} (a_1 x_i + a_0 - y_i) = 0$$

$$\frac{\partial S(a_0,a_1)}{\partial a_1} = 2 \cdot \sum_{i=1}^{n} (a_1 x_i + a_0 - y_i) \cdot x_i = 0$$

Daraus entsteht das folgende Gleichungssystem, bestehend aus den **Normalgleichungen** mit symmetrischer Koeffizientenmatrix.

$$n \cdot a_0 + \left(\sum_{i=1}^{n} x_i \right) \cdot a_1 = \sum_{i=1}^{n} y_i \quad \text{und}$$

$$\left(\sum_{i=1}^{n} x_i \right) \cdot a_0 + \left(\sum_{i=1}^{n} x_i^2 \right) \cdot a_1 = \sum_{i=1}^{n} x_i y_i$$

Die hierin auftretenden Summen können aus den gegebenen Wertepaaren bestimmt und das lineare Gleichungssystem kann gelöst werden.

Beispiel 6.10

Im Verlaufe von 10 Jahren wurden bei einer Maschine folgende Reparaturkosten ermittelt.

Jahr $i = x_i$	1	2	3	4	5	6	7	8	9	10
Kosten $R_i = y_i$	0,5	1	2	1,5	2,5	3,5	4	5	4,5	5,5

Der Kostenverlauf ist durch eine lineare Trendfunktion anzunähern.

Lösung

Zur Berechnung der Summen kann folgende Tabelle genutzt werden.

i	x_i	y_i	$x_i y_i$	x_i^2
1	1	0,5	0,5	1
2	2	1	2	4
3	3	2	6	9
4	4	1,5	6	16
5	5	2,5	12,5	25
6	6	3,5	21	36
7	7	4	28	49
8	8	5	40	64
9	9	4,5	40,5	81
10	10	5,5	55	100
Summe	55	30,0	211,5	385

Das entsprechende Gleichungssystem lautet:

$$10a_0 + \ \ 55a_1 = \ \ 30$$
$$55a_0 + 385a_1 = 211{,}5$$

Es besitzt die Lösungen $a_0 = -0{,}1$ und $a_1 = 0{,}564$.
Damit lassen sich die Reparaturkosten näherungsweise beschreiben durch $R(i) = 0{,}564 \cdot i - 0{,}1$.

Im Weiteren wird der Ansatz $\hat{y}(x) = a_1 \cdot \ln x + a_0$ betrachtet.
Die zu minimierende Funktion S lautet:

$$S(a_0, a_1) = \sum_{i=1}^{n} (a_1 \cdot \ln x_i + a_0 - y_i)^2 \to \min$$

Die partiellen Ableitungen liefern unter Beachtung, dass nach den Variablen a_0 und a_1 differenziert wird

$$\frac{\partial S(a_0, a_1)}{\partial a_0} = 2 \cdot \sum_{i=1}^{n} (a_1 \cdot \ln x_i + a_0 - y_i) = 0$$

$$\frac{\partial S(a_0, a_1)}{\partial a_1} = 2 \cdot \sum_{i=1}^{n} (a_1 \cdot \ln x_i + a_0 - y_i) \cdot \ln x_i = 0$$

Die daraus entstehenden **Normalgleichungen** ergeben ein lineares Gleichungssystem mit symmetrischer Koeffizientenmatrix.

$$n \cdot a_0 + \left(\sum_{i=1}^{n} \ln x_i\right) \cdot a_1 = \sum_{i=1}^{n} y_i$$

$$\left(\sum_{i=1}^{n} \ln x_i\right) \cdot a_0 + \left(\sum_{i=1}^{n} (\ln x_i)^2\right) \cdot a_1 = \sum_{i=1}^{n} (\ln x_i) \cdot y_i$$

Die hierin auftretenden Summen werden zunächst aus den gegebenen Wertepaaren bestimmt. Anschließend ist das lineare Gleichungssystem zu lösen.

Beispiel 6.11

Die Bevölkerung einer Region verringerte sich im Verlaufe von 7 Jahren auf folgende Weise:

Jahr	1	2	3	4	5	6	7
Einwohner in Mio.	1,924	1,892	1,865	1,843	1,832	1,823	1,817

Diese Entwicklung ist durch den Ansatz $B(x) = a_0 + a_1 \cdot \ln x$ zu beschreiben. Mit wie vielen Einwohnern ist nach 8 Jahren zu rechnen?

M

Lösung

Zur Berechnung der Koeffizienten wird wieder eine Tabelle genutzt.

Jahr i	x_i	$\ln x_i$	$(\ln x_i)^2$	y_i	$(\ln x_i)y_i$
1	1	0	0	1,924	0
2	2	0,693	0,480	1,892	1,311
3	3	1,099	1,207	1,865	2,049
4	4	1,386	1,922	1,843	2,555
5	5	1,609	2,590	1,832	2,948
6	6	1,792	3,210	1,823	3,266
7	7	1,946	3,787	1,817	3,536
Summe		8,525	13,196	12,996	15,666

Die Koeffizienten des Gleichungssystems sind in der Summenzeile zu finden.

Die Normalgleichungen lauten:

$$\begin{aligned} 7a_0 + 8{,}525a_1 &= 12{,}996 \\ 8{,}525a_0 + 13{,}196a_1 &= 15{,}666 \end{aligned}$$

Dieses Gleichungssystem hat die Lösungen $a_0 = 1{,}926$ und $a_1 = -0{,}057$. Damit lässt sich der Bevölkerungsrückgang näherungsweise beschreiben durch

$B(x) = 1{,}926 - 0{,}057 \cdot \ln x.$

Nach 8 Jahren ($x = 8$) ist danach mit rund 1,815 Millionen Einwohnern zu rechnen.

7 Numerische Verfahren

Problemstellung

Der Einsatz der Computer ermöglicht die Behandlung von komplizierten wirtschaftlichen Problemen, die häufig nur mit numerischen Verfahren zu lösen sind. Numerische Verfahren sind Betrachtungsgegenstand der **Numerischen Mathematik**. Diese beschäftigt sich im Gegensatz zu den vorangegangenen Kapiteln mit der Problematik des **Rechnens mit Zahlen**. Während zum Beispiel in den Gebieten Lineare Algebra und Analysis mit mathematischen Größen exakt gerechnet werden kann, können bei der numerischen Berechnung unterschiedliche (objektive) **Fehler** wirksam werden. Das Spektrum der Auswirkungen dieser Fehler geht von unwesentlich bis katastrophal, d. h., das erhaltene numerische Resultat hat mit der Lösung des Problems nicht das Geringste zu tun.
Somit sind Lösungen, die mit numerischen Verfahren gewonnen wurden, immer gute oder schlechte Näherungslösungen. Ein teilweiser Ausweg sind symbolische Berechnungen mit dem Computer.

7.1 Fehlerarten

(1) Modellierungsfehler

Modellierungsfehler entstehen durch eine idealisierte (vereinfachte) mathematische Beschreibung des Problems, z. B. werden konstante Preise, unveränderliche Rahmenbedingungen (Restriktionen) vorausgesetzt oder Zusammenhänge linearisiert.

(2) Datenfehler

Datenfehler entstehen bei der Erfassung von Daten, z. B. durch Messfehler oder bei der statistischen Datenerfassung.

(3) Rundungsfehler bzw. Abbruchfehler

Rundungsfehler bzw. Abbruchfehler entstehen bei der Darstellung der Zahlen im Rechner.
Rundungsfehler sind abhängig von der gewählten Zahlendarstellung. Abbruchfehler entstehen durch Weglassen der restlichen Stellen.

(4) Verfahrensfehler

Verfahrensfehler treten auf, wenn z. B. stetige Probleme durch diskrete Probleme näherungsweise beschrieben werden:
Zum Beispiel beim Ersetzen von Differenzialgleichungen durch Differenzengleichungen, beim Ersetzen der Ableitung durch einen Differenzenquotienten oder bei der Trapezregel zur numerischen Integration.

7.2 Zahlendarstellungen

Die Menge der reellen Zahlen kann auf einem Rechner nicht realisiert werden.
Es ist die folgende Zahlendarstellung unter Verwendung einer endlichen und festen Anzahl von Mantissenstellen möglich.

Die Darstellung $z = \pm \sum_{i=n_1}^{n_2} d_i \cdot B^i$ wird als **Computerzahl** bezeichnet.

Dabei bedeuten:	B	die Basis des Zahlensystems,
	d_i	die Ziffern mit $d_i \in \{0, \ldots, B-1\}$
	n_1, n_2, i	ganze Zahlen.

Mit $n_1 < 0$ werden gebrochene Zahlen, mit $n_1 = 0$ ganze Zahlen dargestellt. Anstelle des Dezimalkommas wird häufig der Dezimalpunkt verwendet.

Beispiel 7.1

$B = 10$: $3{,}1416_{10} = 3 \cdot 10^0 + 1 \cdot 10^{-1} + 4 \cdot 10^{-2} + 1 \cdot 10^{-3} + 6 \cdot 10^{-4}$

$224_{10} = 2 \cdot 10^2 + 2 \cdot 10^1 + 4 \cdot 10^0$

$B = 8$: $224_8 = 2 \cdot 8^2 + 2 \cdot 8^1 + 4 \cdot 8^0 = 148_{10}$

Es wird zwischen den folgenden Zahlendarstellungen auf dem Computer unterschieden: ganze Zahlen (**Integer**), Festkommazahlen oder Festpunktzahlen (**Fixpoint**), Gleitkommazahlen oder Gleitpunktzahlen (**Floating-point**).
Bei allen Zahlendarstellungen ist die maximale Mantissenlänge n vorgegeben, bei Gleitkommazahlen darüber hinaus noch der Exponentenbereich.

Jede **Gleitkommazahl** y wird im Rechner wie folgt dargestellt:

$y = \pm d_1 . d_2 d_3 \ldots d_n \cdot B^k$ oder $y = \pm . d_1 d_2 \ldots d_n \cdot B^k$

Sie besteht aus dem Vorzeichen (+ oder −), einer n-stelligen Mantisse ($d_1 \ldots d_n$), dem Dezimalpunkt (.), der Basis (B) und dem Exponenten (k).

Auf dem Computer wird in der Regel die Basis $B=2$ für die Gleitkommadarstellung gewählt, die Mantissenlänge beträgt 32 Bit (single precision) oder 64 Bit (double precision).
Da nur Zahlen mit endlich vielen Ziffern auf dem Computer dargestellt werden können, entstehen Rundungs- bzw. Abbruchfehler. Damit sind folgende mathematische Gesetze nicht mehr uneingeschränkt gültig:

- Assoziativgesetz der Addition
- Kommutativgesetz der Addition
- Distributivgesetz

Durch eine geeignete Formelauswahl kann die Auswirkung von Rundungsfehlern reduziert werden.

7.3 Fehleranalyse

Konditionszahl

Liegt eine stetig differenzierbare Funktion vor, mit der ein Funktionswert $y=f(x)$ berechnet werden soll, ist es möglich, die Auswirkung eines Fehlers Δx von x durch $\Delta f(x) \approx f'(x) \cdot \Delta x$ auszudrücken (siehe Abschnitt 5.4.1).

Die Größe $K = |\, f'(x)\,|$ bestimmt die Verstärkung bzw. Verringerung des Eingangsfehlers bei der Funktionswertberechnung. Sie wird häufig als **absolute Konditionszahl** bezeichnet.

Bei Funktionen mit mehreren Variablen gilt das Entsprechende (siehe Fehlerformel Abschnitt 6.3).
Spezielle Konditionszahlen gibt es auch für die Lösung eines linearen Gleichungssystems $\boldsymbol{A}\cdot\boldsymbol{x}=\boldsymbol{b}$. Wird mit $\boldsymbol{A}$ die Koeffizientenmatrix bezeichnet, so gibt die Zahl $\operatorname{cond}(\boldsymbol{A}) = \|\boldsymbol{A}\| \cdot \|\boldsymbol{A}^{-1}\|$ über die Matrixnorm (siehe Abschnitt 7.4) die Verstärkung oder Verringerung des relativen Fehlers der Lösung $\boldsymbol{x}$ im Vergleich zu den relativen Fehlern von $\boldsymbol{A}$ und $\boldsymbol{b}$ an.

Ist die Konditionszahl $\operatorname{cond}(\boldsymbol{A})$ sehr viel größer als eins, können sich Fehler der Eingangsdaten entsprechend stark auf die Lösung auswirken.

Intervallarithmetik

Vorteil: Die auftretenden Fehler werden vollständig erfasst.
Nachteil: Die ermittelten Fehler können die tatsächlichen Auswirkungen beträchtlich überschätzen.

N

(1) Intervallzahl

$$[x] = \{x \mid \underline{x} \leqq x \leqq \overline{x}\}$$

(2) Intervalladdition

$$[x] + [y] = \left[\underline{x} + \underline{y}, \overline{x} + \overline{y}\right]$$

(3) Intervallsubtraktion

$$[x] - [y] = \left[\underline{x} - \overline{y}, \overline{x} - \underline{y}\right]$$

(4) Intervallmultiplikation

$$[x] \cdot [y] = \left[\min(\underline{x} \cdot \underline{y}, \underline{x} \cdot \overline{y}, \overline{x} \cdot \underline{y}, \overline{x} \cdot \overline{y}), \max(\underline{x} \cdot \underline{y}, \underline{x} \cdot \overline{y}, \overline{x} \cdot \underline{y}, \overline{x} \cdot \overline{y})\right]$$

(5) Intervalldivision

$$[x] / [y] = [x] \cdot 1/[y], \quad \text{mit} \quad 1/[y] = \left[1/\overline{y}, 1/\underline{y}\right], \quad 0 \notin [y]$$

(6) Intervalllänge

$$d(x) = \overline{x} - \underline{x}$$

Alle weiteren Rechenoperationen auf dem Rechner lassen sich auf die oben genannten Grundoperationen zurückführen. Bei der Realisierung dieser Operationen auf dem Rechner ist es sinnvoll, die Intervallrandpunkte nach außen zu runden, d. h., der linke Randpunkt wird stets abgerundet, der rechte stets aufgerundet. Somit werden wirklich alle Fehler erfasst.

Beispiel 7.2

Der dynamische Verschuldungsgrad V wird nach der Formel $V = \frac{F - Z}{C}$ berechnet. Hierbei bedeuten F das Fremdkapital, Z die zur Verfügung stehenden Zahlungsmittel und C das Cash-Flow. Das Fremdkapital wird in der Planungsphase voraussichtlich zwischen 310 T€ und 340 T€ liegen. Bei den zur Verfügung stehenden Zahlungsmitteln wird mit 130 T€ bis 160 T€ gerechnet und das Cash-Flow wird auf 550 T€ bis 600 T€ geschätzt. In welchem Bereich wird sich dann voraussichtlich der Verschuldungsgrad V bewegen?

Lösung

Verwendet wird die Intervallarithmetik (Angaben in T€) mit $F = [310; 340]$, $Z = [130; 160]$, $C = [550; 600]$:

$$V = \frac{[310;\ 340] - [130;\ 160]}{[550;\ 600]} = \frac{[150;\ 210]}{[550;\ 600]} = [0{,}25;\ 0{,}38].$$

Der dynamische Verschuldungsgrad V wird sich voraussichtlich zwischen 0,25 und 0,38 bewegen.

7.4 Grundbegriffe der Funktionalanalysis

Betrachtet werden Punkte im n-dimensionalen Raum $\mathbf{R}^n$ (Vektoren). Zwischen derartigen Punkten kann auf (unendlich) verschiedene Arten ein **Abstand** definiert werden. Drei wichtige Abstandsdefinitionen:

Es seien $\boldsymbol{x} = \begin{pmatrix} x_1 \\ x_2 \\ \vdots \\ x_n \end{pmatrix}$, $\boldsymbol{y} = \begin{pmatrix} y_1 \\ y_2 \\ \vdots \\ y_n \end{pmatrix}$ Elemente des $\mathbf{R}^n$.

Dann kann der **Abstand** folgendermaßen beschrieben werden:

(1) $d_1(\boldsymbol{x},\boldsymbol{y}) = \sqrt{\sum_{i=1}^{n}(x_i - y_i)^2}$ EUKLIDischer Abstand

(2) $d_2(\boldsymbol{x},\boldsymbol{y}) = \max_i(|x_i - y_i|),\ i = 1, 2, \ldots, n$ Maximum-Abstand

(3) $d_3(\boldsymbol{x},\boldsymbol{y}) = \sum_{i=1}^{n} |x_i - y_i|$ Manhattan-Abstand

Beispiel 7.3

Es ist der Abstand zwischen den beiden Punkten $\boldsymbol{x} = (2, 4)$ und $\boldsymbol{y} = (3, -1)$ mit diesen drei Abstandsdefinitionen zu bestimmen und zu vergleichen.

Lösung

(1) $d_1(\boldsymbol{x},\boldsymbol{y}) = \sqrt{(2-3)^2 + (4+1)^2} = \sqrt{1+25} = \sqrt{26} = 5{,}099$

(2) $d_2(\boldsymbol{x},\boldsymbol{y}) = \max(|2-3|, |4+1|) = \max(1, 5) = 5$

(3) $d_3(\boldsymbol{x},\boldsymbol{y}) = |2-3| + |4+1| = 1 + 5 = 6$

Die Abstände sind unterschiedlich. Geometrisch können sie mithilfe eines rechtwinkligen Dreiecks gedeutet werden.
Die Definition (1) entspricht der Länge der Hypotenuse, die Definition (2) entspricht der Länge der längeren der beiden Katheten, die Definition (3) der Summe der Länge beider Katheten.

Bemerkung

Dieser Abstandsbegriff ist z. B. auch geeignet, Unterschiede zwischen verschiedenen Unternehmen bez. einer vorgegebenen Anzahl von Kennziffern (evtl. gewichtet) zu messen.

Beispiel 7.4

Von zwei Unternehmen sind die folgenden Kennziffern bekannt:
Vermögensstruktur in %: 70 bzw. 78; Eigenkapitalquote in %: 85 bzw. 80;
Cash-Flow-Rate in %: 40 bzw. 43.
Dann beträgt der Unterschied in % gemäß $d_1 = 9{,}899$, $d_2 = 8$, $d_3 = 16$.

Metrischer Raum

Eine Menge X ist ein **metrischer Raum**, wenn für zwei beliebige Elemente $\boldsymbol{x}$, $\boldsymbol{y} \in X$ eine nichtnegative reelle Zahl $d(\boldsymbol{x},\boldsymbol{y})$ definiert ist, die **Abstand** zwischen den Elementen $\boldsymbol{x}$ und $\boldsymbol{y}$ heißt, und den folgenden Axiomen genügt:

(1) Äquivalenz $d(\boldsymbol{x},\boldsymbol{y}) = 0$ genau dann, wenn $\boldsymbol{x} = \boldsymbol{y}$ ist.
(2) Symmetrie $d(\boldsymbol{x},\boldsymbol{y}) = d(\boldsymbol{y},\boldsymbol{x})$
(3) Dreiecksungleichung $d(\boldsymbol{x},\boldsymbol{z}) \leqq d(\boldsymbol{x},\boldsymbol{y}) + d(\boldsymbol{y},\boldsymbol{z})$; $\quad \boldsymbol{x},\boldsymbol{y},\boldsymbol{z} \in X$

Die Abstände d_1, d_2 und d_3 erfüllen alle Axiome dieser Definition.

Norm eines Vektors

Die **Norm** eines Vektors ist eine reellwertige Funktion mit folgenden Eigenschaften:

(1) Es gilt $\|\boldsymbol{x}\| \geqq 0$, $\|\boldsymbol{x}\| = 0$ genau dann, wenn $\boldsymbol{x} = \boldsymbol{0}$
(2) Für alle $\boldsymbol{x}_1, \boldsymbol{x}_2 \in X$ gilt $\|\boldsymbol{x}_1 + \boldsymbol{x}_2\| \leqq \|\boldsymbol{x}_1\| + \|\boldsymbol{x}_2\|$
(3) Für alle $\boldsymbol{x} \in X$ und $c \in \mathbf{R}$ gilt $\|c \cdot \boldsymbol{x}\| = |\, c \,| \cdot \|\boldsymbol{x}\|$

Vektornormen

EUKLIDische Norm: $\|\boldsymbol{x}\|_2 = \sqrt{\sum\limits_{i=1}^{n} x_i^2}$

Summen- oder Betragsnorm: $\|\boldsymbol{x}\|_1 = \sum\limits_{i=1}^{n} |x_i|$

Maximumnorm: $\|\boldsymbol{x}\|_\infty = \max\limits_i |x_i|, \quad i = 1, 2, \ldots, n$

Für Vektoren aus dem n-dimensionalen Raum gilt allgemein folgende Ungleichung: $\|\boldsymbol{x}\|_\infty \leqq \|\boldsymbol{x}\|_2 \leqq \|\boldsymbol{x}\|_1$

Bemerkung

Die Norm kann unter anderem auch dazu genutzt werden, eine Rangfolge verschiedener Unternehmen bez. vorgegebener Kennziffern aufzustellen.

Beispiel 7.5

Für die Unternehmen aus Beispiel 7.4 ergeben sich die folgenden Bewertungen: EUKLIDische Norm: 117,15 bzw. 119,72; Summennorm: 195 bzw. 201; Maximumnorm: 85 bzw. 80. Das heißt, nach den ersten beiden Normen steht das zweite Unternehmen an erster Stelle, bei der Bewertung nach der Maximumnorm jedoch das erste.

Neben Vektornormen finden auch noch **spezielle Matrixnormen** Verwendung. Zu den Eigenschaften einer Vektornorm kommt hier bei verketteten Matrizen eine vierte Eigenschaft bezüglich der Multiplikation hinzu. Mit $\boldsymbol{A}$ wird eine Matrix vom Format (m,n) bezeichnet, $\boldsymbol{0}$ ist die Nullmatrix.

Norm einer Matrix

Die **Norm** einer Matrix ist eine reellwertige Funktion mit folgenden Eigenschaften:

(1) Es gilt $\|\boldsymbol{A}\| \geqq 0$, $\|\boldsymbol{A}\| = 0$ genau dann, wenn $\boldsymbol{A} = \boldsymbol{0}$.
(2) Es gilt $\|\boldsymbol{A}+\boldsymbol{B}\| \leqq \|\boldsymbol{A}\| + \|\boldsymbol{B}\|$.
(3) Es gilt $\|c \cdot \boldsymbol{A}\| = |c| \cdot \|\boldsymbol{A}\|$ für $c \in \mathbf{R}$.
(4) Es gilt $\|\boldsymbol{A} \cdot \boldsymbol{B}\| \leqq \|\boldsymbol{A}\| \cdot \|\boldsymbol{B}\|$ (falls $\boldsymbol{A}$ und $\boldsymbol{B}$ verkettet).

Matrixnormen für eine Matrix $\boldsymbol{A}_{(m,n)} = (a_{ij})$

Zeilensummennorm	**Spaltensummennorm**
$\|\boldsymbol{A}\|_z = \max\limits_i \sum\limits_{j=1}^{n} \|a_{ij}\|$, $i = 1, 2, \ldots, m$	$\|\boldsymbol{A}\|_s = \max\limits_j \sum\limits_{i=1}^{m} \|a_{ij}\|$, $j = 1, 2, \ldots, n$

7.5 Iterationsverfahren

Iterationsverfahren werden in der Numerischen Mathematik häufig angewandt. Das Grundprinzip besteht darin, dass eine bestimmte Rechenvorschrift so lange wiederholt wird, bis die Lösung des Problems mit der erforderlichen Genauigkeit erreicht worden ist. Ein solches Verfahren, das NEWTON-Verfahren, wurde im Abschnitt 5.4.4 dargestellt. Benötigt werden ein Startwert bzw. ein Startvektor, Aussagen zur Konvergenz und eine Iterationsvorschrift.

N

7.5.1 Fixpunktiteration bei nichtlinearen Gleichungen

Betrachtet wird eine Gleichung $f(x) = 0$ mit einer in der Regel reellen Variablen x. Diese Gleichung wird so umgeformt, dass sie die Darstellung $x = g(x)$ (Fixpunktdarstellung) erhält.

Beispiel 7.6

Form $f(x) = 0$ $\quad \ln x - x + 3 = 0$

Umformung $x = g(x)$ $\quad x = g_1(x) = \ln x + 3$ oder $x = g_2(x) = \mathrm{e}^{x-3}$

> Jede Lösung $x^* = x$ der Gleichung $x = g(x)$ wird als **Fixpunkt** bezeichnet.

Aus der Gleichung $x = g(x)$ wird ein Iterationsprozess entwickelt, indem eine Folge (x_k) konstruiert wird: $x_{k+1} = g(x_k)$. Diese Folge konvergiert, wenn der Anstieg der Funktion g in der Umgebung des Fixpunktes betragsmäßig kleiner als 1 ist:

> Die Funktion g sei in einem Intervall I in der Umgebung des Fixpunktes x^* stetig und differenzierbar, außerdem bilde die Funktion g das Intervall I in sich ab (d. h. $g(x) \in I$). Dann konvergiert die Iterationsfolge $x_{k+1} = g(x_k), k = 0, 1, 2, \ldots$ für einen beliebigen Startwert $x_0 \in I$, wenn für jedes $x \in I$ die Ungleichung $|g'(x)| \leqq m < 1$ gilt.

Beispiel 7.7

Gesucht sind die Nullstellen der Funktion f: $f(x) = \ln x - x + 3$. Über eine Wertetabelle (oder Skizze) können die Startwerte $x_0 = 0{,}2$ bzw. $x_0 = 4$ ermittelt werden.

Genutzt werden die Fixpunktdarstellungen $x_{k+1} = g_1(x_k) = \ln x_k + 3$ bzw. $x_{k+1} = g_2(x_k) = \mathrm{e}^{x_k-3}$ (vgl. Beispiel 7.6). Die Konvergenzbedingungen werden für die Startwerte überprüft. Es gilt $g_1'(x) = \dfrac{1}{x}$, $g_1'(4) = \dfrac{1}{4} = 0{,}25 < 1$ bzw. $g_2'(x) = \mathrm{e}^{x-3}$, $g_2'(0{,}2) = \mathrm{e}^{-2{,}8} = 0{,}061 < 1$.

Die Iteration für den ersten Startwert $x_0 = 4$ liefert:

$x_1 = g_1(4) = 4{,}386$; $\quad x_2 = g_1(4{,}386) = 4{,}478$; $\quad x_3 = g_1(4{,}478) = 4{,}499$;

$x_4 = g_1(4{,}499) = 4{,}503$; $\quad x_5 = g_1(4{,}503) = 4{,}505$; $\quad x_6 = g_1(4{,}505) = 4{,}505$.

Für den zweiten Startwert $x_0 = 0{,}2$ ergibt sich:

$x_1 = g_2(0{,}2) = 0{,}061$; $\quad x_2 = g_2(0{,}061) = 0{,}053$; $\quad x_3 = g_2(0{,}053) = 0{,}052$;

$x_4 = g_2(0{,}052) = 0{,}052$. Damit wurden die beiden Fixpunkte $x = 4{,}505$ und $x = 0{,}052$ ermittelt, die gleichzeitig die gesuchten Nullstellen sind.

7.5.2 Iterative Lösung linearer Gleichungssysteme

Es existiert eine Vielzahl von Iterationsverfahren zur Lösung von linearen Gleichungssystemen. Eines davon ist das JACOBI-Verfahren.

JACOBI-Verfahren

Betrachtet wird ein Gleichungssystem der Form $\boldsymbol{A} \cdot \boldsymbol{x} = \boldsymbol{b}$.
Dabei sei $\boldsymbol{A}$ eine quadratische Koeffizientenmatrix, $\boldsymbol{x}$ der Vektor der Unbekannten und $\boldsymbol{b}$ der Vektor der rechten Seite.
Zur Lösung des Gleichungssystems wird jeweils die i-te Gleichung nach x_i aufgelöst, d. h.,

$$x_i = \frac{b_i}{a_{ii}} - \sum_{\substack{j=1 \\ j \neq i}}^{n} \frac{a_{ij}}{a_{ii}} \cdot x_j, \qquad a_{ii} \neq 0, \quad i = 1, 2, \ldots, n.$$

Als Startvektor kann der Nullvektor $\boldsymbol{x}^{(0)} = \boldsymbol{o}$ oder ein eventuell günstigerer Wert gewählt werden.

Iterationsvorschrift für das JACOBI-Verfahren

$$x_i^{(k+1)} = \frac{b_i}{a_{ii}} - \sum_{\substack{j=1 \\ j \neq i}}^{n} \frac{a_{ij}}{a_{ii}} \cdot x_j^{(k)}, \qquad a_{ii} \neq 0, \quad i = 1, 2, \ldots, n, \quad x_j^{(0)} = 0$$

Übersichtlicher ist die Matrizenschreibweise. Dabei wird folgende Matrix $\boldsymbol{B} = \boldsymbol{D} - \boldsymbol{A}$ bestimmt, wobei $\boldsymbol{D}$ eine Diagonalmatrix ist, die die Diagonalelemente a_{ii} der Matrix $\boldsymbol{A}$ enthält.

$$\boldsymbol{x}^{(k+1)} = \boldsymbol{D}^{-1} \cdot \boldsymbol{B} \cdot \boldsymbol{x}^{(k)} + \boldsymbol{D}^{-1} \cdot \boldsymbol{b} \text{ mit } \boldsymbol{D} = \begin{pmatrix} a_{11} & 0 & & 0 \\ 0 & a_{22} & & 0 \\ \vdots & & \ddots & \vdots \\ 0 & 0 & \cdots & a_{nn} \end{pmatrix}$$

Startwert: $\boldsymbol{x}^{(0)} = \boldsymbol{o}$

Die Komponenten des $(k+1)$-ten Näherungsvektors werden aus den Komponenten des k-ten Näherungsvektors der Lösung berechnet.

Eine Matrix $\boldsymbol{A}_{(n,n)}$ heißt **diagonaldominant**, wenn die Diagonalelemente jeder Zeile betragsmäßig größer sind als die Summe der Beträge der restlichen Elemente dieser Zeile: $|a_{ii}| > \sum_{i \neq j} |a_{ij}|$, $i, j = 1, 2, \ldots, n$.

N

> Ist die vorliegende Koeffizientenmatrix **diagonaldominant**, so konvergiert das JACOBI-Verfahren für einen beliebigen Startvektor.

Bemerkung

Gleichungssysteme mit Diagonalmatrix treten u. a. bei der Spline-Interpolation auf (vgl. Abschnitt 7.9.2). Das JACOBI*-Verfahren ist bei Gleichungssystemen mit sehr vielen Gleichungen sinnvoll.*

Beispiel 7.8

Das folgende Gleichungssystem ist nach dem JACOBI-Verfahren zu lösen.

$$\begin{aligned}
4x_1 + x_2 \qquad\qquad &= 80\\
x_1 + 4x_2 + x_3 \qquad &= 100\\
x_2 + 4x_3 + x_4 &= 100\\
x_3 + 4x_4 &= 80
\end{aligned}$$

Lösung

Die Koeffizientenmatrix ist diagonaldominant, damit konvergiert das JACOBI-Verfahren. Alternativ wird dieses Gleichungssystem zunächst in der ausführlichen Schreibweise und anschließend unter Verwendung der Matrizenschreibweise gelöst.

a) Ausführliche Schreibweise

Um zur Iterationsdarstellung zu kommen, wird die erste Gleichung nach x_1, die zweite nach x_2 usw. aufgelöst.

Daraus entsteht die Iterationsvorschrift:

$$x_1^{(k+1)} = \frac{1}{4}(80 - x_2^{(k)}) \qquad x_2^{(k+1)} = \frac{1}{4}(100 - x_1^{(k)} - x_3^{(k)})$$

$$x_3^{(k+1)} = \frac{1}{4}(100 - x_2^{(k)} - x_4^{(k)}) \qquad x_4^{(k+1)} = \frac{1}{4}(80 - x_3^{(k)}) \qquad k = 0, 1, 2, \ldots$$

Als Startwerte werden $x_1^{(0)} = x_2^{(0)} = x_3^{(0)} = x_4^{(0)} = 0$ gewählt und auf der rechten Seite eingesetzt. Das liefert die ersten Näherungswerte:

$$x_1^{(1)} = \frac{1}{4}(80 - 0) = 20 \qquad x_2^{(1)} = \frac{1}{4}(100 - 0 - 0) = 25$$

$$x_3^{(1)} = \frac{1}{4}(100 - 0 - 0) = 25 \qquad x_4^{(1)} = \frac{1}{4}(80 - 0) = 20$$

Diese dienen wieder als Ausgangswerte für die nächste Näherung.

$$x_1^{(2)} = \frac{1}{4}(80 - 25) = 13{,}75 \qquad x_2^{(2)} = \frac{1}{4}(100 - 20 - 25) = 13{,}75$$

$$x_3^{(2)} = \frac{1}{4}(100 - 25 - 20) = 13{,}75 \qquad x_4^{(2)} = \frac{1}{4}(80 - 25) = 13{,}75$$

Dieses wird solange fortgesetzt, bis die gewünschte Genauigkeit erreicht ist. Die Lösung lautet $x_1 = x_4 = 15{,}79$; $x_2 = x_3 = 16{,}84$.

b) Matrixschreibweise (evtl. günstig bei Rechnern mit Matrixoperationen)
Es gilt

$$\boldsymbol{A}=\begin{pmatrix}4&1&0&0\\1&4&1&0\\0&1&4&1\\0&0&1&4\end{pmatrix},\quad \boldsymbol{D}=\begin{pmatrix}4&0&0&0\\0&4&0&0\\0&0&4&0\\0&0&0&4\end{pmatrix},$$

$$\boldsymbol{B}=\begin{pmatrix}0&-1&0&0\\-1&0&-1&0\\0&-1&0&-1\\0&0&-1&0\end{pmatrix},\quad \boldsymbol{b}=\begin{pmatrix}80\\100\\100\\80\end{pmatrix}$$

Die Iteration liefert mit $\boldsymbol{x}^{(0)}=\boldsymbol{o}$ (Nullvektor)

$$\boldsymbol{x}^{(1)}=\boldsymbol{D}^{-1}\cdot\boldsymbol{B}\cdot\boldsymbol{x}^{(0)}+\boldsymbol{D}^{-1}\cdot\boldsymbol{b}=\begin{pmatrix}20\\25\\25\\20\end{pmatrix}\quad\text{usw. bis zur Lösung }\boldsymbol{x}=\begin{pmatrix}15{,}79\\16{,}84\\16{,}84\\15{,}79\end{pmatrix}.$$

7.5.3 Iterative Lösung nichtlinearer Gleichungssysteme

Nichtlineare Gleichungssysteme treten zum Beispiel bei Optimierungsproblemen auf (Extremwertaufgaben für Funktionen mit mehreren Variablen). Ein recht kompliziertes Beispiel hierfür ist das Standortproblem (vgl. Abschnitt 9.1).
Ein nichtlineares Gleichungssystem kann allgemein in vektorieller Form geschrieben werden: $\boldsymbol{F}(\boldsymbol{x})=\boldsymbol{o}$ (Nullvektor), mit

$$\boldsymbol{x}=\begin{pmatrix}x_1\\x_2\\\vdots\\x_n\end{pmatrix},\qquad \boldsymbol{F}=\begin{pmatrix}f_1(\boldsymbol{x})\\f_2(\boldsymbol{x})\\\vdots\\f_n(\boldsymbol{x})\end{pmatrix}$$

N

Fixpunktiteration

Das Gleichungssystem wird wie bei Problemen mit einer Variablen auf die Form $\boldsymbol{x}=\boldsymbol{G}(\boldsymbol{x})$ gebracht. $\boldsymbol{G}(\boldsymbol{x})$ sei in der Umgebung U von $\boldsymbol{x}^*$ eine Abbildung in sich und es gelte für den Startwert $\boldsymbol{x}^{(0)}\in U$.
Die Iterationsvorschrift lautet $\boldsymbol{x}^{(k+1)}=\boldsymbol{G}(\boldsymbol{x}^{(k)})$.
Die Iterationsfolge konvergiert, wenn für die JACOBI-Matrix

$$\boldsymbol{G}'(\boldsymbol{x})=\begin{pmatrix}\dfrac{\partial g_1}{\partial x_1}&\cdots&\dfrac{\partial g_1}{\partial x_n}\\\vdots&&\vdots\\\dfrac{\partial g_n}{\partial x_1}&\cdots&\dfrac{\partial g_n}{\partial x_n}\end{pmatrix}\quad\text{die Bedingung}\quad\left\|\boldsymbol{G}'(\boldsymbol{x})\right\|\leqq k<1$$

für alle $\boldsymbol{x}$ in der Umgebung des Fixpunktes $\boldsymbol{x}^*$ erfüllt ist (siehe z. B. Schwetlick, 1991).

Diese Bedingung ist oft schwer nachzuweisen. Für das Standortproblem führt dieses Lösungsverfahren jedoch zur Lösung (siehe Abschnitt 9.5).

NEWTON-RAPHSON-Verfahren

Ausgangspunkt für das NEWTON-RAPHSON-Verfahren ist ein nichtlineares Gleichungssystem der Form $\boldsymbol{F}(\boldsymbol{x}) = \boldsymbol{o}$. Benötigt wird weiterhin die zugehörige JACOBI-Matrix $\boldsymbol{F}'(\boldsymbol{x})$.

Iterationsvorschrift

implizit: $\boldsymbol{F}(\boldsymbol{x}^{(k)}) + \boldsymbol{F}'(\boldsymbol{x}^{(k)}) \cdot (\boldsymbol{x}^{(k+1)} - \boldsymbol{x}^{(k)}) = \boldsymbol{o}$

In jedem Schritt ist ein lineares Gleichungssystem zu lösen.

explizit: $\boldsymbol{x}^{(k+1)} = \boldsymbol{x}^{(k)} - \boldsymbol{F}'^{-1}(\boldsymbol{x}^{(k)}) \cdot \boldsymbol{F}(\boldsymbol{x}^{(k)})$

In jedem Schritt ist die JACOBI-Matrix von $\boldsymbol{F}$ zu invertieren.

Die implizite Vorschrift ist weniger aufwendig, da in jedem Schritt nur ein lineares Gleichungssystem zu lösen ist. Zur Vereinfachung kann die im ersten Schritt ermittelte JACOBI-Matrix in jedem Schritt benutzt werden (**vereinfachtes NEWTON-Verfahren**) oder es werden die Werte der Ableitung jeweils näherungsweise über einen Differenzenquotienten ermittelt (siehe Abschnitt 7.10), indem die folgende Formel sinngemäß auf die zu ermittelnden partiellen Ableitungen angewandt wird:

$$\frac{\mathrm{d}f(x)}{\mathrm{d}x} \approx \frac{f(x+h) - f(x-h)}{2h}, \quad h \text{ genügend klein.}$$

Notwendige Voraussetzung für die Konvergenz ist die Nichtsingularität der JACOBI-Matrix. Praktisch erfolgt die Konvergenzuntersuchung durch Überprüfung der folgenden Bedingung:

$$\|x^{(k+1)} - x^{(k)}\| < \varepsilon, \quad \varepsilon \text{ gewünschte Genauigkeit.}$$

Beispiel 7.9

Zu lösen ist das nichtlineare Gleichungssystem:

$$f_1(x_1, x_2) = x_1^2 + x_1x_2 + x_2^2 - 19 = 0$$
$$f_2(x_1, x_2) = x_1 + x_1x_2 + x_2 - 11 = 0$$

Die zugehörige JACOBI-Matrix lautet:

$$\boldsymbol{F}' = \begin{pmatrix} \frac{\partial f_1}{\partial x_1} & \frac{\partial f_1}{\partial x_2} \\ \frac{\partial f_2}{\partial x_1} & \frac{\partial f_2}{\partial x_2} \end{pmatrix} = \begin{pmatrix} 2x_1 + x_2 & x_1 + 2x_2 \\ 1 + x_2 & x_1 + 1 \end{pmatrix}$$

Mit den Startwerten $x_1 = 1$ und $x_2 = 0$ liefert die explizite Iterationsvorschrift

$$\boldsymbol{x}^{(1)} = \boldsymbol{x}^{(0)} - \boldsymbol{F}'^{-1}(\boldsymbol{x}^{(0)}) \cdot \boldsymbol{F}(\boldsymbol{x}^{(0)}) = \begin{pmatrix} 1 \\ 0 \end{pmatrix} - \begin{pmatrix} 2 & 1 \\ 1 & 2 \end{pmatrix}^{-1} \cdot \begin{pmatrix} -18 \\ -10 \end{pmatrix} = \begin{pmatrix} 9{,}667 \\ 0{,}667 \end{pmatrix}$$

Ein weiterer Schritt liefert $\boldsymbol{x}^{(2)} = \begin{pmatrix} 5{,}544 \\ 0{,}769 \end{pmatrix}$. Dieses kann fortgesetzt werden, bis die Lösung $x_1 = 3$ und $x_2 = 2$ näherungsweise erreicht wird.

7.6 Direkte Lösungsverfahren der linearen Algebra

Ausgangspunkt der Betrachtungen ist ein lineares Gleichungssystem der Form $\boldsymbol{A} \cdot \boldsymbol{x} = \boldsymbol{b}$. Das Prinzip dieser Lösungsverfahren besteht darin, die Koeffizientenmatrix des Gleichungssystems mithilfe von Hauptelementen so zu transformieren, dass die Lösung leicht ermittelt werden kann.
Beim **Gauss-Algorithmus** wird eine Dreiecksmatrix konstruiert. Anschließend erfolgt eine Rückrechnung von unten nach oben. Bei der **Basistransformation** wird durch die Transformation eine Diagonalmatrix aufgebaut, die Lösung ist sofort ablesbar (siehe Abschnitt 2.3.5).
Für die numerische Lösung ist es sinnvoll, um Rundungsfehler gering zu halten, als Hauptelement immer das betragsmäßig größte Element auszuwählen. Dieses Vorgehen wird **Pivotisierung** genannt.

Für eine Koeffizientenmatrix $\boldsymbol{A}$ kann folgende Pivotisierung erfolgen:

Zeilenpivotisierung Hier wird das betragsmäßig größte Element in der Hauptzeile gesucht.

Spaltenpivotisierung Hier wird das betragsmäßig größte Element in der Hauptspalte gesucht.

globale Pivotisierung Es wird das betragsmäßig größte Element der Koeffizientenmatrix gesucht.

Beim Gauss-Algorithmus wird häufig die Spaltenpivotisierung (auch partielle Pivotisierung genannt) genutzt. Dagegen bietet sich bei der Basistransformation die globale Pivotisierung an.

N

7.7 Lösungsverfahren für Bandmatrizen

Der Rechenaufwand zur Lösung linearer Gleichungssysteme ist recht hoch. Zum Beispiel erfordert der Gauss-Algorithmus mindestens n^2 Speicherplätze (n – Anzahl der Unbekannten) und mehr als $n^3/3$ Rechenoperationen. In bestimmten Anwendungsfällen (z. B. bei der Spline-Interpolation) treten Gleichungssysteme mit einer Koeffizientenmatrix auf, in der in jeder Zeile jeweils maximal drei von null verschiedene Koeffizienten stehen: links und rechts vom Diagonalelement und das Diagonalelement selbst.
Eine solche Matrix wird als **Tridiagonalmatrix** bezeichnet. Sie hat die Bandbreite 3. Allgemein wird eine Matrix als **Bandmatrix** bezeichnet, wenn Nicht-Null-Elemente nur in einem bestimmten Abstand von der Diagonale auftreten.

Für den Spezialfall Tridiagonalmatrix wird nun ein Algorithmus vorgestellt, der nur auf die Nicht-Null-Elemente zurückgreift.
Ausgangspunkt ist die folgende Koeffizientenmatrix des Gleichungssystems $\boldsymbol{A} \cdot \boldsymbol{x} = \boldsymbol{b}$.

$$\boldsymbol{A} = \begin{pmatrix} a_1 & g_1 & & 0 \\ c_2 & a_2 & \ddots & \\ & \ddots & \ddots & g_{n-1} \\ 0 & & c_n & a_n \end{pmatrix}$$

Diese Matrix wird in ein Produkt zweier Matrizen $\boldsymbol{L}$ und $\boldsymbol{R}$ zerlegt:

$$\boldsymbol{A} = \boldsymbol{L} \cdot \boldsymbol{R} \quad \text{mit} \quad \boldsymbol{L} = \begin{pmatrix} d_1 & & & 0 \\ l_2 & d_2 & & \\ & \ddots & \ddots & \\ 0 & & l_n & d_n \end{pmatrix} \quad \text{und} \quad \boldsymbol{R} = \begin{pmatrix} 1 & r_1 & & 0 \\ & 1 & \ddots & \\ & & \ddots & r_{n-1} \\ 0 & & & 1 \end{pmatrix}$$

Anschließend kann das Gleichungssystem zerlegt und in zwei Schritten gelöst werden:

$$\boldsymbol{A} \cdot \boldsymbol{x} = \boldsymbol{b} \quad \text{bzw.} \quad \boldsymbol{L} \cdot \boldsymbol{R} \cdot \boldsymbol{x} = \boldsymbol{b} \quad \text{mit} \quad \boldsymbol{R} \cdot \boldsymbol{x} = \boldsymbol{y} \quad \text{und} \quad \boldsymbol{L} \cdot \boldsymbol{y} = \boldsymbol{b}$$

Lösungsalgorithmus (spezieller GAUSS-Algorithmus)

(1) ***LR***-Zerlegung $l_i = c_i \; (i = 2, 3, \ldots, n), \quad d_1 = a_1$

$$r_i = \frac{g_i}{d_i}, \quad d_{i+1} = a_{i+1} - l_{i+1} r_i \; (i = 1, \ldots, n-1)$$

(2) Vorwärtseinsetzen $\boldsymbol{L} \cdot \boldsymbol{y} = \boldsymbol{b}$

(***y***-Hilfsvektor) $y_1 = \dfrac{b_1}{d_1}, \quad y_i = \dfrac{b_i - l_i y_{i-1}}{d_i}, \quad i = 2, \ldots, n$

(3) Rückwärtseinsetzen $\boldsymbol{R} \cdot \boldsymbol{x} = \boldsymbol{y}$

(***x***-Lösung) $x_n = y_n$

$$x_i = y_i - r_i x_{i+1}, \quad i = n-1, n-2, \ldots, 1$$

(siehe auch Schwetlick, 1991)

7.8 Pseudolösungen

In der Praxis treten häufig nichtlösbare lineare Gleichungssysteme auf. Solche Gleichungssysteme werden durch unverträgliche Bedingungen hervorgerufen. Eine Lösung derartiger Probleme ist also nicht möglich. Es ist manchmal aber sinnvoll, nach der Lösung eines ähnlichen Gleichungssystems zu suchen, die möglichst wenig die Bedingungen des ursprünglichen Gleichungssystems verletzt. Diese kann mithilfe der Methode der kleinsten Quadrate realisiert werden.

$\boldsymbol{A} \cdot \boldsymbol{x} = \boldsymbol{b}$ sei ein unlösbares Gleichungssystem.

Die Forderung in EUKLIDischer Norm lautet dann $\|\boldsymbol{A} \cdot \boldsymbol{x} - \boldsymbol{b}\|_2^2 \to \min$.

Durch Differenzieren und Umformungen entsteht unter bestimmten Voraussetzungen ein lösbares Gleichungssystem, dessen Lösung das ursprüngliche System möglichst wenig verletzt, $\boldsymbol{A}^{\mathrm{T}} \cdot \boldsymbol{A} \cdot \boldsymbol{x} = \boldsymbol{A}^{\mathrm{T}} \cdot \boldsymbol{b}$. Die Gleichungen dieses Gleichungssystems werden als **Normalgleichungen**, deren Lösung als **Pseudolösung** oder **verallgemeinerte Lösung** bezeichnet (siehe z. B. Locher, 1993).
Diese Pseudolösung in das ursprüngliche Gleichungssystem eingesetzt, liefert den **Defekt** $\boldsymbol{d} = \boldsymbol{A} \cdot \boldsymbol{x} - \boldsymbol{b}$.

Beispiel 7.10

Gegeben ist das folgende unlösbare Gleichungssystem

$$\begin{aligned} x_1 - 2x_2 &= 9 \\ -2x_1 - 2x_2 &= -9 \\ x_1 + 4x_2 &= 3 \end{aligned}$$

Bestimmen der Pseudolösung: Die Koeffizientenmatrix und der Vektor der rechten Seite lauten:

$$\boldsymbol{A} = \begin{pmatrix} 1 & -2 \\ -2 & -2 \\ 1 & 4 \end{pmatrix}, \qquad \boldsymbol{b} = \begin{pmatrix} 9 \\ -9 \\ 3 \end{pmatrix}$$

Die Matrix $\boldsymbol{A}$ wird transponiert: $\boldsymbol{A}^{\mathrm{T}} = \begin{pmatrix} 1 & -2 & 1 \\ -2 & -2 & 4 \end{pmatrix}$ und mit $\boldsymbol{A}$ sowie mit $\boldsymbol{b}$ multipliziert.

$$\boldsymbol{A}^{\mathrm{T}} \cdot \boldsymbol{A} = \begin{pmatrix} 6 & 6 \\ 6 & 24 \end{pmatrix}, \qquad \boldsymbol{A}^{\mathrm{T}} \cdot \boldsymbol{b} = \begin{pmatrix} 30 \\ 12 \end{pmatrix}$$

Dadurch entsteht das Gleichungssystem (Normalgleichungen)

$$\begin{aligned} 6x_1 + 6x_2 &= 30 \\ 6x_1 + 24x_2 &= 12 \end{aligned}$$

mit der Lösung $x_1 = 6$ und $x_2 = -1$.
Der Defekt $\boldsymbol{d}$ gibt an, um welche Größe jede Gleichung verletzt wird.

Er beträgt in diesem Fall $\boldsymbol{d} = \boldsymbol{A} \cdot \begin{pmatrix} 6 \\ -1 \end{pmatrix} - \boldsymbol{b} = \begin{pmatrix} -1 \\ -1 \\ -1 \end{pmatrix}$.

7.9 Interpolation

Interpolation bedeutet, vorgegebene Funktionswerte in geeigneter Weise miteinander zu verbinden. Dabei gibt es unendlich viele Möglichkeiten. Die einfachste Form ist es, dafür Strecken zu nutzen, sodass ein Polygonzug entsteht. Weiterhin können Polynome unterschiedlichen Grades

verwandt werden. Entscheidend bei der Auswahl des Typs der Interpolationsfunktion ist das zu erreichende Ziel. Eine Interpolation ist nur dann sinnvoll, wenn die vorgegebenen Funktionswerte genau getroffen werden müssen. Das ist insbesondere bei technischen Konstruktionen der Fall, beispielsweise im Schiffbau und im Karosseriebau. Hier soll darüber hinaus eine möglichst glatte Oberfläche erzielt werden. Mithilfe eines Computers können solche Linien bzw. Flächen optisch dargestellt werden. Bei der **Approximation** ist es das Ziel, eine komplizierte Funktion durch eine einfachere darzustellen, wobei die dabei entstehenden Abweichungen möglichst gering sein sollen. Die **Interpolation stellt somit einen Spezialfall der Approximation** dar. Eine häufige Problemstellung besteht darin, eine gegebene Messreihe durch eine möglichst einfache geeignete Funktion zu beschreiben. Diese kann mithilfe der Methode der kleinsten Quadrate erfolgen (siehe Abschnitt 6.6).
Bei praktischen Problemstellungen ist das geeignete Verfahren auszuwählen. Unterliegen zum Beispiel die Messwerte zufälligen Schwankungen (in der Wirtschaft z. B. Preise, Umsatz, Kosten, Gewinn), so ist eine Interpolation unsinnig. In diesen Fällen ist die **Methode der kleinsten Quadrate** mit einer geeigneten Ansatzfunktion anzuwenden. Dürfen sich die Messwerte (insbesondere bei technischen Problemen) in bestimmten Toleranzbereichen bewegen, ist die Anwendung von ausgleichender Interpolation (z. B. Ausgleichs-Splines) sinnvoll. Diese Methode stellt eine Zwischenstufe zwischen der reinen Interpolation und der Methode der kleinsten Quadrate dar. Weiterhin können auch komplizierte Funktionen näherungsweise durch einfachere ersetzt werden (siehe z. B. Schwetlick, 1991).

7.9.1 Klassische Interpolation

Aufgabenstellung

Gegeben sind $n+1$ Wertepaare (x_i, y_i), $i = 0, 1, 2, \ldots, n$. Gesucht wird ein Polynom $P(x)$ n-ten Grades der Form

$$P(x) = a_0 + a_1 x + a_2 x^2 + \ldots + a_n x^n$$

mit zu bestimmenden a_i. Dabei ist die Forderung $P(x_i) = y_i \; \forall x_i$ zu erfüllen. Sind $n+1$ Zahlenpaare (x_i, y_j) mit $x_i \neq x_j$ für $i \neq j$ gegeben, ist das Interpolationspolynom eindeutig bestimmt.

Interpolation nach LAGRANGE

Zur Erfüllung der Forderung $P(x_i) = y_i$, $i = 0, 1, 2, \ldots, n$ werden die gegebenen x-Werte in das Polynom eingesetzt.

So entsteht ein Gleichungssystem bestehend aus $n+1$ Gleichungen mit $n+1$ Unbekannten.

$$
\begin{aligned}
a_0 &+ a_1x_0 + a_2x_0^2 + \ldots + a_nx_0^n = y_0\\
a_0 &+ a_1x_1 + a_2x_1^2 + \ldots + a_nx_1^n = y_1\\
&\vdots\\
a_0 &+ a_1x_n + a_2x_n^2 + \ldots + a_nx_n^n = y_n
\end{aligned}
$$

Dieses Gleichungssystem ist eindeutig lösbar.

Beispiel 7.11

Für folgende Wertepaare ist ein Polynom 3. Grades zu ermitteln.

i	0	1	2	3
x_i	0	1	2	4
y_i	1	0	−1	2

Lösung

Das entsprechende Gleichungssystem lautet

$$
\begin{aligned}
a_0 & & &= 1\\
a_0 + a_1 + a_2 + a_3 &= 0\\
a_0 + 2a_1 + 4a_2 + 8a_3 &= -1\\
a_0 + 4a_1 + 16a_2 + 64a_3 &= 2
\end{aligned}
$$

Dieses Gleichungssystem hat die Lösung:

$a_0 = 1$, $a_1 = -0{,}583\,333$, $a_2 = -0{,}625$, $a_3 = 0{,}208\,333$.

Somit lautet die interpolierende Funktion

$y = 0{,}208\,333x^3 - 0{,}625\,000x^2 - 0{,}583\,333x + 1$ (siehe Bild 7.1).

N

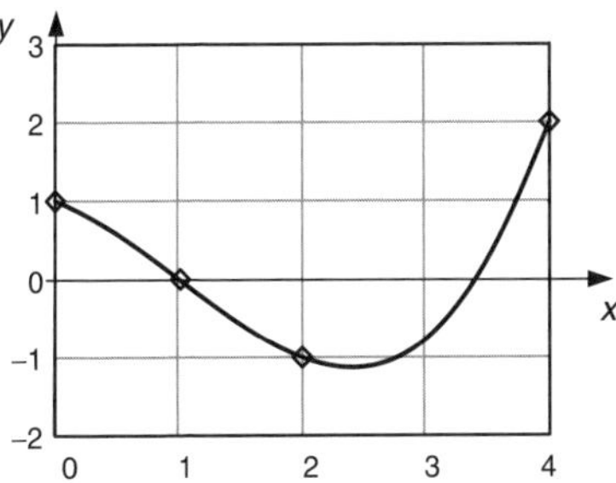

Bild 7.1

7.9.2 Spline-Interpolation

Im Gegensatz zur klassischen Interpolation wird die Interpolationsfunktion durch Polynome niedrigen Grades geeignet zusammengesetzt. Dadurch entsteht ein relativ glatter Kurvenzug.
Die Werte x_i werden als Stützstellen bezeichnet, $y_i = f(x_i)$ sind die dazugehörigen Funktionswerte.
Zwei wichtige Verfahren sollen vorgestellt werden, die **Spline-Interpolation 1. Grades** und die **Spline-Interpolation 3. Grades**.

Spline-Interpolation 1. Grades

Aufgabenstellung

Gegeben sind $n+1$ Wertepaare (x_i, y_i), $i = 0, 1, \ldots, n$.
Gesucht ist für jedes Intervall $[x_{i-1}, x_i]$ eine Funktion s_i ersten Grades, $i = 1, \ldots, n$, die der Bedingung $s_{i+1}(x_i) = s_i(x_i) = y_i$, $i = 1, 2, \ldots, n-1$ genügt.

Lösung

Für jedes Teilintervall wird aus den zwei Randpunkten mit den Wertepaaren (x_{i-1}, y_{i-1}) und (x_i, y_i), $i = 1, 2, \ldots, n$, die entsprechende Geradengleichung ermittelt.

$$y = \frac{y_i - y_{i-1}}{x_i - x_{i-1}} \cdot x - \frac{y_i - y_{i-1}}{x_i - x_{i-1}} \cdot x_{i-1} + y_{i-1}, \quad i = 1, 2, \ldots, n$$

Beispiel 7.12

Die folgenden Wertepaare sind durch eine Spline-Funktion 1. Grades zu verbinden.

i	0	1	2	3
x_i	0	1	2	4
y_i	1	0	−1	2

Lösung

Intervall	Funktion
$[0, 1]$	$y = -x + 1$
$[1, 2]$	$y = -x + 1$
$[2, 4]$	$y = 1{,}5x - 4$ (siehe Bild 7.2)

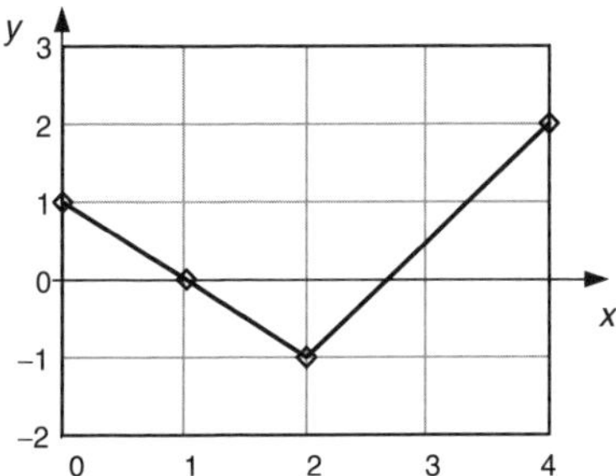

Bild 7.2

Spline-Interpolation 3. Grades

Bei der Spline-Interpolation 3. Grades (kubische Spline-Interpolation) besteht in den Stützstellen die Forderung, dass die Funktion dort zweimal stetig differenzierbar ist.

Aufgabenstellung

Gegeben sind $n+1$ Wertepaare (x_i, y_i), $i = 0, 1, \ldots, n$.
Für jedes Intervall $[x_{i-1}, x_i]$ ist eine Funktion s_i, $i = 1, \ldots, n$, (ein Polynom 3. Grades) mit den folgenden Eigenschaften zu bestimmen:

(1) Stetiger Übergang in den Stützstellen
$s_{i+1}(x_i) = s_i(x_i) = y_i, \quad i = 1, 2, \ldots, n-1,$

(2) gleicher Anstieg in den Stützstellen
$s'_{i+1}(x_i) = s'_i(x_i), \quad i = 1, 2, \ldots, n-1,$

(3) gleiche Krümmung in den Stützstellen (das wird durch Übereinstimmung der zweiten Ableitungen in den Stützstellen erreicht)
$s''_{i+1}(x_i) = s''_i(x_i), \quad i = 1, 2, \ldots, n-1.$

Diese Bedingungen führen auf ein lineares Gleichungssystem mit zwei freien Parametern.

Allgemeine Lösung

Die Länge der Teilintervalle, die unterschiedlich sein kann, wird mit h_i bezeichnet. Für das i-te Teilintervall hat die Funktion folgendes Aussehen ($i = 1, 2, \ldots, n$; $h_i = x_i - x_{i-1}$):

$$s_i(x) = m_{i-1}\frac{(x_i - x)^3}{6h_i} + m_i\frac{(x - x_{i-1})^3}{6h_i} + \left(y_{i-1} - \frac{m_{i-1}h_i^2}{6}\right)\cdot\frac{x_i - x}{h_i} + \left(y_i - \frac{m_i h_i^2}{6}\right)\cdot\frac{x - x_{i-1}}{h_i}$$

N

Die unbekannten Größen m_i können aus dem folgenden Gleichungssystem ermittelt werden. Für eine eindeutige Lösung sind zwei zusätzliche Randbedingungen erforderlich: $s_1''(x_0) = s_n''(x_n) = 0$ (natürliche Randbedingungen) liefern $m_0 = m_n = 0$, auch periodische oder HERMITE-Randbedingungen sind möglich (siehe Preuß, 2001).
Dabei entsteht eine Bandmatrix, die eine effektive Lösung ermöglicht (siehe Abschnitt 7.7):

$$\frac{h_i}{6}m_{i-1} + \frac{h_i + h_{i+1}}{3}m_i + \frac{h_{i+1}}{6}m_{i+1} = \frac{y_{i+1} - y_i}{h_{i+1}} - \frac{y_i - y_{i-1}}{h_i},$$

$i = 1, 2, \ldots, n-1;\ h_i = x_i - x_{i-1}$

Beispiel 7.13

Die folgenden Wertepaare sind durch eine kubische Spline-Funktion zu verbinden.

i	0	1	2	3
x_i	0	1	2	4
y_i	1	0	−1	2
h_i	–	1	1	2

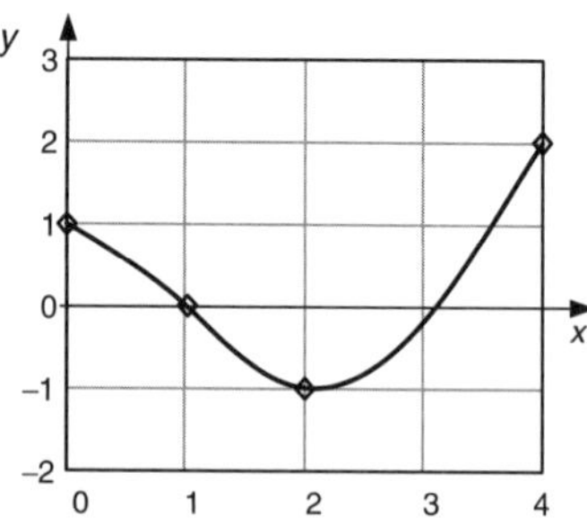

Bild 7.3

Lösung

Aufstellen des Gleichungssystems für die inneren Punkte. Dabei ist zu beachten: $h_1 = h_2 = 1$, $h_3 = 2$, $m_0 = m_3 = 0$

$$\frac{2}{3}m_1 + \frac{1}{6}m_2 = 0$$

$$\frac{1}{6}m_1 + \quad m_2 = \frac{5}{2}$$

Dessen Lösung lautet: $m_1 = -0{,}652\,174$, $m_2 = 2{,}608\,696$

In der folgenden Tabelle werden die einzelnen Funktionen aus den m_i, $i = 0, 1, 2, 3$ ermittelt (siehe auch Bild 7.3).

Intervall	Funktionswerte
[0, 1]	$s_1(x) = -0{,}652\,174 \cdot \frac{x^3}{6} + (1-x) + \frac{0{,}652\,174}{6} \cdot x$ $= -0{,}1087 \cdot x^3 - 0{,}8913 \cdot x + 1$
[1, 2]	$s_2(x) = -0{,}652\,174 \cdot \frac{(2-x)^3}{6} + 2{,}608\,696 \cdot \frac{(x-1)^3}{6}$ $+ \frac{0{,}652\,174}{6} \cdot (2-x) + \left(-1 - \frac{2{,}608\,698}{6}\right) \cdot (x-1)$ $= 0{,}5435 \cdot x^3 - 1{,}9565 \cdot x^2 + 1{,}0652 \cdot x + 0{,}3478$
[2, 4]	$s_3(x) = 2{,}608\,696 \cdot \frac{(4-x)^3}{12}$ $+ \left(-1 - \frac{2{,}608\,698 \cdot 4}{6}\right) \cdot \frac{4-x}{2} + 2 \cdot \frac{x-2}{2}$ $= -0{,}2174 \cdot x^3 + 2{,}6087 \cdot x^2 - 8{,}0652 \cdot x + 6{,}4348$

7.9.3 BÉZIER-Kurven

BÉZIER-Kurven werden durch Punkte $\boldsymbol{P}_i = (x_i, y_i)$, $i = 0, 1, \ldots, n$, definiert. Dabei liegen nur der erste und der letzte Punkt auf der Kurve und bestimmen den Anfangs- und den Endpunkt. Die restlichen Punkte üben eine **magnetische Wirkung** auf die BÉZIER-Kurve aus. Die Anzahl der vorgegebenen Punkte bestimmt den Grad der zu verwendenden Polynome. Für die $n+1$ Punkte werden Polynome n-ten Grades benötigt (siehe Locher, 1993).

Die Erzeugung von BÉZIER-Kurven erfolgt über BERNSTEIN-Polynome:

$$J_{n,i} = \binom{n}{i} \cdot t^i \cdot (1-t)^{n-i}, \quad n \text{ – Grad des Polynoms, } i = 0, 1, 2, \ldots, n$$

Die Punkte der Kurve werden über folgende Vektorfunktion ermittelt:

$$\boldsymbol{P}(t) = \sum_{i=0}^{n} \boldsymbol{P}_i \cdot J_{n,i}(t), \quad 0 \leqq t \leqq 1$$

$\boldsymbol{P}(0)$ Anfangspunkt der Kurve
$\boldsymbol{P}(1)$ Endpunkt der Kurve

Beispiel 7.14

Gegeben sind die Punkte $\boldsymbol{P}_i$ in Form von Vektoren $\boldsymbol{P}_0 = (1; 1)$, $\boldsymbol{P}_1 = (2; 3)$, $\boldsymbol{P}_2 = (4; 3)$, $\boldsymbol{P}_3 = (3; 1)$. Hier ist $n = 3$. Mit den entsprechenden BERNSTEIN-Polynomen wird die BÉZIER-Kurve über die folgende Darstellung berechnet.

$$\boldsymbol{P}(t) = \boldsymbol{P}_0 \cdot J_{3,0}(t) + \boldsymbol{P}_1 \cdot J_{3,1}(t) + \boldsymbol{P}_2 \cdot J_{3,2}(t) + \boldsymbol{P}_3 \cdot J_{3,3}(t), \quad t \in [0, 1]$$

N

Die benötigten BERNSTEIN-Polynome lauten:

$J_{3,0} = (1 - t)^3$

$J_{3,1} = 3t \cdot (1 - t)^2$

$J_{3,2} = 3t^2 \cdot (1 - t)$

$J_{3,3} = t^3$

Die Koeffizienten der BÉZIER-Kurve können für beliebig gewählte t-Werte mit $0 \leqq t \leqq 1$ ermittelt werden (siehe Tabelle).

t	$J_{3,0}(t)$	$J_{3,1}(t)$	$J_{3,2}(t)$	$J_{3,3}(t)$
0,00	1,000	0,000	0,000	0,000
0,15	0,614	0,325	0,057	0,003
0,35	0,275	0,444	0,239	0,043
0,50	0,125	0,375	0,375	0,125
0,65	0,043	0,239	0,444	0,275
0,85	0,003	0,057	0,325	0,614
1,00	0,000	0,000	0,000	1,000

Berechnung der Koordinaten für die ausgewählten Kurvenpunkte:

$\boldsymbol{P}(0) = \boldsymbol{P}_0 = (1; 1)$

$\boldsymbol{P}(0{,}15) = 0{,}614 \cdot \boldsymbol{P}_0 + 0{,}325 \cdot \boldsymbol{P}_1 + 0{,}057 \cdot \boldsymbol{P}_2 + 0{,}003 \cdot \boldsymbol{P}_3 = (1{,}504; 1{,}765)$

$\boldsymbol{P}(0{,}35) = 0{,}275 \cdot \boldsymbol{P}_0 + 0{,}444 \cdot \boldsymbol{P}_1 + 0{,}239 \cdot \boldsymbol{P}_2 + 0{,}043 \cdot \boldsymbol{P}_3 = (2{,}246; 2{,}365)$

$\boldsymbol{P}(0{,}50) = 0{,}125 \cdot \boldsymbol{P}_0 + 0{,}375 \cdot \boldsymbol{P}_1 + 0{,}375 \cdot \boldsymbol{P}_2 + 0{,}125 \cdot \boldsymbol{P}_3 = (2{,}750; 2{,}500)$

$\boldsymbol{P}(0{,}65) = 0{,}043 \cdot \boldsymbol{P}_0 + 0{,}239 \cdot \boldsymbol{P}_1 + 0{,}444 \cdot \boldsymbol{P}_2 + 0{,}275 \cdot \boldsymbol{P}_3 = (3{,}119; 2{,}365)$

$\boldsymbol{P}(0{,}85) = 0{,}003 \cdot \boldsymbol{P}_0 + 0{,}057 \cdot \boldsymbol{P}_1 + 0{,}325 \cdot \boldsymbol{P}_2 + 0{,}614 \cdot \boldsymbol{P}_3 = (3{,}261; 1{,}765)$

$\boldsymbol{P}(1) = \boldsymbol{P}_3 = (3; 1)$

In Bild 7.4 ist die komplette Kurve dargestellt.

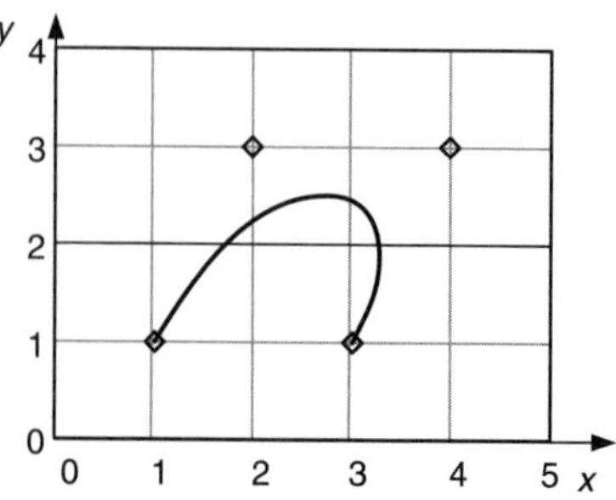

Bild 7.4

7.10 Numerische Differenziation

Modellierungen von Problemen können Ableitungen von Funktionen enthalten. Wenn sich diese nicht direkt auswerten lassen, ist es auch näherungsweise möglich. Ableitungen beliebiger Ordnung können durch **Differenzenausdrücke** ersetzt werden. Eine derartige Möglichkeit bietet der Differenzenquotient. Die dabei entstehenden Diskretisierungsfehler haben Einfluss auf die Genauigkeit der Lösung.
Das betrachtete Intervall $[a,b]$ wird in n äquidistante (gleich lange) Teilstücke der Länge $h = \frac{b-a}{n}$ unterteilt. Dabei entstehen die diskreten Werte x_i und mit ihnen die zugehörigen Funktionswerte $y_i = y(x_i)$.
Wichtig ist dabei die Fehlerordnung $O(h^n)$. Sie gibt die Veränderung des Diskretisierungsfehlers in Abhängigkeit von h an, d. h., halbiert sich z. B. bei $n = 2$ die Schrittweite h, so verringert sich der Fehler näherungsweise auf ein Viertel.
Einige wichtige Differenzenausdrücke sind ($y_i = y(x_i)$):

Ableitung	Näherung	Fehlerordnung	Bezeichnung
y'	$\frac{y_i - y_{i-1}}{h}$	$O(h)$	Rückwärtsdifferenz
y'	$\frac{y_{i+1} - y_i}{h}$	$O(h)$	Vorwärtsdifferenz
y'	$\frac{y_{i+1} - y_{i-1}}{2 \cdot h}$	$O(h^2)$	zentrale Differenz
y''	$\frac{y_{i-1} - 2 \cdot y_i + y_{i+1}}{h^2}$	$O(h^2)$	zentrale Differenz

Beispiel 7.15
Von der Funktion y mit $y(x) = \sqrt{1 + x^2}$ sind numerisch die erste und zweite Ableitung im Punkt $x = 1{,}5$ zu bestimmen.

Lösung

Zunächst ist die Größe h festzulegen. Gewählt wird $h = 0{,}1$. Damit ergeben sich die x_i-Werte 1,4; 1,5; 1,6 ($i = -1, 0, 1$)

$$y' \approx \frac{\sqrt{1+1{,}6^2} - \sqrt{1+1{,}5^2}}{0{,}1} = 0{,}840\,2;$$

$$y' \approx \frac{\sqrt{1+1{,}6^2} - \sqrt{1+1{,}4^2}}{2 \cdot 0{,}1} = 0{,}831\,7 \quad \text{(exakt: } 0{,}832\,1\ldots)$$

$$y'' \approx \frac{\sqrt{1+1{,}4^2} - 2 \cdot \sqrt{1+1{,}5^2} + \sqrt{1+1{,}6^2}}{0{,}1^2} = 0{,}171\,0 \quad \text{(exakt: } 0{,}170\,677\ldots)$$

Die zentralen Differenzen liefern die besseren Näherungen.

N

Beispiel 7.16

Gesucht ist die numerische Lösung der Differenzialgleichung $y'' + x \cdot y = 1$ im Intervall $[0, 1]$ mit den Randbedingungen $y(0) = 0$ und $y(1) = 0$.

Lösung

Verwendet wird die zentrale Differenz für die zweite Ableitung. Aus der Differenzialgleichung ergibt sich dann

$$\frac{y(x+h) - 2y(x) + y(x-h)}{h^2} + x \cdot y(x) = 1 \quad \text{bzw. nach Multiplikation mit } h^2$$

$$y(x+h) - 2y(x) + y(x-h) + h^2 \cdot x \cdot y(x) = h^2 \quad \text{und aufsteigend sortiert}$$

$$y(x-h) - (2 - h^2 \cdot x) \cdot y(x) + y(x+h) = h^2$$

Um den Rechenaufwand bei diesem Beispiel in Grenzen zu halten, wird $h = 0{,}2$ gewählt und die Bezeichnung $y_i = y(ih)$; $(i = 0, 1, \ldots, 5)$, verwendet.
Es entsteht das folgende Gleichungssystem für y_i $(x = ih)$:

$$i = 1: \quad y_0 - (2 - 0{,}04 \cdot 0{,}2) \cdot y_1 + y_2 = 0{,}04$$

$$i = 2: \quad y_1 - (2 - 0{,}04 \cdot 0{,}4) \cdot y_2 + y_3 = 0{,}04$$

$$i = 3: \quad y_2 - (2 - 0{,}04 \cdot 0{,}6) \cdot y_3 + y_4 = 0{,}04$$

$$i = 4: \quad y_3 - (2 - 0{,}04 \cdot 0{,}8) \cdot y_4 + y_5 = 0{,}04$$

mit der Koeffizientenmatrix $\boldsymbol{A}$ und der rechten Seite $\boldsymbol{b}$ unter Berücksichtigung von $y_0 = y(0) = 0$ und $y(1) = y_5 = 0$.

$$\boldsymbol{A} = \begin{pmatrix} -1{,}992 & 1 & 0 & 0 \\ 1 & -1{,}984 & 1 & 0 \\ 0 & 1 & -1{,}976 & 1 \\ 0 & 0 & 1 & -1{,}968 \end{pmatrix} \quad \text{und} \quad \boldsymbol{b} = \begin{pmatrix} 0{,}04 \\ 0{,}04 \\ 0{,}04 \\ 0{,}04 \end{pmatrix}$$

Dessen Lösung lautet

$$y_1 = y(0{,}2) = -0{,}084; \quad y_2 = y(0{,}4) = -0{,}126;$$

$$y_3 = y(0{,}6) = -0{,}127; \quad y_4 = y(0{,}8) = -0{,}085.$$

8 Statistik

8.1 Wahrscheinlichkeitsrechnung

8.1.1 Grundbegriffe

Gegenstand

1. Deterministische Erscheinungen

Deterministische Erscheinungen sind dadurch gekennzeichnet, dass aufgrund vorliegender Bedingungen die nachfolgenden Reaktionen eindeutig bestimmt sind, z. B. der freie Fall.

2. Zufällige (oder stochastische) Erscheinungen

Zufällige Erscheinungen können unter bestimmten Bedingungen eintreten, brauchen es aber nicht; es besteht keine zwingende Ursache-Wirkung-Beziehung, z. B.: Wettererscheinungen, Qualität von Erzeugnissen.
Untersuchungsgegenstand der Wahrscheinlichkeitsrechnung sind diese zufälligen (stochastischen) Erscheinungen.

Zufallsversuch, zufälliges Ereignis

Ein Versuch, der unter Beibehaltung eines festen Komplexes von Bedingungen beliebig oft wiederholbar ist und dessen Ergebnis im Bereich gewisser Möglichkeiten ungewiss ist, wird als **Zufallsversuch** bezeichnet.

Jedes Ergebnis eines Zufallsversuches wird ein **zufälliges Ereignis** genannt.

Ein Ereignis, das bei jeder Wiederholung eines Zufallsversuches als Ergebnis auftritt, wird **sicheres Ereignis** genannt. Es wird mit S oder Ω bezeichnet.

Ein Ereignis, das bei jeder Wiederholung eines Zufallsversuches niemals als Ergebnis auftreten kann, wird **unmögliches Ereignis** genannt. Es wird mit U oder $\emptyset$ bezeichnet.

Tritt mit dem Ereignis A stets auch das Ereignis B auf, dann **zieht das Ereignis A das Ereignis B nach sich**, $A \subseteq B$.

Zwei Ereignisse heißen **gleich** ($A = B$), wenn sowohl das Ereignis A das Ereignis B nach sich zieht ($A \subseteq B$) als auch umgekehrt das Ereignis B das Ereignis A nach sich zieht ($B \subseteq A$),

$(A \subseteq B) \wedge (B \subseteq A) \rightarrow (A = B)$.

Sind A und B Ereignisse, dann wird das Ereignis, das genau dann eintritt, wenn mindestens eines dieser beiden Ereignisse eintritt, als **Summe** (oder **Vereinigung**) $A \cup B$ der Ereignisse A und B bezeichnet.

Sind A und B Ereignisse, dann wird das Ereignis, das genau dann eintritt, wenn sowohl A als auch B eintritt, als **Produkt** (oder **Durchschnitt**) $A \cap B$ der Ereignisse A und B bezeichnet.

Zwei Ereignisse A und B werden **einander ausschließend**, **unvereinbar** oder **unverträglich** genannt, wenn ihr gemeinsames Auftreten unmöglich ist, d. h., wenn $A \cap B = U$ gilt.

Tritt ein Ereignis genau dann ein, wenn das Ereignis A nicht eintritt, wird es das zu dem Ereignis A **komplementäre Ereignis** $\overline{A}$ genannt.

Sind A und B Ereignisse, dann wird das Ereignis, das genau dann eintritt, wenn das Ereignis A, aber nicht das Ereignis B eintritt, **Differenz** der Ereignisse A und B genannt. Die Differenz wird mit $A \setminus B$ bezeichnet.

Die Ereignisse $A_1, A_2, A_3, \ldots, A_n$ bilden ein **vollständiges System** von Ereignissen, wenn im Ergebnis eines Versuches genau eines dieser Ereignisse eintreten muss.

Beispiel 8.1

Beim Würfeln sind die Ergebnisse 1, 2, 3, 4, 5, 6 möglich.
Es können z. B. folgende Ereignisse erklärt werden:

$A_k = \{k\}$, k sei die Augenzahl beim Würfeln
$B = \{2, 4\}$
$C = \{\text{gerade Zahl}\}$
$D = \{\text{ungerade Zahl}\}$
$E = \{1, 2, 3, 4, 5, 6\}$
$F = \{7\}$

Dann gilt z. B.: $E = S$ $\quad F = U$ $\quad B \subseteq C$
$A_1 \cup B = \{1,2,4\}$ $\quad A_1 \cap B = U$ $\quad A_2 \cup A_4 = B$
$B \cap C = B$ $\quad S \backslash C = D$ $\quad \overline{C} = D$

Vollständige Systeme sind z. B.: $A_1, A_2, A_3, A_4, A_5, A_6$
C, D
A_2, A_4, A_6, D

Eigenschaften von Ereignissen

$A \cup U = A$

$A \cup A = A$

$A \cup S = S$

$A \cup B = B \cup A$

$A \cup (B \cup C) = (A \cup B) \cup C$

$A \backslash B = A \cap \overline{B}$

$A \subseteq A \cup B, \qquad B \subseteq A \cup B$

$A \subseteq B \to A \cup B = B$

$A \cap (B \cup C) = (A \cap B) \cup (A \cap C)$

$A \cup (B \cap C) = (A \cup B) \cap (A \cup C)$

$\overline{A \cap B} = \overline{A} \cup \overline{B}$

$\overline{A \cup B} = \overline{A} \cap \overline{B}$

$A \cap \overline{A} = U$

$A \cup \overline{A} = S$

Beispiel 8.2

Eine Heizungsanlage bestehe aus 3 Pumpen, 2 Speichern und einem Brennwertgerät. Die Anlage ist funktionstüchtig, wenn wenigstens zwei Pumpen, ein Speicher und das Brennwertgerät funktionieren.
Nachstehende Ereignisse werden betrachtet.

$P_j =$ die j-te Pumpe ist intakt, $j = 1,2,3$
$S_i =$ der i-te Speicher ist intakt, $i = 1,2$
$B =$ das Brennwertgerät ist funktionstüchtig

Dann ist:
$P =$ die Pumpenanlage ist funktionstüchtig:
$P = (P_1 \cap P_2 \cap P_3) \cup (\overline{P}_1 \cap P_2 \cap P_3) \cup (P_1 \cap \overline{P}_2 \cap P_3) \cup (P_1 \cap P_2 \cap \overline{P}_3)$
$S =$ die Speicheranlage ist funktionstüchtig: $S = S_1 \cup S_2$
$A =$ die Anlage ist funktionstüchtig: $A = P \cap S \cap B$

S

Ereignisfeld

Führt die Anwendung der oben erklärten Operationen ($\cap$, $\cup$, $\overline{}$, $\setminus$) auf eine Menge von Ereignissen eines Zufallsversuches stets auf Ereignisse dieser Menge, so wird diese Menge ein **Ereignisfeld** genannt.

Ein Ereignisfeld besitzt folgende typische Eigenschaften:

(1) Es enthält das **sichere Ereignis** S und das **unmögliche Ereignis** U.

(2) Mit beliebigen Ereignissen $A_1, A_2, \ldots$ enthält es auch deren **Summe** $\bigcup\limits_i A_i$ sowie deren **Produkt** $\bigcap\limits_i A_i$.

(3) Mit beliebigem Ereignis A enthält es auch dessen **komplementäres Ereignis** $\overline{A}$.

Ein Ereignis eines Ereignisfeldes heißt **Elementarereignis** (auch atomares Ereignis), wenn es sich nicht als Summe von Ereignissen des Ereignisfeldes darstellen lässt, die vom unmöglichen Ereignis und dem betrachteten Ereignis selbst verschieden sind. **Zusammengesetzte Ereignisse** umfassen mehrere Elementarereignisse.

Bemerkung
Im Beispiel 8.1 sind z. B. die Ereignisse A_k Elementarereignisse und die Ereignisse B, C, D und E zusammengesetzt.

Wahrscheinlichkeit eines zufälligen Ereignisses

Für jedes zufällige Ereignis A (mit Ausnahme des unmöglichen Ereignisses U) besteht die objektive Möglichkeit, bei einem Zufallsversuch als Resultat zu erscheinen. Um mehrere Ereignisse hinsichtlich ihres Möglichkeitsgrades vergleichen zu können, ist es notwendig, ein quantitatives Maß für diesen Grad einzuführen.

Die **Wahrscheinlichkeit** (WK, englisch: **probability**) $P(A)$ eines zufälligen Ereignisses A ist die **quantitative Beschreibung** der objektiven Möglichkeit des Ereignisses, bei dem betreffenden Zufallsversuch als Ergebnis zu erscheinen.

Der Quotient $f_n(A) = \dfrac{h_n(A)}{n}$ wird die **relative Häufigkeit** des Ereignisses A genannt. n ist die **Anzahl** der Versuche. Die Anzahl, mit der das Ereignis eintritt, heißt **absolute Häufigkeit** $h_n(A)$.

Die relative Häufigkeit eines Ereignisses hat folgende Eigenschaften:

(1) Die relative Häufigkeit liegt zwischen 0 und 1, $0 \leqq f_n(A) \leqq 1$.

(2) Die relative Häufigkeit des **unmöglichen Ereignisses** ist null, $f_n(U) = 0$.

(3) Die relative Häufigkeit des **sicheren Ereignisses** ist 1, $f_n(S) = 1$.

(4) Für die relative Häufigkeit der **Summe** zweier Ereignisse gilt:

$$f_n(A \cup B) = f_n(A) + f_n(B) - f_n(A \cap B).$$

(5) Für die relative Häufigkeit des zum Ereignis A gehörigen **Komplementärereignisses** $\overline{A}$ gilt: $f_n(\overline{A}) = 1 - f_n(A)$.

(6) Die relative Häufigkeit $f_n(A)$ eines Ereignisses A, das ein Ereignis B nach sich zieht, ist höchstens so groß wie die relative Häufigkeit des Ereignisses B: $A \subseteq B \to f_n(A) \leqq f_n(B)$.

Statistische Bestimmung der Wahrscheinlichkeit

Für hinreichend großes n ist die relative Häufigkeit $f_n(A)$ eines Ereignisses A ein guter Näherungswert für die **Wahrscheinlichkeit** $P(A)$ des Ereignisses A: $P(A) \approx f_n(A) = \dfrac{h_n(A)}{n}$.

Axiomatische Definition der Wahrscheinlichkeit nach KOLMOGOROV

Für ein Ereignisfeld gilt:

Axiom 1: Jedem Ereignis A ist eine nichtnegative Zahl $P(A)$ zugeordnet. Diese Zahl heißt die **Wahrscheinlichkeit** des Ereignisses A mit $P(A) \geqq 0$.

Axiom 2: Die WK des sicheren Ereignisses S ist 1, $P(S) = 1$.

Axiom 3: Die Wahrscheinlichkeit der Summe zweier unverträglicher Ereignisse A und B ist gleich der Summe der WK der beiden Ereignisse, $P(A \cup B) = P(A) + P(B)$.
Die WK der Summe abzählbar unendlich vieler paarweise unverträglicher Ereignisse $A_1, A_2, \ldots$ ist gleich der Summe der WK dieser Ereignisse $P(\bigcup_i A_i) = \sum_i P(A_i)$.

S

Die Wahrscheinlichkeit eines Ereignisses hat folgende Eigenschaften:

(1) Wahrscheinlichkeiten liegen zwischen 0 und 1, $0 \leqq P(A) \leqq 1$.

(2) Die WK des unmöglichen Ereignisses ist 0, $P(U) = 0$.

(3) Bilden $A_1, \ldots, A_n$ ein vollständiges System, so gilt $\sum_{i=1}^{n} P(A_i) = 1$.

(4) Für zwei beliebige Ereignisse A und B gilt: $P(A \cup B) = P(A) + P(B) - P(A \cap B)$.

(5) Für die WK des zum Ereignis A gehörigen Komplementärereignisses $\overline{A}$ gilt: $P(\overline{A}) = 1 - P(A)$ oder $P(A) + P(\overline{A}) = 1$.

(6) Zieht das Ereignis A das Ereignis B nach sich, dann gilt: $P(A) \leqq P(B)$.

Klassische Definition der Wahrscheinlichkeit

Der klassische Wahrscheinlichkeitsbegriff ist an Ereignisfelder gebunden, deren Versuche nur **endlich viele gleichmögliche** Ausgänge haben.

Ein **LAPLACEsches Ereignisfeld** erfüllt folgende Bedingungen:

(1) Das Ereignisfeld enthält nur endlich viele Elementarereignisse.

(2) Das Auftreten dieser Elementarereignisse ist gleichmöglich.

Die **Wahrscheinlichkeit** $P(A)$ eines Ereignisses A, das einem LAPLACEschen Ereignisfeld mit n Elementarereignissen angehört, berechnet sich gemäß $P(A) = \frac{k}{n}$. Dabei bedeutet k die Anzahl derjenigen Elementarereignisse, die das Ereignis A nach sich ziehen.
k ist die Anzahl der für das Eintreten von A **günstigen** Ereignisse.
n ist die Anzahl der **möglichen** Ereignisse.

Beispiel 8.3

Gesucht ist die Wahrscheinlichkeit, mit zwei Würfen eines Würfels mindestens eine „6“ zu würfeln.

Lösung

A_i, $i = 1, 2$, sei das Ereignis, beim i-ten Wurf eine „6“ zu würfeln.

a) $P(A_1 \cup A_2) = P(A_1) + P(A_2) - P(A_1 \cap A_2) = \frac{1}{6} + \frac{1}{6} - \frac{1}{6} \cdot \frac{1}{6} = \frac{11}{36}$, oder

b) $$P(A_1 \cup A_2) = P((A_1 \cap \overline{A}_2) \cup (\overline{A}_1 \cap A_2) \cup (A_1 \cap A_2)) = \frac{5}{36} + \frac{5}{36} + \frac{1}{36} = \frac{11}{36}$$

Bedingte Wahrscheinlichkeit

Die **bedingte Wahrscheinlichkeit** $P(A \mid B)$ eines Ereignisses A unter der Bedingung B ist die Wahrscheinlichkeit für das Eintreten des Ereignisses A unter der Bedingung, dass das Ereignis B eingetreten ist. Es gilt:

$$P(A \mid B) = \begin{cases} \dfrac{P(A \cap B)}{P(B)}, & \text{für} \quad P(B) \neq 0 \\ 0, & \text{für} \quad P(B) = 0. \end{cases}$$

Beispiel 8.4

In einem Betrieb sind 96,7 % aller Erzeugnisse normgerecht (Ereignis N), 60 % aller Erzeugnisse gehören der Qualitätsstufe 1 (Ereignis $Q_1 \cap N$) an, 36,7 % gehören der Qualitätsstufe 2 (Ereignis $Q_2 \cap N$) an und 3,3 % sind Ausschuss (Ereignis A). Wie groß ist die Wahrscheinlichkeit dafür, dass ein normgerechtes Erzeugnis zur Qualitätsstufe Q_1 gehört?

Lösung

$$P(Q_1 \mid N) = \frac{P(Q_1 \cap N)}{P(N)} = \frac{0{,}6}{0{,}967} = 0{,}62$$

Damit entfallen 62 % der normgerechten Erzeugnisse auf die Qualitätsstufe 1 und 38 % auf die Qualitätsstufe 2.

Aus der Formel für bedingte Wahrscheinlichkeiten kann die Wahrscheinlichkeit des **Produkts** zweier Ereignisse A und B berechnet werden.

Multiplikationsregeln für Wahrscheinlichkeiten

$$P(A \cap B) = P(A \mid B) \cdot P(B)$$
$$P(A \cap B) = P(A) \cdot P(B \mid A)$$

S

Beispiel 8.5

Wie groß ist die Wahrscheinlichkeit, aus einem Kartenspiel mit 32 Karten zunächst eine Herzkarte und dann eine Karokarte zu ziehen?

Lösung

A – Ziehen einer Herzkarte als 1. Karte: $P(A) = \frac{8}{32} = \frac{1}{4}$

B – Ziehen einer Karokarte als 2. Karte: $P(B \mid A) = \frac{8}{31}$

$$P(A \cap B) = P(A) \cdot P(B \mid A) = \frac{8}{32} \cdot \frac{8}{31} = 0{,}065$$

Formel für die totale Wahrscheinlichkeit

Bilden die Ereignisse $A_1, A_2, \ldots, A_n$ ein vollständiges System, dann gilt für ein beliebiges Ereignis B: $P(B) = \sum_{i=1}^{n} P(A_i) \cdot P(B \mid A_i)$.

Beispiel 8.6

In einem Betrieb wird ein bestimmtes Erzeugnis gleichzeitig durch vier Anlagen gefertigt. Dabei wurden folgende Daten ermittelt:

Anlage	Anteil (%)	Ausschuss (%)
1	45	2
2	30	1
3	20	5
4	5	6

Alle Teile gelangen in ein Lager und es ist dort nicht mehr festzustellen, auf welcher Anlage sie produziert wurden.
Gesucht ist die Wahrscheinlichkeit dafür, dass ein aus dem Lager entnommenes Erzeugnis nicht den Qualitätsanforderungen entspricht.

Lösung

A_i – Fertigung auf der i-ten Anlage, $i = 1, 2, 3, 4$
B – Erzeugnis ist Ausschuss

Die Ereignisse A_i mit $i = 1, 2, 3, 4$ bilden ein vollständiges System, die Wahrscheinlichkeiten $P(B \mid A_i)$ mit $i = 1, 2, 3, 4$ sind bedingte Wahrscheinlichkeiten:

$P(A_1) = 0{,}45 \qquad P(B \mid A_1) = 0{,}02$

$P(A_2) = 0{,}3 \qquad P(B \mid A_2) = 0{,}01$

$P(A_3) = 0{,}2 \qquad P(B \mid A_3) = 0{,}05$

$P(A_4) = 0{,}05 \qquad P(B \mid A_4) = 0{,}06$

$P(B) = 0{,}45 \cdot 0{,}02 + 0{,}3 \cdot 0{,}01 + 0{,}2 \cdot 0{,}05 + 0{,}05 \cdot 0{,}06 = 0{,}025$

Bemerkung

*Die Formel für die totale Wahrscheinlichkeit entspricht dem **gewichteten** (gewogenen) **Mittelwert**, siehe Abschnitt 8.2.1.*

Formel von Bayes

Bilden die Ereignisse $A_1, A_2, \ldots, A_n$ ein vollständiges System, dann gilt für ein beliebiges Ereignis $B \neq U$:

$$P(A_i \mid B) = \frac{P(A_i) \cdot P(B \mid A_i)}{P(B)}.$$

Anwendung findet diese Formel, wenn eine bestimmte Wirkung (B) bekannt ist und eine endliche Anzahl von sich paarweise ausschließenden Ursachen (A_i) möglich sind. Der Einfluss der einzelnen Ursachen kann dann untersucht (quantifiziert) werden.

Zum Beispiel 8.6

Ein nicht normgerechtes Teil wird dem Lager entnommen. Mit welcher Wahrscheinlichkeit wurde es auf der 1. Anlage produziert?

Lösung

$$P(A_1 \mid B) = \frac{P(A_1) \cdot P(B \mid A_1)}{P(B)} = \frac{0{,}45 \cdot 0{,}02}{0{,}025} = 0{,}36$$

Ein Ereignis A heißt **unabhängig** von einem Ereignis $B \neq U$, wenn $P(A) = P(A \mid B)$ gilt. Ist diese Relation nicht erfüllt, dann heißt das Ereignis A **abhängig** vom Ereignis B.

Ist ein Ereignis A unabhängig von einem Ereignis B, dann ist ebenfalls das Ereignis B unabhängig vom Ereignis A.

Multiplikationssatz für unabhängige Ereignisse

Für **unabhängige Ereignisse** gilt: $P(A \cap B) = P(A) \cdot P(B)$.

S

Beispiel 8.7

Wie groß ist die Wahrscheinlichkeit, beim ersten Wurf eines Würfels eine „6“ (Ereignis A) und beim zweiten Wurf eine gerade Zahl (B) zu würfeln?

Lösung

$P(A) = \frac{1}{6} \qquad P(B) = \frac{3}{6}$

A und B sind unabhängig voneinander.

$$P(A \cap B) = P(A) \cdot P(B) = \frac{1}{6} \cdot \frac{3}{6} = \frac{1}{12}$$

Multiplikationssatz für n unabhängige Ereignisse

Für unabhängige Ereignisse $A_1, A_2, \ldots, A_n$ gilt: $P(\bigcap_{i=1}^{n} A_i) = \prod_{i=1}^{n} P(A_i)$.

Additionssatz für n unabhängige Ereignisse

Für unabhängige Ereignisse $A_1, A_2, \ldots, A_n$ gilt:

$$P(\bigcup_{i=1}^{n} A_i) = 1 - \prod_{i=1}^{n} [1 - P(A_i)].$$

Beispiel 8.8

Wie groß ist die Wahrscheinlichkeit, beim ersten Wurf eines Würfels eine „6“ (Ereignis A_1) oder beim zweiten Wurf eine gerade Zahl (A_2) zu würfeln?

Lösung

$$P(A_1) = \frac{1}{6} \qquad P(A_2) = \frac{3}{6}$$

$$P(\bigcup_{i=1}^{2} A_i) = 1 - \prod_{i=1}^{2}[1 - P(A_i)] = 1 - [1 - P(A_1)] \cdot [1 - P(A_2)] = 1 - \frac{5}{6} \cdot \frac{3}{6} = \frac{21}{36}$$

Zufallsvariable

Im Weiteren wird eine numerische Beschreibung der **Ergebnisse** von Zufallsversuchen vorgenommen. Dabei wird vorausgesetzt, dass sich jedes Resultat eines Zufallsversuches durch eine **reelle Zahl** erfassen lässt.

Eine **Zufallsvariable** (Zufallsgröße) ist eine Kenngröße, die die Ergebnisse eines Zufallsversuches quantitativ beschreibt. Ihre möglichen Werte werden **Realisierungen** der Zufallsvariablen genannt.

Eine Zufallsvariable heißt **diskret**, wenn sie nur endlich oder abzählbar unendlich viele Realisierungen besitzt.

Eine Zufallsvariable heißt **stetig**, wenn ihre Realisierungen alle reellen Zahlen eines Intervalls annehmen können; stetige Zufallsvariable haben überabzählbar viele Realisierungen.

Bemerkung

Die Zufallsvariable „Anzahl der Schüler einer Klasse“ ist z. B. eine diskrete Zufallsvariable, die Zufallsvariable „Größe der Schüler einer Klasse“ ist eine stetige Zufallsvariable.

Verteilungsfunktionen

Die **Verteilungsfunktion** F einer Zufallsvariablen X ist die für jede reelle Zahl x erklärte reellwertige Funktion, die die WK dafür angibt, dass X Realisierungen annimmt, die $\leqq x$ sind: $F(x) = P(X \leqq x)$.

Für die Verteilungsfunktion F einer Zufallsvariablen X gilt:

(1) $0 \leqq F(x) \leqq 1, \quad \lim_{x\to-\infty} F(x) = 0, \quad \lim_{x\to\infty} F(x) = 1$

(2) $F(x_1) \leqq F(x_2)$ für $x_1 < x_2$

(3) $P(a < X \leqq b) = F(b) - F(a)$ für $a < b$

8.1.2 Diskrete Verteilungen

Allgemeine diskrete Verteilungen

Die **Verteilungstabelle** einer diskreten Zufallsvariablen X ist ein Verzeichnis abzählbarer Realisierungen $x_1, x_2, x_3, \ldots$ und der zugehörigen Wahrscheinlichkeiten p_i mit $p_i = P(X = x_i) = f(x_i)$, $i = 1, 2, 3, \ldots$; (p_i – Einzelwahrscheinlichkeiten), mit denen die Zufallsvariable die Realisierungen annimmt. f ist die **Wahrscheinlichkeitsfunktion**.

Für die Wahrscheinlichkeiten einer diskreten Zufallsvariablen X gilt die **Vollständigkeitsrelation**: $\sum_i p_i = \sum_i P(X = x_i) = 1$.

Die Verteilungsfunktion einer diskreten Zufallsvariablen X ist eine **Treppenfunktion**. Sprungstellen sind die Realisierungen $x_1, x_2, x_3, \ldots$, Sprunghöhen sind die zugehörigen Wahrscheinlichkeiten $p_1, p_2, p_3, \ldots$

S

Ist eine diskrete Zufallsvariable X in Form einer Verteilungstabelle bzw. der Wahrscheinlichkeitsfunktion f gegeben, dann gilt für ihre **Verteilungsfunktion** F: $F(x) = P(X \leqq x) = \sum_{x_i \leqq x} f(x_i), \forall i$.

Für endlich viele Realisierungen gilt:

$$F(x) = P(X \leqq x) = \sum_{x_i \leqq x} f(x_i) = \begin{cases} 0 & \text{für} \quad x < x_1 \\ \sum_{i=1}^{k} p_i & \text{für} \quad x_k \leqq x < x_{k+1}, k = 1, 2, \ldots, n-1. \\ 1 & \text{für} \quad x_n \leqq x \end{cases}$$

Verteilungsparameter

Verteilungsparameter charakterisieren in einem gewissen Grade die Verteilung. Aus der Statistik kommen die Begriffe Mittelwert, Durchschnitt, Streuung, mittlere Abweichung vom Mittelwert usw. Diesen Größen entsprechen in der Wahrscheinlichkeitsrechnung die theoretischen Begriffe **Erwartungswert** und **Varianz**.

Als **Erwartungswert** E einer nach der Verteilungstabelle verteilten Zufallsvariable X

x_i	x_1	x_2	x_3	$\dots$
p_i	p_1	p_2	p_3	$\dots$

wird der Ausdruck $E(X) = \sum_i x_i \cdot p_i,\ \forall i$ bezeichnet.

Für den Erwartungswert einer diskreten Zufallsvariablen X gilt:

(1) Der Erwartungswert einer linearen Funktion von einer diskreten Zufallsvariablen X ist gleich derselben Funktion des Erwartungswertes $E(X)$, $E(a + b \cdot X) = a + b \cdot E(X)$; a, b konstant.

(2) Der Erwartungswert einer Summe n diskreter Zufallsvariablen X_i ist gleich der Summe der Erwartungswerte der Summanden

$$E\left(\sum_i X_i\right) = \sum_i E(X_i),\ \forall i.$$

(3) Der Erwartungswert eines Produkts n unabhängiger Zufallsvariablen ist gleich dem Produkt der Erwartungswerte der Faktoren

$$E\left(\prod_i X_i\right) = \prod_i E(X_i),\ \forall i.$$

Als **Varianz** Var einer diskreten Zufallsvariablen wird der Ausdruck

$$\operatorname{Var}(X) = \sigma^2(X) = E\left([X - E(X)]^2\right) = \sum_i [x_i - E(X)]^2 \cdot p_i,\ \forall i$$

bezeichnet.

Bemerkung
*Die Varianz ist gleichbedeutend mit dem **Erwartungswert des Quadrates der Abweichung** einer Zufallsvariablen von ihrem Erwartungswert.*

Für die Varianz Var (X) einer diskreten Zufallsvariablen X gilt:

(1) Die Varianz ist stets nichtnegativ: $\operatorname{Var}(X) = \sigma^2(X) \geqq 0$.

(2) **Verschiebungssatz**

$$\operatorname{Var}(X) = E(X^2) - E^2(X) = \sum_i x_i^2 \cdot p_i - \left(\sum_i x_i \cdot p_i\right)^2, \forall i.$$

(3) **Linearitätssatz**
Es gilt: $\operatorname{Var}(a + b \cdot X) = b^2 \cdot \operatorname{Var}(X)$; a, b konstant.

(4) Die Varianz einer Summe beliebig vieler unabhängiger diskreter Zufallsvariablen ist gleich der Summe der Varianzen der Summanden: $\operatorname{Var}\left(\sum_i X_i\right) = \sum_i \operatorname{Var}(X_i), \forall i.$

Die Quadratwurzel aus der Varianz Var (X) einer diskreten Zufallsvariablen X heißt **Standardabweichung** σ der Zufallsvariablen, $\sigma(X) = \sqrt{\operatorname{Var}(X)}$.

Beispiel 8.9

Für eine Klausur wurden die folgenden 18 Noten verteilt:

x_i – Note	1	2	3	4	5
h_i – Anzahl	6	4	4	2	2
p_i – Wahrscheinlichkeit	$\frac{6}{18}$	$\frac{4}{18}$	$\frac{4}{18}$	$\frac{2}{18}$	$\frac{2}{18}$

1. Es sollen die Einzelwahrscheinlichkeiten in der Wahrscheinlichkeitsfunktion und die Verteilungsfunktion dargestellt werden.
2. Erwartungswert und Standardabweichung sind zu berechnen.

Lösung

1. In Bild 8.1 sind die Wahrscheinlichkeitsfunktion f (obere Funktion) und die Verteilungsfunktion F (untere Funktion) dargestellt.
2. Berechnung des Erwartungswertes:
Für die Berechnung des Erwartungswertes wird unterstellt, dass die Klausurnoten metrisch skaliert sind. Für ordinal skalierte Merkmale ist es nicht sinnvoll, den Erwartungswert zu berechnen (siehe Abschnitt 8.2.1).

$$E(X) = 1 \cdot \frac{6}{18} + 2 \cdot \frac{4}{18} + 3 \cdot \frac{4}{18} + 4 \cdot \frac{2}{18} + 5 \cdot \frac{2}{18} = \frac{44}{18} = \frac{22}{9} = 2{,}44\overline{4}$$

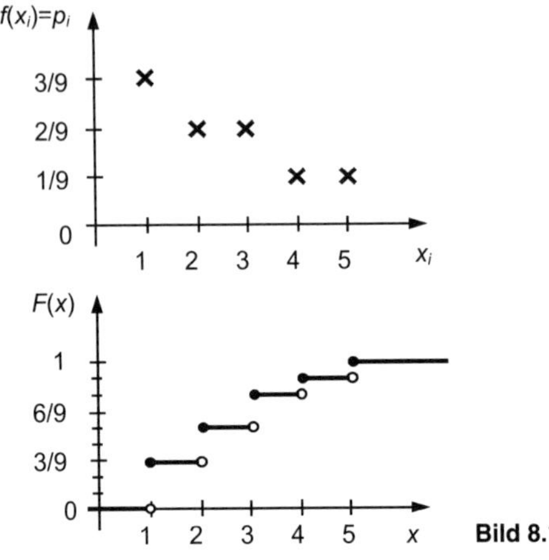

Bild 8.1

$$\operatorname{Var}(X)=\sum_{i=1}^{n}[x_i-E(X)]^2\cdot p_i=\left(1-\frac{22}{9}\right)^2\cdot\frac{6}{18}+\left(2-\frac{22}{9}\right)^2\cdot\frac{4}{18}$$

$$+\left(3-\frac{22}{9}\right)^2\cdot\frac{4}{18}+\left(4-\frac{22}{9}\right)^2\cdot\frac{2}{18}+\left(5-\frac{22}{9}\right)^2\cdot\frac{2}{18}$$

$$=1{,}802$$

$$\sigma(X)=\sqrt{1{,}802}=1{,}343$$

Berechnung der Varianz $\operatorname{Var}(X)$ mit dem Verschiebungssatz:

$$\operatorname{Var}(X)=\sum_{i=1}^{n}x_i^2\cdot p_i-E^2(X)$$

$$=\left(1^2\cdot\frac{6}{18}+2^2\cdot\frac{4}{18}+3^2\cdot\frac{4}{18}+4^2\cdot\frac{2}{18}+5^2\cdot\frac{2}{18}\right)-\left(\frac{22}{9}\right)^2$$

$$=\frac{70}{9}-\left(\frac{22}{9}\right)^2=1{,}802$$

Für eine diskrete Zufallsvariable X mit dem Erwartungswert $E(X)$ und der Varianz $\operatorname{Var}(X)=\sigma^2$ gilt die **Tschebyscheff-Ungleichung**

$$P\left(|X-E(X)|<c\right)\geqq 1-\frac{\sigma^2(X)}{c^2}.$$

Dabei ist c eine beliebige positive Zahl.

Statistische Momente

Das **gewöhnliche Moment k-ter Ordnung** G_k einer Zufallsvariablen X ist: $G_k(X) = E(X^k) = \sum_i x_i^k \cdot p_i, \forall i, k \geqq 0, k \in \mathbf{N}$.

Das **zentrale Moment k-ter Ordnung** Z_k einer Zufallsvariablen X ist:
$Z_k(X) = E[X - E(X)]^k = \sum_i [x_i - E(X)]^k \cdot p_i, \forall i, k \geqq 0, k \in \mathbf{N}$.

Bemerkungen

(1) *Das arithmetische Mittel entspricht dem gewöhnlichen Moment erster Ordnung und die Varianz dem zentralen Moment zweiter Ordnung.*

(2) *Für weitere statistische Maßzahlen, wie Schiefe und Exzess, werden höhere Momente genutzt.*

Schiefe

Die **Schiefe** S wird als **Maß für die Symmetrie** einer diskreten Zufallsvariablen mit $\sigma(X) > 0$ definiert: $S(X) = \frac{Z_3(X)}{\sigma^3(X)}$.

Bemerkung

Bei einer rechtssteilen (linksschiefen) Verteilung ist die Schiefe S kleiner null, bei einer linkssteilen (rechtsschiefen) Verteilung größer null. Bei einer symmetrischen Verteilung ist die Schiefe S null.

Spezielle diskrete Verteilungen

Binomialverteilung

Die Binomialverteilung ist die wichtigste diskrete Verteilung.
Es wird eine Serie unabhängiger Versuche des Umfangs n unter gleichbleibenden Bedingungen betrachtet. Bei jedem Versuch tritt ein gewisses Ereignis A mit der Wahrscheinlichkeit $p = P(A)$ auf. Die Anzahl X der Versuche dieser Serie mit dem Ausgang A ist eine diskrete Zufallsvariable, die der **Binomialverteilung** mit den Parametern n und p genügt (**BERNOULLIsches Versuchsschema**).

Eine diskrete Zufallsvariable X genügt einer **Binomialverteilung**, wenn ihre Wahrscheinlichkeitsfunktion f: $f(x_i) = p_i$ bestimmt wird durch

$$P(X = i) = p_i = \binom{n}{i} \cdot p^i \cdot (1-p)^{n-i}, \quad i = 0, 1, \ldots, n$$

mit $n > 0$ und $0 < p < 1$.

Für den Erwartungswert E und die Varianz Var einer binomialverteilten Zufallsvariablen X gelten:

$E(X) = n \cdot p$ und $\operatorname{Var}(X) = n \cdot p \cdot (1-p)$.

Beispiel 8.10

Die Wahrscheinlichkeit für die Geburt eines Jungen sei $p = 0{,}514$.
Wie groß ist die Wahrscheinlichkeit dafür, dass unter den drei Kindern einer Familie ($n = 3$) a) genau ein Junge, b) mindestens ein Junge ist?

Lösung

a) $P(X = 1) = p_1 = \binom{3}{1} \cdot 0{,}514^1 \cdot (1 - 0{,}514)^2 = 0{,}364$

b) $P(X \geqq 1) = 1 - P(X < 1) = 1 - p_0 = 1 - \binom{3}{0} \cdot 0{,}514^0 \cdot (1 - 0{,}514)^3 = 0{,}885$

Es gibt insgesamt vier Einzelwahrscheinlichkeiten, deren Summe nach der Vollständigkeitsrelation gleich eins sein muss. Die vier Einzelwahrscheinlichkeiten sind: $p_0 = 0{,}115$, $p_1 = 0{,}364$, $p_2 = 0{,}385$, $p_3 = 0{,}136$
Erwartungswert, Varianz und Standardabweichung sind:

$E(X) = n \cdot p = 3 \cdot 0{,}514 = 1{,}542$

$\operatorname{Var}(X) = n \cdot p \cdot (1-p) = 3 \cdot 0{,}514 \cdot (1 - 0{,}514) = 0{,}749$

$\sigma = 0{,}866$

Hypergeometrische Verteilung

Ausgangspunkt ist ein Urnenmodell mit zwei Sorten Kugeln, wobei nach zufälligem Auswählen einer Kugel diese nicht zurückgelegt wird. Die Wahrscheinlichkeiten ändern sich somit bei jeder Ziehung.
In einer Urne befinden sich N Kugeln, darunter M weiße mit dem Anteil p und $N - M$ schwarze mit dem Anteil $1 - p$. Bei zufälliger Entnahme von n Kugeln, ohne sie zurückzulegen, ist die Anzahl der gezogenen weißen Kugeln i eine Zufallsvariable, die der hypergeometrischen Verteilung mit den Parametern N, n und M bzw. N, n und p unterliegt.

Eine diskrete Zufallsvariable X genügt einer **hypergeometrischen Verteilung** mit der Wahrscheinlichkeitsfunktion f: $f(x_i)=p_i$, $i=0,1,2,\ldots$:

$$P(X=i)=p_i=\frac{\binom{M}{i}\cdot\binom{N-M}{n-i}}{\binom{N}{n}}=\frac{\binom{N\cdot p}{i}\cdot\binom{N\cdot(1-p)}{n-i}}{\binom{N}{n}},$$

$$i\leqq\min(M,n)$$

$$p=\frac{M}{N},\ 0<p<1,\ 0<n\leqq N,\ 0<M<N \text{ und } n,M,N\in\mathbf{N}^*.$$

Für den Erwartungswert E und die Varianz Var einer hypergeometrisch verteilten Zufallsvariablen X gelten:

$$E(X)=n\cdot p \quad \text{und} \quad \operatorname{Var}(X)=n\cdot p\cdot(1-p)\cdot\frac{N-n}{N-1}.$$

Bemerkung

(1) *Im Gegensatz zur Binomialverteilung, bei der nach dem* BERNOULLI*schen Schema die Wahrscheinlichkeit* p *für alle Versuche konstant ist (Modellvorstellung des Ziehens mit Zurücklegen, Unabhängigkeit der einzelnen Versuche), wird bei der hypergeometrischen Verteilung die Anzahl der gezogenen Elemente mit berücksichtigt (Modellvorstellung des Ziehens ohne Zurücklegen und damit Abhängigkeit der einzelnen Versuche).*

(2) *Die hypergeometrische Verteilung strebt für* $N\to\infty$ *und* $\frac{M}{N}\to p$, $(0<p<1)$ *gegen die Binomialverteilung.*

Beispiel 8.11

In einem Lager befinden sich 50 Geräte, darunter 15 defekte. 10 Geräte werden zufällig ausgewählt. Wie groß ist die Wahrscheinlichkeit, dass sich unter diesen 10 Geräten höchstens zwei defekte befinden?

S

Lösung (Es werden beide Formelvarianten gezeigt.)

$$N=50,\quad M=15,\quad p=\frac{15}{50}=0{,}3,\quad n=10,\quad i=0,1,2$$

$$\sum_{i=0}^{2}\frac{\binom{15}{i}\cdot\binom{50-15}{10-i}}{\binom{50}{10}}=\frac{\binom{15}{0}\cdot\binom{35}{10-0}}{\binom{50}{10}}+\frac{\binom{15}{1}\cdot\binom{35}{10-1}}{\binom{50}{10}}+\frac{\binom{50\cdot 0{,}3}{2}\cdot\binom{50\cdot(1-0{,}3)}{10-2}}{\binom{50}{10}}$$

$$P(X\leqq 2)=p_0+p_1+p_2=0{,}018+0{,}103+0{,}240=0{,}361$$

POISSON-Verteilung

Die POISSON-Verteilung ist eine diskrete Wahrscheinlichkeitsverteilung zur Modellierung seltener Ereignisse.
Beispiele für seltene Ereignisse in einem bestimmten Intervall können sein:

- Telefonanrufe in einer bestimmten Zeiteinheit
- Unfälle pro Tag
- Druckfehler auf einer Zeitungsseite

Eine diskrete Zufallsvariable X genügt einer **POISSON-Verteilung**, wenn ihre Wahrscheinlichkeitsfunktion f: $f(x_i) = p_i$ durch

$$P(X = i) = p_i = \frac{\lambda^i \cdot \mathrm{e}^{-\lambda}}{i\,!}, \quad i = 0, 1, \ldots \quad \text{mit } \lambda > 0 \text{ bestimmt wird.}$$

$\mathrm{e} = 2{,}718\,281\,828\,459\ldots$ (EULERsche Zahl)

Für den Erwartungswert E und die Varianz Var einer POISSON-verteilten Zufallsvariablen gilt: $E(X) = \mathrm{Var}(X) = \lambda$.

Bemerkung
Die POISSON-Verteilung ist durch den Parameter λ bereits eindeutig bestimmt. Die Werte sind in Tabellen gegeben oder können leicht mit einem Taschenrechner ermittelt werden. Bild 8.2 zeigt die POISSON-Verteilung für die Erwartungswerte $E(X) = \lambda = 1$ und $E(X) = \lambda = 2$. Die Tabelle enthält die zugehörigen Funktionswerte.

	x	0	1	2	3	4	5	6	...	$\sum$
$\lambda = 1$	f_1	0,37	0,37	0,18	0,06	0,01	0,003	0,001		1
$\lambda = 2$	f_2	0,14	0,27	0,27	0,18	0,09	0,04	0,01		1

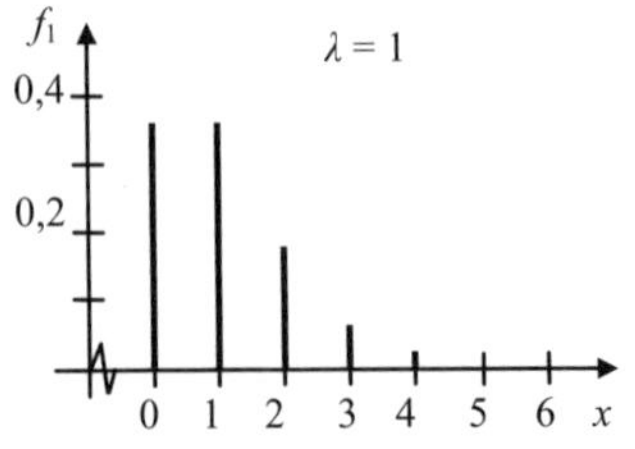

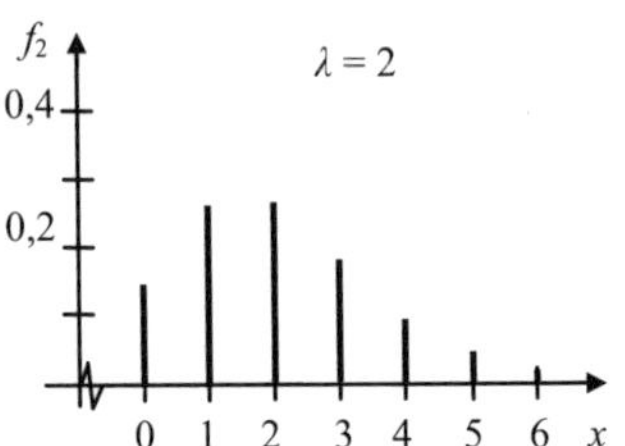

Bild 8.2

Bild 8.2 zeigt, dass die Wahrscheinlichkeitsfunktionen der POISSON-Verteilung rechtsschief verlaufen.

Beispiel 8.12

Die Anzahl der täglich eintreffenden Eilsendungen einer Firma besitzt eine POISSON-Verteilung mit dem Parameter $\lambda = 3$, d. h., im Mittel treffen täglich drei Sendungen ein.

a) Mit welcher Wahrscheinlichkeit trifft je Tag genau eine Eilsendung in der Firma ein?
b) Mit welcher Wahrscheinlichkeit trifft je Tag höchstens eine Eilsendung in der Firma ein?
c) Mit welcher Wahrscheinlichkeit trifft je Tag mindestens eine Eilsendung in der Firma ein?

Lösung

$$p_0 = \frac{3^0 \cdot e^{-3}}{0!} = 0{,}050$$

$$p_1 = \frac{3^1 \cdot e^{-3}}{1!} = 0{,}149$$

a) $P(X = 1) = p_1 = 0{,}149$
b) $P(X \leqq 1) = p_0 + p_1 = 0{,}050 + 0{,}149 = 0{,}199$
c) $P(X \geqq 1) = 1 - P(X < 1) = 1 - P(X = 0) = 1 - p_0 = 1 - 0{,}050 = 0{,}950$

Grenzwertsatz von POISSON

Die Binomialverteilung strebt für $n \to \infty$ und $p \to 0$ bei konstant bleibendem $\lambda = n \cdot p$ gegen die POISSON-Verteilung:

$$\lim_{\substack{n\to\infty \\ p\to 0}} \binom{n}{i} p^i (1-p)^{n-i} = \frac{\lambda^i}{i!} \cdot e^{-\lambda},\ \lambda = n \cdot p \text{ und } i = 0, 1, 2, \ldots;\ i \leqq n.$$

Die POISSON-Verteilung kann näherungsweise zur Berechnung der Wahrscheinlichkeitsfunktion der Binomialverteilung benutzt werden, wenn etwa folgende Bedingungen erfüllt sind: $\lambda = n \cdot p \leqq 10$ und $n \geqq 1500 \cdot p$.

S

Bemerkung

Das Beispiel 8.10 zur Binomialverteilung kann näherungsweise ***nicht*** *mit der* POISSON*-Verteilung gerechnet werden. Die erste Bedingung ist mit* $\lambda = n \cdot p = 3 \cdot 0{,}514 = 1{,}542 < 10$ *zwar erfüllt, aber nicht die zweite Bedingung:* $n = 3 < 1500 \cdot p = 1500 \cdot 0{,}514 = 771$.

Geometrische Verteilung

Es wird eine Serie unabhängiger Versuche unter gleichbleibenden Bedingungen betrachtet. Bei jedem Versuch tritt ein gewisses Ereignis A mit der Wahrscheinlichkeit $p = P(A)$ ein. Die Anzahl X der Versuche **vor dem ersten Auftreten** des Ereignisses A ist eine diskrete Zufallsvariable, die der geometrischen Verteilung mit dem Parameter p genügt.

Eine diskrete Zufallsvariable X genügt einer **geometrischen Verteilung**, wenn ihre Wahrscheinlichkeitsfunktion f: $f(x_i) = p_i$

$P(X = i) = p_i = p(1-p)^i; \quad i = 0, 1, \ldots \quad$ mit $0 < p < 1$ lautet.

Die Verteilungsfunktion F einer geometrisch verteilten Zufallsvariablen X lautet $F(x) = P(X \leqq x) = \begin{cases} 0 & \text{für} \quad x \leqq 0 \\ 1-(1-p)^{\hat{x}+1} & \text{für} \quad x > 0 \end{cases}$

mit $\hat{x}$ als größte ganze Zahl $< x$.

Für den Erwartungswert E und die Varianz Var einer geometrischen Verteilung gilt $E(X) = \dfrac{1-p}{p}$, $\operatorname{Var}(X) = \dfrac{1-p}{p^2}$.

Eine geometrische Verteilung ist stets linksschief, ihr wahrscheinlichster Wert ist stets die Realisierung $i = 0$. Der Name der Verteilung erklärt sich daraus, dass die Einzelwahrscheinlichkeiten eine geometrische Folge mit dem Anfangsglied p und dem Quotienten $1-p$ bilden.

Beispiel 8.13

Ein Würfel wird geworfen.

a) Wie groß ist die Wahrscheinlichkeit, dass beim fünften Wurf erstmals eine „sechs" gewürfelt wird?

b) Wie viele Fehlversuche gibt es im Mittel bis zum ersten Wurf mit einer „sechs"?

Lösung

a) Zunächst wird $i = 4$-mal keine „sechs" gewürfelt, $p\,[„6"] = \dfrac{1}{6}$.

$$P(X=4) = (1-p)^4 \cdot p = \left(1-\frac{1}{6}\right)^4 \cdot \frac{1}{6} = \left(\frac{5}{6}\right)^4 \cdot \frac{1}{6} = \left(\frac{5}{6}\right)^4 \cdot \frac{1}{6} = 0{,}080$$

b) $E(X) = \dfrac{1-1/6}{1/6} = \dfrac{5/6}{1/6} = 5$

BENFORD-Verteilung

Die BENFORD-Verteilung liefert Aussagen über die Verteilung von Ziffern bei bestimmten Zahlen. Typische Anwendungen sind im Rahmen von Wirtschaftsprüfungen zu finden.

Eine diskrete Zufallsvariable X genügt einer **BENFORD-Verteilung**, wenn ihre Wahrscheinlichkeitsfunktion die folgende Form besitzt:

$$P(X=i)=\lg\left(1+\frac{1}{i}\right), \quad i=1,2,3,\ldots,9.$$

Als **BENFORD-Menge** werden Mengen von Zahlen bezeichnet, deren führende Ziffern oder Gruppen von Ziffern der BENFORD-Verteilung unterliegen.

Nach dem BENFORDschen Gesetz liefert $P(X=i)$ die Wahrscheinlichkeit dafür, dass eine Zahl aus einer BENFORD-Menge mit der führenden Ziffer i beginnt ($i=1,2,3,\ldots,9$).
Die Verteilung gilt auch, wenn i eine aus den ersten n Ziffern gebildete Zahl ist, z. B.: $n=2$: $i=10,11,12,\ldots,99$
$n=3$: $i=100,101,102,\ldots,999$ usw.
Zahlen, die durch natürliches Wachstum entstehen, gehören in der Regel einer BENFORD-Menge an. Beispiele hierfür sind die Hausnummern zufällig ausgewählter Personen, der Stromverbrauch zufällig ausgewählter Kunden, zufällig ausgewählte Rechnungsbeträge oder Ähnliches. Abweichungen bei der Ziffernverteilung dieser Zahlen von der BENFORD-Verteilung könnten durch Manipulationen verursacht sein. Deshalb wurde diese Verteilung Ende des 20. Jahrhunderts für die Wirtschaftsprüfung interessant.

Bemerkung
Die BENFORD-*Verteilung trifft nicht auf Zahlen zu, die der Identifikation dienen, (z. B. bei Telefonnummern, PIN u. Ä.) sowie bei Zahlen, die eine natürliche Ober- oder Untergrenze aufweisen, (z. B. Provisionen, Rechnungen beim Tanken u. Ä.).*
In der Wirtschaft unterliegen z. B. Ziffern von Zahlen, die sich aus einer gewöhnlichen Geschäftstätigkeit entwickeln, der BENFORD-*Verteilung.*
Das sind z. B. Bestellungen, Rechnungen, Zahlungen, Kilometerstände u. Ä.
Auch bei einer Umrechnung in andere Maß- oder Währungseinheiten, oder in andere Zahlensysteme bleibt diese Eigenschaft erhalten (Invarianz).

S

Beispiel 8.14

Im Rahmen einer Wirtschaftsprüfung eines Unternehmens wurden 1 000 Rechnungen zufällig ausgewählt und die absolute Häufigkeit der einzelnen führenden Ziffern ermittelt. Das Ergebnis dieser Analyse ist in der folgenden Tabelle ausgewiesen.

Führende Ziffer	Absolute Häufigkeit
1	252
2	171
3	114
4	153
5	36
6	57
7	56
8	49
9	112
Summe	**1 000**

In der folgenden Tabelle werden die relativen Häufigkeiten (Spalte 2) den erwarteten Wahrscheinlichkeiten nach der BENFORD-Verteilung (Spalte 3) gegenübergestellt, und die relativen Abweichungen berechnet (Spalte 4).

(1) Führende Ziffer	(2) relative Häufigkeit	(3) erwartete Wahrscheinlichkeit	(4) relative Abweichung von (3)
1	0,252	0,301	−0,19
2	0,171	0,176	−0,03
3	0,114	0,125	−0,10
4	0,153	0,097	0,37
5	0,036	0,079	−1,19
6	0,057	0,067	−0,18
7	0,056	0,058	−0,04
8	0,049	0,051	−0,04
9	0,112	0,046	0,59
Summe	1,000	1,000	

Größere Abweichungen bei der Ziffernverteilung zwischen den untersuchten Zahlen (Spalte 2) und der BENFORD-Verteilung (Spalte 3) sind bei den führenden Ziffern 4, 5, und 9 zu erkennen. Durch die relativen Abweichungen (Spalte 4) wird dieses deutlich. Eine Ursache könnte sein, dass innerbetriebliche Regelungen (Bagatellgrenze bei Rechnungen unter 10 €, zusätzliche Genehmigungen bei Rechnungen über 5 000 €) missbräuchlich ausgenutzt wurden.

Häufig reicht ein einfacher Vergleich zwischen der relativen Häufigkeit und der BENFORD-Verteilung, um Abweichungen zu erkennen. Es ist jedoch auch möglich, Testverfahren zu nutzen (vgl. Abschnitt 8.3), siehe auch Posch, 2005.

8.1.3 Stetige Verteilungen

Allgemeine stetige Verteilungen

Eine Zufallsvariable X heißt **stetig**, wenn es eine nichtnegative integrierbare Funktion f gibt, sodass sich ihre **Verteilungsfunktion** F mit $F(x) = P(X \leqq x)$ für jedes reelle x in der Form $F(x) = \int\limits_{-\infty}^{x} f(z)\,\mathrm{d}z$ darstellen lässt. Die Funktion f wird die **Dichtefunktion** der Zufallsvariablen X genannt.

Für die Dichtefunktion f einer stetigen Zufallsvariablen gelten:

$P(a \leqq X \leqq b) = \int\limits_{a}^{b} f(x)\,\mathrm{d}x = F(b) - F(a)$ (siehe Bild 8.3) und

die **Vollständigkeitsrelation** $\int\limits_{-\infty}^{\infty} f(x)\,\mathrm{d}x = 1$,

(Integrale siehe Abschnitte 5.6.2 und 5.6.3).

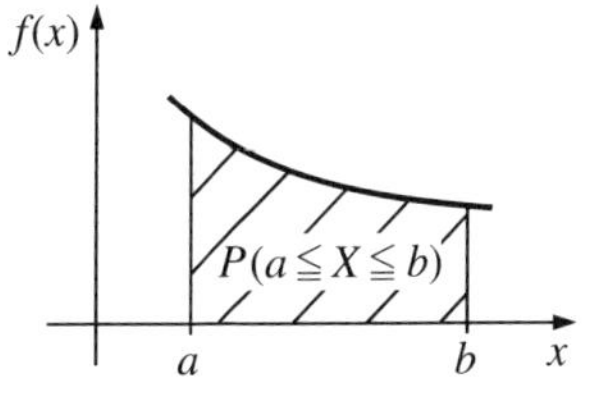

Bild 8.3

Ist die Dichtefunktion f an der Stelle $x = x_0$ stetig, so gilt:

$f(x_0) = F'(x_0)$.

Verteilungsparameter

Als **Erwartungswert** E einer stetigen Zufallsvariablen X mit der Dichtefunktion f wird $E(X) = \int_{-\infty}^{\infty} x \cdot f(x)\, dx$ bezeichnet, falls das uneigentliche Integral absolut konvergent ist, also $\int_{-\infty}^{\infty} |x| \cdot f(x)\, dx < \infty$, sonst existiert kein Erwartungswert, siehe Fichtenholz, 1997.

Als **Varianz** Var einer stetigen Zufallsvariablen X mit der Dichtefunktion f wird das Integral

$$\operatorname{Var}(X) = \int_{-\infty}^{\infty} [x - E(X)]^2 \cdot f(x)\, dx = \int_{-\infty}^{+\infty} x^2 \cdot f(x)\, dx - [E(X)]^2$$

bezeichnet.

Die Quadratwurzel aus der Varianz heißt **Standardabweichung** σ
$\sigma(X) = \sqrt{\operatorname{Var}(X)}$ der Zufallsvariablen X.

Beispiel 8.15

Welchen Wert muss die Konstante c annehmen, damit die Funktion f mit

$$f(x) = \begin{cases} c, & 0 \leqq x \leqq 10 \\ 0, & \text{sonst} \end{cases}$$

die Dichtefunktion einer stetigen Zufallsvariablen ist?
Gesucht sind die Verteilungsfunktion, Erwartungswert und Varianz.

Lösung

1. f muss positiv sein, also muss auch c positiv sein.
2. Aufgrund der Vollständigkeitsrelation muss gelten:

$$\int_{-\infty}^{\infty} f(x)\, dx = \int_{0}^{10} c\, dx = c\,x \Big|_0^{10} = 10 \cdot c = 1, \quad \text{d. h. } c = \frac{1}{10}.$$

Für die Dichtefunktion f und die zugehörige Verteilungsfunktion F gilt:

$$f(x) = \begin{cases} \dfrac{1}{10}, & 0 \leqq x \leqq 10 \\ 0, & \text{sonst} \end{cases} \quad \text{bzw.} \quad F(x) = \begin{cases} 0, & -\infty < x < 0 \\ \dfrac{x}{10}, & 0 \leqq x \leqq 10 \\ 1, & 10 < x < \infty \end{cases}$$

$$E(X) = \int_{-\infty}^{\infty} x \cdot f(x)\, dx = \int_{0}^{10} x \cdot \frac{1}{10}\, dx = \frac{1}{10} \cdot \frac{x^2}{2} \Big|_0^{10} = \frac{1}{10} \cdot \frac{100}{2} = 5$$

$$\operatorname{Var}(X) = \int_{-\infty}^{\infty} [x - E(X)]^2 \cdot f(x)\,\mathrm{d}x = \int_0^{10} (x-5)^2 \cdot \frac{1}{10}\,\mathrm{d}x$$

$$= \frac{1}{10} \cdot \left(\frac{x^3}{3} - 10 \cdot \frac{x^2}{2} + 25 \cdot x \right) \Bigg|_0^{10} = \frac{250}{30} = 8{,}33$$

Die Standardabweichung ist: $\sigma(X) = \sqrt{\operatorname{Var}(X)} = \sqrt{8{,}33} = 2{,}89$

Statistische Momente

Eine stetige mit der Dichtefunktion f verteilte Zufallsvariable X hat die **gewöhnlichen Momente k-ter Ordnung** M_k

$$M_k(X) = E(X^k) = \int_{-\infty}^{+\infty} x^k \cdot f(x)\,\mathrm{d}x, \quad k = 1, 2, \ldots$$

und die **zentralen Momente k-ter Ordnung** Z_k

$$Z_k(X) = E[X - E(X)]^k = \int_{-\infty}^{+\infty} [x - E(X)]^k \cdot f(x)\,\mathrm{d}x, \quad k = 1, 2, \ldots$$

Quantil

Eine stetige Zufallsvariable X mit der Dichtefunktion f und ihrer Verteilungsfunktion F hat zu jedem p mit $p \in (0,1)$ ein (unteres) **Quantil p-ter Ordnung** x_p, wenn gilt:

$$F(x_p) = \int_{-\infty}^{x_p} f(x)\,\mathrm{d}x = P(X < x_p) = p.$$

Schiefe

Die **Schiefe** S als **Maß für die Symmetrie**: $S(X) = \dfrac{Z_3(X)}{\sigma^3(X)}$.

Bemerkung

Bei einer rechtssteilen (linksschiefen) Verteilung ist die Schiefe S kleiner null, bei einer linkssteilen (rechtsschiefen) Verteilung größer null. Bei einer symmetrischen Verteilung ist die Schiefe S null.

Exzess

Der **Exzess** (Wölbung) A wird als **Maß für die Steilheit** einer stetigen Zufallsvariablen X mit $\sigma(X) > 0$ wie folgt erklärt: $A(X) = \dfrac{Z_4(X)}{\sigma^4(X)} - 3$.

S

Bemerkung

Der Exzess A ist ein Maß dafür, wie stark eine stetige Verteilung der Steilheit einer Normalverteilung angenähert ist.

Für $A > 0$ ist die Verteilung steiler, für $A < 0$ flacher und für $A = 0$ entspricht sie der Steilheit einer Normalverteilung.

Gleichverteilung

Eine stetige Zufallsvariable genügt einer **Gleichverteilung** (Rechteckverteilung), wenn ihre Dichtefunktion f die Gestalt

$$f(x) = \begin{cases} \dfrac{1}{b-a}, & \text{für} \quad a \leqq x \leqq b \\ 0, & \text{sonst} \end{cases} \qquad \text{mit } a < b;\ a, b \text{ reell, hat.}$$

Die Dichtefunktion f ist in Bild 8.4 in der oberen Skizze dargestellt.

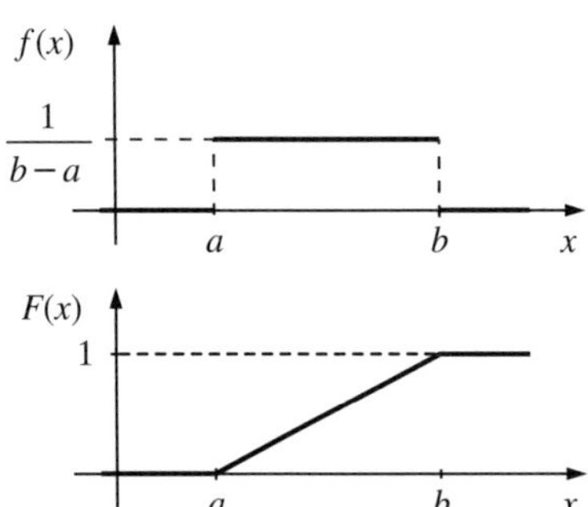

Bild 8.4

Für die Verteilungsfunktion F der Gleichverteilung gilt:

$$F(x) = \begin{cases} 0, & \text{für} \quad x < a \\ \dfrac{x-a}{b-a}, & \text{für} \quad a \leqq x \leqq b. \\ 1, & \text{für} \quad b < x \end{cases}$$

Die Verteilungsfunktion F ist in Bild 8.4 unten dargestellt.

Für den Erwartungswert E und die Standardabweichung σ gelten:

$$E(X) = \frac{a+b}{2} \text{ und } \sigma(X) = \sqrt{\operatorname{Var}(X)} = \frac{b-a}{2 \cdot \sqrt{3}}.$$

Exponentialverteilung

Mit der Exponentialverteilung lässt sich die Wahrscheinlichkeit für eine bestimmte Wartezeit berechnen, bis ein bestimmtes Ereignis eintrifft.

Typische **Anwendungen** der Exponentialverteilung sind:

(1) zufällige Zeitdauer eines Telefongespräches,

(2) zufällige Zeitdauer bis zum ersten Ausfall eines Bauelementes in der Elektronik,

(3) zufällige Zeitdauer für die Durchführung gewisser Instandhaltungs-Maßnahmen an technischen Anlagen.

Eine stetige Zufallsvariable genügt einer **Exponentialverteilung**, wenn ihre Dichtefunktion f die Gestalt,

$$f(x) = \begin{cases} 0, & \text{für} \quad x < 0 \\ \lambda \cdot \mathrm{e}^{-\lambda x}, & \text{für} \quad x \geqq 0 \end{cases}$$

hat, dabei ist λ eine positive Konstante, siehe Bild 8.5 obere Funktion.

Die Verteilungsfunktion F der Exponentialverteilung lautet:

$$F(x) = \begin{cases} 0, & \text{für} \quad x < 0 \\ 1 - \mathrm{e}^{-\lambda x}, & \text{für} \quad x \geqq 0 \end{cases},$$ siehe Bild 8.5 untere Funktion.

Für den Erwartungswert E und die Standardabweichung σ gelten:

$$E(X) = \frac{1}{\lambda} \text{ bzw. } \sigma(X) = \frac{1}{\lambda}.$$

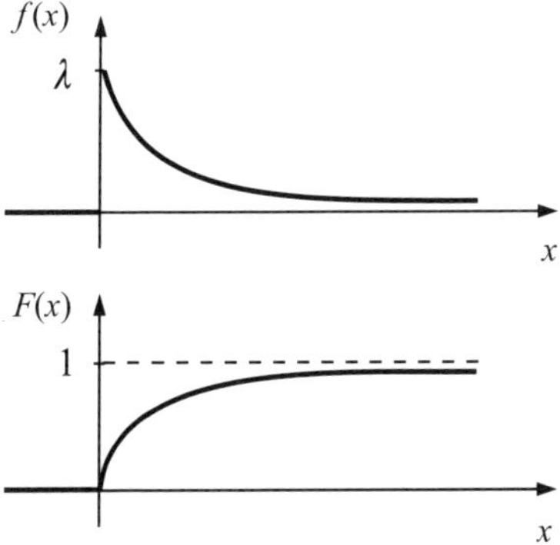

Bild 8.5

Beispiel 8.16

Die Laufzeit einer Maschine ist exponentiell verteilt. Ihre mittlere Laufzeit beträgt 20 Stunden.
Mit welcher Wahrscheinlichkeit liegt die Laufzeit zwischen 15 und 25 Stunden?

Lösung

$E(X) = 20 = \frac{1}{\lambda}$, d. h. $\lambda = \frac{1}{20} = 0{,}05$

Für die zugehörige Verteilungsfunktion F gilt für $x \geqq 0$: $F(x) = 1 - \mathrm{e}^{-0{,}05x}$, siehe Bild 8.6 untere Funktion.

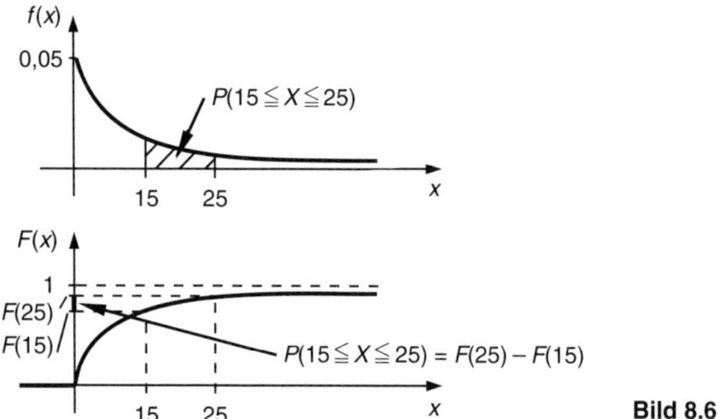

Bild 8.6

Die gesuchte Wahrscheinlichkeit $P(15 \leqq X \leqq 25)$ ist in der Dichtefunktion f als **Fläche** (zwischen f und der x-Achse im Intervall $[15, 25]$) markiert, siehe Bild 8.6 obere Funktion.
In der zugehörigen Verteilungsfunktion F zeigt sich die gesuchte Wahrscheinlichkeit als **Funktionswertedifferenz** $F(25) - F(15)$, siehe Bild 8.6 untere Funktion.

$$\begin{aligned}
P(15 \leqq X \leqq 25) &= F(25) - F(15) \\
&= (1 - \mathrm{e}^{-0{,}05 \cdot 25}) - (1 - \mathrm{e}^{-0{,}05 \cdot 15}) \\
&= (1 - \mathrm{e}^{-1{,}25}) - (1 - \mathrm{e}^{-0{,}75}) \\
&= \mathrm{e}^{-0{,}75} - \mathrm{e}^{-1{,}25} = 0{,}472 - 0{,}286 \\
&= 0{,}186
\end{aligned}$$

Normalverteilung

Die Normalverteilung, auch GAUSS-Verteilung genannt, hat eine hohe praktische Bedeutung, weil viele reale Erscheinungen einer solchen Verteilung unterliegen. Prozesse mit vielen sich überlagernden zufälligen Einzeleffekten können mit einer Normalverteilung näherungsweise beschrieben werden.

Typische Anwendungsfälle sind:

(1) zufällige Beobachtungs- und Messfehler

(2) zufälliges Abweichen vom Nennmaß bei einem Werkstück oder bei einer Verpackung u. Ä.

Eine stetige Zufallsvariable genügt einer **Normalverteilung**, wenn für ihre Dichtefunktion f gilt:

$$f(x) = \frac{1}{\sigma \cdot \sqrt{2\pi}} \cdot e^{-\frac{(x-\mu)^2}{2\sigma^2}}, \quad -\infty < x < \infty,$$

dabei sind μ eine reelle und σ eine positive reelle Konstante, siehe Bild 8.7, obere Funktion.

Bemerkung

Besitzt eine Zufallsvariable X eine Normalverteilung mit den Parametern μ und σ, dann wird gesagt: Die Zufallsvariable X ist $N(\mu, \sigma^2)$-verteilt.

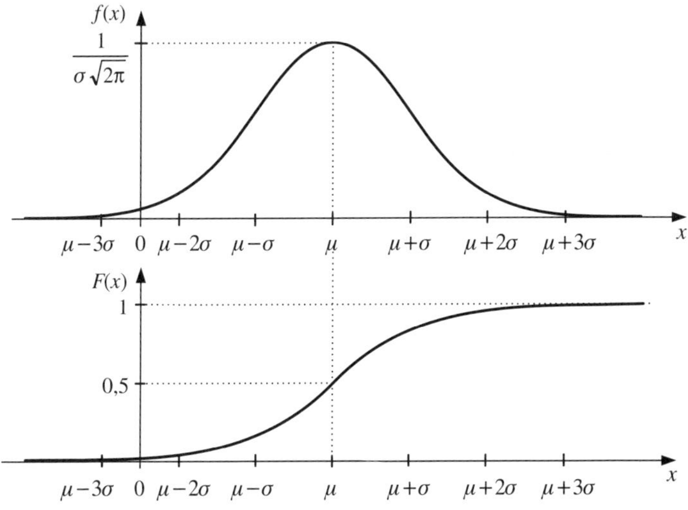

Bild 8.7

Gemäß der Definition ist die Verteilungsfunktion F der Normalverteilung gegeben durch

$$F(x) = \frac{1}{\sigma \cdot \sqrt{2\pi}} \cdot \int_{-\infty}^{x} e^{-\frac{(z-\mu)^2}{2\sigma^2}} \, dz, \quad -\infty < x < \infty.$$

Die Normalverteilung ist durch die Parameter μ und σ eindeutig bestimmt, siehe Bild 8.7, untere Funktion.

Eigenschaften der Dichtefunktion f der Normalverteilung

(1) f ist **symmetrisch** bezüglich $E(X) = \mu$

(2) f hat ein **Maximum** an der Stelle $x = \mu$

(3) f hat **Wendepunkte** an den Stellen $x = \mu \pm \sigma$

Für den Erwartungswert E und die Varianz Var einer $N(\mu, \sigma^2)$-verteilten Zufallsvariablen gelten: $E(X) = \mu$ und $\mathrm{Var}\,(X) = \sigma^2(X) = \sigma^2$.

Die Werte der Verteilungsfunktion für die Normalverteilung lassen sich analytisch nicht exakt berechnen. Deshalb wird die **standardisierte Normalverteilung** eingeführt. Deren Werte werden numerisch näherungsweise beliebig genau für Tabellen berechnet (siehe Tafel 1).

Bemerkung

Die Normalverteilung geht auf ABRAHAM DE MOIVRE *(1667–1754) und* CARL FRIEDRICH GAUSS *(1777–1855) zurück.*

Standardisierte Normalverteilung $N(0,1)$

Die **standardisierte Normalverteilung** ist eine Normalverteilung mit $\mu = 0$ und $\sigma^2 = 1$, siehe Bild 8.8.

Sie besitzt die Dichtefunktion φ: $\varphi(x) = \frac{1}{\sqrt{2\pi}} \cdot e^{-\frac{x^2}{2}}, \; -\infty < x < \infty$

und die Verteilungsfunktion Φ: $\Phi(x) = \frac{1}{\sqrt{2\pi}} \cdot \int_{-\infty}^{x} e^{-\frac{z^2}{2}} \, dz, -\infty < x < \infty.$

Für die Dichtefunktion gilt: $\varphi(-x) = \varphi(x)$
Für die Verteilungsfunktion gilt: $\Phi(-x) = 1 - \Phi(x)$

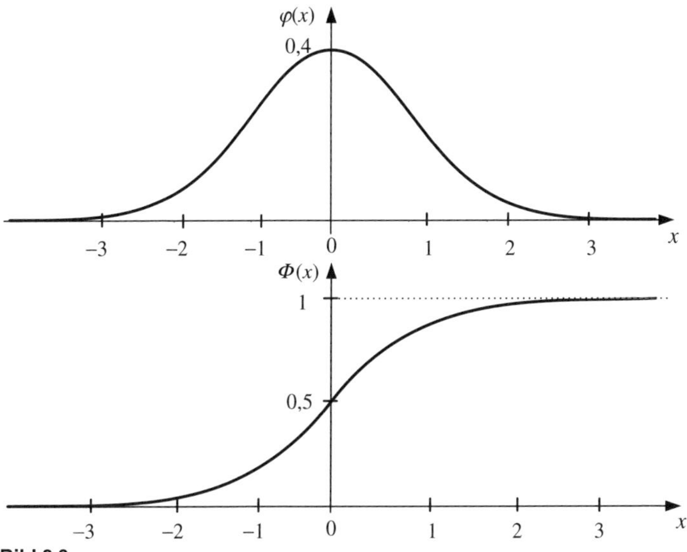

Bild 8.8

Bemerkung

Die Literatur enthält für die standardisierte Normalverteilung Tabellen für $x \geqq 0$ *mit unterschiedlichem Ansatz bezüglich der Integrationsgrenzen:*

Für $\Phi(x) = \int\limits_{-\infty}^{x} \varphi(x)\,\mathrm{d}x$ *(Tafel 1) liegen die Funktionswerte im Intervall* $[0{,}5; 1)$*,*

für $\Phi_0(x) = \int\limits_{0}^{x} \varphi(x)\,\mathrm{d}x$ *in* $[0;\ 0{,}5)$ *und für* $\Phi_x(x) = \int\limits_{-x}^{x} \varphi(x)\,\mathrm{d}x$ *in* $(0; 1)$.

Transformation in die standardisierte Normalverteilung $N(0, 1)$

Durch die Transformation $t = \dfrac{x - \mu}{\sigma}$ kann eine Normalverteilung $N(\mu, \sigma^2)$ mit der Verteilungsfunktion F für die Zufallsvariable X in eine standardisierte Normalverteilung $N(0, 1)$ mit der Verteilungsfunktion Φ für die Zufallsvariable T überführt werden, siehe Bild 8.7. Insbesondere gilt:

$P(a \leqq X \leqq b) = \Phi(t_2) - \Phi(t_1)$ mit $t_1 = \dfrac{a - \mu}{\sigma}$, $t_2 = \dfrac{b - \mu}{\sigma}$.

Für symmetrische Intervalle zum Erwartungswert μ gilt mit $c > 0$:

$$\begin{aligned}P(|X-\mu| \leqq c) &= P(\mu - c \leqq X \leqq \mu + c)\\ &= \Phi\left(\frac{c}{\sigma}\right) - \Phi\left(-\frac{c}{\sigma}\right)\\ &= \Phi\left(\frac{c}{\sigma}\right) - \left[1 - \Phi\left(\frac{c}{\sigma}\right)\right]\\ &= 2\Phi\left(\frac{c}{\sigma}\right) - 1\end{aligned}$$

Sigma-Regeln (symmetrische Intervalle zum Erwartungswert μ)

$c = \sigma$: $P(|X-\mu| \leqq \sigma) = 2 \cdot \Phi(1) - 1 = 0{,}683$

$c = 2\sigma$: $P(|X-\mu| \leqq 2\sigma) = 2 \cdot \Phi(2) - 1 = 0{,}954$

$c = 3\sigma$: $P(|X-\mu| \leqq 3\sigma) = 2 \cdot \Phi(3) - 1 = 0{,}997$

Beispiel 8.17

Eine Zufallsvariable X sei normalverteilt mit den Parametern $\mu = 4$ und $\sigma = 2$.

a) Gesucht ist die Wahrscheinlichkeit dafür, dass die Zufallsvariable Realisierungen (Werte) annimmt, die kleiner als 7 sind.

b) Gesucht ist die Wahrscheinlichkeit dafür, dass die Zufallsvariable Realisierungen annimmt, die größer als 1 sind.

c) Gesucht ist die Wahrscheinlichkeit dafür, dass die Realisierungen der Zufallsvariablen X zwischen 2,5 und 8 liegen.

Lösung

a) $P(X < 7) = P(X \leqq 7) = F(7) = \Phi\left(\frac{x-\mu}{\sigma}\right) = \Phi\left(\frac{7-4}{2}\right) = \Phi(1{,}5)$
$= 0{,}9332$

b) $P(X > 1) = 1 - P(X \leqq 1) = 1 - F(x) = 1 - \Phi\left(\frac{x-\mu}{\sigma}\right)$
$= 1 - \Phi\left(\frac{1-4}{2}\right) = 1 - \Phi(-1{,}5) = 1 - [1 - \Phi(1{,}5)] = \Phi(1{,}5)$
$= 0{,}9332$

c) $$\begin{aligned}P(2{,}5 \leqq X \leqq 8) &= F(8) - F(2{,}5)\\ &= \Phi\left(\frac{8-4}{2}\right) - \Phi\left(\frac{2{,}5-4}{2}\right) = \Phi(2) - \Phi(-0{,}75)\\ &= \Phi(2) - [1 - \Phi(0{,}75)]\\ &= \Phi(2) + \Phi(0{,}75) - 1\\ &= 0{,}9772 + 0{,}7734 - 1 \quad \text{(siehe Tafel 1)}\\ &= 0{,}7506\end{aligned}$$

Beispiel 8.18

Ein Werkstück besitzt die gewünschte Qualität, wenn die Abweichung eines bestimmten Maßes vom entsprechenden Nennmaß dem Betrage nach nicht größer als 3,6 mm ist. Der Herstellungsprozess sei so beschaffen, dass dieses Maß als eine normalverteilte Zufallsvariable angesehen werden kann, deren Erwartungswert mit dem Nennmaß übereinstimmt. Weiterhin sei $\sigma = 3$ mm bekannt.

a) Wie viel Prozent der Werkstücke einer Serie werden durchschnittlich mit gewünschter Qualität produziert?

b) Wie groß müsste σ sein, damit 98 % aller Werkstücke den Qualitätsanforderungen genügen?

Lösung

a) Gegeben: $\mu = 0$, $\sigma = 3$, $c = 3{,}6$
Gesucht: $P(-3{,}6 \leqq X \leqq 3{,}6) = F(3{,}6) - F(-3{,}6)$ oder

$$P(|X - \mu| \leqq c) = 2 \cdot \Phi\left(\frac{c}{\sigma}\right) - 1$$

$$P(|X - 0| \leqq 3{,}6) = 2 \cdot \Phi(1{,}2) - 1 = 2 \cdot 0{,}8849 - 1 = 0{,}7698 \mathrel{\widehat{=}} \underline{76{,}98\,\%}$$

b) Gegeben: $\mu = 0$, $P(-3{,}6 \leqq X \leqq 3{,}6) = 0{,}98$
Gesucht: σ

$$P(-3{,}6 \leqq X \leqq 3{,}6) = P(|X - 0| \leqq 3{,}6) = 2 \cdot \Phi\left(\frac{3{,}6}{\sigma}\right) - 1 = 0{,}98$$

$$2 \cdot \Phi\left(\frac{3{,}6}{\sigma}\right) = 1{,}98 \qquad \Phi\left(\frac{3{,}6}{\sigma}\right) = 0{,}99 \qquad \frac{3{,}6}{\sigma} = \Phi^{-1}(0{,}99) = 2{,}327$$

$$\sigma = \frac{3{,}6}{2{,}327} = 1{,}547$$

Um $\Phi^{-1}(0{,}99)$ zu ermitteln, wird in der Tafel 1 der Wert 0,99 im Inneren gesucht und das zugehörige Argument (interpoliert hier 2,327) abgelesen.

Grenzwertsatz von DE MOIVRE-LAPLACE

S

> Eine mit n und p verteilte binomialverteilte Zufallsvariable ist asymptotisch (für $n \to \infty$) normalverteilt mit $\mu = n \cdot p$ und $\sigma^2 = n \cdot p \cdot (1 - p)$.

Die Normalverteilung kann damit zur **näherungsweisen** Berechnung der Binomialverteilung benutzt werden. Eine ausreichende Genauigkeit ergibt sich erfahrungsgemäß bei Einhaltung der Faustregel $np(1 - p) > 9$, d. h. n muss hinreichend groß sein bzw. p darf nicht zu nahe bei 0 oder 1 liegen, siehe Sachs, 2009 oder Eckey, 2011.

8.2 Beschreibende (deskriptive) Statistik

Dargestellt werden Methoden zur Auswertung von Ergebnissen aus Messungen, Beobachtungen bzw. Befragungen, künftig nur als Messergebnisse bezeichnet. Messergebnisse, häufig mit einer sehr großen Zahl von Daten, müssen geordnet und gegebenenfalls verdichtet werden, bevor sie in verschiedensten Varianten dargestellt und ausgewertet werden können. Die grundlegenden Etappen einer statistischen Untersuchung sind die Untersuchungsplanung, Datenerhebung, Datenaufbereitung und Datenanalyse.

8.2.1 Univariate Datenanalyse

Das Einzelobjekt einer statistischen Untersuchung ist die **statistische Einheit**, die Träger der interessierenden Information(en) ist.
Jede statistische Einheit wird im Hinblick auf das Untersuchungsziel durch sachliche, räumliche und zeitliche Kriterien identifiziert.

Die Eigenschaften der statistischen Einheiten oder Merkmalsträger werden als **Merkmale** bezeichnet und mit Großbuchstaben $X, Y, \ldots$ gekennzeichnet.

Ein metrisch messbares **Merkmal**, das abzählbar viele Ausprägungen besitzt, heißt **diskret**.
Ein metrisch messbares **Merkmal**, das überabzählbar viele Ausprägungen besitzt, heißt **stetig**.

Die einzelnen Messergebnisse werden als **Merkmalswerte oder Messwerte** bezeichnet und mit kleinen Buchstaben gekennzeichnet,
z. B. $x_1, x_2, x_3, \ldots$
Die Messung der Merkmalswerte erfolgt mithilfe einer **Skala**. Die Werte auf der Skala heißen **Skalenwerte**. Eine **Skalentransformation** ist die Übertragung der Skalenwerte in Werte einer anderen Skala, wobei die Ordnungseigenschaften der Skala erhalten bleiben.

Skalentypen

Nicht-metrische Skalen

Nominalskala Die Merkmalsausprägungen bilden keine natürliche Reihenfolge (z. B. Krankheitsklassifikationen).

Ordinalskala Die Merkmalsausprägungen bilden eine natürliche Rangordnung, die Abstände sind aber nicht quantifizierbar (z. B. Bundesligatabellen).

Metrische Skalen

Intervallskala Die Merkmalsausprägungen bilden eine natürliche Rangordnung, deren Abstände aber quantifizierbar sind. Der Bezugspunkt der Skala kann willkürlich festgelegt werden (z. B. Temperatur in °C).

Verhältnisskala Wie Intervallskala, aber mit absolutem Bezugspunkt (z. B. Längenmessung, Temperatur in K).

Absolutskala Wie Verhältnisskala, aber im Bereich der natürlichen Zahlen **N** (z. B. Anzahlen).

Die unbearbeiteten Messwerte bilden die **Urliste** oder das **Protokoll**. In der **Variationsreihe** sind die Messwerte der Größe nach sortiert. Treten einzelne Messwerte mehrfach auf, wird eine **Häufigkeitstabelle** aufgestellt, siehe Beispiel 8.19.

Beispiel 8.19

Der Bedarf an einem Ersatzteil wurde über 10 Wochen in folgender **Urliste** erfasst:

2, 2, 1, 5, 4, 2, 1, 3, 2, 3.

Der Größe nach sortiert, ergibt sich folgende **Variationsreihe**:

1, 1, 2, 2, 2, 2, 3, 3, 4, 5

Häufigkeitstabelle

	absolute Häufigkeit		relative Häufigkeit	relative Summenhäufigkeit
x_i	Strichliste	h_i	$f_i = \frac{h_i}{n}$	$F_i = \sum_{j=1}^{i} f_j$
(1)	(2)	(3)	(4)	(5)
1	II	2	0,2	0,2
2	IIII	4	0,4	0,6
3	II	2	0,2	0,8
4	I	1	0,1	0,9
5	I	1	0,1	1
$\sum$		$n = 10$	1	

Das Bild 8.9 zeigt oben die grafische Darstellung der absoluten Häufigkeit (Spalte (3) der Häufigkeitstabelle) in einem **Stabdiagramm** und unten die zugehörige **empirische Verteilungsfunktion** im Intervall $(-\infty, \infty)$ als **Treppenfunktion** (Werte in Spalte (5) der Häufigkeitstabelle).

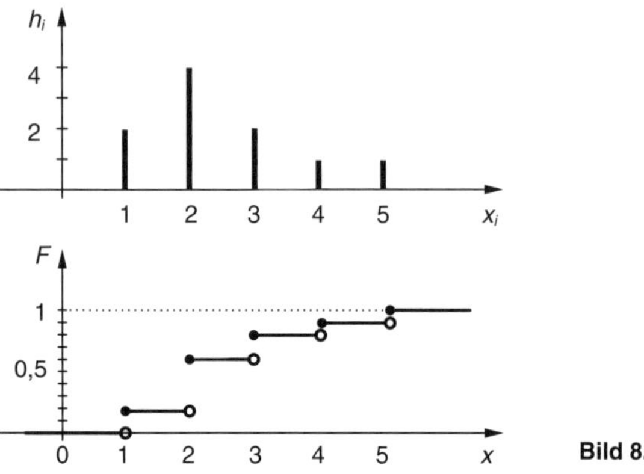

Bild 8.9

Als **empirische Verteilungsfunktion** F_X des Merkmals X werde die kumulierte relative Häufigkeit derjenigen statistischen Einheiten bezeichnet, deren n Merkmalswerte x kleiner oder gleich x_i sind, d. h.

$$F_X(x) = \frac{1}{n} \cdot H(X \leqq x_i) = \frac{1}{n} \sum_{x_i \leqq x} H(X = x_i), \quad x \in \mathbf{R}.$$

Bemerkung

Bei diskreten Merkmalen ist die empirische Verteilungsfunktion immer eine Treppenfunktion (siehe Abschnitt 8.1.2).

Bei einer Vielzahl unterschiedlicher Werte in der Urliste kann eine **Verdichtung** des Zahlenmaterials durch Zusammenfassung bzw. Häufung erfolgen. Bei **Gruppierung** bzw. durch Einteilung der Messwerte in **Klassen** entstehen **reduzierte bzw. sekundäre Häufigkeitstabellen**.

Bei einer Datenverdichtung durch **Gruppenbildung** werden die Realisierungen eines Merkmals mit gleichen Merkmalswerten zu **Gruppen** zusammengefasst.
Sollen oder können bei einer Erhebung oder bei der Aufbereitung von Daten diskreter oder stetiger Merkmale nicht alle möglichen Merkmalsausprägungen einzeln erfasst werden, lassen sich benachbarte Merkmalsausprägungen zu **Klassen** zusammenfassen. Im Fall diskreter Merkmale werden die Daten als **quasi-stetig** behandelt. Es wird unterstellt, dass die Werte innerhalb einer Klasse gleichmäßig verteilt sind.

Hinweise zur Festlegung der **Klassenanzahl** k für n Merkmalswerte:

(1) Es sollten mindestens 5 und höchstens 20 Klassen gewählt werden.

(2) $k \leqq \sqrt{n}$

(3) $k \leqq 5 \cdot \log n$

(4) Sinnvolle Ganzzahligkeitsrechnungen können k beeinflussen.

Bemerkung
Wird k zu groß gewählt, ist der typische Verlauf der Verteilung möglicherweise noch nicht zu erkennen. Wird k zu klein, können wichtige markante Eigenschaften der empirischen Verteilung verloren gehen.

Bezeichnungen

$x_i^{\mathrm{u}}, x_i^{\mathrm{o}}$ untere bzw. obere Grenze der i-ten Klasse
x_i' Klassenmitte der i-ten Klasse
Δx_i Klassenbreite der i-ten Klasse

Die **absolute Klassenhäufigkeit** h_i ist die Anzahl n_i der Elemente, deren Merkmalswert in die Klasse i ($i = 1, 2, \ldots, k$) fällt.

Die **relative Klassenhäufigkeit** f_i ist bei k Klassen: $f_i = \frac{h_i}{n}, \quad \sum_{i=1}^{k} f_i = 1$

Die grafische Darstellung der Häufigkeit klassierter Daten erfolgt i. Allg. als **Histogramm** in Form eines Säulendiagramms. Dabei sind die Flächeninhalte der einzelnen Säulen den absoluten bzw. relativen Klassenhäufigkeiten proportional.

Die Säulenhöhe h_i^* ergibt sich aus $h_i^* = \frac{h_i}{\Delta x_i} \cdot a$ bzw. $f_i^* = \frac{f_i}{\Delta x_i} \cdot a$ mit $i = 1, 2, \ldots, k$; wobei $\frac{h_i}{\Delta x_i}$ die absolute und $\frac{f_i}{\Delta x_i}$ die relative Häufigkeitsdichte angibt und a ein geeigneter Proportionalitätsfaktor ist.

Aus der relativen Summenhäufigkeit F_i ergibt sich die **Summenhäufigkeitsfunktion (empirische Verteilungsfunktion)** F als:

$$F(x) = \begin{cases} 0 & \text{für} \quad x < x_1^{\mathrm{u}} \\ F(x_{i-1}^{\mathrm{o}}) + \dfrac{f_i}{\Delta x_i} \cdot (x - x_{i-1}^{\mathrm{o}}) & \text{für} \quad x_{i-1}^{\mathrm{o}} \leqq x < x_i^{\mathrm{o}} \\ 1 & \text{für} \quad x \geqq x_k^{\mathrm{o}} \end{cases}$$

S

F gibt (näherungsweise) den Anteil der Elemente an, die einen Merkmalswert kleiner oder gleich x besitzen. Eine exakte Bestimmung der Summenhäufigkeit ist nur für die Klassenobergrenzen x_i^o möglich.
Bei linearer Verbindung der Funktionswerte $F(x_i^o)$ für die Klassenobergrenzen ergibt sich das sogenannte **Summenpolygon**, das den Verlauf der empirischen Verteilungsfunktion grafisch beschreibt.

Beispiel 8.20

Zur Analyse der Altersstruktur der 100 Beschäftigten eines mittleren Unternehmens werden die erfassten Werte x in Klassen zusammengefasst:

i	Altersklasse x_i^u	x_i^o	absolute Häufigkeit h_i	relative Häufigkeit f_i	relative Summenhäufigkeit F_i	Dichte f_i^* $(a = 1)$
1	16	20	6	0,06	0,06	0,015
2	20	30	24	0,24	0,30	0,024
3	30	40	26	0,26	0,56	0,026
4	40	50	21	0,21	0,77	0,021
5	50	60	16	0,16	0,93	0,016
6	60	65	7	0,07	1,00	0,014
			100	1		

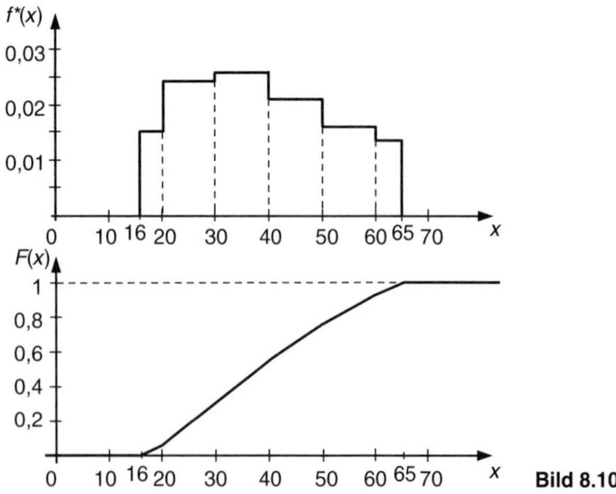

Bild 8.10

Der obere Teil von Bild 8.10 zeigt die grafische Darstellung der Dichte f_i^* über den Altersklassen in einem Histogramm.
Die Klassen, besonders die Randklassen, können, wie im Beispiel 8.20, eine unterschiedliche Breite haben.
Im unteren Teil von Bild 8.10 ist die empirische Verteilungsfunktion im Intervall $(-\infty, \infty)$ als Summenhäufigkeitsfunktion der relativen Summenhäufigkeit F_i dargestellt.

Statistische Maßzahlen

1. Lageparameter

Lageparameter sind Maßzahlen, die eine statistische Masse durch mittlere charakteristische Größen beschreiben. Es gibt **Mittelwerte der Lage**, die nur von der Lage zueinander abhängen (z. B. Modalwert, Median) und **berechnete Mittelwerte**, die unter Einbeziehung der Merkmalwerte ermittelt werden (arithmetisches, geometrisches Mittel).

Modalwert (Modus, häufigster Wert)

Der **Modalwert** x_D ist die Merkmalsausprägung, die am häufigsten vorkommt. Es kann mehrere Modalwerte geben.
Für klassierte Daten wird die Klassenmitte der Klasse mit der größten Dichte (**modale Klasse**), d. h. dem größten Quotienten aus relativer Häufigkeit und Klassenbreite genommen.

Median

Der **Median** $\tilde{x}$, $x_{0,5}$ (früher: Zentralwert x_Z) ist der Wert, der in der Mitte der Variationsreihe liegt,

$$\tilde{x} = \begin{cases} x_{\frac{n+1}{2}}, & \text{falls } n \text{ ungerade, d. h.} \quad n = 2k+1 \\ \frac{1}{2} \cdot \left(x_{\frac{n}{2}} + x_{\frac{n}{2}+1} \right), & \text{falls } n \text{ gerade, d. h.} \quad n = 2k. \end{cases}$$

Klassierte Daten: $\tilde{x} = F^{-1}(p = 0{,}5) = x_{i-1}^{\mathrm{o}} + \dfrac{0{,}5 - F(x_{i-1}^{\mathrm{o}})}{f(x_i)} \cdot \Delta x_i,$

wobei x_i die Einfallsklasse ist, der $F_i = 0{,}5$ zugeordnet ist.

Die Summe der absoluten Abstände der Einzelwerte vom Median ist ein Minimum (lineare Minimumeigenschaft).

S

Quartile und andere Quantile

Wird die Variationsreihe einer Verteilung in gleich große Teile zerlegt, entstehen **Quantile** (früher: Fraktile). Speziell: **Millile** (1000), **Perzentile** (100), **Dezile** (10), **Quintile** (5), **Quartile** (4).

Wird die Variationsreihe einer Verteilung in vier gleich große Teile geteilt, entstehen vier **Quartile**. Innerhalb der Variationsreihe der Merkmalswerte liegen links vom 1., 2. bzw. 3. **Quartil** $x_{0,25}$, $x_{0,5}$ bzw. $x_{0,75}$, 25, 50 bzw. 75 % aller Merkmalswerte.

Bemerkung

Zwischen dem 1. (unteren) Quartil $x_{1/4}$ und dem 3. (oberen) Quartil $x_{3/4}$ liegen die sogenannten ***mittleren 50 % der Merkmalswerte****.*
Das 2. (mittlere) Quartil $x_{1/2}$ ist mit dem Median identisch.

Der **Dezilabstand** DA ist die Differenz zwischen dem oberen Dezil $x_{0,9}$ und dem unteren Dezil $x_{0,1}$, $DA = x_{0,9} - x_{0,1}$.

Das ***p*-Quantil**, $p \in (0, 1)$, einer Verteilung ist die Realisierung x_p einer Variationsreihe, für die sich $p \cdot 100\,\%$ aller Realisierungen links von x_p befinden. $\overline{x}_{i/p}$ heißt ***i*-tes *p*-Quantil**, wenn gilt:

$$\sum_{x_j < \overline{x}_{i/p}} f(x_j) \leqq \frac{i}{p}.$$

Klassierte Daten: $x_p = F^{-1}(p) = x_{i-1}^{\mathrm{o}} + \dfrac{p - F(x_{i-1}^{\mathrm{o}})}{f(x_i)} \cdot \Delta x_i,\ p \in (0, 1).$

Arithmetisches Mittel (arithmetischer Mittelwert)

Das **arithmetische bzw. gewichtete (auch gewogene) arithmetische Mittel** $\overline{x}$ ist die durch den Umfang der statistischen Masse n dividierte Summe aller Merkmalswerte x_i:

$$\overline{x} = \frac{1}{n} \sum_{i=1}^{n} x_i.$$

Gruppierte Daten: $\overline{x} = \dfrac{1}{n} \sum\limits_{j=1}^{k} x_j \cdot h_j = \sum\limits_{j=1}^{k} x_j \cdot f_j, \quad n = \sum\limits_{j=1}^{k} h_j$

Klassierte Daten: $\overline{x} = \sum\limits_{j=1}^{k} x_j' \cdot f_j$

Bemerkung

(1) Bei Unkenntnis der Verteilung der Werte innerhalb einer Klasse wird statt des arithmetischen Mittelwertes dieser Werte ersatzweise die Klassenmitte x'_j verwendet.

(2) Das arithmetische Mittel ist als Lageparameter besonders dann geeignet, wenn die Verteilung eingipflig und näherungsweise symmetrisch ist.

(3) In der Physik entspricht das arithmetische Mittel dem „Schwerpunkt".

Harmonisches Mittel

Das **harmonische bzw. gewichtete harmonische Mittel** ist der Kehrwert aus dem arithmetischen Mittel der Kehrwerte der Messwerte:

$$\overline{x}_h = \frac{n}{\sum\limits_{i=1}^{n} \frac{1}{x_i}} = \frac{n}{\sum\limits_{j=1}^{k} \left(\frac{1}{x_j}\right) \cdot h_j} \quad \text{mit} \quad n = \sum_{j=1}^{k} h_j.$$

Beispiel 8.21

Ein Fahrradfahrer fährt 10 km mit einer Geschwindigkeit von 10 km/h und weitere 10 km mit 20 km/h. Wie groß ist seine Durchschnittsgeschwindigkeit?

Lösung

$$\overline{x}_h = \frac{n}{\sum\limits_{i=1}^{n} \left(\frac{1}{x_i}\right) \cdot h_i} = \frac{20}{\frac{1}{10} \cdot 10 + \frac{1}{20} \cdot 10} = \frac{20}{1 + 0{,}5} = \frac{40}{3} = 13{,}3\,\text{km/h}$$

Geometrisches Mittel

Es seien $x_1, x_2, \ldots, x_n$ beliebige positive Merkmalswerte.
Das **geometrische bzw. gewichtete geometrische Mittel** ergibt sich nach:

$$\overline{x}_g = \sqrt[n]{\prod_{i=1}^{n} x_i} = \sqrt[n]{\prod_{j=1}^{k} x_j^{h_j}} \quad \text{mit} \quad n = \sum_{j=1}^{k} h_j.$$

Bemerkung

Das geometrische Mittel wird bei der Mittlung von Wachstumsraten oder anderen multiplikativ verknüpften Merkmalswerten angewendet.

Beispiel 8.22

Ein Preis wird mit 100 % angenommen. Die Preissteigerungen seien in den ersten drei Jahren 2 %, den fünf darauf folgenden Jahren 4 % und den dann folgenden 2 Jahren 6 %. Wie groß ist die durchschnittliche jährliche Preissteigerung und auf welchen Wert steigt der Preis in 10 Jahren?

Lösung

$\overline{x}_g = \sqrt[10]{1{,}02^3 \cdot 1{,}04^5 \cdot 1{,}06^2} = 1{,}0379$ oder 3,79 %.

Der Preis steigt in 10 Jahren auf $100 \cdot 1{,}0379^{10} = 145{,}07$ %.

Für das arithmetische, geometrische und harmonische Mittel gilt die Größenbeziehung: $x_{\max} \geqq \overline{x} \geqq \overline{x}_g \geqq \overline{x}_h \geqq x_{\min}$.

2. Streuungsmaße

Streuungsmaße liefern Angaben über die Ausbreitung der Merkmalsausprägungen vom Mittelwert. Streuungsmaße nach der Lage sind die **Spannweite und Quantilsabstände**; berechnete Maße sind die **mittlere absolute Abweichung**, die **Varianz**, die **Standardabweichung** und der **Variationskoeffizient**.

Spannweite

Die **Spannweite** (**R**ange) R ist die Differenz zwischen größtem und kleinstem Merkmalswert: $R = x_{\max} - x_{\min}$.
Klassierte Daten: $R = x_1^{\mathrm{u}} - x_k^{\mathrm{o}}$.

Quartilsabstand

Der **Quartilsabstand** (**Quartilsspannweite**) QA ist die Differenz zwischen 3. und 1. Quartil, $QA = x_{0,75} - x_{0,25} = x_{3/4} - x_{1/4}$.

Mittlere absolute Abweichung

Die **mittlere absolute Abweichung** s_M bei $M = x_D$ oder $\tilde{x}$ oder $\overline{x}$ ist:

$$s_M = \frac{1}{n} \sum_{i=1}^{n} |x_i - M|$$

Gruppierte Daten: $$s_M = \frac{1}{n} \sum_{j=1}^{k} |x_j - M| \cdot h_j = \sum_{j=1}^{k} |x_j - M| \cdot f_j$$

Klassierte Daten: $$s_M = \frac{1}{n} \sum_{j=1}^{k} |x'_j - M| \cdot h_j = \sum_{j=1}^{k} |x'_j - M| \cdot f_j$$

Varianz

Die (unkorrigierte) **Varianz** (**mittlere quadratische Abweichung**) Var ist das arithmetische Mittel der Abweichungsquadrate:

$$\operatorname{Var}(X) = \sigma^2 = \frac{1}{n}\sum_{i=1}^{n}(x_i - \overline{x})^2 = \frac{1}{n}\sum_{i=1}^{n} x_i^2 - \overline{x}^2$$

Gruppierte Daten:

$$\operatorname{Var}(X) = \sigma^2 = \frac{1}{n}\sum_{j=1}^{k}(x_j - \overline{x})^2 \cdot h_j = \sum_{j=1}^{k}(x_j - \overline{x})^2 \cdot f_j = \frac{1}{n}\sum_{j=1}^{k} x_j^2 \cdot h_j - \overline{x}^2$$

Klassierte Daten:

$$\operatorname{Var}(X) = \sigma^2 = \frac{1}{n}\sum_{j=1}^{k}(x'_j - \overline{x})^2 \cdot h_j = \sum_{j=1}^{k}(x'_j - \overline{x})^2 \cdot f_j = \frac{1}{n}\sum_{j=1}^{k} x_j'^2 \cdot h_j - \overline{x}^2$$

Bemerkung

(1) *Die Varianz wird häufig mit s^2 bezeichnet. Bei Schätzungen führt die Division durch $n - 1$ zu einer erwartungstreuen Schätzung für die Streuung einer Grundgesamtheit, siehe Abschnitte 8.3.1 und 8.3.2. In Analogie zu vielen Taschenrechnern werden die Formeln für Varianz und Standardabweichung hier bei Division durch n mit σ^2 bzw. σ und bei Division durch $n - 1$ als empirische Varianz und Standardabweichung mit s^2 bzw. s bezeichnet.*

(2) *In der Physik entspricht die Varianz dem „Trägheitsmoment vom Schwerpunkt“.*

Standardabweichung

Die **Standardabweichung** σ ist die Quadratwurzel aus der Varianz $\sigma = \sqrt{\operatorname{Var}(X)}$.

Variationskoeffizient

Der **Variationskoeffizient** v ist ein auf das arithmetische Mittel bezogenes relatives Streuungsmaß $v_\sigma = \dfrac{\sigma}{\overline{x}}$, sofern nur positive Merkmalswerte auftreten.

S

Empirische Varianz

Die (korrigierte oder unverzerrte) **empirische Varianz** s^2 ist eine Schätzfunktion für die Varianz einer Zufallsvariablen aus Beobachtungswerten einer Stichprobe, siehe Abschnitte 8.3.1 und 8.3.2:

$$s^2 = \frac{1}{n-1}\sum_{i=1}^{n}(x_i - \overline{x})^2 = \frac{1}{n-1}\sum_{i=1}^{n} x_i^2 - \frac{n}{n-1}\cdot \overline{x}^2.$$

Gruppierte Daten:

$$s^2 = \frac{1}{n-1}\sum_{j=1}^{k}(x_j - \overline{x})^2 \cdot h_j = \frac{1}{n-1}\sum_{j=1}^{k} x_j^2 \cdot h_j - \frac{n}{n-1}\cdot \overline{x}^2.$$

Klassierte Daten:

$$s^2 = \frac{1}{n-1}\sum_{j=1}^{k}(x_j' - \overline{x})^2 \cdot h_j = \frac{1}{n-1}\sum_{j=1}^{k} x_j'^2 \cdot h_j - \frac{n}{n-1}\cdot \overline{x}^2.$$

Empirische Standardabweichung

Die **empirische Standardabweichung** ist die Quadratwurzel aus der empirischen Varianz $s = \sqrt{s^2}$.

Empirischer Variationskoeffizient

Der **empirische Variationskoeffizient** v ist ein auf das arithmetische Mittel bezogenes relatives Streuungsmaß $v_s = \frac{s}{\overline{x}}$, sofern nur positive Merkmalswerte auftreten.

Bemerkung
Der Variationskoeffizient kann zum Vergleich empirischer Verteilungen herangezogen werden. Häufig wird er in Prozent angegeben.

3. Boxplot

Der **Boxplot** (auch **Box-and-Whisker-Plot**) ist ein Diagramm, horizontal oder vertikal angeordnet, das zur grafischen Darstellung mehrerer statistischer Maßzahlen verwendet wird. Er fasst verschiedene Lageparameter in einem Diagramm zusammen. Fünf Werte werden dargestellt: der Median, das erste und das dritte Quartil und die beiden Extremwerte.
Als „Box“ wird das durch das erste und dritte Quartil bestimmte Rechteck bezeichnet. Sie umfasst somit die mittleren 50 % der Daten. Durch die

Länge der Box ist der Quartilsabstand abzulesen. Als weiteres Quantil ist der Median in der Box eingezeichnet, welcher durch seine Lage innerhalb der Box einen Eindruck von der Schiefe der den Daten zugrunde liegenden Verteilung vermittelt.
Als „Whisker" (Schnurrhaare) werden die horizontalen Linien bezeichnet, die bez. der Länge in der Literatur verschiedene Definitionen haben. Häufig entspricht die Länge der Whisker der Differenz zwischen dem Minimum und dem unteren Quartil bzw. zwischen dem oberen Quartil und dem Maximum, siehe Bild 8.11.

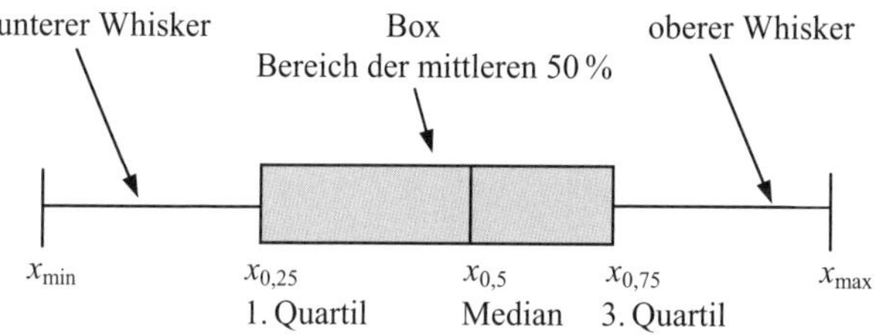

Bild 8.11

Zum Beispiel 8.19

Modalwert:

$x_D = 2$

Median:

$$\tilde{x} = \frac{1}{2} \cdot (x_5 + x_6) = \frac{1}{2} \cdot (2 + 2) = 2$$

arithmetisches Mittel:

$$\begin{aligned}\overline{x} &= \sum_{i=1}^{5} x_i \cdot f_i \\ &= 1 \cdot 0{,}2 + 2 \cdot 0{,}4 + 3 \cdot 0{,}2 + 4 \cdot 0{,}1 + 5 \cdot 0{,}1 = 2{,}5\end{aligned}$$

Spannweite:

$R = 5 - 1 = 4$

mittlere absolute Abweichung:

$$\begin{aligned}s_{\overline{x}} &= \sum_{i=1}^{5} |\, x_i - \overline{x} \,| \cdot f_i \\ &= |\, 1 - 2{,}5 \,| \cdot 0{,}2 + |\, 2 - 2{,}5 \,| \cdot 0{,}4 + |\, 3 - 2{,}5 \,| \cdot 0{,}2 \\ &\quad + |\, 4 - 2{,}5 \,| \cdot 0{,}1 + |\, 5 - 2{,}5 \,| \cdot 0{,}1 = 1\end{aligned}$$

S

Varianz:

$$\text{Var}(X) = \sigma^2 = \sum_{i=1}^{5} (x_i - \overline{x})^2 \cdot f_i$$
$$= (1 - 2{,}5)^2 \cdot 0{,}2 + (2 - 2{,}5)^2 \cdot 0{,}4 + (3 - 2{,}5)^2 \cdot 0{,}2$$
$$+ (4 - 2{,}5)^2 \cdot 0{,}1 + (5 - 2{,}5)^2 \cdot 0{,}1 = 1{,}450$$

Standardabweichung:

$$\sigma = \sqrt{\text{Var}(X)} = \sqrt{1{,}45} = 1{,}204$$

Variationskoeffizient:

$$v_\sigma = \frac{\sigma}{\overline{x}} = \frac{1{,}204}{2{,}5} = 0{,}482$$

empirische Varianz:

$$s^2 = 1{,}611$$

empirische Standardabweichung:

$$s = 1{,}269$$

empirischer Variationskoeffizient:

$$v_s = \frac{s}{\overline{x}} = \frac{1{,}269}{2{,}5} = 0{,}508$$

Zum Beispiel 8.20

Modale Klasse:

[30; 40)

Modalwert:

$$x_D = 2$$

Median:

$$\tilde{x} = 30 + \frac{0{,}5 - 0{,}3}{0{,}26} \cdot 10 = 37{,}69$$

arithmetisches Mittel:

$$\overline{x} = \sum_{i=1}^{6} x_i' \cdot f_i$$
$$= 18 \cdot 0{,}06 + 25 \cdot 0{,}24 + 35 \cdot 0{,}26 + 45 \cdot 0{,}21 + 55 \cdot 0{,}16 + 62{,}5 \cdot 0{,}07$$
$$= 38{,}805$$

Spannweite:

$$R = 65 - 16 = 49$$

Quartile:

$$x_{0,25} = 25, \quad x_{0,5} = 35, \quad x_{0,75} = 45$$

mittlere absolute Abweichung:

$$s_{\overline{x}} = \sum_{i=1}^{6} |\, x_i - \overline{x} \,| \cdot f_i$$

$$= |\,18 - 38{,}8\,| \cdot 0{,}06 + |\,25 - 38{,}8\,| \cdot 0{,}24 + |\,35 - 38{,}8\,| \cdot 0{,}26$$

$$+ |\,45 - 38{,}8\,| \cdot 0{,}21 + |\,55 - 38{,}8\,| \cdot 0{,}16 + |\,62{,}5 - 38{,}8\,| \cdot 0{,}07$$

$$= 11{,}102$$

Varianz:

$$\mathrm{Var}\,(X) = \sigma^2 = \sum_{i=1}^{6} (x_i - \overline{x})^2 \cdot f_i$$

$$= (18 - 38{,}8)^2 \cdot 0{,}06 + (25 - 38{,}8)^2 \cdot 0{,}24 + (35 - 38{,}8)^2 \cdot 0{,}26$$

$$+ (45 - 38{,}8)^2 \cdot 0{,}21 + (55 - 38{,}8)^2 \cdot 0{,}16 + (62{,}5 - 38{,}8)^2 \cdot 0{,}07$$

$$= 164{,}8$$

Standardabweichung:

$$\sigma = \sqrt{\mathrm{Var}\,(X)} = \sqrt{164{,}8} = 12{,}837$$

Variationskoeffizient:

$$v_\sigma = \frac{\sigma}{\overline{x}} = \frac{12{,}837}{38{,}808} = 0{,}331$$

empirische Varianz:

$$s^2 = 166{,}46$$

empirische Standardabweichung:

$$s = 12{,}90$$

empirischer Variationskoeffizient:

$$v_s = \frac{s}{\overline{x}} = \frac{12{,}9}{38{,}808} = 0{,}332$$

Boxplot: siehe Bild 8.12

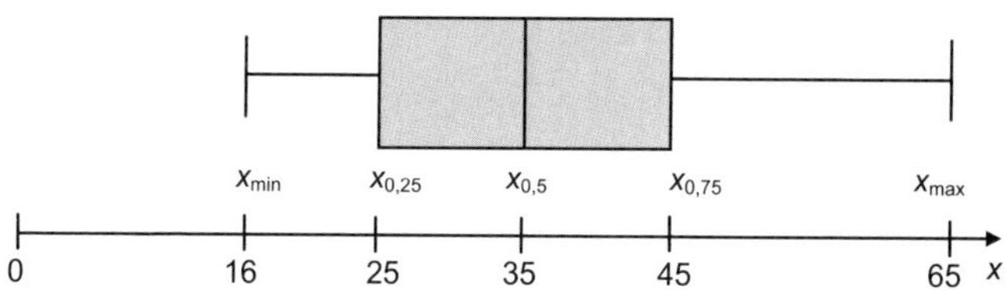

Bild 8.12

S

Konzentrationsmaße

Konzentrationsmaße beschreiben die wirtschaftliche Konzentration (Zusammenballung) beispielsweise von Umsatz, Einkommen oder Vermögen auf einzelne Merkmalsträger.
Eine hohe Konzentration liegt vor, wenn ein großer Anteil einer Merkmalssumme auf einen geringen Anteil von Merkmalsträgern verteilt ist. Bei einer Gleichverteilung der Merkmalssumme auf die Merkmalsträger liegt keine Konzentration vor.

Der **Konzentrationskoeffizient** $p_k = \frac{x_k}{\sum\limits_{i=1}^{n} x_i}$ berechnet den Anteil eines Merkmalswertes an der Merkmalssumme. Das Konzentrationsmaß $P_k = \sum\limits_{i=1}^{k} p_i$ beschreibt die relative Merkmalssumme.

Bemerkung
Ebenso ist eine absolute Betrachtung unter Verwendung von Anzahlen anstelle von Anteilen möglich, gilt aber als weniger aussagefähig.

Lorenz-Kurve

Die **LORENZ-Kurve** veranschaulicht das Konzentrationsmaß grafisch. Sie ergibt sich aus der Darstellung der Punkte $(F(x_k); P_k)$ und deren geradliniger Verbindung unter Einbeziehung des Punktes $(0; 0)$. Dabei beschreibt $F(x_k)$ den Anteil der Merkmalsträger. Die Merkmalswerte müssen in aufsteigender Folge sortiert vorliegen.
Die Fläche zwischen der LORENZ-Kurve und der Gleichverteilung, beschrieben durch die Gerade $P_k = F(x_k)$, d. h. die „45°-Linie“, wird **LORENZ-Fläche** A genannt und stellt ein weiteres Konzentrationsmaß dar.

Der **GINI-Koeffizient** G misst die Höhe der relativen Konzentration über das Verhältnis von LORENZ-Fläche bei maximaler Konzentration mit 0,5: $G = \frac{0{,}5 - A(L)}{0{,}5}$, wobei $A(L) = \sum\limits_{i=1}^{k} \frac{P_{i-1} + P_i}{2} \cdot f_i$ mit $P_0 = 0$.
G bewegt sich im Intervall $0 \leqq G \leqq 1$.

Beispiel 8.23

Der Umsatz von 5 Betrieben sei 400, 200, 800, 200 bzw. 400 Stück.
Gesucht ist die LORENZ-Kurve.

Lösung

Betrieb	1	2	3	4	5	$\sum$
$F(x_k) = \frac{k}{n}$	0,2	0,4	0,6	0,8	1	
Umsatz p_k	200 0,1	200 0,1	400 0,2	400 0,2	800 0,4	2 000 1
$\sum_{i=1}^{k} x_i$	200	400	800	1 200	2 000	
$P_k = \frac{1}{2\,000} \cdot \sum_{i=1}^{k} x_i$	0,1	0,2	0,4	0,6	1	

Das folgende Bild 8.13 zeigt die zugehörige LORENZ-Kurve.

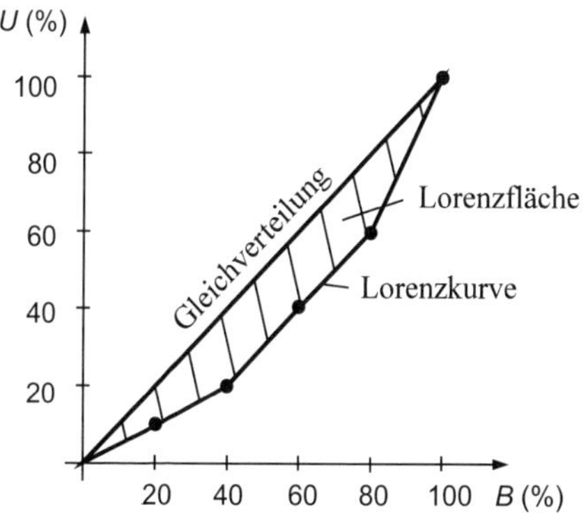

Bild 8.13

Bemerkung

Je größer die LORENZ-*Fläche ist, desto höher ist die Konzentration.*

S

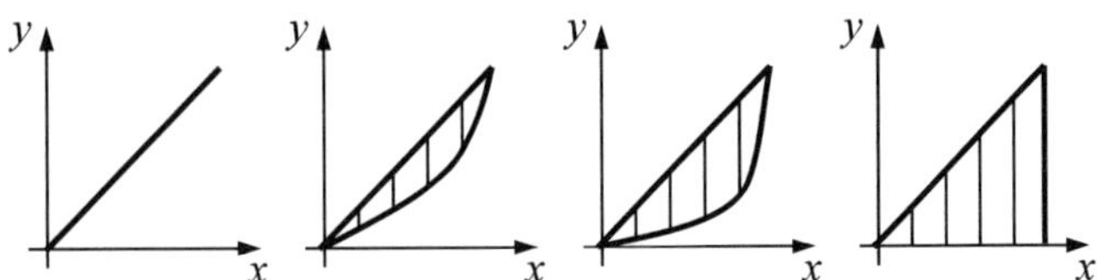

Bild 8.14

Bild 8.14 zeigt von links keine, geringe, hohe bzw. vollständige Konzentration.

Im Fall klassierter Daten ergibt sich die relative Merkmalssumme aus

$$P(x_i) = \frac{\sum_{j=1}^{i} x'_j}{N \cdot \overline{x}}, \text{ wobei } x'_j \text{ Klassenmitte der } j\text{-ten Klasse ist.}$$

Beispiel 8.24

In einem kleinen Unternehmen werden folgende Gehälter gezahlt:

Gehalt (€)	1 000–2 000	2 000–3 000	3 000–4 000	4 000–5 000
Anzahl	5	7	4	4

Gesucht sind die Werte für die LORENZ-Kurve.

Lösung

Gehalt x'_j	1 500	2 500	3 500	4 500	$\sum$
Häufigkeit h_j	5	7	4	4	20
$F(x_j)$	0,25	0,60	0,80	1	
$x'_j \cdot h_j$	7 500	17 500	14 000	18 000	57 000
$\sum$	7 500	25 000	39 000	57 000	
p_i	0,132	0,307	0,245	0,316	1
P_i	0,132	0,439	0,684	1	

8.2.2 Bi- und multivariate Datenanalyse

Mehrdimensionale Häufigkeitsverteilungen stellen Zusammenhänge zwischen mehreren Merkmalen von Elementen einer statistischen Masse dar. Dabei sind folgende Fragen zu klären:

(1) Existiert ein Zusammenhang zwischen den Merkmalen?

(2) Wie stark ist dieser Zusammenhang, wenn er existiert (Korrelationsrechnung)?

(3) Wie lässt sich ein existierender Zusammenhang funktional beschreiben (Regressionsrechnung)?

Bivariate Häufigkeitsverteilungen

Darstellungs- und Vorgehensweise werden im Wesentlichen an einer bivariaten Datenmenge (eine Datenmenge mit zwei sachlichen Merkmalen) dargelegt. Es werden statistische Einheiten mit den Merkmalen X und Y betrachtet. Die abhängige Variable Y (Wirkung) besitzt die Realisierungen y_k $(k = 1, 2, \ldots, n)$; die unabhängige Variable X (Ursache) besitzt die Realisierungen x_i $(i = 1, 2, \ldots, m)$.

Die Menge der Elemente, die zugleich die Merkmalsausprägungen x_i und y_k haben, werden als die Klasse (x_i, y_k) oder kurz (i, k) bezeichnet.

Die Anzahl der Elemente in der Klasse (i, k) heißt absolute Häufigkeit der Klasse (i, k) und wird mit $h(x_i, y_k)$ oder kurz h_{ik} bezeichnet.

Es gilt: $$\sum_{i=1}^{m}\sum_{k=1}^{n} h_{ik} = \sum_{i=1}^{m} h_{i\bullet} = \sum_{k=1}^{n} h_{\bullet k} = N$$

↑ Randhäufigkeit von X (zu $\sum_{i=1}^{m} h_{i\bullet}$)

↑ Randhäufigkeit von Y (zu $\sum_{k=1}^{n} h_{\bullet k}$)

Randhäufigkeiten werden auch als **marginale Häufigkeiten** bezeichnet.

Eine übersichtliche Darstellung liefert die **Häufigkeitstabelle**, in der die Merkmalsausprägungen in aufsteigender Folge angeordnet werden. Die Häufigkeitstabelle heißt

(1) **Kontingenztabelle** (auch **Kreuztabelle**) bei zwei nominal skalierten Merkmalen bzw.

(2) **Korrelationstabelle** im Fall zweier mindestens ordinal skalierter Merkmale.

Die folgende Kontingenztabelle (Kreuztabelle) zeigt den Aufbau einer tabellarischen Darstellung für eine zweidimensionale Häufigkeitsverteilung mit absoluten Häufigkeiten, die auch analog mit relativen Häufigkeiten möglich wäre. (m Ausprägungen für das Merkmal X und n Ausprägungen für das Merkmal Y, Stichprobengröße N)

Merkmale $X\backslash Y$	y_1	y_2	$\dots$	y_k	$\dots$	y_n	Zeilensumme
x_1	h_{11}	h_{12}	$\dots$	h_{1k}	$\dots$	h_{1n}	$h_{1\bullet}$
x_2	h_{21}	h_{22}	$\dots$	h_{2k}	$\dots$	h_{2n}	$h_{2\bullet}$
$\vdots$	$\vdots$	$\vdots$	$\vdots$	$\vdots$	$\vdots$	$\vdots$	$\vdots$
x_i	h_{i1}	h_{i2}	$\dots$	h_{ik}	$\dots$	h_{in}	$h_{i\bullet}$
$\vdots$	$\vdots$	$\vdots$	$\vdots$	$\vdots$	$\vdots$	$\vdots$	$\vdots$
x_m	h_{m1}	h_{m2}	$\dots$	h_{mk}	$\dots$	h_{mn}	$h_{m\bullet}$
Spaltensumme	$h_{\bullet 1}$	$h_{\bullet 2}$	$\dots$	$h_{\bullet k}$	$\dots$	$h_{\bullet n}$	N

Die **Zeilensummen** sind gegeben durch: $h_{i\bullet} = \sum_{k=1}^{n} h_{ik}, \ (i = 1, 2, \dots, m)$

und die **Spaltensummen** durch: $h_{\bullet k} = \sum_{i=1}^{m} h_{ik}, \ (k = 1, 2, \dots, n).$

Dabei werden die Summen von absoluten bzw. relativen Häufigkeiten immer so bezeichnet, dass der Summationsindex durch einen Punkt ersetzt wird.

Bezeichnungen

(1) Randklasse (marginale Klasse): $(i, \bullet)$ bzw. $(\bullet, k)$ oder (X_i) bzw. (Y_k) Menge der Elemente, die die Eigenschaft X_i bzw. Y_k haben

(2) Randhäufigkeiten: Zeilensummen $h_{i\bullet}$ und die Spaltensummen $h_{\bullet k}$

(3) relative Randhäufigkeiten: $f_{i\bullet} = \frac{h_{i\bullet}}{N}, \ f_{\bullet k} = \frac{h_{\bullet k}}{N}$

Wie im eindimensionalen Feld lassen sich die absoluten Häufigkeiten in relative Häufigkeiten umrechnen. Daraus ergibt sich eine zweidimensionale Verteilung von relativen Häufigkeiten, die als **Häufigkeitsfunktion** (auch **Häufigkeitsverteilung**) bezeichnet wird.

Für die relativen Häufigkeiten gilt: $\sum_{i=1}^{m} \sum_{k=1}^{n} f_{ik} = \sum_{i=1}^{m} f_{i\bullet} = \sum_{k=1}^{n} f_{\bullet k} = 1.$

Am Rand der Tabelle können die beiden Verteilungen abgelesen werden, die sich ergeben, wenn jedes Merkmal für sich allein betrachtet wird.

Als **Randhäufigkeitsfunktion** (oder **marginale Häufigkeitsfunktion**) des Merkmals (X, Y) werden die durch die einzelnen Merkmale X bzw. Y gegebenen eindimensionalen Häufigkeitsfunktionen (bzw. -verteilungen) bezeichnet.

Bedingte Häufigkeitsverteilung

Werden nur einzelne Zeilen der zweidimensionalen Tabelle betrachtet, so zerfällt das Merkmal X in die Randklassen (X_1), (X_2), ..., (X_m).
Es lässt sich nun jede Klasse wiederum als eine Grundgesamtheit auffassen, die durch das Merkmal Y in n Klassen zerlegt wird. Jeder Klasse X_i lässt sich wieder eine Verteilung zuordnen. Eine analoge Betrachtung ist für die Spalten möglich.
Bedingte Häufigkeit von Y_k bei gegebenem X_i:

$$f(y_k \mid x_i) = \frac{h_{ik}}{h_{i\bullet}} \quad \begin{array}{l} \leftarrow \text{absolute Häufigkeit von } y_k \mid x_i \\ \leftarrow \text{Randhäufigkeit von } x_i \end{array}$$

Bedingte Häufigkeit von X_i bei gegebenem Y_k:

$$f(x_i \mid y_k) = \frac{h_{ik}}{h_{\bullet k}} \quad \begin{array}{l} \leftarrow \text{absolute Häufigkeit von } x_i \mid y_k \\ \leftarrow \text{Randhäufigkeit von } y_k \end{array}$$

Die Gesamtheit der relativen Häufigkeiten einer Zeile (Spalte) wird als bedingte Häufigkeitsverteilung von X bei gegebenen Y_k (von Y bei gegebenen X_i) bezeichnet.
Das Merkmal X heißt **statistisch unabhängig** vom Merkmal Y, wenn alle bedingten Verteilungen von $X \mid Y_k$ für $k = 1, 2, \ldots, n$ gleich sind.

Formal gilt dann

$$f(X_i \mid Y_1) = f(X_i \mid Y_2) = \ldots = f(X_i) = \frac{h(X_i)}{N} = \frac{h_{i\bullet}}{N} \quad \text{für} \quad i = 1, 2, \ldots, m$$

Aussagen über statistisch unabhängige Merkmale

(1) Ist das Merkmal X vom Merkmal Y statistisch unabhängig, dann ist auch das Merkmal Y vom Merkmal X unabhängig (Symmetrie).

(2) Sind die Merkmale X und Y voneinander statistisch unabhängig, so sind die bedingten Häufigkeitsverteilungen gleich der zugehörigen Randverteilung.

(3) Sind die beiden Merkmale X und Y voneinander statistisch unabhängig, dann ist die zweidimensionale Häufigkeitsverteilung (X, Y) durch die Vorgabe der beiden Randverteilungen von X und Y eindeutig bestimmt.

S

Korrelationsrechnung

Für zwei metrisch skalierte Merkmale X und Y von statistischen Einheiten werden die Messergebnisse in geordneten Paaren (x_i, y_i), $i = 1, 2, \ldots, n$ erfasst und in der **Urliste** festgehalten. Die Punktepaare können in ein Koordinatensystem eingetragen werden. Es entsteht eine **Punktwolke**, die im Streuungsdiagramm einen ersten Eindruck von Art und Stärke des linearen Zusammenhangs zwischen den Merkmalen vermittelt. Bild 8.15 enthält 4 Beispiele.

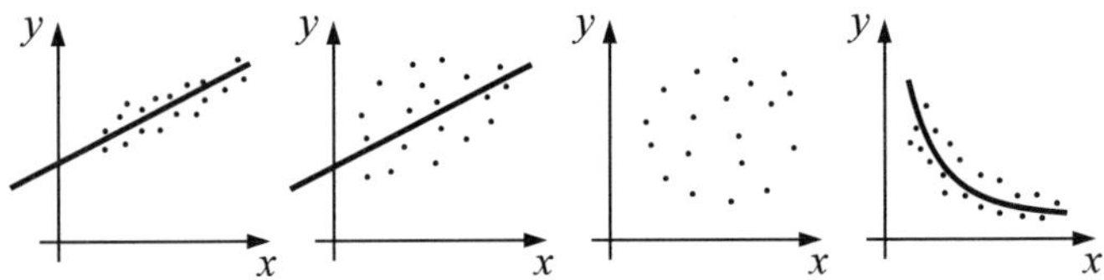

Bild 8.15

Die beiden ersten Beispiele zeigen einen positiv linearen Zusammenhang, das erste mit einem wesentlich stärkeren Zusammenhang. Während im dritten Beispiel kein Zusammenhang erkennbar ist, hat das vierte wieder einen stärkeren, aber nichtlinearen Zusammenhang.

Statistische Maßzahlen

Getrennt nach den x- und y-Werten werden die arithmetischen Mittelwerte $\overline{x}$ und $\overline{y}$ sowie die Varianzen σ_X^2 und σ_Y^2 definiert.

$$\overline{x} = \frac{1}{n}\sum_{i=1}^{n} x_i \qquad \sigma_X^2 = \frac{1}{n}\sum_{i=1}^{n}(x_i - \overline{x})^2 = \frac{1}{n}\sum_{i=1}^{n} x_i^2 - \overline{x}^2$$

$$\overline{y} = \frac{1}{n}\sum_{i=1}^{n} y_i \qquad \sigma_Y^2 = \frac{1}{n}\sum_{i=1}^{n}(y_i - \overline{y})^2 = \frac{1}{n}\sum_{i=1}^{n} y_i^2 - \overline{y}^2$$

Für den Grad des linearen Zusammenhanges der beiden Merkmale X und Y werden die **Kovarianz** $\operatorname{Cov}(X, Y)$ und der **Korrelationskoeffizient** r_{XY} definiert:

$$\operatorname{Cov}(X,Y) = \frac{1}{n}\sum_{i=1}^{n}(x_i - \overline{x}) \cdot (y_i - \overline{y}) = \frac{1}{n}\sum_{i=1}^{n} x_i y_i - \overline{x} \cdot \overline{y}$$

$$r_{XY} = \frac{\operatorname{Cov}(X,Y)}{\sigma_X \cdot \sigma_Y} = \frac{\sum\limits_{i=1}^{n}(x_i - \overline{x}) \cdot (y_i - \overline{y})}{\sqrt{\sum\limits_{i=1}^{n}(x_i - \overline{x})^2 \cdot \sum\limits_{i=1}^{n}(y_i - \overline{y})^2}}$$

$$= \frac{\sum\limits_{i=1}^{n} x_i \cdot y_i - n \cdot \overline{x} \cdot \overline{y}}{\sqrt{\left(\sum\limits_{i=1}^{n} x_i^2 - n \cdot \overline{x}^2\right) \cdot \left(\sum\limits_{i=1}^{n} y_i^2 - n \cdot \overline{y}^2\right)}}$$

Für die empirische Kovarianz und den empirischen Korrelationskoeffizienten gelten entsprechende Formeln unter Berücksichtigung von s^2.

Bemerkung

Der Korrelationskoeffizient r_{XY} kann Werte zwischen -1 und $+1$ annehmen.
Bei $r_{XY} = -1$ liegt ein absoluter negativer linearer Zusammenhang vor. Wächst r_{XY} langsam an, so nimmt der starke Zusammenhang langsam ab, bis bei $r_{XY} = 0$ kein linearer Zusammenhang erkennbar ist.
Bei positiv wachsendem r_{XY} wächst der Zusammenhang (die Korreliertheit) wieder, bis bei $r_{XY} = +1$ ein absoluter positiver linearer Zusammenhang vorliegt.

Regressionsrechnung

Liegt ein relativ stark korrelierter Zusammenhang zweier Merkmale vor, kann er durch die **Regressionsgerade** $\hat{y} = a_0 + a_1 \cdot x$ angegeben werden. Mit der Methode der kleinsten Quadrate (siehe Abschnitt 6.6) werden die Normalgleichungen und daraus die Bestimmungsgleichungen für a_0 und a_1 ermittelt.

S

$\hat{y} = a_0 + a_1 \cdot x$ heißt **empirische Regressionsgerade**.
a_1 ist der **empirische Regressionskoeffizient** und a_0 ist die **empirische Regressionskonstante**.

Wurde bereits der Korrelationskoeffizient r_{XY} ermittelt, so können zur Berechnung von a_1 und a_0 folgende Beziehungen genutzt werden:

$$a_1 = \frac{\operatorname{Cov}(X,Y)}{\sigma_X^2} = r_{XY} \cdot \frac{\sigma_Y}{\sigma_X} \quad \text{und} \quad a_0 = \overline{y} - a_1 \cdot \overline{x}.$$

Die praktische Berechnung des empirischen Korrelationskoeffizienten und der empirischen Regressionsgeraden erledigt ein Taschenrechner mit Statistikteil, sie kann aber auch mit einer Häufigkeitstabelle erfolgen.

Beispiel 8.25

Gegeben sind folgende Realisierungen der Zufallsvariablen X und Y:

X	2	5	8	4
Y	−1	1	2	2

(1) Es soll der empirische Korrelationskoeffizient berechnet werden.

(2) Die empirische Regressionsgerade ist zu ermitteln.

Lösung

Zunächst wird die **Korrelationstabelle** angegeben:

i	x_i	y_i	x_i^2	y_i^2	$x_i \cdot y_i$
1	2	−1	4	1	−2
2	5	1	25	1	5
3	8	2	64	4	16
4	4	2	16	4	8
$\sum$	19	4	109	10	27

(1) $\overline{x} = \frac{1}{n}\sum_{i=1}^{n} x_i = \frac{19}{4} = 4{,}75 \qquad \overline{y} = \frac{1}{n}\sum_{i=1}^{n} y_i = \frac{4}{4} = 1$

$$\sigma_X^2 = \frac{1}{n}\left(\sum_{i=1}^{n} x_i^2 - n\cdot\overline{x}^2\right) = \frac{1}{4}(109 - 4\cdot 4{,}75^2) = \frac{109 - 90{,}25}{4} = 4{,}687\,5$$

$$\sigma_Y^2 = \frac{1}{n}\left(\sum_{i=1}^{n} y_i^2 - n\cdot\overline{y}^2\right) = \frac{1}{4}(10 - 4\cdot 1^2) = \frac{10-4}{4} = 1{,}5$$

$$\mathrm{Cov}(X,Y) = \frac{1}{n}\left(\sum_{i=1}^{n} x_i y_i - n\cdot\overline{x}\cdot\overline{y}\right) = \frac{1}{4}(27 - 4\cdot 4{,}75\cdot 1) = \frac{8}{4} = 2$$

$$r_{XY} = \frac{\mathrm{Cov}(X,Y)}{\sigma_x\cdot\sigma_y} = \frac{2}{\sqrt{4{,}687\,5\cdot 1{,}5}} = 0{,}754\,2$$

(2) $\hat{y} = a_0 + a_1\cdot x$

$$a_1 = \frac{\mathrm{Cov}(X,Y)}{\sigma_x^2} = \frac{2}{4{,}687\,5} = 0{,}426\,7$$

$$a_0 = \overline{y} - a_1\cdot\overline{x} = 1 - 0{,}426\,7\cdot 4{,}75 = -1{,}026\,7$$

$$\hat{y} = -1{,}03 + 0{,}43\cdot x = 0{,}43\cdot x - 1{,}03$$

Streuungszerlegung

Für eine empirische Regressionsgerade $\hat{y} = a_0 + a_1 \cdot x$ lässt sich zu jedem x_i der zugehörige Regressionswert $\hat{y}_i$ berechnen.

Für die Varianz der Regressionswerte gilt: $\sigma_{\hat{Y}}^2 = \frac{1}{n} \sum_{i=1}^{n} (\hat{y}_i - \bar{y})^2$.

Wegen $\sigma_{\hat{Y}}^2 = b^2 \cdot \sigma_X^2$ kann die Varianz der Regressionswerte auf die Varianz des Merkmals X zurückgeführt werden. Die gesamte Varianz σ_Y^2 eines abhängigen Merkmals Y setzt sich aus der Varianz $\sigma_{\hat{Y}}^2$ der Regressionswerte, die durch das unabhängige Merkmal X erklärt wird, und der Varianz σ_U^2 der Residuen zusammen: $\sigma_Y^2 = \sigma_{\hat{Y}}^2 + \sigma_U^2$.
Diese **Streuungszerlegung** gilt für lineare Regressionen und für solche nichtlineare Regressionen, die linear in den Regressionskoeffizienten sind.

Bestimmtheitsmaß

Zur Beschreibung des Zusammenhangs zwischen zwei metrisch messbaren Merkmalen X und Y mit einer in den Regressionskoeffizienten linearen Regressionsfunktion f: $\hat{y} = f(x)$ findet das Bestimmtheitsmaß B^2 Verwendung.

$B^2 = \frac{\sigma_{\hat{Y}}^2}{\sigma_Y^2}$ heißt **Bestimmtheitsmaß** und gibt den Anteil der durch X erklärten Varianz von Y an.

$B = \sqrt{B^2}$ heißt **Bestimmtheitskoeffizient**.

Bemerkung
Für lineare Regressionsfunktionen stimmen das Bestimmtheitsmaß und das Quadrat des Korrelationskoeffizienten überein: $B_{XY}^2 = r_{XY}^2$.

S

Nichtlineare Regression

Funktionen zur Beschreibung nichtlinearer Zusammenhänge

(1) Quadratische Funktionen $\hat{y}(x) = a_0 + a_1 \cdot x + a_2 \cdot x^2$

(2) Potenzfunktionen $\hat{y}(x) = a \cdot x^b$

(3) Exponentialfunktionen a) $\hat{y}(x) = a \cdot b^x$
b) $\hat{y}(x) = a \cdot \mathrm{e}^{b \cdot x}$

(4) Logistische Funktionen $\hat{y}(x) = \dfrac{a}{1 + \mathrm{e}^{b-cx}}, \quad a, c > 0$

(5) GOMPERZ-Funktion $\hat{y}(x) = \dfrac{a}{\mathrm{e}^{b \cdot c^x}}, \quad a > 0$

(6) Hyperbelfunktionen $\hat{y}(x) = a + \dfrac{b}{x}$

(7) TÖRNQUIST-Funktion $\hat{y}(x) = \dfrac{a \cdot x}{b + x}$; $a, b > 0$, a-Sättigungsniveau

Die Schätzung der Regressionskoeffizienten erfolgt auf der Basis der Methode der kleinsten Quadrate. Zur Bestimmung der Normalgleichungen kann häufig durch eine geeignete Transformation die Linearisierung der Funktion erreicht werden (siehe Abschnitt 6.6).

a) Bei den Regressionsfunktionen vom Typ (2) und (3) ergibt sich die Linearisierung durch Logarithmieren.
Aus $\hat{y}(x) = a \cdot x^b$ folgt durch Logarithmieren $\log \hat{y} = \log a + b \cdot \log x$.
Substitution: $\hat{Y} = \log \hat{y}$; $A = \log a$; $X = \log x$
Auf die linearisierte Potenzfunktion mit $\hat{Y} = A + b \cdot X$ wird die Vorgehensweise „Methode der kleinsten Quadrate“ angewendet.

$$\sum_i (Y_i - \hat{Y}_i)^2 = \sum_i [Y_i - (A + b \cdot X_i)]^2 \to \text{Min.}$$

Daraus ergeben sich die beiden Normalgleichungen:

$$\sum_i Y_i = n \cdot A + \sum_i X_i \cdot b$$

$$\sum_i X_i \cdot Y_i = \sum_i X_i \cdot A + \sum_i X_i^2 \cdot b.$$

Die Bestimmungsgleichungen für die Koeffizienten $\log a$ und b der linearisierten Funktion lauten (Summen stets über i):

$$\log a = \frac{\sum(\log x_i)^2 \cdot \sum \log y_i - \sum \log x_i \cdot \sum \log x_i \cdot \log y_i}{n \cdot \sum (\log x_i)^2 - (\sum \log x_i)^2}$$

$$b = \frac{n \cdot \sum \log x_i \cdot \log y_i - \sum \log x_i \cdot \sum \log y_i}{n \cdot \sum(\log x_i)^2 - (\sum \log x_i)^2}$$

b) Logistische Funktion: $\hat{y}(x) = \dfrac{a}{1 + e^{b + c \cdot x}}, \quad a > 0$

Übergang zum Kehrwert: $\dfrac{1}{y} = \dfrac{1}{a} + \dfrac{1}{a} \cdot e^{b + cx}$ bzw. $\dfrac{1}{y} - \dfrac{1}{a} = \dfrac{1}{a} \cdot e^{b + cx}$

Logarithmieren:

$$\ln\left(\frac{1}{y} - \frac{1}{a}\right) = \ln\left(\frac{1}{a}\right) + b + cx \quad \text{bzw.} \quad \ln\left(\frac{a}{y} - 1\right) = b + cx$$

Damit ist das Problem linearisiert.

c) GOMPERZ-Funktion: $\hat{y}(x) = \dfrac{a}{e^{b \cdot c^x}}, a > 0$

Übergang zum Kehrwert und zweimaliges Logarithmieren führt auf $\ln\left(\ln \dfrac{a}{y}\right) = \ln b + x \cdot \ln c$. Hierbei müsste a geschätzt werden.

d) Linearisierung für Funktionen der Typen (6) und (7) am Beispiel der

TÖRNQUIST-Funktion: $\hat{y}(x) = \dfrac{a \cdot x}{x + b}$

Substitution: $v_i = \dfrac{1}{y_i}$ und $u_i = \dfrac{1}{x_i}$

Linearisierte Funktion: $v = \dfrac{1}{a} + \dfrac{b}{a} \cdot u = A + B \cdot u$

Normalgleichungssystem: $\sum v_i = A \cdot n \quad + B \cdot \sum u_i$

(Summen stets über i) $\sum u_i \cdot v_i = A \cdot \sum u_i + B \cdot \sum u_i^2$

Bemerkung

Die Anpassung der Trendwerte an die Istwerte ist nur im Messbereich optimal. Deshalb sollten Trendfunktionen bei prognostischen Untersuchungen nur für kurzfristige Vorausberechnungen genutzt werden. Bei der Transformation ist zu beachten, dass die Minimaleigenschaft verloren gehen kann, und somit unter Umständen nur eine Näherungslösung des Problems erzielt wird.

S

Beispiel 8.26

Der Bestand an Bettwäsche (Bezüge und Laken) in Stück in Abhängigkeit von der Haushaltgröße beträgt

Haushaltgröße	1	2	3	4	5	$\geqq$ 6 Personen
Bestand an Bettwäsche	6,6	10,5	13,6	14,9	15,6	16,4

TÖRNQUIST-Funktion: $\hat{y}(x) = \dfrac{24{,}34 \cdot x}{2{,}675 + x}$

Maximales Bestandsniveau: $x \to \infty$, $y \to a = 24{,}34$ Stück

Multiple Regression

Bei der Untersuchung der statistischen Abhängigkeit eines Merkmals Y von mehreren Merkmalen $X_1, \ldots, X_P$ wird eine Funktion gesucht, die beschreibt, wie die Werte eines Merkmals Y tendenziell oder durchschnittlich von den anderen Merkmalen $X_1, \ldots, X_P$, die gemeinsam mit Y erhoben wurden, abhängen (**Multiple-** oder **Mehrfachregression**).
Die einfachste Form der Beschreibung der Abhängigkeit besteht in einer linearen Regressionsfunktion (**Lineare Mehrfachregression**):

$$\hat{y}(x) = a_0 + a_1x_1 + a_2x_2 + \ldots + a_px_p = a_0 + \sum_{i=1}^{p} a_ix_i.$$

Spezialfall: Zweifachregression

Das Merkmal Y hängt statistisch von X und Z ab: $\hat{y} = a + b \cdot x + c \cdot z$.
Die Regressionskoeffizienten a, b und c ergeben sich unter Anwendung des Kriteriums der Methode der kleinsten Quadrate aus

$$f(a,b,c) = \sum_i (\hat{y}_i - y_i)^2 = \sum_i (a + b \cdot x_i + c \cdot z_i - y_i)^2 \to \min$$

Durch null setzen der partiellen Ableitungen ergeben sich die **Normalgleichungen**, dabei wird stets über i summiert:

$$\begin{aligned}
\sum y_i &= a \cdot n + b \cdot \sum x_i + c \cdot \sum z_i \\
\sum x_i \cdot y_i &= a \cdot \sum x_i + b \cdot \sum x_i^2 + c \cdot \sum x_i \cdot z_i \\
\sum y_i \cdot z_i &= a \cdot \sum z_i + b \cdot \sum x_i \cdot z_i + c \cdot \sum z_i^2
\end{aligned}$$

Multiple Korrelation

Ebenso wie bei zwei metrisch messbaren Merkmalen kann auch bei mehr als zwei Merkmalen die Ausgeprägtheit eines statistischen Zusammenhanges mit dem Bestimmtheitsmaß untersucht werden.

Für eine Mehrfachregression heißt

$B^2 = \dfrac{\sigma_{\hat{Y}}^2}{\sigma_Y^2}$ **multiples Bestimmtheitsmaß.**

Für die lineare Mehrfachregression gilt die folgende Definition.

Für eine lineare Mehrfachregression $y = a_0 + a_1x_1 + \ldots + a_px_p$ heißt
$r_{Y,X_1,\ldots,X_p} = \sqrt{B^2} = \dfrac{\sigma_{\hat{Y}}}{\sigma_Y}$ **multipler Korrelationskoeffizient.**
Es gilt $0 \leqq r \leqq 1$.

Beispiel 8.27

Für die Merkmale Y (Wirkung) sowie X und Z (Ursachen) seien folgende Werte festgestellt worden:

Y	18,6	19,3	21,1	23,2	24,7	26,3	25,1	28,8
X	3,1	3,4	3,8	4,1	4,6	4,8	5,2	5,5
Z	4,8	4,5	4,9	5,3	5,5	5,4	4,8	6,1

Daraus ergibt sich die Regressionsfunktion

$\hat{y}(x) = -1{,}021\,24 + 3{,}095\,897x + 2{,}141\,923z$

Multiples Bestimmtheitsmaß $r^2 = 0{,}986\,6$
Multipler Korrelationskoeffizient $r = 0{,}993\,3$

Zusammenhangsmaße ordinaler Merkmale

Bisher wurden ausschließlich Verfahren und Möglichkeiten zur Untersuchung von Zusammenhängen zwischen metrisch messbaren Merkmalen behandelt.
Eine Ordinalskala schreibt zwar eine Reihenfolge der Skalenwerte vor, aber keine Abstände. Für ordinal messbare Merkmale ist eine **grafische Darstellung** nur bei kleiner Anzahl von Beobachtungswerten sinnvoll.

Rangkorrelation

Günstiger ist es, wenn die Beobachtungen (x_i, y_i) durch Paare von Rangzahlen (x_i^*, y_i^*) ersetzt werden, die durch fortlaufende Nummerierung der x- bzw. y-Werte ihrer Größe nach erhalten werden. Für diese Rangzahlenpaare lässt sich nach der bekannten Formel der Korrelationskoeffizient r berechnen. Hierbei werden die Rangzahlen als metrisch messbar interpretiert. Bei gleichen Beobachtungswerten ist die gleiche (mittlere) Rangzahl zuzuordnen.
Unter Berücksichtigung, dass die Rangzahlen x_i^* und y_i^* die Werte von 1 bis n durchlaufen, kann eine vereinfachte Formel gewonnen werden, die den Rangkorrelationskoeffizienten R nach SPEARMAN liefert.

S

Gegeben seien zwei gemeinsam erhobene Merkmale X und Y sowie die Rangzahlen x_i^* und y_i^* der Beobachtungen (x_i, y_i), $i = 1, 2, \ldots, n$ und die Rangdifferenzen $d_i = x_i^* - y_i^*$.

$R = 1 - \dfrac{6 \cdot \sum\limits_i d_i^2}{n \cdot (n^2 - 1)}$ heißt **Rangkorrelationskoeffizient** und ist ein Maß für die Ausgeprägtheit des Zusammenhangs.
Es gilt $-1 \leqq R \leqq 1$.

Beispiel 8.28

Für eine Gruppe von 10 Bewerbern erstellen zwei Gutachter unabhängig voneinander Ranglisten.

Bewerber	1	2	3	4	5	6	7	8	9	10	
Rang in Liste X^*	2	5	1	9	8	7	3	4	6	10	55
Rang in Liste Y^*	2	3	1	7	10	8	5	6	4	9	55
Differenz d_i	0	2	0	2	−2	−1	−2	−2	2	1	
d_i^2	0	4	0	4	4	1	4	4	4	1	26

$$R = 1 - \frac{6 \cdot \sum\limits_i d_i^2}{n \cdot (n^2 - 1)} = 1 - \frac{6 \cdot 26}{10 \cdot 99} = 1 - \frac{156}{990} = 1 - 0{,}1576 = 0{,}8424$$

Konkordanz und Diskordanz

Beim Rangkorrelationskoeffizienten werden statt der Beobachtungswerte Rangzahlen verwendet, die dann als Werte eines metrisch messbaren Merkmals interpretiert werden. Darin liegt eine stark einengende Wirkung. Es wird ein weiteres Zusammenhangsmaß angegeben, das nur die Eigenschaften der Ordinalskala voraussetzt und dabei von der Ordnung je zweier Paare von Beobachtungswerten ausgeht.

Gegeben seien zwei Paare von Beobachtungswerten zweier ordinal messbarer Merkmale. Liegt für die Paare bezüglich beider Merkmale gleiche Ordnung vor, so heißen sie **konkordant**. Liegt verschiedene Ordnung vor, dann heißen sie **diskordant**.

Bezeichnungen für die Paarvergleiche

n_{k} Anzahl der konkordanten Paare

n_{d} Anzahl der diskordanten Paare

n_x Anzahl der Paare, die bezüglich des Merkmals X übereinstimmen und bezüglich Y verschieden sind

n_y Anzahl der Paare, die bezüglich des Merkmals Y übereinstimmen und bezüglich X verschieden sind

n_{xy} Anzahl der Paare, die bezüglich beider Merkmale übereinstimmen

Es gilt: $n_{\mathrm{k}} + n_{\mathrm{d}} + n_x + n_y + n_{xy} = 0{,}5n(n-1)$.

Gegeben sei die gemeinsame Verteilung zweier wenigstens ordinal messbarer Merkmale X und Y sowie die Anzahl n_k der konkordanten und n_d der diskordanten Paare.

$K = \dfrac{2(n_k - n_d)}{n \cdot (n-1)}$ heißt **Konkordanzkoeffizient** und ist ein Maß für den Zusammenhang der beiden Merkmale.

Zusammenhangsmaß nominaler Merkmale

Sollten die betrachteten Merkmale noch geringere Anforderungen erfüllen, also nur nominal skaliert sein, so kann auf Basis der Kontingenztabelle (siehe Abschnitt 8.2.2) nur ein **Kontingenzkoeffizient** berechnet werden.

Gegeben seien zwei nominal skalierte Merkmale X und Y. Die Stärke der statistischen Abhängigkeit zwischen beiden Merkmalen misst das

Maß C von CRAMÉR: $C = \sqrt{\dfrac{1}{N} \cdot \dfrac{u}{\min[(m-1),(n-1)]}}$ mit

$$u = \sum_{i=1}^{m} \sum_{k=1}^{n} \frac{\left(h_{ik} - \dfrac{h_{i\bullet} \cdot h_{\bullet k}}{N}\right)^2}{\dfrac{h_{i\bullet} \cdot h_{\bullet k}}{N}} = N \cdot \left[\left(\sum_{i=1}^{m} \sum_{k=1}^{n} \frac{h_{ik}^2}{h_{i\bullet} \cdot h_{\bullet k}}\right) - 1\right]$$

Das Anwachsen von u ist ein Indikator für den Grad des Zusammenhangs zwischen X und Y. Diese Größe wird genau dann null, wenn X und Y unabhängig sind. Da der Wert nach oben offen ist, muss eine Normierung mithilfe der Berechnung von C vorgenommen werden.
Für die Maßzahl C gilt $0 \leqq C \leqq 1$. Bei vollständiger Abhängigkeit nimmt das Maß von CRAMÉR den Wert eins an.

S

Beispiel 8.29

Von 110 Studierenden wurden Geschlecht und Studiengang registriert.

Absolute Häufigkeitsverteilung der Merkmale Geschlecht und Studiengang			
Geschlecht	Betriebswirtschaft	Wirtschaftsinformatik	Summe
weiblich	57	2	59
männlich	43	8	51
Summe	100	10	110

Gesucht ist die Stärke der Abhängigkeit des Studienganges vom Geschlecht.

Lösung

$$u = N \cdot \left[\left(\sum_{i=1}^{m} \sum_{k=1}^{n} \frac{h_{ik}^2}{h_{i\bullet} \cdot h_{\bullet k}} \right) - 1 \right]$$

$$= 110 \cdot \left[\left(\frac{57^2}{59 \cdot 100} + \frac{2^2}{59 \cdot 10} + \frac{43^2}{51 \cdot 100} + \frac{8}{51 \cdot 10} \right) - 1 \right] = 5{,}0047$$

$$C = \sqrt{\frac{1}{110} \cdot \frac{5{,}0047}{\min\left[(2-1),(2-1)\right]}} = 0{,}213.$$

Die Abhängigkeit ist sehr schwach.

8.2.3 Maß- und Indexzahlen

Eine **Maßzahl** ist eine Größe zur quantitativen Charakterisierung eines zu untersuchenden Sachverhalts.

Maßzahlen lassen sich untergliedern in absolute Zahlen (z. B. absolute Häufigkeiten) und in Verhältniszahlen.

Eine **Verhältniszahl** ist der Quotient aus zwei (absoluten oder relativen) Maßzahlen. Sie dient dem statistischen Vergleich.

Bemerkung

Die Berechnung von Verhältniszahlen sollte nur mit solchen Zahlen erfolgen, die in eine sinnvolle Beziehung gebracht werden können.

Es sind folgende Arten von Verhältniszahlen zu unterscheiden:

(1) Gliederungszahlen
(2) Beziehungszahlen
(3) Messzahlen
(4) Indexzahlen

Gliederungszahlen

Eine **Gliederungszahl** ergibt sich aus dem Verhältnis einer Teilmenge zur Gesamtmenge.

Eine Gliederungszahl ist dimensionslos und beschreibt einen **Anteil**.

Beispiel 8.30

Die **relative Häufigkeit** $f(x_i)$ einer Merkmalsausprägung bzw. einer Merkmalsklasse stellt eine Gliederungszahl dar.

Beziehungszahlen

Der Quotient zweier verschiedenartiger, sachlich sinnvoll zusammenhängender Größen heißt **Beziehungszahl**.

Beziehungszahlen dienen der vereinfachten Berechnung eines arithmetischen Mittels ohne Kenntnis der Häufigkeitsverteilung des betreffenden Merkmals. Sie besitzen eine Maßeinheit.

$$\text{Beziehungszahl } \overline{x} = \frac{\sum_i x_i}{n} = \frac{\text{Summe der Merkmalswerte}}{\text{Anzahl der statistischen Einheiten}}$$

Beispiel 8.31

(1) Bevölkerungsdichte, z. B. Einwohnerzahl pro Fläche
(2) Geburtenziffer, z. B. Lebendgeborene pro mittlerer Einwohnerzahl
(3) Rentabilität, z. B. Gewinn pro eingesetztem Fonds

Messzahlen

Eine Verhältniszahl aus zwei gleichartigen, aber räumlich oder zeitlich verschiedenen Größen heißt **Messzahl**.

Messzahlen sind dimensionslos. Der Vergleich erfolgt

(1) für zeitlich gleiche, aber räumlich verschiedene Größen (z. B. Preismesszahlen zum Preisvergleich für eine Ware in zwei Ländern),
(2) für zwei zeitlich verschiedene Messwerte (Zeitreihenwerte) eines Merkmals.

Für eine Reihe von Werten x_t $(t = 0, 1, \ldots, T)$ eines Merkmals wird die Messzahl für t zur Basis 0 berechnet nach

$$M_0^t = \frac{x_t}{x_0} \quad \left(\text{bzw.} = \frac{x_t}{x_0} \cdot 100\,\%\right), \quad t = 1, 2, \ldots, T.$$

Sind die x_t **Zeitreihenwerte**, so heißt die

- Periode 0 **Basisperiode** und
- Periode t **Berichtsperiode**.

Bemerkung
Messzahlen beschreiben stets nur die Entwicklung einer einzelnen Größe, z. B. eines einzelnen Preises.

S

Indexzahlen

Eine Verhältniszahl heißt **Index** oder **Indexzahl**, wenn zwei zusammengefasste statistische Größen (Preise bzw. Mengen) in einer einzigen Kennzahl in Beziehung gesetzt werden.

Bemerkung
Die beiden aggregierten Größen beziehen sich auf unterschiedliche Zeiträume oder unterschiedliche Regionen.

In der Wirtschaftsstatistik werden vorwiegend Wert-, Preis- und Mengenindizes berechnet. So soll mit einem Preisindex die „durchschnittliche" Preisentwicklung mehrerer Güter, die in einem Warenkorb zusammengefasst werden, durch eine einzige Zahl ausgedrückt werden.

Beispiel 8.32

Preisindex: Lebenshaltung
Mengenindex: Einfuhr von Investitionsgütern

Für einen Warenkorb mit n Waren sei für jede Ware i der Preis p_i und die Menge q_i bekannt, dann ergibt sich das **Wertvolumen** W des Warenkorbes $W = \sum_{i=1}^{n} w_i = \sum_{i=1}^{n} p_i \cdot q_i$ aus der Summe der Preis-Mengen-Produkte aller Waren.

Mithilfe des zu verschiedenen Zeitpunkten erfassten Wertvolumens kann ein Ausgabenvergleich angestellt werden.

Gegeben sei ein Warenkorb mit n Waren, für den das Wertvolumen in der Basisperiode 0 und in der Berichtsperiode t ermittelt wurde. Die Verhältniszahl $IW_0^t = \frac{\sum_i p_i^t \cdot q_i^t}{\sum_i p_i^0 \cdot q_i^0}$ heißt **Wertindex** des Warenkorbes für die Berichtsperiode t zur Basisperiode 0.

Um besonders die Veränderungen der Preise (bzw. Mengen) eines Warenkorbes herauszuarbeiten, werden die Mengen (bzw. die Preise) in beiden Perioden konstant gehalten. Entsprechende Formeln wurden von LASPEYRES (1834–1913) und PAASCHE (1851–1925) entwickelt.

Bezeichnungen

q_i^0 Menge des Gutes i in der Basisperiode (0)
q_i^t Menge des Gutes i in der Berichtsperiode (t)
p_i^0 Preis des Gutes i in der Basisperiode (0)
p_i^t Preis des Gutes i in der Berichtsperiode (t)

Die Indexzahlen $IP_0^t(L) = \dfrac{\sum\limits_i p_i^t \cdot q_i^0}{\sum\limits_i p_i^0 \cdot q_i^0}$, $IM_0^t(L) = \dfrac{\sum\limits_i q_i^t \cdot p_i^0}{\sum\limits_i q_i^0 \cdot p_i^0}$

heißen **Preisindex** bzw. **Mengenindex** nach LASPEYRES.

Die Indexzahlen $IP_0^t(P) = \dfrac{\sum\limits_i p_i^t \cdot q_i^t}{\sum\limits_i p_i^0 \cdot q_i^t}$, $IM_0^t(P) = \dfrac{\sum\limits_i q_i^t \cdot p_i^t}{\sum\limits_i q_i^0 \cdot p_i^t}$

heißen **Preisindex** bzw. **Mengenindex** nach PAASCHE.

Bemerkungen

(1) LASPEYRES *verwendet als konstante Gewichte die Mengen (bzw. Preise) der Basisperiode. Der Vorteil besteht in der einmaligen Berechnung der Gewichte. Häufig zeigt der* LASPEYRES*-Index bei wirtschaftlichen Zeitreihen die Entwicklung überhöht an.*

(2) PAASCHE *verwendet als konstante Gewichte die Mengen (Preise) der Berichtsperiode. Der Vorteil besteht in einer besseren Widerspiegelung der aktuellen Situation.*

Beispiel 8.33

Ein Händler für Bürotechnik verkaufte in zwei aufeinanderfolgenden Jahren drei Arten von Kopierern in folgenden Mengen:

Jahr	Typ *A*		Typ *B*		Typ *C*	
	Menge	Preis	Menge	Preis	Menge	Preis
1	32	2 000	15	5 000	4	25 000
2	28	2 100	18	4 800	5	24 000

Die Preis- und Mengenindizes für das zweite Jahr auf Basis des ersten Jahres sind nach LASPEYRES und PAASCHE zu berechnen.

S

Lösung

Preisindizes

LASPEYRES: 0,984 1

PAASCHE: 0,978 6

Mengenindizes

LASPEYRES: 1,133 9

PAASCHE: 1,127 6

8.2.4 Bestands- und Bewegungsmasse

Eine statistische Masse, die stets nur zu einem bestimmten Zeitpunkt (**Stichtag**) erfasst wird und deren Einheiten für ein gewisses Zeitintervall der Masse angehören, heißt **Bestandsmasse**.

Eine statistische Masse, die nur für einen bestimmten Zeitraum erfasst werden kann, weil deren Einheiten nur zu bestimmten Zeitpunkten auftreten, heißt **Bewegungs**- oder **Ereignismasse**.

Bemerkung
*Zu jeder Bestandsmasse existieren die korrespondierenden Bewegungsmassen **Zugangsmasse** und **Abgangsmasse**.*

Beispiel 8.34

Bestandsmasse	Bewegungsmassen	
	Zugangsmasse	Abgangsmasse
Lagerbestand	Lagerzugang	Lagerabgang
Bevölkerung	Geborene Zuwanderungen	Gestorbene Abwanderungen

Verweildiagramm

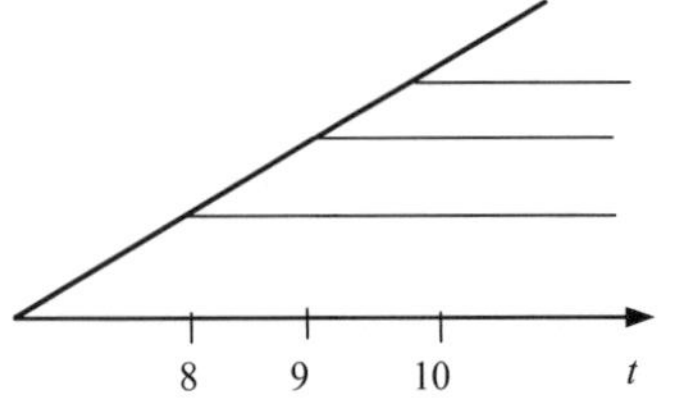

Bild 8.16

Verweildiagramm (BECKERsches Schema): Die Verweildauern der einzelnen Einheiten werden in Bild 8.16 über t dargestellt.

Bestandsdiagramm

Darstellung der Bestandsfunktion B abhängig von t. Die Fläche unter der Kurve beschreibt den Zeit-Mengen-Bestand, siehe Bild 8.17.

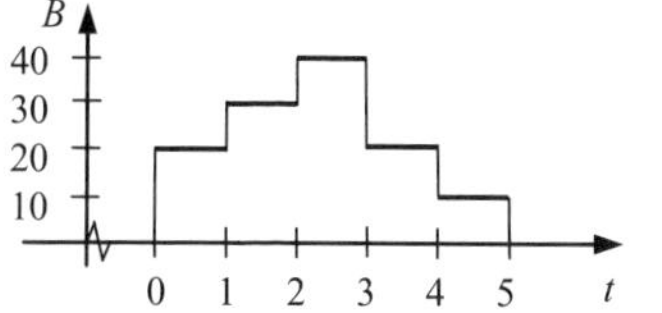

Bild 8.17

Bezeichnungen

B_j	**Bestand**	– Anzahl der Einheiten einer Bestandsmasse zum Zeitpunkt t_j
B_0	**Anfangsbestand**	– Bestand $B_0 = B(t_0)$ zum Zeitpunkt t_0
B_m	**Endbestand**	– Bestand $B_m = B(t_m)$ zum Endzeitpunkt t_m
z_j	**Zugang**	– Anzahl der Einheiten, die zu einem Bestand im Zeitintervall $(t_{j-1}, t_j]$ hinzukommen
a_j	**Abgang**	– Anzahl der Einheiten, die einen Bestand im Zeitintervall $(t_{j-1}, t_j]$ verlassen
v	**Verweildauer**	– Differenz zwischen Abgangszeitpunkt t_a und Zugangszeitpunkt t_z

Eine Bestandsmasse heißt **geschlossen**, wenn für den Bestand $B_t = 0$ sowohl für $t < t_0$ als auch für $t > t_m$ gilt, andernfalls liegt eine **offene Bestandsmasse** vor.

Bestandsfortschreibung

Bestandsmasse B_j zum Zeitpunkt t_j

$$B_j = B_0 + Z_j - A_j, \quad \text{wobei} \quad Z_j = \sum_{i=1}^{j} z_i \quad \text{Zugangssumme}$$

$$\text{und} \quad A_j = \sum_{i=1}^{j} a_i \quad \text{Abgangssumme}$$

S

Kennzahlen der Bestandsentwicklung

Durchschnittliche Bestandsentwicklung

Zugangsrate $\bar{z} = \frac{1}{m} \sum_{j=1}^{m} z_j$

Abgangsrate $\bar{a} = \frac{1}{m} \sum_{j=1}^{m} a_j$

Zeit-Mengen-Bestand $D = \overline{B} \cdot (t_m - t_0)$, siehe Bild 8.17

Durchschnittsbestand

(1) Allgemein: $\overline{B} = \frac{\text{Zeit-Mengen-Bestand}}{\text{Zeitraum}} = \frac{D}{t_m - t_0}$

(2) Bei Kenntnis der Bestandsfunktion B:

$$\overline{B}(t) = \frac{1}{t_m - t_0} \sum_{j=1}^{m} B_{j-1} \cdot (t_j - t_{j-1})$$

t_j sind diejenigen Zeitpunkte, an denen sich der Bestand B ändert.

(3) Ohne Kenntnis der Bestandsfunktion B:

(1) Voraussetzung: Erfassung des Bestandes B_j zu beliebigen Kontrollzeitpunkten t_j:

$$\overline{B}(t) = \frac{1}{t_m - t_0} \cdot \sum_{j=1}^{m} \frac{B_{j-1} + B_j}{2} \cdot (t_j - t_{j-1})$$

(2) Voraussetzung: Erfassung des Bestandes B zu gleichen Abständen zwischen den Zeitpunkten t_0 bis t_m:

$$\overline{B} = \frac{1}{m} \left(\frac{B_0}{2} + \sum_{j=1}^{m-1} B_j + \frac{B_m}{2} \right)$$

Mittlere Verweildauer

Durchschnittliche Zeitspanne zwischen Zugang und Abgang einer Einheit:

(1) Bei geschlossener Bestandsmasse:

$$\bar{v} = \frac{\overline{B} \cdot (t_m - t_0)}{A_m} = \frac{\overline{B} \cdot (t_m - t_0)}{Z_m}$$

Der Zähler beschreibt den Zeit-Mengen-Bestand. Bei einer geschlossenen Bestandsmasse stimmen die Anzahl der Zugänge und der Abgänge überein.

(2) Bei offener Bestandsmasse:

$$\overline{v} = \frac{2 \cdot \overline{B} \cdot (t_m - t_0)}{A_m + Z_m} \quad \text{oder} \quad \overline{v} = \frac{2 \cdot \overline{B} \cdot (t_m - t_0)}{A_{m-1} + Z_{m-1}}$$

Die zweite Formel ist dann anzuwenden, wenn A_m und Z_m zum Zeitpunkt t_m eintreten.

Umschlagshäufigkeit

Mittlere Anzahl von Erneuerungen eines Bestandes in einem Intervall $(t_0, t_m]$:

$$U = \frac{t_m - t_0}{\overline{v}} \quad \text{bzw.} \quad U = \frac{A_m + Z_m}{2 \cdot \overline{B}} \quad \text{oder} \quad U = \frac{A_{m-1} + Z_{m-1}}{2 \cdot \overline{B}}$$

Beispiel 8.35

In einem Lager wird innerhalb einer Woche ein technisches Gerät bei einem Anfangsbestand $B_0 = 0$ in folgenden Anzahlen eingelagert:

Tag t_i	0	1	2	3	4	5
Zugang Z	20	20	30	20	10	0
Abgang A	0	10	20	40	20	10
Bestand B_i	20	30	40	20	10	0

Die Lagerbewegung erfolgt jeweils am Beginn des Arbeitstages. Der Bestandsverlauf wird in Bild 8.17 dargestellt.

Mengen-Zeit-Bestand $D = 1 \cdot 20 + 1 \cdot 30 + 1 \cdot 40 + 1 \cdot 20 + 1 \cdot 10 = 120$

Durchschnittsbestand $\overline{B} = \frac{120}{5} = 24$ Geräte

Mittlere Verweildauer $\overline{v} = \frac{120}{100} = 1{,}2$ Tage

Umschlagshäufigkeit $U = \frac{5}{1{,}2} = 4{,}17$

S

8.2.5 Zeitreihenanalyse

Aufgabenstellung

Ist im Gegensatz zur Regressionsrechnung die Gesamtheit der Einflussgrößen oder die Art ihres Einflusses nicht bekannt oder die mathematische Beschreibung nur schwer möglich, wird nur das zeitliche Verhalten der beobachteten Größe selbst untersucht. Die Zeit tritt als Ursache an die Stelle der Gesamtheit der tatsächlichen Einflussfaktoren.

Eine statistische Reihe von Beobachtungswerten, die für aufeinanderfolgende Zeitpunkte oder Zeitintervalle erhoben werden, heißt **Zeitreihe**.

Zielstellungen

(1) Feststellung, ob für die aufeinanderfolgenden Werte einer Zeitreihe irgendeine **Gesetzmäßigkeit** besteht
(2) **Vergleich** der zeitlichen Entwicklung verschiedener Tatbestände
(3) Gewinnung von Aussagen über Zeitpunkte des Beobachtungsintervalls, für die kein Wert beobachtet wurde (**Interpolation**)
(4) Formulierung von Aussagen über Zeitpunkte, die außerhalb des Beobachtungsintervalls liegen (**Extrapolation**, **Prognose**)

Bewegungskomponenten von Zeitreihen

Eine Zeitreihe entsteht durch das Zusammenspiel mehrerer zeitlicher Bewegungskomponenten. Dabei werden unterschieden:

(1) eine **Trendkomponente** m_T zur Erfassung einer langfristigen Grundrichtung der zeitlichen Entwicklung,
(2) eine **zyklische Komponente** z_T zur Erfassung von mittelfristigen, sich periodisch wiederholenden Einflüssen, insbesondere konjunkturelle Schwankungen, die mit einer mehrjährigen, aber nicht völlig konstant bleibenden Periode den Trend überlagern,
(3) eine **saisonale Komponente** s_T zur Erfassung jahreszeitlicher Ereignisse, die mit einer **konstanten jährlichen Periode** (z. B. Ursache: Jahreszeiten) auftreten und dem Trend und der zyklischen Komponente überlagert sind,
(4) eine **zufällige Restkomponente** r_T zur Erfassung aller Schwankungen der beobachteten Zeitreihe, die nicht durch die drei systematischen Komponenten (1)–(3) erfasst und gedeutet worden sind. Von diesen zufälligen Schwankungen wird postuliert, dass ihr Mittelwert null ist.

Da eine klare Trennung von Trend- und zyklischer Konjunkturkomponente oftmals nicht exakt möglich ist, werden beide meistens zu einer **glatten Komponente** g_T zusammengefasst.

Beschreibung der Beobachtungswerte Y_T für die Zeitpunkte $T = 1, 2, \ldots, n$:

(1) **Additive Verknüpfung der Komponenten** $Y_T = g_T + s_T + r_T$
Sinnvoll, wenn die saisonale Komponente einen Ausschlag aufweist, der unabhängig vom Niveau der glatten Komponente g_T der Zeitreihe Y_T ist.

(2) **Multiplikative Verknüpfung der Komponenten** $Y_T = g_T \cdot s_T \cdot r_T$
Anzuwenden, wenn der Wert der Saisonkomponente vom Niveau der glatten Komponente abhängt.

Trendermittlung

Bei der Trendermittlung besteht die Aufgabe, die grundlegende Tendenz des Zeitreihenverlaufs zu ermitteln. Dazu müssen die periodischen Schwankungen und die irregulären Restschwankungen ausgeschaltet werden.

Methoden

(1) Bestimmung gleitender Durchschnitte
Ältestes Verfahren zur Analyse von Zeitreihen.

Das Ziel besteht in der Ausschaltung der Restschwankungen einer Zeitreihe der Form $Y_T = g_T + r_T$. Aus k Zeitreihenwerten wird das arithmetische Mittel berechnet und dem mittleren der bei der Durchschnittsbildung berücksichtigten Zeitpunkte bzw. Zeitintervalle zugeordnet.

Die Anzahl k der in die Berechnung eingehenden Werte bestimmt die **Ordnung des gleitenden Durchschnitts**.

S

Durchschnitt ungerader Ordnung:

$$D_T\,(k = 2i + 1) = \frac{1}{k} \cdot \sum_{h=-i}^{+i} Y_{T+h}$$

für $T = i + 1, i + 2, \ldots, n - i$, wobei $i = 1, 2, 3, \ldots$
bzw. $k = 2, 4, 6, \ldots$

Durchschnitt gerader Ordnung:

$$D_T\,(k = 2i) = \frac{1}{k} \cdot \left(\frac{1}{2} Y_{T-i} + \sum_{h=-i+1}^{i-1} Y_{T+h} + \frac{1}{2} \cdot Y_{T+i} \right)$$

für $T = i + 1, i + 2, \ldots, n - i$, wobei $i = 1, 2, 3, \ldots$
bzw. $k = 2, 4, 6, \ldots$

Beispiel 8.36

Intervall	T	1	2	3	4	5	6	7	8
Zeitreihe	Y_T	7	10	14	15	18	20	23	25
	D_2	–	10,3	13,3	15,5	17,8	20,3	22,8	–
	D_3	–	10,3	13,0	15,7	17,7	20,3	22,7	–
	D_4	–	–	12,9	15,5	17,9	20,3	–	–

Nachteil: Der letzte gleitende Durchschnitt bezieht sich auf den Zeitpunkt $T = n - i$. Das Verfahren eignet sich kaum für Prognosezwecke.

(2) Bestimmung einer Trendfunktion nach dem Kriterium der Methode der kleinsten Quadrate (siehe Abschnitt 6.6)

Vorgehensweise ähnlich wie bei der Regressionsrechnung.

Eine Funktion f mit $x = f(t)$, die den Trend einer Zeitreihe x in Abhängigkeit von der Zeit t beschreibt, heißt Trendfunktion.

Beispiel zur Wahl der Zeitwerte t

Jahr	1	2	3	4	5	6	7
t	1	2	3	4	5	6	7
oder	−3	−2	−1	0	1	2	3

Neben den bereits bei der Regression verwendeten Funktionstypen wird häufig bei der Trendrechnung die **logistische Funktion** $y(t) = \dfrac{a_0}{1 + e^{a_1 + a_2 \cdot t}}$ genutzt. Sie dient der Beschreibung von Wachstumsprozessen im Zeitablauf. Eine Trendfunktion lässt sich nur näherungsweise mit der Methode der kleinsten Quadrate bestimmen.

Notwendige Schritte

(1) Schätzung von a_0 (evtl. mit iterativer Verbesserung)

(2) Umstellen der Funktion: $e^{a_1 + a_2 \cdot t} = \dfrac{a_0}{y} - 1$

(3) Linearisierung (durch Logarithmierung): $a_1 + a_2 \cdot t = \ln\left(\dfrac{a_0}{y} - 1\right) = Y$

(4) Normalgleichungen:
$$\sum Y_i = a_1 \cdot n \quad + a_2 \cdot \sum t_i$$
$$\sum t_i \cdot Y_i = a_1 \cdot \sum t_i + a_2 \cdot \sum t_i^2$$

(3) Verfahren der exponentiellen Glättung

a) Vorstufe: Gewichtete gleitende Durchschnitte

Es wird eine Gewichtung der einzelnen Zeitreihenwerte vorgenommen, die ihrer Bedeutung (Informationsgehalt) bei der Bildung des gleitenden Durchschnitts entspricht:

$$GD_T = k_0 \cdot Y_T + k_1 \cdot Y_{T-1} + k_2 \cdot Y_{T-2} + \ldots + k_n \cdot Y_{T-n}$$

Die Gewichtsfaktoren müssen so normiert sein, dass $\sum\limits_{i=1}^{n} k_i = 1$ gilt.

Bemerkung
Der gewichtete gleitende Durchschnitt wird dem aktuellen Zeitpunkt T zugeordnet.

Schwierigkeiten dieser Methode

(1) Bestimmung der Gewichtsfaktoren
(2) Speicherung von n Beobachtungswerten und Gewichtsfaktoren

b) Verfahren der exponentiellen Glättung (Einführung)

Statt der Beobachtungswerte der Vergangenheit steht nur noch der zuletzt aus n Beobachtungswerten berechnete Mittelwert $\overline{Y}_T$ zur Verfügung. Nach der Beobachtung eines neuen Wertes Y_{T+1} soll der neue Mittelwert $\overline{Y}_{T+1}$ berechnet werden. An die Stelle von $\overline{Y}_T$ kann ein geschätzter Mittelwert $G_T(Y)$ treten (G – Glättung).

Es sei α, $0 < \alpha < 1$ ein Reaktionsparameter, $G_T(Y)$ ein bekannter oder geschätzter Mittelwert von Y zum Zeitpunkt T, dann lässt sich mit $G_{T+1}(Y) = \alpha \cdot Y_{T+1} + (1 - \alpha) \cdot G_T(Y)$ ein Mittelwert von Y für den Zeitpunkt T schätzen. Das durch diese Beziehung definierte Verfahren wird als **exponentielle Glättung** bezeichnet.

S

c) Exponentielle Glättung bei zufälligen Schwankungen um eine horizontale Komponente

Es soll den Beobachtungswerten eine Zeitreihe der Form $Y_T = g_T + r_T$ zugrunde liegen, wobei die glatte Komponente ein konstantes Niveau a_0 besitzt mit zufälligen Schwankungen r_T, d. h. $Y_T = a_0 + r_T$.
Die Vorhersage zur Zeit T für eine Periode im Voraus lässt sich auf folgende Weise darstellen $\hat{Y}_{T+1} = a_0 = G_T(Y) = \alpha \cdot Y_T + (1 - \alpha) \cdot G_{T-1}(Y)$.

Durch sukzessives rückwärtiges Einsetzen entsteht

$$G_T(Y) = \alpha \cdot \sum_{i=0}^{n} (1-\alpha)^i \cdot Y_{T-i}.$$

Wäre die gesamte Vergangenheit bekannt, ließe sich schreiben:

$$G_T(Y) = \alpha \cdot \sum_{i=0}^{\infty} (1-\alpha)^i \cdot Y_{T-i}.$$

Damit setzt sich der exponentiell geglättete Wert $G_T(Y)$ aus einer Linearkombination aller vergangenen Beobachtungswerte zusammen. Die Gewichtsfaktoren, mit denen die einzelnen Beobachtungswerte dabei gewichtet werden, fallen geometrisch mit dem Alter des Beobachtungswertes.

Die Wichtungsfaktoren betragen für

(1)	den jüngsten Beobachtungswert:	α
(2)	den eine Periode zurückliegenden Beobachtungswert:	$\alpha \cdot (1-\alpha)$
(3)	den i Perioden zurückliegenden Beobachtungswert:	$\alpha \cdot (1-\alpha)^i$
		$\sum_{i=0}^{\infty} \alpha \cdot (1-\alpha)^i = 1$

Wahl des Wertes für den Reaktionsparameter α

(1) Ein kleiner Wert für α, z. B. $\alpha = 0{,}1$, bewirkt eine fast gleichmäßige Verteilung der Gewichtsfaktoren über einen längeren Zeitraum. Der Mittelwert passt sich nur langsam an Änderungen im Kurvenverlauf an; das System reagiert „träge". Zufällige Schwankungen haben nur geringe Wirkung.

(2) Ein großer Wert für α, z. B. $\alpha = 0{,}5$, bewirkt eine Anhäufung der Gewichtsfaktoren auf die jüngsten Beobachtungsperioden. Es wird eine schnelle Anpassung an den Verlauf der jüngsten Beobachtungswerte erreicht; das System reagiert „nervös" auf zufällige Schwankungen der Beobachtungswerte.

(3) Optimaler Wert für den Reaktionsparameter α:
Es existiert kein allgemeines theoretisches Suchverfahren.
In der Praxis werden bereits vorhandene Mengen von Beobachtungswerten analysiert. Durch Simulation mit verschiedenen Werten für den Reaktionsparameter α wird dann derjenige bestimmt, der für die Vergangenheit die beste Anpassung ergeben hat. Mit dem so bestimmten Wert für α beginnt dann die Prognose.

Startwert für $G_0(Y)$

Es wird der einfache Durchschnitt der letzten N Beobachtungen gewählt:

$$G_0(Y) = \frac{1}{N} \cdot \sum_{i=1}^{N} y_{t-i}.$$

d) Exponentielle Glättung bei Berücksichtigung eines Trendparameters

Enthält die den Beobachtungswerten zugrunde liegende Zeitreihe einen Trendparameter, so hinkt der exponentiell geglättete Mittelwert hinter der Zeitreihenentwicklung her, weil zu seiner Berechnung auch Daten früherer Beobachtungsperioden beitragen. Zur Vermeidung eines systematischen Fehlers in den Prognosewerten wird das Verfahren der exponentiellen Glättung zusätzlich auf die bereits geglätteten Werte angewandt (**exponentielle Glättung zweiter Ordnung**).
Gegeben sei eine Zeitreihe mit linearem Trend
$Y_T = g_T + r_T = a_0 + a_1 \cdot T + r_T$, $G_T(Y)$ der einfach geglättete Mittelwert und $G'_T(Y)$ der geglättete Mittelwert 2. Ordnung, dann ergibt sich zum Zeitpunkt (bzw. im Intervall) T eine Prognose für $T + 1$ aus $\hat{Y}_{T+1} = 2 \cdot G_T(Y) - G'_{T-1}(Y)$.

Verfahren zur Untersuchung periodischer Schwankungen

Für eine aussagefähige Beschreibung des zeitlichen Verlaufes einer ökonomischen Größe reicht die Trendbestimmung im Allgemeinen nicht aus, da der Trend oft durch periodische oder auch nichtperiodische (irreguläre) Schwankungen überlagert wird.
Zur Ermittlung der periodischen Schwankungen wird angenommen, dass der Gesamtzeitraum aus m **Perioden** (z. B. Jahre) besteht und jede Periode in n **Phasen** (Teilzeiträume, z. B. Woche, Monat, Quartal) zerlegbar ist.

S

Periodische Schwankungen sind innerhalb bestimmter Zeitabschnitte regelmäßig wiederkehrende Veränderungen der Größe einer Erscheinung, die einen unterschiedlichen Rhythmus aufweisen. Sind die Schwankungen jahreszeitlich bedingt, so heißen sie **Saisonschwankungen**. Die Kennziffern zur Charakterisierung der Schwankungen werden als **Saisonindizes** (Saisonindexziffern) bezeichnet.

Im Handel sind Saisonschwankungen jahreszeitlich gebundene, typische Veränderungen im Niveau des Warenumsatzes, deren Ursachen aus den spezifischen Angebots- und Nachfragebedingungen resultieren.

Zwei wesentliche **Verfahren** zur Berechnung der Saisonindizes sind das

(1) Phasendurchschnittsverfahren für Zeitreihen vom Typ $Y_T = s_T + r_T$; $T = 1, 2, \ldots, n$, in denen kein (oder nur ein geringer) Trend erkennbar ist.

(2) Phasendurchschnittsverfahren für Zeitreihen vom Typ
$Y_T = g_T + s_T + r_T$; $T = 1, 2, \ldots, n$ bzw.
$Y_T = g_T \cdot s_T \cdot r_T$; $T = 1, 2, \ldots, n$, die einem Trend unterliegen.
Die multiplikative Verknüpfung der Komponenten wird angewandt, wenn die periodische Schwankung mit dem Trend wächst.

Es ist sinnvoll, die Zeitreihenwerte in Form einer Tabelle mit m Zeilen (Perioden) und n Spalten (Phasen) anzugeben. Die Beobachtungswerte erhalten dann eine Doppelindizierung, z. B. $y_{ik} = g_{ik} + s_{ik} + r_{ik}$.

Bezeichnungen

y_{ik} Messgröße der k-ten Phase in der i-ten Periode
i Ordnungsnummer der Periode $i = 1, 2, \ldots, m$
k Ordnungsnummer der Phase $k = 1, 2, \ldots, n$
p Planungszeitraum
$\bar{y}_{\bullet k}$ arithmetisches Mittel aus den k-ten Phasen aller m Perioden (k-te Spalte)
$\bar{y}$ arithmetisches Mittel aus allen n Phasendurchschnitten (Gesamtdurchschnitt)
I_k Saisonindex der k-ten Phase
t_{ik} Zeitwert für die k-te Phase in der i-ten Periode
y_{ik}^T Trendwert für die k-te Phase in der i-ten Periode, berechnet auf der Grundlage einer Näherungsfunktion f: $y^T = f(t)$
y_{ik}^* trendbereinigter Wert für die Messgröße der k-ten Phase in der i-ten Periode
$\tilde{y}_{ik}$ theoretischer Wert der k-ten Phase in der i-ten Periode auf der Grundlage der Saisonindizes
$\bar{y}_{i\bullet}$ arithmetisches Mittel aus den n Phasen der i-ten Periode (i-te Zeile)
y_p Plangröße für den Gesamtzeitraum p (Planzeitraum)

Schrittfolge für das **einfache Phasendurchschnittsverfahren** (ohne Trendausschaltung)

(1) Berechnung des **Phasendurchschnitts**

$$\bar{y}_{\bullet k} = \frac{\sum_{i=1}^{m} y_{ik}}{m}, \quad k = 1, 2, \ldots, n$$

(2) Berechnung des **Gesamtdurchschnitts**

$$\bar{y} = \frac{\sum_{k=1}^{n} \bar{y}_{\bullet k}}{n} = \frac{\sum_{k=1}^{n}\sum_{i=1}^{m} y_{ik}}{m \cdot n}, \quad k = 1, 2, \ldots, n; \; i = 1, 2, \ldots, m$$

(3) Berechnung der **Saisonindizes**

$$I_k = \frac{\bar{y}_{\bullet k}}{\bar{y}}, \quad k = 1, 2, \ldots, n \quad \text{mit} \quad \sum_{k=1}^{n} I_k = n$$

(4) Berechnung der **theoretischen Werte**

$$\tilde{y}_{ik} = \bar{y}_{i\bullet} \cdot I_k, \quad i = 1, 2, \ldots, m; \; k = 1, 2, \ldots, n$$

$$\text{mit } \bar{y}_{i\bullet} = \frac{\sum_{k=1}^{n} y_{ik}}{n}, \quad i = 1, 2, \ldots, m$$

Schrittfolge für das **Phasendurchschnittsverfahren mit Trendausschaltung**

Vorausgesetzt wird:

A) eine additive Verknüpfung der Zeitreihenkomponenten

$$Y_T = g_T + s_T + r_T$$

B) eine multiplikative Verknüpfung der Zeitreihenkomponenten

$$Y_T = g_T \cdot s_T \cdot r_T$$

(1) Berechnung der saisonbereinigten Trendwerte y_{ik}^T
- als gleitende Durchschnitte j-ter Ordnung (sinnvoll: n-ter Ordnung)
- mithilfe einer Trendfunktion (z. B. Trendgerade)

(2) Berechnung der trendbereinigten Werte y_{ik}^*, indem

a) die Trendwerte y_{ik}^T von den Messwerten y_{ik} subtrahiert werden:

$$y_{ik}^* = y_{ik} - y_{ik}^T$$

b) die Messwerte y_{ik} durch die Trendwerte y_{ik}^T dividiert werden:

$$y_{ik}^* = \frac{y_{ik}}{y_{ik}^T}$$

(3) Berechnung durchschnittlicher trendbereinigter Werte für a) und b) durch Bildung des arithmetischen Mittels

$\bar{y}_{\bullet k}^* = \dfrac{1}{m-1} \sum_i y_{ik}^*, \quad k = 1, 2, \ldots, n,$ jeder Spalte und des Gesamtmittels $\bar{y}^* = \dfrac{1}{n} \sum_{k=1}^{n} \bar{y}_{\bullet k}^*$

S

(4) Bildung der Saisonindizes durch Normierung der Spaltenmittelwerte

a) $I_k = y^*_{\bullet k} + \overline{y}^*$ (Summe der I_k muss 0 ergeben)

b) $I_k = \dfrac{y^*_{\bullet k}}{\overline{y}^*}$ (Summe der I_k muss n ergeben)

Bemerkung

Die Berechnung der theoretischen Werte kann nach Schritt (4) des Verfahrens ohne Trendausschaltung erfolgen.

Zum Vergleich der Anpassung der theoretischen Werte an die Messwerte lassen sich Varianz, Standardabweichung bzw. Variationskoeffizient nutzen.

Beispiel 8.37

Ein Unternehmen setzt sich das Ziel, im sechsten Jahr einen Umsatz in Höhe von 27,4 Mio. € zu erreichen. Dieser Umsatz ist auf die Quartale aufzugliedern. Es wird vorausgesetzt, dass im betreffenden Planjahr keine zusätzlichen Faktoren wirksam werden.

Folgende Umsatzdaten der Vergangenheit stehen zur Verfügung:

	Phasen				
Jahr	I. Quartal	II. Quartal	III. Quartal	IV. Quartal	insgesamt
1	4,8	5,1	5,6	5,8	21,3
2	5,0	5,5	5,9	6,2	22,6
3	5,4	5,8	6,1	6,6	23,9
4	5,7	6,0	6,6	6,9	25,2
5	5,9	6,3	6,7	7,3	26,2
Summe	26,8	28,7	30,9	32,8	119,2

Die grafische Darstellung der Umsatzwerte lässt den vorhandenen Trend und ein geringfügiges Ansteigen der Schwankungen erkennen. Es wird deshalb das Phasendurchschnittsverfahren mit Trendausschaltung bei multiplikativer Verknüpfung der Komponenten gewählt.

Die Trendwerte werden berechnet als gleitende Durchschnitte 4. Ordnung:

Jahr	I. Quartal	II. Quartal	III. Quartal	IV. Quartal
1	–	–	5,350	5,425
2	5,513	5,600	5,700	5,788
3	5,850	5,925	6,013	6,075
4	6,163	6,263	6,325	6,388
5	6,438	6,500	–	–

Trendbereinigte Werte $y_{ik}^* = \frac{y_{ik}}{y_{ik}^T}$:

Jahr	I. Quartal	II. Quartal	III. Quartal	IV. Quartal
1	–	–	1,029	1,089
2	0,9069	0,967	1,028	1,067
3	0,9231	0,975	1,012	1,080
4	0,9249	0,967	1,034	1,073
5	0,9164	0,969	–	–

Durchschnittliche trendbereinigte Werte:

Quartal	I.	II.	III.	IV.	Gesamtmittel $\overline{y}^*$
$\overline{y}_{\bullet k}^*$	0,9178	0,9721	1,0349	1,0767	1,000 39

Normierung der Spaltenmittelwerte:

Quartal	I.	II.	III.	IV.
I_k	0,9175	0,9717	1,0345	1,0763

Aufschlüsselung der Planwerte:

Quartal	I.	II.	III.	IV.	y_p
y_{pk}	6,2847	6,6561	7,0866	7,3726	27,4 (Mio. €)

Zum Vergleich: Beim additiven Ansatz ergeben sich die Planwerte

Quartal	I.	II.	III.	IV.	y_p
y_{pk}	6,3600	6,6790	7,0540	7,3070	27,4 (Mio. €)

8.3 Schließende (induktive) Statistik

Für Statistiken sind **Vollerhebungen** und **Teilerhebungen** möglich. Nach Vollerhebungen sind die Methoden der beschreibenden Statistik anwendbar. Aus Kostengründen werden häufig nur Teilerhebungen realisiert. Dann sind Rückschlüsse auf die Grundgesamtheit interessant.

8.3.1 Grundgesamtheit und Stichprobe

Mit **Grundgesamtheit** (englisch: **population**) wird eine Menge gleichartiger Objekte bezeichnet, an denen mindestens ein Merkmal untersucht werden soll.

Eine **Stichprobe** (englisch: **sample**) besteht aus n zufällig ausgewählten Elementen der Grundgesamtheit. n heißt **Stichprobenumfang**.

Das Ziel der schließenden Statistik besteht nun im Schließen von der Stichprobe auf die Grundgesamtheit. Dazu müssen die Elemente zufällig ausgewählt werden. Jedes Element muss die gleiche Chance haben, ausgewählt zu werden. Es wird von einer Zufallsstichprobe gesprochen.

Eine Menge von n Realisierungen $\{x_1, x_2, \ldots, x_n\}$ einer Grundgesamtheit X wird als **konkrete Stichprobe** mit dem **Stichprobenumfang** n bezeichnet.

Hat die Grundgesamtheit einen Umfang N und die konkrete Stichprobe einen Umfang n, so gibt es $\binom{N}{n}$ konkrete Stichproben.

Als **mathematische Stichprobe** wird die n-dimensionale Zufallsvariable $(X_1, X_2, \ldots, X_n)$ mit den untereinander unabhängigen und der Grundgesamtheit X entsprechend identisch verteilten Komponenten X_i, $i = 1, 2, \ldots, n$ bezeichnet.

Bemerkung
Die konkrete Stichprobe $(x_1, x_2, \ldots, x_n)$ ist dann eine Realisierung dieser n-dimensionalen Zufallsvariablen.

Gegeben sei eine Grundgesamtheit eines Merkmals X einer Zufallsvariablen. Diese Zufallsvariable unterliegt ihrer **theoretischen Verteilungsfunktion** F_X mit $F_X(t) = F(t)$, $-\infty < t < +\infty$, die in der Regel unbekannt ist.

Jede konkrete Stichprobe vom Umfang n beschreibt nun eine **konkrete empirische Verteilungsfunktion** $\hat{F}_n$.
Einen wichtigen Zusammenhang liefert der **Hauptsatz der mathematischen Statistik**:

Satz von Gliwenko

Ist $\hat{F}_n$ die empirische Verteilungsfunktion der mathematischen Stichprobe $(X_1, X_2, \ldots, X_n)$ vom Umfang n und F_X die Verteilungsfunktion der Grundgesamtheit X, dann konvergiert $\hat{F}_n(t)$ für $n \to \infty$ mit Wahrscheinlichkeit 1 gleichmäßig in t gegen $F_X(t)$.

Bemerkung
Für einen hinreichend großen Stichprobenumfang können die Werte der konkreten empirischen Verteilungsfunktion $\hat{F}_n(t)$ als Schätzung der Werte für die theoretische Verteilungsfunktion $F_X(t)$ betrachtet werden.

Stichprobenfunktionen

Eine von der mathematischen Stichprobe $X = (X_1, X_2, \ldots, X_n)$ abhängige Zufallsvariable T heißt **Stichprobenfunktion**
$T = T(X_1, X_2, \ldots, X_n)$.
Für eine konkrete Stichprobe $(x_1, x_2, \ldots, x_n)$ ist $t = T(x_1, x_2, \ldots, x_n)$ die Realisierung von T.

S

Bemerkung
Bei statistischen Schätzmethoden wird die Stichprobenfunktion T als Punktschätzung oder Schätzfunktion, bei statistischen Tests als Test- oder Prüfgröße bezeichnet.

Es wird vorausgesetzt, dass die X_i des Zufallsvektors X unabhängig und identisch normalverteilt mit μ und σ^2 sind, d. h., es liegt eine Stichprobe vom Umfang n aus der nach $N(\mu, \sigma^2)$ normalverteilten Grundgesamtheit vor.

Die Werte der Stichprobenfunktion $\overline{X} = \frac{1}{n}(X_1 + X_2 + \ldots + X_n)$ sind normalverteilt nach $N(\mu; \frac{\sigma^2}{n})$.

Die Werte der Stichprobenfunktion $Z = \frac{\overline{X} - \mu}{\sigma}\sqrt{n}$ unterliegen der standardisierten Normalverteilung mit $\mu = 0$ und $\sigma = 1$.

Die mit der empirischen Varianz $s^2(x) = \frac{1}{n-1} \sum_{i=1}^{n}(x_i - \overline{x})^2$ gebildeten Werte der Stichprobenfunktion $\chi^2 = \frac{(n-1) \cdot s^2}{\sigma^2} = \frac{1}{\sigma^2} \sum_{i=1}^{n}(X_i - \overline{X})^2$ genügen der stetigen Verteilung mit der Dichtefunktion

$$f_{\chi^2}(x) = \begin{cases} 0 & \text{für } x \leqq 0 \\ C_M \cdot \mathrm{e}^{-\frac{x}{2}} \cdot x^{\frac{M}{2}-1} & \text{für } x > 0 \end{cases} \quad \text{mit } M = n - 1.$$

Bemerkung

Die durch f_{χ^2} definierte Verteilung heißt χ^2-Verteilung mit $M = n - 1$ Freiheitsgraden, siehe Tafel 3.

Die Werte der Stichprobenfunktion $t = \frac{\overline{X} - \mu}{s} \cdot \sqrt{n}$ besitzen die stetige Verteilung mit der Dichtefunktion f_t:

$$f_t(x) = D_M \left(1 + \frac{x^2}{M}\right)^{-\frac{M+1}{2}} \quad \text{für } -\infty < x < +\infty, M = n - 1 \text{ und}$$

D_M eine von M abhängige Konstante.

Bemerkung

Die durch f_t definierte Verteilung heißt t-Verteilung oder Student-Verteilung mit $M = n - 1$ Freiheitsgraden, siehe Tafel 2.

8.3.2 Statistische Schätzverfahren

Mit statistischen Schätzverfahren sollen durch Stichproben unbekannte Parameter der Grundgesamtheit geschätzt werden. Die Bestimmung von einzelnen Schätzwerten wird **Punktschätzung** genannt. Besser sind **Intervallschätzungen**, die Intervalle liefern, in denen der zu schätzende unbekannte Parameter mit einer bestimmten Wahrscheinlichkeit erwartet wird.

Punktschätzungen

Eine **Punktschätzung** ist die Gewinnung von Schätzwerten aus Stichproben für einen unbekannten Parameter Θ (Theta) einer Verteilungsfunktion $F(x)$ der Zufallsvariablen X.

Mögliche Schätzfunktionen mit den meisten Informationen sollten die Kriterien von R. A. FISCHER erfüllen: **Erwartungstreu** (unverzerrt) ist eine Schätzung $\hat{\Theta}$, falls der Erwartungswert gleich dem zu schätzenden Parameter Θ ist: $E(\hat{\Theta}) = \Theta$. **Konsistent** (passend) ist $\hat{\Theta}$, wenn die Schätzfunktion mit zunehmendem n immer enger um den Parameter Θ streut: $\lim\limits_{n \to \infty} P(|\hat{\Theta} - \Theta| < \varepsilon) = 1$. **Effizient** (am wirksamsten, kleinste Varianz) ist eine Schätzung $\hat{\Theta}$ gegenüber anderen Schätzungen $\tilde{\Theta}$, wenn $\mathrm{Var}(\hat{\Theta}) \leqq \mathrm{Var}(\tilde{\Theta})$. **Suffizient** (erschöpfend) ist eine Schätzung $\hat{\Theta}$, wenn sie alle in der Stichprobe enthaltenen Informationen über den unbekannten Parameter Θ ausnutzt und keine andere Schätzung besseren Aufschluss über Θ gibt. Die **Maximum-Likelihood-Schätzmethode** ermittelt solche Schätzungen, siehe z. B. Storm, 2007.

Konfidenzschätzungen (Bereichsschätzungen)

Für einen unbekannten Parameter Θ der Grundgesamtheit wird mithilfe einer Stichprobe ein Intervall mit den Grenzen G_1 und G_2 ($G_1 \leqq G_2$) gesucht, das Θ mit einer vorgegebenen Wahrscheinlichkeit $1 - \alpha$ überdeckt: $P(G_1 < \Theta < G_2) = 1 - \alpha$. Üblich für α: 0,05; 0,01; 0,001.

Bezeichnungen

G_1, G_2 Konfidenzgrenzen, Vertrauensgrenzen
(G_1, G_2) Konfidenzintervall, Vertrauensintervall
$1 - \alpha$ Konvidenzniveau, Vertrauensniveau
α Irrtumswahrscheinlichkeit

S

Konfidenzschätzung für den Erwartungswert einer normalverteilten Grundgesamtheit mit bekannter Varianz

Gegeben sei eine normalverteilte Grundgesamtheit mit $N(\mu, \sigma^2)$. Es wird angenommen, dass – aus Erfahrungswerten – die Varianz σ^2 der Grundgesamtheit bekannt ist. Der unbekannte Erwartungswert μ soll mit einer Konfidenzschätzung aus einer Stichprobe mit dem Umfang n geschätzt werden, siehe Bild 8.18.

Konfidenzintervall für den Parameter $\Theta = \mu$:

$$\overline{x} - z_{1-\frac{\alpha}{2}} \cdot \frac{\sigma}{\sqrt{n}} < \mu < \overline{x} + z_{1-\frac{\alpha}{2}} \cdot \frac{\sigma}{\sqrt{n}}$$

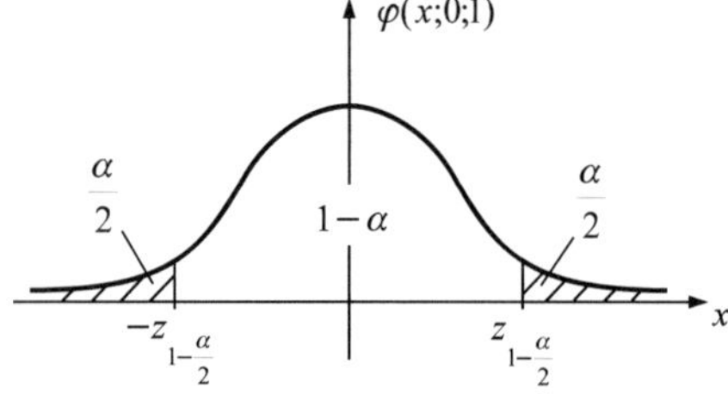

Bild 8.18

Beispiel 8.38

(1) Gegeben sei eine normalverteilte Grundgesamtheit mit $\sigma^2 = 400$. Eine Stichprobe mit $n = 16$ liefert $\overline{x} = 55$. Für μ ist eine konkrete Konfidenzschätzung mit einer Irrtumswahrscheinlichkeit von 5 % zu ermitteln.

Lösung

$\alpha = 0{,}05 \qquad z_{1-\frac{\alpha}{2}} = z_{0{,}975} = 1{,}96$ (Tafel 1) $\qquad \sigma = 20$

$55 - 1{,}96 \cdot \frac{20}{\sqrt{16}} < \mu < 55 + 9{,}8, \qquad 45{,}2 < \mu < 64{,}8$

Für $\alpha = 0{,}01$ ergibt sich $z_{0{,}995} = 2{,}58$ und somit: $42{,}1 < \mu < 67{,}9$.
Mit einer statistischen Sicherheit von 95 % liegt μ im Bereich zwischen 45,2 und 64,8 (bzw. bei 99 % zwischen 42,1 und 67,9).

(2) Wie groß ist der Stichprobenumfang n zu wählen, damit bei $\alpha = 0{,}05$ das Konfidenzintervall δ die Länge 10 hat?

Lösung

$$\delta = 2 \cdot z_{1-\frac{\alpha}{2}} \cdot \frac{\sigma}{\sqrt{n}} \qquad n = \left(z_{1-\frac{\alpha}{2}} \cdot \frac{2 \cdot \sigma}{\delta}\right)^2 = \left(1{,}96 \cdot \frac{2 \cdot 20}{10}\right)^2 \approx 62$$

Konfidenzschätzung für den Erwartungswert einer normalverteilten Grundgesamtheit mit unbekannter Varianz

Gegeben sei eine normalverteilte Grundgesamtheit mit $N(\mu, \sigma^2)$. Unbekannt seien μ und σ^2 der Grundgesamtheit. Der unbekannte Erwartungswert μ soll mit einer Konfidenzschätzung aus einer Stichprobe mit dem Umfang n geschätzt werden, siehe Bild 8.19. Die verwendete Schätzfunktion unterliegt einer t-Verteilung mit $M = n - 1$ Freiheitsgraden.

Konfidenzintervall für den Parameter $\Theta = \mu$:

$$\overline{x} - t_{M,1-\frac{\alpha}{2}} \cdot \frac{s}{\sqrt{n}} < \mu < \overline{x} + t_{M,1-\frac{\alpha}{2}} \cdot \frac{s}{\sqrt{n}}$$

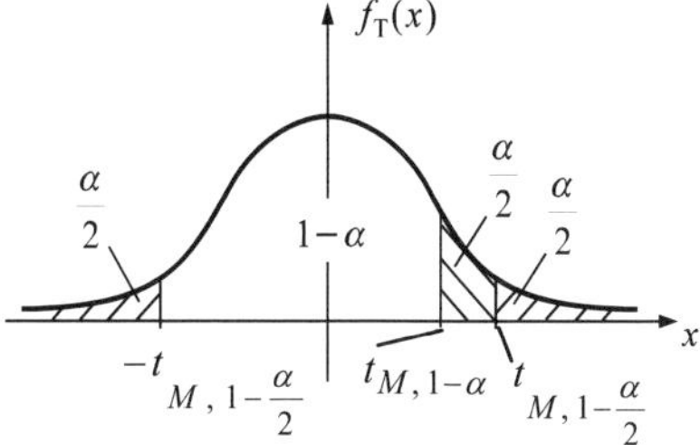

Bild 8.19

Bemerkung

Die t-Verteilung strebt für $n \to \infty$ gegen die Normalverteilung. Daher ist für sehr große M: $t_{M,1-\frac{\alpha}{2}} \approx t_{\infty,1-\frac{\alpha}{2}} = z_{1-\frac{\alpha}{2}}$.

Beispiel 8.39

Einer normalverteilten Zufallsvariablen entstammt eine Stichprobe vom Umfang $n = 12$ mit $\overline{x} = 35{,}3$ und $s^2 = 3{,}44$, also $s = 1{,}86$.
Mit $\alpha = 0{,}05$ soll ein Konfidenzintervall für den Erwartungswert μ der Grundgesamtheit ermittelt werden.

Lösung

$t_{M,1-\frac{\alpha}{2}} = t_{11;0{,}975} = 2{,}201$ (siehe Tafel 2)

$$35{,}3 - 2{,}201 \cdot \frac{1{,}86}{\sqrt{12}} < \mu < 35{,}3 + 1{,}18$$

$34{,}12 < \mu < 36{,}48$

S

Konfidenzschätzung für die Varianz einer normalverteilten Grundgesamtheit

Gegeben sei eine normalverteilte Grundgesamtheit mit $N(\mu, \sigma^2)$. Unbekannt seien μ und σ^2 der Grundgesamtheit. Die unbekannte Varianz σ^2 soll mit einer Konfidenzschätzung aus einer Stichprobe mit dem Umfang n geschätzt werden, siehe Bild 8.20.
Die verwendete Schätzfunktion unterliegt einer χ^2-Verteilung mit $M = n - 1$ Freiheitsgraden.

Zweiseitiges Konfidenzintervall für den Parameter $\Theta = \sigma^2$:

$$\frac{(n-1) \cdot s^2}{\chi^2_{M;1-\frac{\alpha}{2}}} < \sigma^2 < \frac{(n-1) \cdot s^2}{\chi^2_{M;\frac{\alpha}{2}}}$$

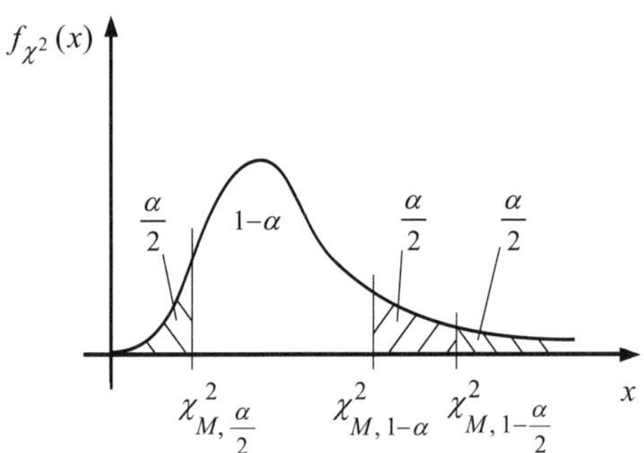

Bild 8.20

Beispiel 8.40

Gegeben sei eine normalverteilte Grundgesamtheit mit unbekanntem μ und σ. Aus einer Stichprobe vom Umfang $n = 30$ mit $s^2 = 24$ soll eine Konfidenzschätzung für die Varianz mit $\alpha = 0{,}05$ ermittelt werden.

Lösung

$\alpha = 0{,}05$

$\chi^2_{29;0{,}025} = 16{,}05 \qquad \chi^2_{29;0{,}975} = 45{,}72$ (siehe Tafel 3)

$$\frac{29 \cdot 24}{45{,}72} < \sigma^2 < \frac{29 \cdot 24}{16{,}05}$$

$$15{,}22 < \sigma^2 < 43{,}36$$

Für positive Werte gilt:

$3{,}9 < \sigma < 6{,}6$

8.3.3 Statistische Tests

Hypothesen sind Annahmen über interessierende unbekannte Charakteristika der Grundgesamtheit, z. B. deren Kennwerte.
Die Prüfung einer Hypothese H erfolgt mit **statistischen Prüfverfahren**, **statistischen Tests**, **Signifikanztests** bzw. **Tests**.

Die Aufgabe besteht darin, auf der Grundlage einer konkreten Stichprobe zu einer Entscheidung über die Hypothese H zu gelangen.

Die Hypothese H wird als **Nullhypothese** H_0 bezeichnet, wenn neben ihr noch weitere Hypothesen aufgestellt werden können, die dann als **Alternativhypothesen** H_1 bezeichnet werden.

Fehler 1. Art: Die Nullhypothese wird abgelehnt, obwohl sie richtig ist.
Fehler 2. Art: Die Nullhypothese wird nicht abgelehnt, obwohl sie falsch ist.

H_0 ist dabei so zu wählen, dass die unangenehmeren Konsequenzen einer eventuellen Fehlentscheidung zu einem Fehler 1. Art führen. Fehler 2. Art können nur mit Alternativtests mit Alternativhypothesen H_1 angegeben werden.
Die **Irrtumswahrscheinlichkeit** (**Signifikanzniveau**) α ist die Wahrscheinlichkeit, einen Fehler 1. Art zu machen (übliche Werte sind 0,05; 0,01 oder 0,001). Je höher das Risiko einer Fehlentscheidung ist, desto kleiner ist α zu wählen. $S = 1 - \alpha$ heißt **statistische Sicherheit**.
Bei **Signifikanztests** wird α vorgegeben und auf die Berücksichtigung des Fehlers 2. Art und die Alternativhypothese verzichtet, obwohl ein Fehler 2. Art trotzdem bei jeder Entscheidung auftreten kann. Ein Signifikanztest zielt auf die Ablehnung der Nullhypothese und damit auf eine signifikante (statistisch gesicherte) Abweichung.

Schema eines Signifikanztests

(1) Aufstellen der Nullhypothese H_0
(2) Vorgabe der Irrtumswahrscheinlichkeit α
(3) Wahl einer Testgröße U
(4) Ermittlung eines kritischen Bereiches (Ablehnungsbereich) K
(5) Berechnung einer Realisierung u zu der Testgröße U mithilfe einer konkreten Stichprobe vom Umfang n
(6) Entscheidung über die Nullhypothese:
Falls $u \in K$, so wird H_0 abgelehnt!
Falls $u \notin K$, so wird H_0 nicht abgelehnt!

z-**Test**: Prüfung des Erwartungswertes einer normalverteilten Grundgesamtheit **mit bekannter Varianz**

(1) Aufstellen der Nullhypothese H_0: $E(X) = \mu_0$
(2) Vorgabe der Irrtumswahrscheinlichkeit α
(3) Wahl der Testgröße $U = \frac{\overline{X} - \mu_0}{\sigma}\sqrt{n}$, U ist eine standardisierte normalverteilte Zufallsvariable.
(4) Ermittlung des kritischen Bereiches K (zweiseitige Fragestellung):
$K_\alpha = \left\{u\colon u \geqq z_{1-\frac{\alpha}{2}} \quad \text{oder} \quad u \leqq -z_{1-\frac{\alpha}{2}}\right\}$
(5) Berechnung einer Realisierung u zu der Testgröße U mithilfe einer konkreten Stichprobe vom Umfang n: $u = \frac{\overline{x} - \mu_0}{\sigma}\sqrt{n}$
(6) Entscheidung über die Nullhypothese:
Falls $u \in K_\alpha$, d. h.: $|\,u\,| \geqq z_{1-\frac{\alpha}{2}}$, so wird H_0 abgelehnt!

Beispiel 8.41

Einer normalverteilten Grundgesamtheit mit dem Sollwert $\mu = 4$ und bekanntem $\sigma = 0{,}003$ wird eine Stichprobe vom Umfang $n = 25$ mit $\overline{x} = 4{,}0012$ entnommen. Liegt eine signifikante Abweichung von $\overline{x}$ zum Sollwert μ vor?

Lösung

(1) Aufstellen der Nullhypothese H_0:

$E(X) = \mu_0 = 4$

(2) Vorgabe der Irrtumswahrscheinlichkeit:

$\alpha = 0{,}05$

(3) Wahl der Testgröße: $U = \dfrac{\overline{X} - \mu_0}{\sigma}\sqrt{n}$

(4) Kritischer Bereich: (z-Wert aus Tafel 1)

$$K_\alpha = \left\{u\colon u \geqq z_{1-\frac{\alpha}{2}} \quad \text{oder} \quad u \leqq -z_{1-\frac{\alpha}{2}}\right\}$$

$$K_\alpha = \{u\colon u \geqq 1{,}959\,97 \quad \text{oder} \quad u \leqq -1{,}959\,97\}$$

(5) Berechnung einer Realisierung u:

$$u = \frac{\overline{x} - \mu_0}{\sigma}\sqrt{n} = \frac{4{,}0012 - 4}{0{,}003}\sqrt{25} = 2$$

Wichtige Werte bei zweiseitiger Fragestellung:

α	$z_{1-\frac{\alpha}{2}}$
0,05	1,959 97
0,01	2,575 83
0,001	3,290 53

(siehe auch Tafel 1)

(6) Entscheidung:
Da $|u| = 2 \geqq 1{,}959\,97 = z_{1-\frac{\alpha}{2}}$, wird H_0 abgelehnt, es liegt eine signifikante (wesentliche) Abweichung von $\overline{x}$ zum Sollwert μ vor.

***t*-Test**: Prüfung des Erwartungswertes einer normalverteilten Grundgesamtheit **mit unbekannter Varianz**

(1) Aufstellen der Nullhypothese H_0: $E(X) = \mu_0$

(2) Vorgabe der Irrtumswahrscheinlichkeit α

(3) Wahl der Testgröße $U = \dfrac{\overline{X} - \mu_0}{S}\sqrt{n}$, S^2 – empirische Varianz.
U ist eine t-verteilte Zufallsvariable mit $M = n - 1$ Freiheitsgraden.

(4) Ermittlung des kritischen Bereiches K (zweiseitige Fragestellung):

$$K_\alpha = \left\{u\colon u \geqq t_{M,1-\frac{\alpha}{2}} \quad \text{oder} \quad u \leqq -t_{M,1-\frac{\alpha}{2}}\right\} \text{ mit } M = n - 1$$

(5) Berechnung einer Realisierung u zu der Testgröße U mithilfe einer konkreten Stichprobe vom Umfang n: $u = \dfrac{\overline{x} - \mu_0}{s}\sqrt{n}$

(6) Entscheidung über die Nullhypothese:
Falls $u \in K_\alpha$, d. h.: $|u| \geqq t_{M,1-\frac{\alpha}{2}}$, so wird H_0 abgelehnt!

Beispiel 8.42

Einer normalverteilten Grundgesamtheit mit einem Sollwert $\mu = 18{,}6$ und unbekanntem σ wird eine Stichprobe vom Umfang $n = 9$ mit $\overline{x} = 17{,}7$ und $s = 0{,}2$ entnommen. Ist die Abweichung von $\overline{x}$ zum Sollwert μ signifikant?

S

Lösung

(1) Aufstellen der Nullhypothese H_0: $E(X) = \mu_0 = 18{,}6$

(2) Vorgabe der Irrtumswahrscheinlichkeit: $\alpha = 0{,}05$

(3) Wahl der Testgröße: $U = \frac{\overline{X} - \mu_0}{S}\sqrt{n}$

(4) Kritischer Bereich: (t-Wert aus Tafel 2)

$$K_\alpha = \left\{u\colon u \geqq t_{M,1-\frac{\alpha}{2}} \quad \text{oder} \quad u \leqq -t_{M,1-\frac{\alpha}{2}}\right\}$$

$$K_\alpha = \{u\colon u \geqq 2{,}306 \quad \text{oder} \quad u \leqq -2{,}306\}$$

(5) Berechnung einer Realisierung u:

$$u = \frac{\overline{x} - \mu_0}{s}\sqrt{n} = \frac{17{,}7 - 18{,}6}{0{,}2}\sqrt{9} = -13{,}5$$

(6) Entscheidung: Da $|u| = 13{,}5 \geqq 2{,}306 = t_{8;0{,}975}$, wird H_0 abgelehnt; die Abweichung von $\overline{x}$ zum Sollwert μ ist signifikant (wesentlich).

Doppel-*t*-Test: Prüfung der Gleichheit der Erwartungswerte zweier unabhängiger normalverteilter Grundgesamtheiten

Gegeben seien zwei unabhängige normalverteilte Grundgesamtheiten X und Y, wobei gilt: $\text{Var}(X) = \text{Var}(Y) = \sigma^2$ (σ^2 unbekannt).
Es soll geprüft werden, ob $E(X) = E(Y)$ gilt.

(1) Aufstellen der Nullhypothese H_0: $E(X) = E(Y)$

(2) Vorgabe der Irrtumswahrscheinlichkeit α

(3) Wahl der Testgröße U, S_x^2, S_y^2 – empirische Varianzen

$$U = \frac{\overline{X} - \overline{Y}}{\sqrt{(n_1 - 1) \cdot S_x^2 + (n_2 - 1) \cdot S_y^2}}\sqrt{\frac{n_1 \cdot n_2 \cdot (n_1 + n_2 - 2)}{n_1 + n_2}},$$

U ist eine t-verteilte Zufallsvariable mit $M = n_1 + n_2 - 2$ Freiheitsgraden

(4) Ermittlung des kritischen Bereiches K (zweiseitige Fragestellung):

$$K_\alpha = \left\{u : u \geqq t_{M,1-\frac{\alpha}{2}} \quad \text{oder} \quad u \leqq -t_{M,1-\frac{\alpha}{2}}\right\}$$

(5) Berechnung einer Realisierung u zu der Testgröße U mithilfe einer konkreten Stichprobe vom Umfang n:

$$u = \frac{\overline{x} - \overline{y}}{\sqrt{(n_1 - 1) \cdot s_x^2 + (n_2 - 1) \cdot s_y^2}}\sqrt{\frac{n_1 \cdot n_2 \cdot (n_1 + n_2 - 2)}{n_1 + n_2}}$$

(6) Entscheidung über die Nullhypothese:
Falls $u \in K_\alpha$, d. h.: $|u| \geqq t_{M,1-\frac{\alpha}{2}}$, so wird H_0 abgelehnt!

Beispiel 8.43

Zwei Stichproben unterschiedlicher unabhängiger normalverteilter Grundgesamtheiten ergaben:

$\overline{x} = 152{,}5 \quad s_x = 1{,}6 \quad n_1 = 15$

$\overline{y} = 159{,}9 \quad s_y = 1{,}2 \quad n_2 = 12$

Aus der Erfahrung ist bekannt, dass die Stichproben gleiche Varianzen haben. Es ist zu überprüfen, ob die Erwartungswerte der Grundgesamtheiten übereinstimmen.

Lösung

Bei $\alpha = 0{,}05$ (zweiseitig) ergibt sich für H_0: $E(X) = E(Y)$:

$u = \dfrac{152{,}5 - 159{,}9}{\sqrt{14 \cdot 2{,}56 + 11 \cdot 1{,}44}} \cdot \sqrt{\dfrac{15 \cdot 12 \cdot 25}{27}} = 13{,}3$ und daher mit

$|\,u\,| = 13{,}3 > 2{,}06 = t_{25;1-0{,}025}$ eine Ablehnung von H_0 (t-Wert aus Tafel 2).

Chi-Quadrat-Unabhängigkeitstest

Durch den Chi-Quadrat-Unabhängigkeitstest können Aussagen über Abhängigkeiten zwischen Zufallsvariablen bzw. Merkmalen gewonnen werden. Er wird häufig in der Marktforschung und in den Sozialwissenschaften genutzt und ist auch für nominalskalierte Merkmale geeignet.

Mögliche Fragestellungen sind:

Gibt es einen Zusammenhang zwischen dem Geschlecht des Kunden und seiner Kundenzufriedenheit?

Hat eine bestimmte Anzeigenkampagne Einfluss auf den Umsatz?

Gibt es einen Zusammenhang zwischen Arbeitslosigkeit und Alkoholkrankheit?

Gegeben sind zwei Zufallsvariable X und Y. Zu testen ist die Unabhängigkeit beider Merkmale.

S

(1) Aufstellen der Nullhypothese H_0: X und Y sind unabhängig voneinander

(2) Vorgabe der Irrtumswahrscheinlichkeit $\alpha > 0$

(3) Aufstellen einer Kreuztabelle für die zweidimensionale Stichprobe und Berechnung der Randhäufigkeiten, siehe Abschnitt 8.2.2.
Überprüfung, ob für alle i, k die Bedingung $\frac{h_{i\bullet} \cdot h_{\bullet k}}{N} \geqq 5$ erfüllt ist. Falls nicht, sind Merkmalsausprägungen zusammenzufassen. Siehe dazu auch Stahel, 2008.

(4) Berechnung der Testgröße

$$u = \sum_{i=1}^{m} \sum_{k=1}^{n} \frac{\left(h_{ik} - \frac{h_{i\bullet} \cdot h_{\bullet k}}{N}\right)^2}{\frac{h_{i\bullet} \cdot h_{\bullet k}}{N}} = N \cdot \left[\left(\sum_{i=1}^{m} \sum_{k=1}^{n} \frac{h_{ik}^2}{h_{i\bullet} \cdot h_{\bullet k}}\right) - 1\right]$$

(5) Ermittlung des kritischen Wertes $c = \chi^2_{M,1-\alpha}$ mit $M = (m-1) \cdot (n-1)$ Freiheitsgraden

(6) Die Hypothese H_0 ist abzulehnen, falls $u > c$.

Beispiel 8.44

Die Ergebnisse einer Kundenzufriedenheitsanalyse in Abhängigkeit vom Geschlecht waren:

Noten	1	2	3	4	5	Summe
männlich	5	42	58	13	2	120
weiblich	12	62	51	4	1	130
Summe	17	104	109	17	3	250

(1) Überprüfung der Hypothese H_0: Die Merkmale Geschlecht und Zufriedenheit sind (stochastisch) unabhängig.

(2) Vorgabe der Irrtumswahrscheinlichkeit $\alpha = 0{,}01$, d. h. die statistische Sicherheit ist $1 - \alpha = 0{,}99$

Lösung

(3) Ermittlung der Randhäufigkeiten, Frage der Wertezusammenfassung

Tabelle der Größen $\frac{h_{i\bullet} \cdot h_{\bullet k}}{N}$ (Werte bei totaler Unabhängigkeit)

Noten	1	2	3	4	5	Summe
männlich	8,16	49,92	52,32	8,16	1,44	120
weiblich	8,84	54,08	56,68	8,84	1,56	130
Summe	17	104	109	17	3	250

Da nicht alle Werte $\geqq 5$ sind, werden die Noten 4 und 5 zusammengefasst und die Spaltensumme für die weitere Untersuchung entsprechend korrigiert.

Modifizierte Tabelle der beobachteten Werte

Noten	1	2	3	4 oder 5	Summe
männlich	5	42	58	15	120
weiblich	12	62	51	5	130
Summe	17	104	109	20	250

Modifizierte Tabelle der Werte bei totaler Unabhängigkeit

Noten	1	2	3	4 oder 5	Summe
männlich	8,16	49,92	52,32	9,6	120
weiblich	8,84	54,08	56,68	10,4	130
Summe	17	104	109	20	250

(4) Tabelle zur Ermittlung der Testgröße

Noten	1	2	3	4 oder 5	Summe
männlich	1,22	1,26	0,62	3,04	6,13
weiblich	1,13	1,16	0,57	2,80	5,66
Summe	2,35	2,42	1,19	5,84	11,80

Die Testgröße liefert $u = 11{,}80$

(5) Ermittlung des kritischen Wertes $c = \chi^2_{M,1-\alpha}$ mit $M = (m-1)\cdot(n-1)$ für $m = 2$ (Geschlecht) und $n = 4$ (Bewertungen).
Damit wird der Freiheitsgrad $M = 3$, $\alpha = 0{,}01$, $1 - \alpha = 0{,}99$
Die Tafel 3 liefert c: $c = \chi^2_{3;0,99} = 11{,}34 < u = 11{,}80$.

(6) H_0 muss abgelehnt werden, da $u > c$.

Ergebnis

Mit einer statistischen Sicherheit von 99 % sind beide Merkmale voneinander abhängig. Die weiblichen Kunden sind zufriedener als die männlichen.

S

9 Operations Research

9.1 Spezielle Probleme der linearen Optimierung

9.1.1 Transportproblem

Gegeben sind die Aufkommensorte $\mathrm{A}_1, \mathrm{A}_2, \ldots, \mathrm{A}_m$ mit den Aufkommensmengen a_i $(i = 1, \ldots, m)$ und die Bedarfsorte $\mathrm{B}_1, \mathrm{B}_2, \ldots, \mathrm{B}_n$ mit den Bedarfsmengen b_j $(j = 1, \ldots, n)$ eines austauschbaren Gutes.
Beim **klassischen Transportproblem** ist eine solche Transportvariante zu finden, die mit minimalem Gesamtaufwand verbunden ist. Dabei wird ohne Beschränkung der Allgemeinheit vorausgesetzt

$$\sum_{i=1}^{m} a_i = \sum_{j=1}^{n} b_j,$$

d. h., die **Gesamtsumme** der Aufkommensmengen ist gleich der **Gesamtsumme** der Bedarfsmengen. Andernfalls ist ein fiktiver Erzeuger oder Verbraucher hinzuzufügen.

Bezeichnungen

x_{ij} Menge, die von A_i nach B_j transportiert wird

c_{ij} Aufwand (Kosten, Entfernung) beim Transport einer Mengeneinheit von Ort A_i nach B_j

Damit kann das Transportproblem als lineares Optimierungsproblem dargestellt werden:

$$Z = \sum_{i=1}^{m} \sum_{j=1}^{n} c_{ij} \cdot x_{ij} \to \min$$

$$\sum_{j=1}^{n} x_{ij} = a_i, \quad \sum_{i=1}^{m} x_{ij} = b_j, \quad x_{ij} \geqq 0, \; j = 1, 2, \ldots, n; \; i = 1, 2, \ldots, m$$

Die Aufgabe liegt damit in einer Normalform vor. Sie besitzt $m + n$ Gleichungen mit $m \cdot n$ Unbekannten und kann mit dem Simplexverfahren gelöst werden. Häufig ist jedoch das folgende spezielle Verfahren günstiger.

Lösungsverfahren zum Transportproblem

Es sind zwei Schritte erforderlich:

(1) Bestimmen einer zulässigen Basislösung als Startlösung für ein iteratives Lösungsverfahren

(2) Untersuchung der Lösung auf Optimalität und gegebenenfalls Verbesserung der Lösung

(1) Ermittlung einer zulässigen Startlösung

(1.1) Nordwestecken-Regel

1) In der Transportmatrix $\boldsymbol{X}$ wird die linke obere Ecke (Nordwesten) mit $x_{11} = \min(a_1, b_1)$ besetzt.
2) Ist $a_1 < b_1$, so wird den restlichen Variablen in der 1. Zeile der Wert null zugeordnet. Die erste Zeile wird nun von den weiteren Betrachtungen ausgeschlossen.
3) Ist $a_1 > b_1$, so wird den restlichen Variablen in der 1. Spalte der Wert null zugeordnet. Die erste Spalte wird dann von den weiteren Betrachtungen ausgeschlossen.
4) Ist $a_1 = b_1$, so werden entweder alle restlichen Variablen der ersten Zeile oder der ersten Spalte null gesetzt. Die entsprechende Zeile oder Spalte wird von den weiteren Betrachtungen ausgeschlossen. (Es darf aber nicht die einzig übrig gebliebene Zeilc oder Spalte gestrichen werden. Wegen Ausartung wird eine Belegung mit Null-Elementen erforderlich.)
5) Es wird a_1 durch $a_1 - x_{11}$ und b_1 durch $b_1 - x_{11}$ ersetzt. Die Berechnungen beginnen erneut in der NW-Ecke der so um eine Reihe (d. h. Zeile oder Spalte) reduzierten Matrix, bis alle Mengen zugeordnet worden sind.

Die Nordwestecken-Regel liefert meist eine ungünstige Ausgangslösung. Die beiden folgenden Methoden berücksichtigen die Aufwendungen (Kosten) und liefern somit günstigere Ausgangslösungen.

(1.2) Minimum-Regel

In jedem Schritt werden das Feld mit dem **geringsten Aufwand** (Kosten) maximal belegt sowie Zeilen oder Spalten entsprechend der Nordwestecken-Regel gestrichen.

(1.3) VOGELsche Approximationsmethode (VAM)

Dieses Verfahren liefert häufig schon die optimale Lösung oder eine gute Näherungslösung.

O

Es umfasst folgende Teilschritte (**Reihe** = Zeile oder Spalte):

1) Es werden die Differenzen zwischen den **zwei kleinsten Elementen** jeder Zeile und jeder Spalte der Aufwandsmatrix $\boldsymbol{C}$ gebildet.
2) Die Reihe mit der größten Differenz wird bestimmt und in ihr das Feld mit kleinstem c_{ij} maximal belegt.
3) Die Reihe wird entsprechend der Nordwestecken-Regel gestrichen.

Das formulierte Transportproblem hat folgende Eigenschaften:

- Sind die Parameter a_i und b_j ganzzahlig, dann ist jede zulässige Basislösung automatisch **ganzzahlig**.
- In jeder Reihe der Matrix (Tabelle) einer zulässigen Basislösung ist **mindestens ein Feld** belegt.
- In der Matrix (Tabelle) gibt es mindestens eine Reihe, in der **genau ein Feld** belegt ist.

(2) Überprüfung der Optimalität

Optimalitätskriterium

Existieren für eine zulässige Basislösung der klassischen Transportaufgabe Potenziale $u_1, \ldots, u_m, v_1, \ldots, v_n$, die den Bedingungen

$u_i + v_j = c_{ij}$ für jede Basisvariable

$u_i + v_j \leqq c_{ij}$ $(i = 1, 2, \ldots, m,\ j = 1, 2, \ldots, m)$ genügen,

dann ist diese Lösung optimal.

Daraus leitet sich die Potenzialmethode (auch modifizierte Distributionsmethode (MODI) genannt) ab:

Schritt 1: Bestimmung der Potenziale

Die Aufwandsmatrix $\boldsymbol{C}$ wird zu einer Matrix $\boldsymbol{C}_1$ umgeformt, indem zeilen- und spaltenweise der Reihe nach die noch zu bestimmenden Zahlen (Potenziale) $u_1, \ldots, u_m, v_1, \ldots, v_n$ von c_{ij} subtrahiert werden, und zwar so, dass alle die Elemente von $\boldsymbol{C}$, die zur Basislösung (d. h. $x_{ij} \neq 0$, falls das Problem nicht ausgeartet ist (siehe folgende Seite)) gehören, null werden. Diese Potenziale werden in der Regel rechts bzw. unten eingetragen und durch ein einfach zu lösendes Gleichungssystem bestimmt (beginnend mit $v_1 = 0$). Die Bewertungsmatrix $\boldsymbol{C}_1$ wird durch $\boldsymbol{C}_1 = [c_{ij} - (u_i + v_j)]$ gebildet. Dabei treten durch die Bildungsvorschrift von u_i und v_j an den Stellen der Basiselemente Nullen auf. Sind alle Elemente von $\boldsymbol{C}_1 \geqq 0$, so ist die **optimale Lösung erreicht** und der Algorithmus ist beendet, **sonst Schritt 2**.

Schritt 2: Umverteilung

Von der so gebildeten Bewertungsmatrix $\boldsymbol{C}_1$ wird das kleinste Element bestimmt. Das zugehörige Element der Transportmatrix $\boldsymbol{X}$ wird gleich einem Wert θ gesetzt, der so bestimmt wird, dass durch eine zyklische Umverteilung ein anderes Element null, aber keins negativ wird. Dabei dürfen die Verbrauchsmengen b_i und Erzeugungsmengen a_i nicht verändert werden. **Weiter mit Schritt 1**.

Beispiel 9.1

An vier Standorten eines Unternehmens werden die gleichen Rohstoffe hergestellt. Die Tagesproduktionen betragen je 40 Tonnen. Vier Abnehmer, die einen täglichen Bedarf von 30, 40, 42, 48 Tonnen haben, sollen kostenminimal beliefert werden. Folgende Tabelle gibt die spezifischen Transportkosten je Tonne in € an.

C	A_1	A_2	A_3	A_4
S_1	14	16	12	4
S_2	13	12	10	5
S_3	12	18	10	7
S_4	14	15	14	9

Lösung

Zunächst wird eine zulässige Basislösung nach der VAM bestimmt. Die Differenzen der beiden kleinsten Elemente sind jeweils **fett** geschrieben. Der Übersicht halber wird das Streichen der Reihen nur angedeutet.

C	**1**	**3**	**0**	~~**1**~~ **2**	
	~~14~~	~~16~~	~~12~~	~~4~~	**8**
	13	12	10	5	**5**
	12	18	10	7	**3**
	14	15	14	9	**5**

X	A_1	A_2	A_3	A_4	
S_1				40	40
S_2		32		8	40
S_3			40		40
S_4	30	8	2		40
	30	40	42	48	

Kosten: $K = 40 \cdot 4 + 32 \cdot 12 + 8 \cdot 5 + 40 \cdot 10 + 30 \cdot 14 + 8 \cdot 15 + 2 \cdot 14 = 1\,552$

Die ermittelte Zuordnung wird nun bewertet. Begonnen wird mit $u_1 = 0$, womit die Größen $\boldsymbol{u}$ und $\boldsymbol{v}$ vollständig bestimmt werden können. Die Elemente der Bewertungsmatrix $\boldsymbol{C}_1$ werden als Exponenten geschrieben. Da noch ein negativer Wert auftritt, ist zur Verbesserung der Lösung eine Umverteilung erforderlich.

C					***u***
	14^4	16^5	12^2	4^0	0
	13^2	12^0	$\mathbf{10^{-1}}$	5^0	1
	12^2	18^7	10^0	7^3	0
	14^0	15^0	14^0	9^1	4
v	10	11	10	4	

X	A_1	A_2	A_3	A_4
S_1				40
S_2		$32 - \theta$ —	$0 + \theta$	8
S_3		|	40 |	
S_4	30	$8 + \theta$ —	$2 - \theta$	

Der negative Wert tritt bei c_{23} auf (2. Zeile, 3. Spalte der Kostenmatrix). Das entsprechende Element x_{23} der Transportmatrix ist maximal zu belegen. In diesem Fall mit $\theta = 2$.

X	A_1	A_2	A_3	A_4	
S_1				40	40
S_2		**30**	**2**	8	40
S_3			40		40
S_4	30	**10**			40
	30	40	42	48	

C					**u**
	14^4	16^5	12^3	4^0	0
	13^2	12^0	10^0	5^0	1
	12^1	18^6	10^0	7^2	1
	14^0	15^0	14^1	9^1	4
v	10	11	9	4	

Die Bewertungszahlen sind sämtlich nicht negativ. Somit ist die optimale Lösung erreicht. Die minimalen Kosten betragen $K = 1\,550$ €.

Mehrfache Optimallösungen

Gilt in einer optimalen zulässigen Basislösung, in der alle Basisvariablen positiv sind, für eine Nichtbasisvariable x_{ij} (mit Null belegtes Feld (i, j) in der Transportmatrix X) $u_i + v_j = c_{ij}$ (also die Differenz ist gleich null), so gibt es **mindestens zwei optimale Basislösungen**.
Die weiteren Lösungen werden durch eine neue Umverteilung für das mit null belegte Element erreicht.

Ausartungen

Auch beim Transportproblem kann eine zulässige Basislösung **ausgeartet** sein, wenn weniger als $m + n - 1$ Felder positiv belegt sind.
Dieser Fall kann behoben werden, indem ein beliebiges nichtbelegtes Feld in der Näherungslösung mit einer Transportmenge ε versehen wird. Nach Erreichen der optimalen Lösung wird der Grenzübergang $\varepsilon \to 0$ vollzogen.

Gesperrte Verbindungen

Sollen bestimmte **Transportwege gesperrt** werden, sind die betreffenden Aufwandskoeffizienten durch eine sehr große Bewertung M (oder ∞) zu ersetzen.
Danach kann mit den üblichen Verfahren gearbeitet werden.

9.1.2 Zuordnungsproblem

Das Zuordnungsproblem ist ein spezielles Transportproblem; dabei gilt $m = n$, $a_i = 1$, $b_j = 1$ $(i, j = 1, 2, \ldots, n)$.
Solche Probleme können bei **Maschinenbelegungen**, bei **Arbeitsmittelumsetzungen** und bei **Personalzuordnungen** auftreten.
Für die Zuordnung von n Mitteln zu n Einsatzmöglichkeiten gibt es $n!$ Möglichkeiten (Permutationen).

Bezeichnungen

c_{ij} Aufwand, der bei der Zuordnung von M_i zu E_j entsteht,

$$x_{ij} = \begin{cases} 0, & \mathrm{M}_i \text{ wird nicht } \mathrm{E}_j \text{ wahrnehmen} \\ 1, & \mathrm{M}_i \text{ wird } \mathrm{E}_j \text{ wahrnehmen} \end{cases}$$

Damit lautet das Zuordnungsproblem als lineares Optimierungsproblem

$$Z = \sum_{i=1}^{n} \sum_{j=1}^{n} c_{ij} \cdot x_{ij} \to \min$$

$$\sum_{j=1}^{n} x_{ij} = 1, \quad \sum_{i=1}^{n} x_{ij} = 1, \quad x_{ij} \in \{0,1\} \forall i,j$$

Eine Lösung des Zuordnungsproblems hat **folgende Eigenschaft**: In jeder Reihe des Tableaus steht genau eine 1 und sonst nur 0. Damit sind nur n der n^2 Felder belegt. Es liegt eine **starke Ausartung** vor. Aus diesem Grund ist die oben beschriebene Potenzialmethode zur Lösung des Transportproblems nicht besonders gut für die Lösung von Zuordnungsaufgaben geeignet.
Eine spezielle Methode für das Zuordnungsproblem ist die folgende ungarische Methode.

Ungarische Methode

Schritt 1: Matrixreduktion

Die Zeilen und Spalten der Matrix $\boldsymbol{C}$ werden reduziert, indem jeweils das Minimum jeder Zeile von jeder Zeile und anschließend das Minimum jeder Spalte von jeder Spalte subtrahiert wird. So entsteht eine Matrix mit mindestens n Nullelementen.

Schritt 2: Erste Zuordnung

Es wird $x_{ij} = 1$ so den Nullelementen zugeordnet, dass in jeder Zeile und in jeder Spalte genau eine 1 steht. Wurde eine vollständige Zuordnung gefunden, ist diese optimal. **Sonst Schritt 3**:

Schritt 3: Matrixtransformation

(3.1) Zeilen und Spalten, in denen Nullelemente auftreten, werden derart mit Linien belegt, dass alle Nullelemente mit möglichst wenig Linien überdeckt werden. Das geschieht so:

a) Es werden die Zeilen ohne Zuordnung durch einen Stern (∗) markiert.

b) Es werden die noch nicht markierten Spalten, die Nullelemente in den bereits markierten Zeilen haben, mit (∗) markiert.

O

c) Es werden die noch nicht markierten Zeilen, die Zuordnungen in den markierten Spalten haben, mit (*) markiert.
d) Es werden die Schritte b) und c) so lange wiederholt, bis keine Markierungen mehr erfolgen.
e) Es werden alle nichtmarkierten Zeilen und alle markierten Spalten gestrichen, d. h. mit einer Linie belegt.

(3.2) Es wird die Matrix so reduziert, dass das kleinste nicht überdeckte Element von allen nicht überdeckten Elementen subtrahiert und zu allen doppelt überdeckten Elementen (wo sich Linien kreuzen) addiert wird. Die nur einmal überdeckten Elemente bleiben unverändert.

Schritt 4: Sekundärzuordnung

Für die durch Schritt 3 entstandenen Nullelemente werden weitere Zuordnungen entsprechend Schritt 2 vorgenommen.

Beispiel 9.2

In einer Abteilung sind 6 Stellen $S_1, S_2, \ldots, S_6$ mit 6 Mitarbeitern $M_1, M_2, \ldots, M_6$ zu besetzen. Jeder Mitarbeiter ist in der Lage, die entsprechende Tätigkeit zu verrichten, jedoch unterschiedlich schnell. In der folgenden Tabelle sind die Zeiten angegeben, die die Mitarbeiter zur Erledigung der jeweiligen Arbeitsaufgabe benötigen.

	S_1	S_2	S_3	S_4	S_5	S_6
M_1	11	15	15	13	10	12
M_2	23	33	34	25	30	27
M_3	33	36	40	38	39	37
M_4	15	16	20	17	15	13
M_5	11	11	13	16	12	12
M_6	20	21	19	17	24	25

Lösung

Schritt 1: Matrixreduktion

a) Subtraktion des jeweils kleinsten Zeilenelementes

	S_1	S_2	S_3	S_4	S_5	S_6
M_1	1	5	5	3	0	2
M_2	0	10	11	2	7	4
M_3	0	3	7	5	6	4
M_4	2	3	7	4	2	0
M_5	0	0	2	5	1	1
M_6	3	4	2	0	7	8

b) Subtraktion des jeweils kleinsten Spaltenelements

	S_1	S_2	S_3	S_4	S_5	S_6
M_1	1	5	3	3	**0**	2
M_2	**0**	10	9	2	7	4
M_3	0	3	5	5	6	4
M_4	2	3	5	4	2	**0**
M_5	0	**0**	0	5	1	1
M_6	3	4	**0**	0	7	8

Schritt 2: Erste Zuordnung

Die so gefundenen 5 Zuordnungen (**fette** Nullen) sind noch nicht vollständig. Deshalb wird die Matrixtransformation notwendig (Schritt 3).

Schritt 3: Matrixtransformation

	S_1	S_2	S_3	S_4	S_5	S_6	
M_1	1	5	3	3	**0**	2	
M_2	**0**	10	9	2	7	4	∗3
M_3	0	3	5	5	6	4	∗1
M_4	2	3	5	4	2	**0**	
M_5	0	**0**	0	5	1	1	
M_6	3	4	**0**	0	7	8	
	∗2						

Der Übersicht halber sind die Sterne durchnummeriert. Das kleinste nicht überdeckte Element ist 2.

Die Reduktion liefert:

	S_1	S_2	S_3	S_4	S_5	S_6
M_1	3	5	3	3	**0**	2
M_2	0	8	7	**0**	5	2
M_3	**0**	1	3	3	4	2
M_4	4	3	5	4	2	**0**
M_5	2	**0**	0	5	1	1
M_6	5	4	**0**	0	7	8

Schritt 4: Zuordnung

Die **fetten** Nullen ermöglichen eine vollständige Zuordnung, und damit ist die optimale Lösung erreicht:

S_1 ist mit M_3, S_2 mit M_5, S_3 mit M_6, S_4 mit M_2, S_5 mit M_1 und S_6 mit M_4 zu besetzen.

O

9.2 Rundreiseproblem (Traveling-Salesman-Problem)

Problemstellung

Gegeben sind n verschiedene Orte A_i, $i = 1, 2, \ldots, n$. c_{ij} $(i \neq j)$ sei der Aufwand für einen Reisenden (ein Fahrzeug), wenn er von A_i nach A_j fährt. (Aufwand steht für Entfernung, Kosten oder Zeit usw.)
Allgemein wird $c_{ij} \neq c_{ji}$ angenommen, da z. B. Einbahnstraßen oder Ähnliches vorliegen können.
Das **Rundreiseproblem** kann folgendermaßen formuliert werden:
Ein Reisender, der in einem Ort startet, möchte alle restlichen Orte genau einmal besuchen und zum Ausgangsort zurückkehren. In welcher Reihenfolge hat er die Orte zu besuchen, damit der **Gesamtaufwand** des Reiseweges minimal ist?
Dabei ist die Anzahl aller möglichen Wege $(n-1)!$ ($(n-1)$-Fakultät).

Lösungsverfahren

(1) Verfahren der vollständigen Enumeration

Alle $(n-1)!$ Möglichkeiten werden durchgerechnet und verglichen. Der geringste Aufwand liefert die Lösung. Dieses Verfahren ist nur für eine sehr kleine Anzahl von Orten geeignet.

(2) Näherungsverfahren (heuristisches Verfahren)

Diese Verfahren liefern im Allgemeinen nicht die optimale Reihenfolge der Orte, sondern nur eine suboptimale Lösung. Die Qualität der Lösung (Abweichen vom Optimum) ist meistens nicht einschätzbar.

(2.1) Verfahren des besten Nachfolgers

Ausgehend von einem Startort wird der mit dem geringsten Aufwand erreichbare Ort in die Rundreise einbezogen. Es sind dabei Kurzzyklen (weniger als n Orte sind in der Rundreise) zu vermeiden.
Bei der Einbeziehung der letzten Orte können ungünstige Gesamtlösungen entstehen.

(2.2) Verfahren der sukzessiven Einbeziehung von Orten
(Zeilen- bzw. Spaltensummenverfahren)

Ausgegangen wird von einem beliebigen Anfangszyklus, der aus drei Orten besteht. Ein weiterer Ort wird dann jeweils an der günstigsten Stelle eingefügt. Es ist zweckmäßig, den Anfangszyklus aus den drei am ungünstigsten gelegenen Orten zu bilden.

Sie zeichnen sich durch die höchste Zeilen- bzw. Spaltensumme der Aufwandskoeffizienten aus. Einbezogen wird anschließend der nächst ungünstig gelegene Ort.
Dieses Verfahren liefert bessere Lösungen als das Verfahren 2.1.

(3) Die „Branch-and-Bound"-Methode (Verzweigungsverfahren)

Dieses relativ aufwendige Verfahren ermittelt die optimale Lösung durch sinnvolles Aufspalten der Lösungsmenge in disjunkte (elementefremde) Teilmengen. Eine ausführliche Beschreibung des Algorithmus siehe z. B. bei Zimmermann, 2001.

Lösungsalgorithmus für das Spaltensummenverfahren

(1) Bestimmen der Aufwandsmatrix $\boldsymbol{C} = (c_{ij})$

(2) Bestimmen der Spaltensummen S_j (ohne Hauptdiagonalelemente)

$$S_j = \sum_{\substack{i=1 \\ i \neq j}}^{n} c_{ij}, \quad j = 1, 2, \ldots, n$$

(3) Nummerierung der Ortspunkte nach fallenden S_j

(4) Zusammenstellung einer ersten Rundreise aus den drei Ortspunkten mit den größten S_j

(5) Einfügen eines Ortes mit dem nächstkleineren S_j in die Rundreise, sodass ein minimaler Aufwandszuwachs entsteht

(6) Falls alle Orte in der Rundreise berücksichtigt wurden, liegt die Näherungslösung vor, sonst (5).

Beispiel 9.3

Durch die Orte A (Ausgangsort), B, C, D, E soll eine kostenminimale Rundreise bestimmt werden. Der Aufwand in €, um von Ort zu Ort zu gelangen, ist in der folgenden Tabelle gegeben.

	A	B	C	D	E
A	–	10	12	24	26
B	10	–	150	14	26
C	12	150	–	12	62
D	24	14	12	–	56
E	26	26	62	56	–

O

Lösung

(1) **Verfahren des besten Nachfolgers**

Von A aus liegt B am nächsten (10 €). Weiter von B zu D (14 €), von D zu C (12 €), von C zu E (62 €) und schließlich von E zu A (26 €). Die so ermittelte Rundreise ist dann R(A, B, D, C, E, A) mit dem Gesamtaufwand von 124 €.

(2) **Verfahren der sukzessiven Einbeziehung von Orten**

	A	B	C	D	E
A	–	10	12	24	26
B	10	–	150	14	26
C	12	150	–	12	62
D	24	14	12	–	56
E	26	26	62	56	–
$\sum$	72	200	236	106	170
Nr.	5	2	1	4	3

Begonnen wird mit der Rundreise zwischen den Orten mit der Rangfolge 1, 2, 3 zwischen den Orten C, B, E:
R_1(C, B, E, C) hat einen Aufwand von 238 €.
Anschließend wird Nr. 4, also Ort D, einbezogen. Der Vergleich der drei Möglichkeiten liefert die günstigste Variante R_2(C, D, B, E, C) mit einem Aufwand von 114 €. Schließlich wird die Rangposition 5 und damit der letzte Ort A berücksichtigt. Unter den vier Rundreisen ist die günstigste Rundreise R_3(C, D, B, E, A, C) mit einem Aufwand von 90 €.
Ein Starten im Ausgangsort A verändert den Aufwand nicht. Der (sub-)optimale Reiseweg ist dann R(A, C, D, B, E, A).
Damit wurde ein wesentlich besseres Ergebnis erzielt als mit dem ersten Verfahren.

9.3 Reihenfolgemodelle

Klassisches Reihenfolgeproblem (Fertigungs-Ablaufplanung)

Gegeben sind n Maschinen $M_1, \ldots, M_n$ und m Aufträge $A_1, \ldots, A_m$, zu deren Bearbeitung die Maschinen M_j notwendig sind. Jeder Auftrag hat eine bestimmte „technologische Reihenfolge“. Es soll ein solcher Ablaufplan, eine solche Auftragsfolge, gefunden werden, damit ein günstiger Effekt entsteht, z. B.

- minimale Durchlaufzeit (Gesamtbearbeitungsdauer)
- maximale Kapazitätsauslastung.

Allgemeine Voraussetzungen

(1) Auf jeder Maschine (Fertigungsstufe) kann zur gleichen Zeit nur ein Auftrag bearbeitet werden.
(2) Die Aufträge werden ohne Unterbrechung (ohne Zwischenschieben eines anderen) auf den Maschinen bearbeitet.
(3) Die Aufträge sind unteilbar (nicht zerlegbar in Teile, die nacheinander bearbeitbar sind).
(4) Die Bearbeitungszeiten (-dauer) t_{ij} für A_i auf M_j sind bekannt.
(5) Die Bearbeitungszeiten t_{ij} sind unabhängig von der Auftragsfolge.
(6) Wird eine Maschine frei, dann wird sofort der nächste Auftrag des Ablaufplanes in Angriff genommen, sofern einer vorhanden ist.
(7) Verlässt ein Auftrag eine Maschine, dann wird er der nächsten Maschine zugeführt, sofern diese frei ist.
(8) Transportzeiten zwischen den einzelnen Maschinen können vernachlässigt werden.
(9) Zwischenprodukte (unvollendete Aufträge) können zwischen den Stufen (Maschinen) gelagert werden, falls sie warten müssen.

Dabei ist die **technologische Reihenfolge** für alle Aufträge gleich (Flow-Shop-Scheduling-Problem) und die Aufträge müssen eine Maschine nur einmal durchlaufen.

9.3.1 Algorithmus von JOHNSON-BELLMAN

Fall 1: Gleiche technologische Reihenfolge, $n = 2$ Maschinen, m Aufträge

$\rightarrow$ [M_1] $\rightarrow$ [M_2] $\rightarrow$

Die Regel von JOHNSON-BELLMAN liefert einen **Algorithmus** zur Konstruktion der optimalen Lösung:

> Es sei $\boldsymbol{T} = (t_{ij})$ die Matrix der Bearbeitungszeiten und die Durchlaufzeit D das Optimalitätskriterium. Der Auftrag A_i steht in der optimalen Reihenfolge vor dem Auftrag A_k, wenn $\min(t_{i1}, t_{k2}) < \min(t_{k1}, t_{i2})$.

O

(Matrix $\boldsymbol{T}$: **Aufträge – Zeile**, **Maschine – Spalte**)

(1) Zu bestimmen ist ein Minimum in $\boldsymbol{T}$. Tritt dieses in der 1. Spalte (für Maschine 1) ein, dann ist der entsprechende Auftrag als erster zu fertigen; andernfalls als letzter. Wird dieses Minimum sowohl in der

1. als auch in der 2. Spalte angenommen, kann über beide Aufträge beliebig verfügt werden.

(2) Es wird die Zeile, die zum fixierten Auftrag gehört, gestrichen; auf die reduzierte Matrix $\boldsymbol{T}$ wird dann erneut Prozedur (1) angewandt, bis alle Aufträge eingeordnet wurden.

Beispiel 9.4

Folgende Matrix gibt die Bearbeitungszeiten der 6 Aufträge A_i auf den Maschinen M_j an.

	M_1	M_2	Nr.
A_1	7	11	1
A_2	15	24	4
A_3	23	16	5
A_4	9	12	3
A_5	19	8	6
A_6	8	18	2

Von den 6! = 720 Möglichkeiten lautet die durchlaufzeitminimale Reihenfolge $A_1 - A_6 - A_4 - A_2 - A_3 - A_5$

Die Bestimmung der Durchlaufzeit kann über ein GANTT-Diagramm erfolgen.

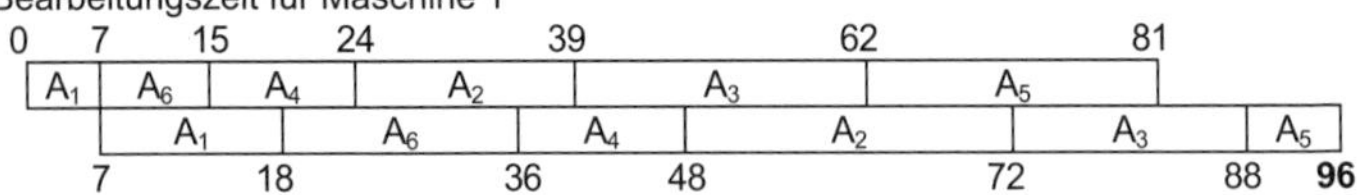

Damit beträgt die Bearbeitungsdauer aller 6 Aufträge 96 Zeiteinheiten.

Fall 2: Gleiche technologische Reihenfolge, $n = 3$

Gilt $\min_i t_{i1} \geqq \max_i t_{i2}$ oder $\min_i t_{i3} \geqq \max_i t_{i2}$, dann ergibt sich eine sehr gute Näherungslösung, indem auf die Matrix $\boldsymbol{T}' = (t'_{ij})$ mit $t'_{i1} = t_{i1} + t_{i2}$, $t'_{i2} = t_{i2} + t_{i3}$ der im Fall 1 angegebene Algorithmus angewandt wird.

Beispiel 9.5

$$\boldsymbol{T} = \begin{pmatrix} 8 & 5 & 4 \\ 11 & 4 & 19 \\ 11 & 8 & 21 \end{pmatrix}$$

modifizierte Matrix

$$\boldsymbol{T}' = \begin{pmatrix} 8+5 & 5+4 \\ 11+4 & 4+19 \\ 11+8 & 8+21 \end{pmatrix} = \begin{pmatrix} 13 & 9 \\ 15 & 23 \\ 19 & 29 \end{pmatrix} \begin{matrix} 3 \\ 1 \\ 2 \end{matrix}$$

Die erste der oben genannten Bedingungen ist erfüllt. Als optimal erweist sich die Auftragsfolge $A_2 - A_3 - A_1$.
Zur Bestimmung der Gesamtdauer werden die Zeilen von $\boldsymbol{T}$ entsprechend der berechneten Auftragsfolge sortiert. Aus der so entstehenden Matrix $\boldsymbol{T}_1$ wird die Matrix $\boldsymbol{T}_G$ der Gesamtdauer berechnet, indem jeweils zum größeren Wert die Bearbeitungsdauer t_{ij} addiert wird:

$$\boldsymbol{T}_1 = \begin{pmatrix} 11 & 4 & 19 \\ 11 & 8 & 21 \\ 8 & 5 & 4 \end{pmatrix} \qquad \boldsymbol{T}_G = \begin{pmatrix} 11 & 15 & 34 \\ 22 & 30 & 55 \\ 30 & 35 & 59 \end{pmatrix}$$

Damit ist der Bearbeitungsprozess nach 59 Zeiteinheiten beendet.

9.3.2 Zeilenbewertungsverfahren ($n \geqq 3$)

Gegeben ist die Arbeitsgangzeitenmatrix $\boldsymbol{T} = (t_{ij})$, $i = 1, \ldots, m$; $j = 1, \ldots, n$. (i – Auftrag, j – Maschine).

1. Schritt: Wertreduzierung von $\boldsymbol{T}$

Alle Elemente t_{ij}, die kleiner als ein gegebenes t^* sind, werden gleich null gesetzt $\rightarrow$ Matrix $\boldsymbol{T}^*$.
Empfohlen wird die Wahl von t^* derart, dass $0 < t^* \leqq \min\{Z_i\}$, mit $Z_i = \max\{t_{ij}\}$, d. h., Z_i ist Zeilenmaximum.

2. Schritt: Bewertung von $\boldsymbol{T}^*$

In der somit erhaltenen Matrix $\boldsymbol{T}^*$ erfolgt die Doppelbewertung von Zeilen aus der Anzahl $\alpha^{(i)}$ der am Zeilenanfang in zusammenhängender Folge stehenden Nullen und aus der Anzahl $\beta^{(i)}$ der am Zeilenende in zusammenhängender Folge stehenden Nullen.

3. Schritt: Umordnen

Umordnung der Zeilen in $\boldsymbol{T}^*$ nach fallenden $\alpha^{(i)}$ und steigenden $\beta^{(i)}$: Aus der Menge aller $\alpha^{(i)}$ und $\beta^{(i)}$ wird das (ein) Maximum gesucht. Ist das Maximum ein α-Wert (β-Wert), so wird die betreffende Zeile (der betreffende Auftrag) aus $\boldsymbol{T}$ in der aufzubauenden Matrix $\boldsymbol{T}^*$ an die Spitze (das Ende) der Bearbeitungsreihenfolge gestellt.
Mit dem Rest der Aufträge wird in gleicher Weise verfahren, bis alle Aufträge eingeordnet sind.

Beispiel 9.6

In der folgenden Tabelle sind die Bearbeitungszeiten gegeben.

	M_1	M_2	M_3	M_4	max
A_1	45	65	9	10	65
A_2	70	18	15	5	70
A_3	30	39	55	6	55
A_4	30	25	10	5	30
A_5	5	15	50	61	61
A_6	8	5	22	32	32

gewählt wird
$t* = \min\{Z_i\} = 30$

Die Reduzierung der Matrix liefert das folgende Ergebnis.

	M_1	M_2	M_3	M_4	α	β	R
A_1	45	65	0	0	0	2	4
A_2	70	0	0	0	0	3	5(6)
A_3	30	39	55	0	0	1	3
A_4	30	0	0	0	0	3	6(5)
A_5	0	0	50	61	2	0	2
A_6	0	0	0	32	3	0	1

Damit sind die Aufträge in der Reihenfolge A_6, A_5, A_3, A_1, A_2, A_4 oder A_6, A_5, A_3, A_1, A_4, A_2 abzuarbeiten.

9.4 Netzplanmodelle

9.4.1 Einführung

Einsatzgebiete

- Projektierung und Ausführung von Investitionsvorhaben
- Vorbereitung von Modernisierungs- und Instandhaltungsmaßnahmen
- Planung und Organisation von Produktionsprozessen
- Vorbereitung und Realisierung von Forschungs- und Entwicklungsaufgaben
- Organisation von Wahlkämpfen, Großveranstaltungen, Messen

Aufgabenstellung

Viele Einzelvorgänge (Aktivitäten) eines Prozesses müssen **zeitlich**, **kapazitätsmäßig** und **kostenmäßig** aufeinander abgestimmt werden, wobei bestimmte Bedingungen einzuhalten sind.
Die Modellierung erfolgt durch einen **Netzplan**. Die Teilprozesse heißen **Aktivitäten** oder **Vorgänge**, ein **Ereignis** der Beginn oder das Ende einer Aktivität.

Darstellungsmöglichkeiten

(1) Vorgangspfeilnetz (VPN)

Vorgänge (Aktivitäten, Arbeitsgänge) werden durch **Pfeile** repräsentiert, Ereignisse durch Knoten (Kreis, Rechteck).

(2) Vorgangsknotennetz (VKN)

Vorgänge werden durch **Knoten** dargestellt, die Pfeile drücken nur die Abhängigkeit zwischen den Vorgängen aus.
Folgende **Schritte** sind bei der Anwendung der Netzplantechnik erforderlich:

1. Strukturanalyse und Erstellung des Netzplanes

(1) Zerlegung des Projekts in einzelne Vorgänge (Arbeitsgänge),
(2) Ermittlung der Zeitdauer für die einzelnen Vorgänge,
(3) Feststellung der technologischen bzw. wirtschaftlichen Abhängigkeiten,
(4) Grafische Darstellung des Netzplanes.

2. Zeitplanung (Terminplanung)

(1) Berechnung des frühestmöglichen Endtermins, der von der Dauer der einzelnen Vorgänge und ihrer wechselseitigen Abhängigkeiten bestimmt wird,
(2) Erfassen der zeitlichen Spielräume (Pufferzeiten), um die gewisse Vorgänge ausgedehnt werden können, ohne dass der Endtermin gefährdet wird.

3. Kapazitätsplanung

(1) Ermittlung des Kapazitätsbedarfs in Abhängigkeit von den Vorgängen und der Zeit,
(2) Eventueller Kapazitätsausgleich durch zeitliche Verschiebung einzelner Vorgänge.

4. Kosten- und Finanzplanung

(1) Feststellung der Kosten der Vorgänge auf der Grundlage der Zeitplanung,
(2) Untersuchung, inwieweit sich eine zeitliche Verschiebung von Vorgängen auf die Kosten auswirkt oder die Projektdauer durch den erhöhten Einsatz zusätzlicher Mittel verkürzt wird.

Bei der Aufstellung eines Vorgangspfeilnetzes können Scheinaktivitäten mit der Dauer null auftreten.

Voraussetzungen für ein Vorgangspfeilnetz

(1) Die Pfeile, die Aktivitäten darstellen, sollten sich möglichst nicht kreuzen.

(2) Die Ereignisse sind im Netzplan von 1 (Anfangsereignis) bis N (Endereignis) derart durchnummeriert, **dass die Nummer an einer Pfeilspitze stets größer ist als die Nummer am betreffenden Pfeilende**.

Es sind alle „Punkte" (Knoten) eines Netzplanes **Ereignisse** und alle Strecken zwischen zwei Punkten **vollständige Aktivitäten**.
Nach der zweiten Voraussetzung kann die Struktur eines Netzplanes (und damit des Prozesses) auch mittels einer (oberen Dreiecks-) Matrix, der **Adjazenzmatrix** oder **Strukturmatrix** $A = (a_{ij})$, dargestellt werden.
Diese ist folgendermaßen erklärt:

$a_{ij} = 1$, falls $i < j$ und Verbindung zwischen i und j vorhanden
$a_{ij} = 0$, falls $i < j$ und Verbindung zwischen i und j nicht vorhanden
$a_{ij} = 0$, falls $i \geqq j$

9.4.2 Zeitplanung nach Critical Path Method (CPM)

Folgende Voraussetzungen sind für CPM erforderlich:

(1) Eine deterministische logische Struktur muss vorliegen, d. h., das Prozessergebnis erfordert die Realisierung aller Vorgänge im Netz.

(2) Es wird nur zwischen parallel ablaufenden und nacheinander ablaufenden Vorgängen unterschieden, d. h., Überlappungen können nicht berücksichtigt werden.

(3) Die Dauer der Vorgänge $D(V)$ ist für alle Vorgänge bekannt, für Scheinvorgänge gilt $D(V) = 0$.

Bezeichnungen

i, j Ereignisnummern
(i, j) Vorgang vom Ereignis i zum Ereignis j
$i = 1$ Nummer des Startereignisses
$i = n$ Nummer des Zielereignisses
D_{ij} Dauer des Vorgangs (i, j)

Als Startzeitpunkt des Prozesses wird der Zeitpunkt 0 festgelegt.

Bemerkung
Zeitpunkt *ist ein festgelegter Punkt im Ablauf, dessen Lage durch Zeiteinheiten (z. B. Tage, Wochen) beschrieben und auf einen Nullpunkt bezogen ist (relativ).* ***Termin*** *ist ein durch Kalenderdatum und/oder Uhrzeit ausgedrückter Zeitpunkt (absolut) (nach DIN-Vorschriften).*

Algorithmus zur Zeitplanung

(1) **Vorwärtsrechnung**

Ermittlung der frühestmöglichen Zeitpunkte (FZ):

$$FZ_1 = 0$$

$$Z_j \;=\; \max_{(i,j)\in B_j^-} (FZ_i + D_{ij}), \quad j = 2, 3, \ldots, n$$

B_j^- ist die Menge der im Ereignis j endenden Vorgänge.
FZ_n ist die berechnete Gesamtdauer des Prozesses.

(2) **Rückwärtsrechnung**

Ermittlung der spätest zulässigen Zeitpunkte (SZ) für das Eintreten jedes Ereignisses:

$$SZ_n = FZ_n,$$

$$SZ_i = \min_{(i,j)\in B_i^+} (SZ_j - D_{ij}), \quad i = n-1, n-2, \ldots, 1$$

B_i^+ ist die Menge der im Ereignis i beginnenden Vorgänge.

(3) **Berechnung der Pufferzeit**

$$P_i = SZ_i - FZ_i$$

Ereignisse mit $P_i = 0$ heißen **kritische Ereignisse**.

(4) **Berechnung folgender Zeitwerte für jeden Vorgang**

FAZ (**Frühester AnfangsZeitpunkt**)
Zeitpunkt für den frühesten Anfang eines Vorgangs
$FAZ_{ij} = FZ_i$

SAZ (**Spätester AnfangsZeitpunkt**)
Zeitpunkt für den spätest zulässigen Anfang eines Vorgangs
$SAZ_{ij} = SZ_j - D_{ij}$

FEZ (**Frühester EndZeitpunkt**)
Zeitpunkt für die frühestmögliche Beendigung eines Vorgangs
$FEZ_{ij} = FZ_i + D_{ij}$

SEZ (**Spätester EndZeitpunkt**)
Zeitpunkt für das spätest zulässige Ende eines Vorgangs
$SEZ_{ij} = SZ_j$

GP (**Gesamte Pufferzeit eines Vorgangs**)
Zeitspanne zwischen frühestmöglichem und spätest zulässigem Anfang (Ende) eines Vorgangs
$GP_{ij} = SZ_j - FZ_i - D_{ij} = SAZ_{ij} - FAZ_{ij} = SEZ_{ij} - FEZ_{ij}$

O

FP (**Freie Pufferzeit eines Vorgangs**)
Anteil an der gesamten Pufferzeit, der verbleibt, wenn alle „Nachfolger“ zu ihrem frühestmöglichen Zeitpunkt beginnen
$FP_{ij} = FZ_j - FZ_i - D_{ij}$

UP (**Unabhängige Pufferzeit eines Vorgangs**)
Anteil der freien Pufferzeit, der verbleibt, wenn alle „Vorgänger“ zum spätest zulässigen Zeitpunkt enden und alle „Nachfolger“ zu ihrem frühestmöglichen Zeitpunkt beginnen

$$UP_{ij} = \max \begin{cases} 0 \\ FZ_j - SZ_i - D_{ij} \end{cases}$$

FRP (**Freie RückwärtsPufferzeit eines Vorgangs**)
Zeitspanne, um die ein Vorgang gegenüber seiner spätesten Lage verschoben werden kann
$FRP_{ij} = SZ_j - SZ_i - D_{ij}$

BP (**Bedingte Pufferzeit**)
Differenz zwischen gesamter und freier Pufferzeit eines Vorgangs

$$\begin{aligned} BP_{ij} &= SZ_j - FZ_j \\ &= GP_{ij} - FP_{ij} \end{aligned}$$

Bemerkungen

(1) Pufferzeiten sind Zeitreserven im Netzplan, sie können beim Eintreten von Störungen genutzt werden. Verschoben oder verlängert werden können nur nichtkritische Vorgänge, wenn die Gesamtdauer gleich bleiben soll.

(2) Die unabhängige Pufferzeit steht immer zur Verfügung. Von vorhergehenden Vorgängen ist kein Einfluss möglich, ihre Nutzung hat auch keinen Einfluss auf nachfolgende Vorgänge.

(3) Die freie Pufferzeit hat keinen Einfluss auf nachfolgende Vorgänge. Sie ist aber abhängig von Vorgängern.

(4) Die Nutzung der bedingten Pufferzeit wirkt sich auf nachfolgende Vorgänge aus.

(5) **Markierung der Vorgänge** mit $GP_{ij} = 0$ (kritische Vorgänge) und der Vorgänge mit kleinem *GP*-Wert (subkritische Vorgänge)
Eine Folge kritischer Vorgänge heißt **kritischer Weg**. In jedem CPM-Netz gibt es mindestens einen kritischen Weg vom Startereignis zum Zielereignis. Der kritische Weg ist der **zeitlängste Weg** im Netz, er bestimmt die **Gesamtdauer** des Prozesses. Eine Folge subkritischer Vorgänge wird als **subkritischer Weg** bezeichnet. Er besitzt nur geringe Pufferzeiten.

Grafische Darstellung der Pufferzeiten

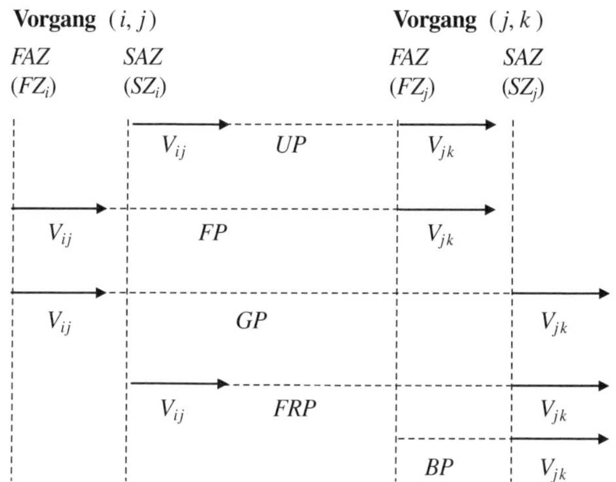

Beispiel 9.7

Ein technologischer Ablauf wird auf folgende Weise beschrieben:

Vorgang	Vorläufer	Dauer (Tage)
A	–	42
B	–	56
C	A	28
D	A	70
E	B, C	14

Lösung

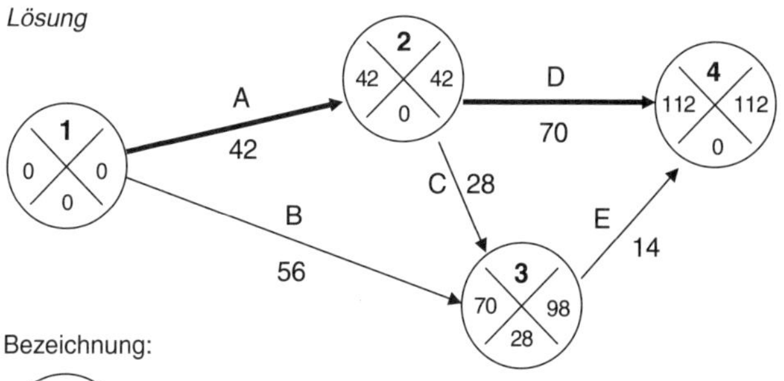

Bezeichnung:

Der kritische Weg A, D ist durch die stärkeren Pfeile gekennzeichnet. Die Dauer beträgt 112 Tage.

Tabelle zur Ermittlung der weiteren Größen:

Vorgang	Dauer	*FAZ*	*FEZ*	*SAZ*	*SEZ*	*GP*	*FP*	*BP*	*UP*
A (1; 2)	42	0	42	0	42	0	0	0	0
B (1; 3)	56	0	56	42	98	42	14	28	14
C (2; 3)	28	42	70	70	98	28	0	28	0
D (2; 4)	70	42	112	42	112	0	0	0	0
E (3; 4)	14	70	84	98	112	28	28	0	0

Zur Darstellung des zeitlichen Ablaufes kann ein GANTT-Diagramm genutzt werden.

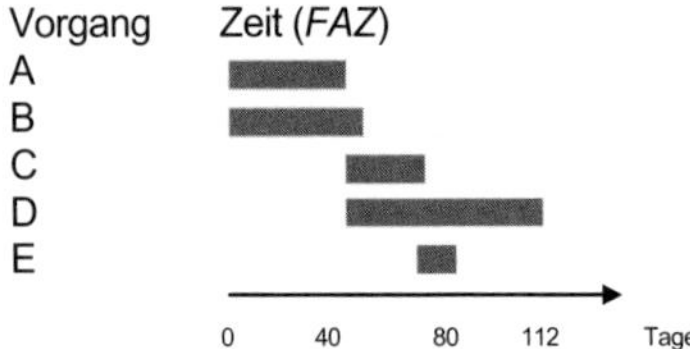

9.5 Standortproblem

Gesucht wird ein Standort für das Zentrallager (Verteillager) eines Unternehmens, wobei zu berücksichtigen ist, dass zwischen dem Lager und den Abnehmern unterschiedliche Mengen zu transportieren sind (STEINER-WEBER-Problem).

STEINER-WEBER-Problem

Die Aufwandsfunktion unter Berücksichtigung der Mengen a_i, die zwischen dem Lager mit den Koordinaten (x, y) und den Aufkommens- (bzw. Ziel-)orten mit den Koordinaten (x_i, y_i) zu transportieren sind, lautet:

$$Z = f(x,y) = \sum_{i=1}^{n} a_i \sqrt{(x_i - x)^2 + (y_i - y)^2} = \sum_{i=1}^{n} a_i \cdot r_i$$

mit $r_i = \sqrt{(x_i - x)^2 + (y_i - y)^2}$.

Es werden die partiellen Ableitungen erster Ordnung gleich null gesetzt.

$$Z_x = \frac{\partial Z}{\partial x} = \sum_{i=1}^{n} \frac{a_i}{r_i} \cdot (x - x_i) = 0$$

$$Z_y = \frac{\partial Z}{\partial y} = \sum_{i=1}^{n} \frac{a_i}{r_i} \cdot (y - y_i) = 0$$

Diese liefern eine Fixpunktdarstellung für x und y mit
$r_i = r_i(x_i, y_i) = \sqrt{(x_i - x)^2 + (y_i - y)^2}$.

$$x = \frac{\sum\limits_{i=1}^{n} \frac{a_i}{r_i} \cdot x_i}{\sum\limits_{i=1}^{n} \frac{a_i}{r_i}} \qquad y = \frac{\sum\limits_{i=1}^{n} \frac{a_i}{r_i} \cdot y_i}{\sum\limits_{i=1}^{n} \frac{a_i}{r_i}}$$

Damit ist die Anwendung der Fixpunktiteration möglich (siehe Abschnitt 7.5).

Startwert

Schwerpunkt des Systems mit den Schwerpunktkoordinaten:

$$x^{(0)} = \frac{\sum\limits_{i=1}^{n} a_i \cdot x_i}{\sum\limits_{i=1}^{n} a_i} \qquad y^{(0)} = \frac{\sum\limits_{i=1}^{n} a_i \cdot y_i}{\sum\limits_{i=1}^{n} a_i}$$

Iterationsvorschrift

$$x^{(k+1)} = \frac{\sum\limits_{i=1}^{n} \frac{a_i \cdot x_i}{r_i(x^{(k)}, y^{(k)})}}{\sum\limits_{i=1}^{n} \frac{a_i}{r_i(x^{(k)}, y^{(k)})}} \qquad y^{(k+1)} = \frac{\sum\limits_{i=1}^{n} \frac{a_i \cdot y_i}{r_i(x^{(k)}, y^{(k)})}}{\sum\limits_{i=1}^{n} \frac{a_i}{r_i(x^{(k)}, y^{(k)})}} \qquad k = 0, 1, 2, \ldots$$

Beispiel 9.8

Ein Unternehmen plant den Bau eines Zulieferlagers für drei Produktionsstandorte. Diese haben die Koordinaten (10; 40), (20; 50), (60; 40) (in km). Täglich werden für den ersten Standort 1 LkW-Transport, für den zweiten 3 Lkw-Transporte, für den dritten 2 LkW-Transporte benötigt. Gesucht ist der optimale Standort des Lagers, sodass der Transportaufwand minimal wird.

Lösung

Die x- und y-Koordinaten sowie die Anzahl der Transporte werden durch die Vektoren $\boldsymbol{x}$, $\boldsymbol{y}$, und $\boldsymbol{a}$ berücksichtigt. Es gilt $n = 3$.

$$\boldsymbol{x} = \begin{pmatrix} 10 \\ 20 \\ 60 \end{pmatrix}, \qquad \boldsymbol{y} = \begin{pmatrix} 40 \\ 50 \\ 40 \end{pmatrix}, \qquad \boldsymbol{a} = \begin{pmatrix} 1 \\ 3 \\ 2 \end{pmatrix}$$

Die Koordinaten des Startwertes betragen $x^{(0)} = 31{,}7$ und $y^{(0)} = 45{,}0$ mit dem Wert der Zielfunktion $Z = 118$ in km.

Nach etwa 9 Iterationen ergibt sich der optimale Standort des Zulieferlagers mit den Koordinaten $x = 20$ und $y = 50$, also der Standort der zweiten Produktionsstätte, mit einem täglichen Transportaufwand von $Z = 97$ km, und somit einer Reduzierung des Transportaufwandes von ca. 20 % gegenüber dem Startwert.

9.6 Lagerhaltung

9.6.1 Einführung

Beschaffung

- **Bestellzyklus**: Zeit t zwischen aufeinanderfolgenden Bestellungen
- **Bestellmenge**: Menge, die zur Auffüllung des Lagers bestellt wird
- **Beschaffungszeit**: Dauer τ zwischen Bestellung und Verfügbarkeit des Gutes am Lager

Beim **Bestellpunktsystem** wird eine Bestellung mit konstanter Bestellmenge stets dann ausgelöst, wenn ein Meldebestand s im Lager erreicht oder unterschritten wird.
Der Meldebestand ist so zu wählen, dass Fehlmengenkosten möglichst vermieden werden. Daraus ergeben sich **variable Bestellintervalle**.
Das **Bestellrhythmussystem** ist durch **konstante Beschaffungsintervalle** gekennzeichnet. Zum Zeitpunkt der Bestellung wird die Bestellmenge als Differenz zwischen dem Maximalbestand S des Lagers und dem aktuellen Lagerbestand festgestellt.

Kosten (bezogen auf einen festen Zeitraum)

$$K = K_B + K_L + K_F$$

K_B Beschaffungskosten
K_L Lagerkosten
K_F Fehlmengenkosten

Nebenbedingungen

Diese können in der folgenden Form auftreten:

- der Bedarf wird in diskreten Einheiten angegeben;
- die Bestellung ist nur in diskreten Verpackungseinheiten möglich;
- Gewährung von Rabatt ab einer bestimmten Bestellmenge;
- der Lagerraum ist beschränkt.

Aufgabenstellung

Gegeben

b Bedarf (in ME/ZE),
k_0 konstante Beschaffungskosten je Beschaffung (in GE),
k_1 variable Beschaffungskosten je Mengeneinheit (in GE/ME),
k_l Lagerkosten je Mengeneinheit und Periode (in GE/(ME · ZE)),
k_f Fehlmengenkosten je Mengeneinheit und Periode (in GE/(ME · ZE)),
S Höchstbestand (maximaler Lagerbestand) (in ME).

Gesucht

z Bestellumfang (Liefermenge) (in ME),
T Bestellzyklus (Länge einer Bestellperiode) (in ZE),
$K_{\min}$ die minimalen Kosten (in GE).

In Abhängigkeit von den gegebenen Größen entstehen unterschiedliche Berechnungsmodelle.

9.6.2 Deterministische Modelle

Modell 1: Klassisches Losgrößen-Modell

Voraussetzungen

(1) Der Bedarf b an einem Gut ist zeitlich gleichmäßig verteilt.
(2) Fehlmengen werden nicht zugelassen.
(3) Die Beschaffungszeit τ ist gleich null.
(4) Bestellungen sind jederzeit in beliebiger Höhe möglich.

Dabei sollen in gleichen zeitlichen Abständen gleich große Bestellungen realisiert werden ((T, z)-Bestellregel), siehe Bild 9.1.
Der Lagerbestand $I(t)$ hat einen Verlauf gemäß Bild 9.1.

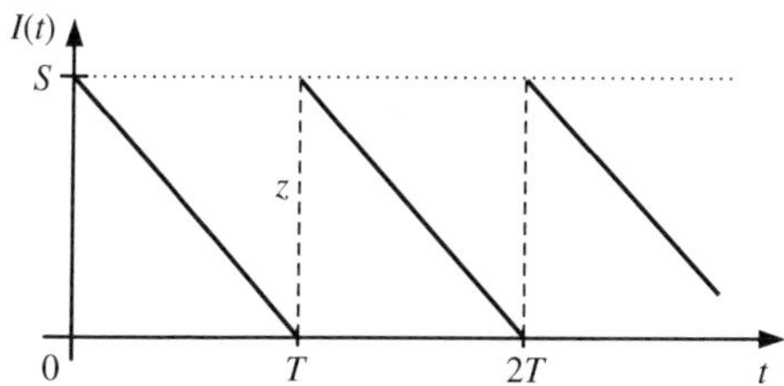

Bild 9.1

O

Die Gesamtkosten betragen in diesem Fall:

$$K(z) = \frac{b \cdot k_0}{z} + b \cdot k_1 + \frac{k_l \cdot z}{2}$$

Die kostenoptimale Bestellmenge z^* mit

$$z^* = \sqrt{\frac{2 \cdot k_0 \cdot b}{k_l}}$$

entspricht der Minimalstelle von $K(z)$.
Die Herleitung verläuft analog Abschnitt 5.5.5 (siehe Bild 9.2).

Beispiel 9.9

Der jährliche Bedarf b ist gleichmäßig verteilt und er beträgt 1 000 kg, die konstanten Beschaffungskosten k_0 betragen 200 € je Lieferung, die variablen Beschaffungskosten k_1 0,5 €/t, die Lagerkosten k_l 10 €/kg im Jahr.
Dann gilt für die optimale Bestellmenge:

$$z* = \sqrt{\frac{2 \cdot k_0 \cdot b}{k_l}} = \sqrt{\frac{2 \cdot 200 \cdot 1\,000}{10}} = 200\,\text{kg}$$

Die dazugehörigen Kosten betragen 2 500 €. Notwendig sind 5 Lieferungen im Jahr zu je 200 kg.

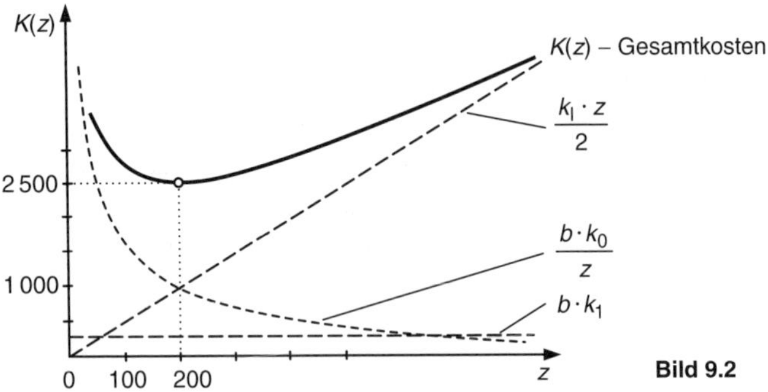

Bild 9.2

Modell 2: Deterministisches Modell mit Mengenrabatt

Lagerhaltungssysteme, bei denen der Einkaufspreis je ME von der eingekauften Menge abhängt, werden allgemein als **System mit Mengenrabatt** bezeichnet. Gewöhnlich verringert sich der Preis, wenn die eingekaufte Menge vergrößert wird. Die Beschaffungskosten einer Periode berechnen sich auf folgende Weise $k_B = k_0 + k_1(z) \cdot z$.

Die variablen Kosten $k_1(z)$ sind abhängig vom Rabatt und können in folgender Form dargestellt werden:

$$k_1(z) = \begin{cases} k_1^{(1)} & \text{für} \quad z_1 \leqq z < z_2 \\ \vdots & \vdots \\ k_1^{(m-1)} & \text{für} \quad z_{m-1} \leqq z < z_m \\ k_1^{(m)} & \text{für} \quad z \geqq z_m \end{cases}$$

Hierdurch sind m Preisstufen festgelegt. Losgrößen kleiner als z_1 sind nicht erlaubt.
Die Kosten je Zeiteinheit des Lagerhaltungssystems betragen

$$K(z) = \frac{b \cdot k_0}{z} + b \cdot k_1(z) + \frac{k_l \cdot z}{2}$$

$$z^* = \sqrt{\frac{2 \cdot k_0 \cdot b}{k_l}}$$

Das Kostenminimum kann an der Stelle z^* mit $K'(z^*) = 0$ liegen oder an den Stellen z_i $(i = 1, 2, \ldots, n)$, da hier der neue Rabatt zu wirken beginnt. Die kostenoptimale Bestellmenge z_{opt} ergibt sich dann aus dem z-Wert, der zu minimalen Gesamtkosten führt (siehe Bild 9.3).

$$z_{\text{opt}} = \{z^*, z_i \mid K(z) = \min[K(z^*), K(z_i)]\}$$

Beispiel 9.10

Der Bedarf b ist konstant und gleichmäßig verteilt, er beträgt 1 000 Stück im Quartal (90 Tage). Die konstanten Beschaffungskosten betragen $k_0 = 40$ €/Lieferung. Die variablen Beschaffungskosten k_1 (in €/Stück) haben für z Stück die Höhe

$$k_1 = \begin{cases} 5 & \text{für} \quad 1 \leqq z < 100 \\ 4 & \text{für} \quad 100 \leqq z < 300 \\ 3 & \text{für} \quad 300 \leqq z \end{cases} \quad \text{mit} \quad \begin{aligned} z_1 &= 1 \\ z_2 &= 100, \\ z_3 &= 300 \end{aligned}$$

die Lagerkosten sind $k_l = 20$ €/Stück im Quartal.

Lösung

Es gilt $z^* = \sqrt{2 \cdot 40 \cdot 1\,000/20} = 63{,}25 \approx 63$ (Stück).
Die dazugehörigen Kosten betragen $K(z^*) = 6\,264{,}91$ €. Bei den (sinnvollen) unteren Rabattgrenzen betragen die Kosten $K(z_2) = 5\,400$ € bzw. $K(z_3) = 6\,133{,}33$ €.
Damit liegt das Minimum bei $z_2 = 100$ (Lieferumfang von 100 Stück) mit den minimalen Kosten von 5 400 € (siehe Bild 9.3).
Das bedeutet, dass 10 Lieferungen in einem Abstand von 9 Tagen erforderlich sind.

O

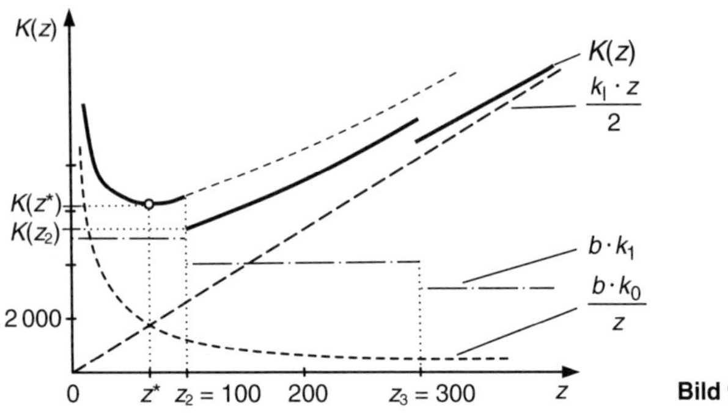

Bild 9.3

Modell 3: Deterministisches Modell mit Fehlmengen

Voraussetzungen

(1) Der Bedarf b an einem Gut ist zeitlich gleichmäßig verteilt.

(2) Fehlmengen werden zugelassen; ihre Kosten/ZE betragen k_{f}.

(3) Die Beschaffungszeit ist $\tau = 0$.

(4) Bestellungen sind jederzeit in beliebiger Höhe möglich.

(5) Es wird eine (T, z)-Bestellregel angewandt.

Aus den Voraussetzungen ergibt sich, dass die Losgröße eine Konstante ist mit $z = bT$ (siehe Bild 9.4).

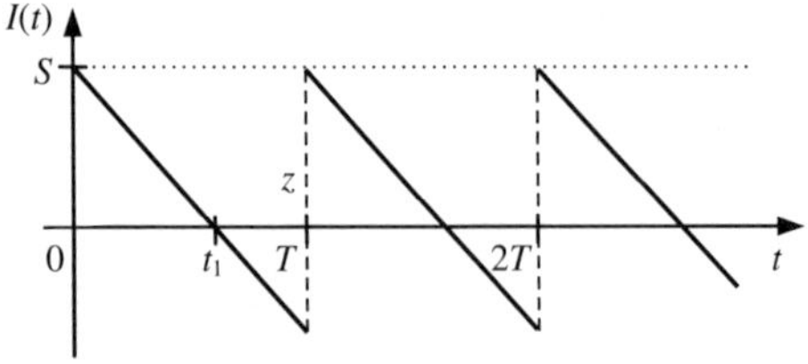

Bild 9.4

Für das optimale Bestellniveau S^*, die minimalen Kosten $K(z)$ und die optimale Bestellmenge z^* gelten:

$$S^* = z \cdot \frac{k_{\mathrm{f}}}{k_1 + k_{\mathrm{f}}}$$

$$K(z) = \frac{b \cdot k_0}{z} + k_1 \cdot b + \frac{S*^2}{2z} \cdot k_1 + \frac{(z - S*)^2}{2z} \cdot k_{\mathrm{f}}$$

$$z^* = \sqrt{2b \cdot k_0 \cdot \frac{k_l + k_f}{k_l \cdot k_f}} = \sqrt{\frac{2b \cdot k_0}{k_l}} \cdot \sqrt{\frac{k_l + k_f}{k_f}}$$

Der **Servicegrad** $c = S/z$ des Lagers beschreibt das Verhältnis von unmittelbar befriedigtem Bedarf zum Gesamtbedarf.

Der kostenoptimale Servicegrad c^* ergibt sich aus:

$$c* = \frac{k_f}{k_l + k_f}$$

Beispiel 9.11

Der jährliche Bedarf b ist gleichmäßig verteilt und er beträgt 3 000 t, die konstanten Beschaffungskosten k_0 je Lieferung betragen 100 €, die variablen Beschaffungskosten k_1 50 €/t, die Lagerkosten k_l 10 €/t im Jahr, die Fehlmengenkosten k_f 20 €/t im Jahr.
Dann gilt für die optimale Bestellmenge z^*

$$z^* = \sqrt{2b \cdot k_0 \cdot \frac{k_l + k_f}{k_l \cdot k_f}} = \sqrt{2 \cdot 3\,000 \cdot 100 \cdot \frac{10 + 20}{10 \cdot 20}} = 300\,\text{t}.$$

Das optimale Bestellniveau beträgt $S^* = z \cdot \dfrac{k_f}{k_l + k_f} = 300 \cdot \dfrac{20}{10 + 20} = 200\,\text{t}.$

Notwendig sind 10 Lieferungen im Jahr zu je 300 t. Dabei ist der maximale Lagerbestand 200 t. Für die Kosten bei einer Bestellmenge von $z = 300$ gilt:

$$K(z) = \frac{b \cdot k_0}{z} + k_1 \cdot b + \frac{S^{*2}}{2z} \cdot k_l + \frac{(z - S^*)^2}{2z} \cdot k_f$$
$$= \frac{3\,000 \cdot 100}{300} + 50 \cdot 3\,000 + \frac{200^2}{2 \cdot 300} \cdot 10 + \frac{(300 - 200)^2}{2 \cdot 300} \cdot 20 = 152\,000$$

Die dazugehörigen Kosten betragen somit 152 000 €.

Der optimale Servicegrad ist hierbei $c^* = \dfrac{k_f}{k_l + k_f} = \dfrac{20}{10 + 20} = 0{,}667.$

9.6.3 Stochastische Modelle

O

Bei der Behandlung stochastischer Lagerhaltungsprobleme wird versucht, den stochastischen Nachfrageprozess über **Prognosen** und Einführen eines **Sicherheitsbestandes** in den deterministischen Grundmodellen zu berücksichtigen. Bei stochastischem Bedarf können vier grundsätzlich unterschiedliche Verfahren zur Bestimmung der Bestellintervalle und Bestellmengen angewendet werden (siehe folgende Tabelle).

Bestell-menge z	Bestellintervall T fix	variabel	
Fix	(T,z)-Politik	(s,z)-Politik	Losgrößen-Verfahren
Variabel	(T,S)-Politik	(s,S)-Politik	Auffüll-Verfahren
	Bestellpunkt-	Bestellzyklus-	**Verfahren**

T konstante Bestellperiodenlänge
z konstante Bestellmenge
s Bestand, bei dem bestellt wird
S Höchstbestand

Exemplarisch wird ein **stochastisches Modell mit** (T,z)**-Politik** behandelt.

Wie beim deterministischen Modell 1 des vorhergehenden Abschnitts erfolgt die Lieferung einer konstanten Menge z in festen Zeitintervallen T. Um die Bedarfsschwankungen auszugleichen und stets eine gewisse Lieferbereitschaft sicherzustellen, muss hier zusätzlich ein Sicherheitsbestand R gehalten werden. Dieser Sicherheitsbestand R kann mithilfe der Statistik über die Standardabweichung σ bestimmt werden: $R = \lambda \cdot \sigma$.
Der **Sicherheitsfaktor** λ resultiert aus der Normalverteilung, die bei diesen Bedarfsschwankungen unterstellt wird. Die dazugehörige Lieferbereitschaft lässt sich direkt aus der Tafel 1 (siehe Anhang) ablesen.
Die empirische Standardabweichung σ wird über

$$\sigma = \sqrt{\frac{1}{n-1}\sum_{i=1}^{n}(x_i - \overline{x})^2}$$

bestimmt (siehe auch Abschnitt 8.2.1).
Der Verbrauch der vergangenen Perioden wird analysiert. Dabei ist x_i der Bedarf in der Zeitperiode i ($i = 1, 2, \ldots, n$) und $\overline{x}$ der mittlere monatliche Verbrauch (arithmetisches Mittel). Der Bestand unmittelbar nach einer Lieferung sollte dann $s = \overline{x} + \lambda \cdot \sigma$ betragen.

Beispiel 9.12

In einem Lager wurde in den vergangenen 12 Monaten folgender Abgang an einem Gut festgestellt:

Monat	J	F	M	A	M	J	J	A	S	O	N	D
Menge in t	18	20	24	16	12	26	23	19	14	22	23	18

Zu ermitteln ist die Höhe des Sicherheitsbestandes, der mit einer Sicherheit von 95 % ausreichen wird, und die Höhe des Lagerbestandes direkt nach der Lieferung.

Lösung

Eine Auswertung liefert $\overline{x} = 19{,}6$ und $\sigma = 4{,}2$ (siehe Abschnitt 8.2.1). Der Sicherheitsfaktor für 95 % wird aus der Tafel 1 unten, Quantile z_q der standardisierten Normalverteilung, entnommen (siehe Anhang, Tafel 1). Diese liefert den Wert 1,644 86.
Damit beträgt der Sicherheitsbestand $R = \lambda \cdot \sigma = 1{,}64486 \cdot 4{,}23 \approx 6{,}96$ t.
Der Lagerbestand s ist dann monatlich auf 26,6 t aufzufüllen.

9.7 Standardmodell für offene Wartesysteme

Es liege ein M/M/s-**Bedienungssystem** vor, d. h., es gibt

(1) ein s-Kanalsystem mit exponentiell verteilten Ankunftsintervallen und Bedienzeiten (exponentiell verteilt = M (M bezeichnet MARKOV-Eigenschaft)),

(2) ein offenes Wartesystem mit s **parallel angeordneten, gleichwertigen und absolut zuverlässigen** Bedienungsstellen (Servicestellen).

(3) Der Forderungenstrom in diesem Modell sei ein **POISSON-Strom**, d. h., die Ankunftshäufigkeit der Forderungen aus der Quelle genügt einer POISSON-Verteilung mit dem Parameter λ (Ankunftsrate). Der inverse Wert λ^{-1} ist die mittlere Zwischenankunftszeit (Erwartungswert), die **exponentiell** verteilt ist.

Im Abfertigungsprozess werde die **Bedienungsdauer** mit T_B und ihr Erwartungswert mit $E(T_B)$ bezeichnet.
Der Parameter $\mu = 1/E(T_B)$ heißt **Bedienungs**- oder **Abfertigungsrate** und gibt die mittlere Anzahl von Forderungen an, die **ein** Bedienungskanal in einer Zeiteinheit abfertigen kann. Um alle Forderungen bedienen zu können, muss somit $\lambda < s \cdot \mu$ gelten.
Nur wenn je Zeiteinheit weniger Forderungen eintreffen als abgefertigt werden können, werden die Bedienungsstellen über einen längeren Zeitraum mit den an sie gestellten Forderungen fertig.
Der Grenzfall $\lambda = s \cdot \mu$ führt in der Tendenz zu einer unendlichen Länge der Warteschlange, da Stillstandszeiten eines Bedienungskanals später nicht mehr aufgeholt werden können.

O

Der Quotient $\varrho = \lambda/\mu$ wird als **Verkehrswert** des Systems bezeichnet.

Für das betrachtete System M/M/*s* gilt:

- für die **Wahrscheinlichkeit** p (Warteschlange ist leer)

$$p_0 = \left(\sum_{n=0}^{s-1} \frac{\varrho^n}{n!} + \frac{\varrho^s}{(s-1)! \cdot (s-\varrho)} \right)^{-1}$$

- für die **mittlere Schlangenlänge** $E(L_\mathrm{W})$

$$E(L_\mathrm{W}) = \frac{\varrho^{s+1} \cdot p_0}{s \cdot s! \cdot \left(1 - \varrho/s\right)^2}$$

- für die **mittlere Wartezeit** $E(T_\mathrm{W})$

$$E(T_\mathrm{W}) = \frac{E(L_\mathrm{W})}{\lambda} = \frac{\varrho^s \cdot p_0}{\mu \cdot s \cdot s! \cdot \left(1 - \varrho/s\right)^2}$$

- für den **Auslastungsgrad des Systems**

$$\eta_\mathrm{b} = \frac{\varrho}{s}$$

- für die **mittlere Anzahl besetzter Bedienungskanäle**

$$E(L_\mathrm{b}) = s \cdot \eta_\mathrm{b} = \varrho$$

- für die **mittlere Anzahl im System verweilender Forderungen**

$$E(L_\mathrm{v}) = E(L_\mathrm{W}) + E(L_\mathrm{b}).$$

Beim einkanaligen Wartesystem M/M/1 lassen sich die angegebenen Größen als Spezialfall für $s = 1$ schreiben.
Dann gilt $p_0 = 1 - \varrho$, $E(L_\mathrm{W}) = \varrho^2/(1-\varrho)$ und $E(T_\mathrm{W}) = \varrho/(\mu - \lambda)$.
Bei **konstanter Bedienungsdauer** ergibt sich ein System **M/D/*s***. Für dessen mittlere Schlangenlänge gilt $E(L_\mathrm{W}[\mathrm{M/D}/s]) = 0{,}5 \cdot E(L_\mathrm{W}[\mathrm{M/M}/s])$.

Beispiel 9.13

Gegeben ist ein Verkaufslager mit einer Bedienungsstelle. Es treffen durchschnittlich 15 Kunden/Stunde ein. Die Bedienungsdauer beträgt durchschnittlich 3 Minuten/Kunde und ist exponentiell verteilt. Die Ankünfte sind POISSON-verteilt.

Lösung (System M/M/1)

Ankunftsrate	$\lambda = 15\,\mathrm{K/h} = 0{,}25$ Kunden/Minute
Bedienungsrate	$\mu = 20\,\mathrm{K/h} = 0{,}33$ Kunden/Minute
Verkehrswert	$\varrho = 0{,}75 = h_\mathrm{b}$ (Auslastungsgrad)
Leerwahrscheinlichkeit	$p_0 = 0{,}25$
Mittlere Schlangenlänge	$E(L_\mathrm{W}) = 0{,}75^2/0{,}25 = 2{,}25$ Kunden
Mittlere Wartezeit	$E(T_\mathrm{W}) = 0{,}75/(0{,}33 - 0{,}25) = 9$ Minuten/Kunde
Mittlere Verweilzeit	$E(T_V) = E(T_\mathrm{W}) + E(T_\mathrm{B}) = 9 + 3 = 12$ Minuten

9.8 Simulationsmodelle

9.8.1 Ziele und Verfahren der Simulation

Eine Entscheidungssituation kann ohne Zuhilfenahme mathematischer Hilfsmittel bewältigt werden: Es wird eine Entscheidungsvariante – mehr oder weniger nach Gutdünken – ausgewählt und das betreffende System entsprechend organisiert.
Die Wirksamkeit dieser Entscheidung wird sodann geprüft, indem das System in seiner Verhaltensweise beobachtet wird. Nach einer gewissen Zeitspanne kann auf der Basis der erhaltenen Beobachtungswerte in Erwägung gezogen werden, eine andere Variante zu realisieren, die möglicherweise bessere Resultate liefert.
Eine solche Vorgehensweise stellt ein (mehr oder weniger) **unsystematisches Experimentieren am realen System** dar und verkörpert die Methode „**trial and error**" in ihrer einfachsten Form.
Diese Vorgehensweise ist stets realisierbar, d. h., sie ist an keine Prämissen gebunden.

Nachteile

- Sie kann Menschenleben gefährden oder ethische Prinzipien verletzen, zum Beispiel bei der Erprobung der Zuverlässigkeit eines Passagierflugzeugs oder der Wirksamkeit eines Medikaments.
- Sie ist mit erheblichem Aufwand verbunden, der vor allem mit der permanenten Umstellung des Systems auf die angeblich bessere Organisation einhergeht.
- Sie liefert im Allgemeinen keine optimale Variante; damit verschenkt diese Vorgehensweise erhebliche Effektivitätsreserven.

Angesichts dieser Nachteile sollte grundsätzlich nicht am realen Objekt, am konkreten System experimentiert werden.

Als **Simulation** wird das Experimentieren an einem Ersatzsystem oder einem Modell des Systems, das dem Original in vielen Punkten ähnlich ist und sich bequemer, schneller, billiger und ungefährlicher handhaben lässt, bezeichnet.

Die Simulation wird angewandt, wenn die analytische Modellierung versagt, zu kompliziert ist oder die Problemlösung mit anderen Methoden ungünstiger ist. Sie ist für Entscheidungsaufgaben bedeutungsvoll, die eng an den Produktionsprozess gekoppelt sind.

Derartige Modelle oder Ersatzobjekte sind aus der Praxis seit längerem bekannt:

Originalsystem	Ersatzsystem (klassisch)	Ersatzsystem (modern)
Güterbahnhof	Modelleisenbahn	Computer mit
Flugzeug + Pilot	Pilotanlage + Pilot	Software für
Mensch + Arzneimittel	Tier + Arzneimittel	Simulation,
Mensch + Pkw	Mensch + Fahrtrainer	Animation
Neubaugebiet	Modellanlage des Gebietes	

Die **Simulation eines Systems** (Originals) ist eine Methode zur Durchführung von Experimenten anhand eines Ersatzsystems (Modells) zur Gewinnung von Aussagen über das System.

Bei Verwendung mathematischer Modelle des Originals als Ersatzsystem wird von einer **mathematischen Simulation** gesprochen.

Merkmale der mathematischen Simulation

- Die Simulation beinhaltet keine einheitliche Vorgehensweise.
- Die Simulation dient dem Studium des Reaktionsvermögens (Verhaltens) eines Systems gegenüber äußeren Einflüssen. Sie führt zu qualitativen Erkenntnissen.
- Über Simulation können Gesetzmäßigkeiten, die dem zu untersuchenden System bzw. Objekt eigen sind, gefunden und quantitativ formuliert werden.
- Die Simulation lässt sich zur Suboptimierung eines Systems nutzen.

Klassifizierung der Simulation

(1) In Anlehnung an die genutzte Rechentechnik:
- **digitale Simulation** im Gegensatz zur kaum noch genutzten
- **analogen Simulation**

(2) In Abhängigkeit von der Berücksichtigung stochastischer Einflussgrößen:
- **deterministische** Simulation und
- **stochastische** Simulation

Grafikgestützte Simulation wird als **Animation** bezeichnet.

9.8.2 Erzeugung von Zufallszahlen

Gleichverteilte Zufallszahlen

Grundlagen der Simulation bestehen in der Erzeugung zufälliger Reihenfolgen bzw. in der adäquaten Nachbildung einer zufälligen Variablen X. Solche Verfahren werden häufig als **Monte-Carlo-Methode** bezeichnet. Dabei beinhalten **Monte-Carlo-Methoden im engeren Sinn** die Generation von $[0,1)$-gleichverteilten Zufallszahlen, d. h. von Zufallszahlen, die eine Nachbildung der im Intervall $[0,1)$ gleichverteilten Zufallsgröße ermöglicht.
Für diese spezielle Zufallsgröße gilt offenbar:

Dichtefunktion $f(x) = \begin{cases} 1, & 0 \leqq x < 1 \\ 0 & \text{sonst} \end{cases}$

Verteilungsfunktion $F(x) = \begin{cases} 0, & x < 0 \\ x, & 0 \leqq x < 1 \\ 1, & 1 \leqq x < \infty \end{cases}$

Verteilungsparameter $E(X) = \frac{1}{2}, \quad \sigma(x) = \frac{1}{2 \cdot \sqrt{3}}$

Gleichverteilte Zufallszahlen lassen sich

- manuell erzeugen mittels Münze, Würfel oder Ziehen von Karten mit Ziffern aus Urnen,
- aus Zufallszahlen-Tabellen ablesen,
- auf Computern mit einem Programm erzeugen.

Bei der dritten Variante entstehen sogenannte **Pseudo-Zufallszahlen**. Zu deren Erzeugung gibt es folgende Methoden:

(1) Die **Quadrat-Mitten-Methode** (Mid-Square-Method), benannt nach J. V. NEUMANN: Quadrieren einer n-stelligen Zahl und Abschneiden der ersten und der letzten Stellen mit dem Verbleib der mittleren n Stellen, die als Ziffernfolge nach dem Komma interpretiert werden. Wegen der Gefahr des Auftretens von Kurzzyklen, die zu gleichen Folgen von Zahlen führen, ist diese Methode wenig geeignet.

(2) Die **Kongruenzmethode** nach LEHMER mit dem rekursiven Bildungsgesetz $Z_{i+1} = (a \cdot Z_i) \bmod m$

Dabei ist $0 \leqq Z_i < m$ und Z_i ganzzahlig mit $z_i = \frac{Z_i}{m}$. Die Qualität der Zahlen hängt stark von der Wahl der Größen Z_0, a und m ab. Es wird empfohlen: $m = 2^k$ mit $40 \leqq k \leqq 50$, $a \approx \sqrt{m}$, $Z_0 \ll m$.

O

(3) Die **modifizierte Kongruenzmethode** nach GREENBERGER mit dem Bildungsgesetz $Z_{i+1} = (a \cdot Z_i + b) \bmod m$

Beispiel 9.14

Bestimmt werden vier Zufallszahlen $z_i \in [0, 1)$ mit den relativ einfachen Ausgangswerten $m = 2^7 = 128$, $a = 11$, $b = 7$, $Z_0 = 37$.

i	Z_i	$a \cdot Z_i + b$	$Z_{i+1} = (a \cdot Z_i + b) \bmod m$	$z_i = \frac{Z_i}{m}$
0	37	414	30	0,2344
1	30	337	81	0,6328
2	81	898	2	0,0156
3	2	29	29	0,2266
4	29	326	70	0,5469

In der Praxis erprobte Ausgangswerte sind

$$\begin{aligned} Z_0 = 6\,543, \quad & a = 33, \quad b = 101 \quad \text{und} \quad m = 2^{18} \quad \text{oder} \\ & a = 513, \quad b = 3 \quad \text{und} \quad m = 2^{15}. \end{aligned}$$

Wichtige Anforderungen an Zufallszahlengeneratoren sind

- gute statistische Eigenschaften der erzeugten Zufallszahlen. Sie sollten
  - a) gleichverteilt sein
    (Dieses kann getestet werden, indem der gesamte Zahlenbereich in k gleich große Intervalle unterteilt und überprüft wird, ob von den N erzeugten Zahlen in jedem Intervall etwa $\frac{N}{k}$ liegen.),
  - b) unabhängig sein.
- effiziente (kurze) Rechenzeiten,
- lange Zyklen,
- Reproduzierbarkeit (bei Fehlern oder besonderen Ergebnissen muss sich der Simulationslauf wiederholen lassen).

Transformation von Zufallszahlen

Das Ziel besteht darin, eine adäquate Nachbildung einer Zufallsgröße X zu erreichen. Dabei wird angenommen, dass das Verteilungsgesetz der Zufallsgrößen X explizit bekannt ist und sich durch

- die Wahrscheinlichkeitsfunktion (im diskreten Fall),
- die Dichtefunktion (im stetigen Fall) bzw.
- die Verteilungsfunktion (in beiden Fällen)

charakterisieren lässt.

Zufallsgrößen werden in ihrem Verhalten simuliert, indem sogenannte Zufallszahlen x_i erzeugt werden, die folgende Eigenschaften aufweisen:

(1) Die Zufallszahlen sind Realisierungen von X, d. h., sie verkörpern Zahlenwerte, die die Zufallsgröße X annehmen kann.

(2) Die empirische Verteilung einer Gesamtheit von N Zufallszahlen x_1, $x_2, \ldots, x_N$ strebt mit $N \to \infty$ gegen die Verteilung von X, d. h., die Zufallszahlen sind X-asymptotisch verteilt.

Monte-Carlo-Methoden im weiteren Sinn beinhalten die Simulation einer Zufallsgröße mit der allgemeinen Verteilungsfunktion F: $F(x) = P(X \leqq x)$ und beruhen auf folgendem grundlegenden Satz der Wahrscheinlichkeitsrechnung:

Besitzt eine Zufallsgröße X die Verteilungsfunktion F, dann ist die transformierte Zufallsgröße $Z = F(X)$ im Intervall $[0, 1)$ gleichverteilt.

Liegen gleichverteilte Zufallszahlen $z_1, z_2, \ldots, z_N$, vor, so können daraus nach der sogenannten **Inversionsmethode** beliebig verteilte Zufallszahlen erzeugt werden.

Transformation diskreter Zufallszahlen

Die Inversionsmethode ist vergleichbar mit der Berechnung von Quantilen in der deskriptiven Statistik. Aus der Beziehung $z_i = F(x_i) = P(X \leqq x_i)$ werden für vorliegende Werte z_i die zugehörigen Werte x_i bestimmt.
Die folgenden Bilder 9.5 und 9.6 verdeutlichen die Methode auf grafische Weise für die Transformation einer diskreten bzw. stetigen Zufallsgröße.

Beispiel 9.15

Die diskrete Zufallsgröße X habe die Wahrscheinlichkeitsfunktion:

x_i	2	4	6
$f(x_i)$	0,2	0,4	0,4

Die Transformation erfolgt über die Verteilungsfunktion

x_i	2	4	6
$F(x_i)$	0,2	0,6	1,0

über die folgende Zuordnung:

x_i	2	4	6
$F(x_i)$	[0; 0,2)	[0,2; 0,6)	[0,6; 1,0]

Zu den im Intervall $[0, 1)$ gleichverteilten Zufallszahlen

$z_1 = 0{,}134$ $z_2 = 0{,}876$ $z_3 = 0{,}431$

O

gehören die X-Zufallszahlen

$x_1 = 2 \quad x_2 = 6 \quad x_3 = 4$ (siehe Bild 9.5).

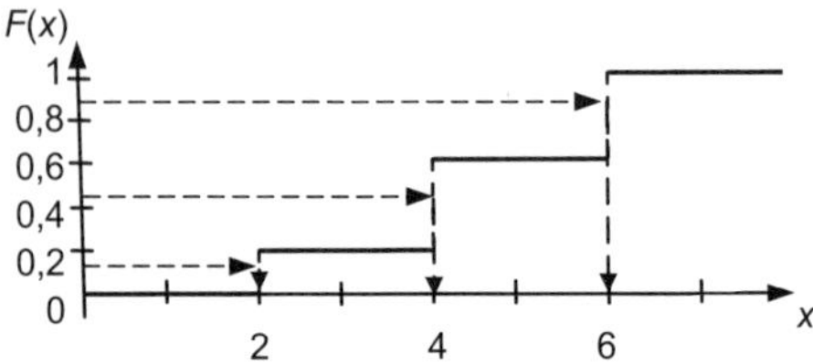

Bild 9.5

Transformation stetiger Zufallszahlen

Es wird nur das Intervall betrachtet, in dem die Verteilungsfunktion F streng monoton wachsend, also umkehrbar ist. Die Transformation dieser speziellen Zufallszahlen erfolgt dort über $x_i = F^{-1}(z_i)$, $i = 1, 2, \ldots, N$. Ist die Zufallsgröße X im Intervall $[a, b]$ **gleichverteilt**, dann gilt wegen

$$z_i = F(x) = \frac{x_i - a}{b - a}, \quad a \leqq x < b$$

die Transformationsvorschrift:

$$x_i = a + (b - a) \cdot z_i$$

Beispiel 9.16

Im Fall $a = 10$ und $b = 30$ gehört zu der Zufallszahl $z_1 = 0{,}445$ die X-Realisierung $x_1 = 10 + 20 \cdot 0{,}445 = 18{,}90$.
(Siehe Bild 9.6)

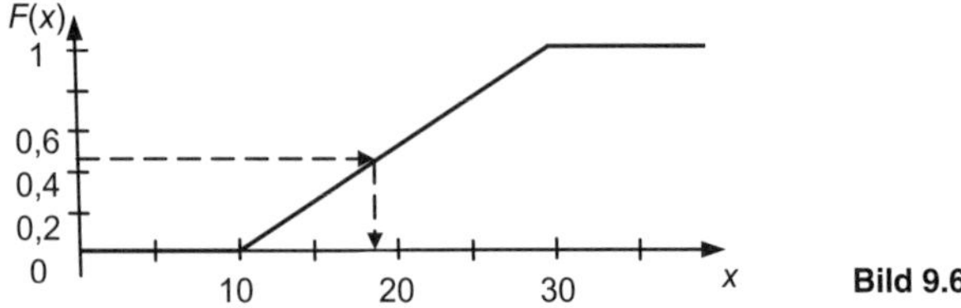

Bild 9.6

Für eine **exponentiell verteilte Zufallsgröße** X mit dem Parameter λ, d. h., für eine stetige Zufallsgröße X mit der Verteilungsfunktion $F(x) = 1 - \mathrm{e}^{-\lambda x}$ $(x \geqq 0)$ gilt die Transformationsregel $x_i = -\frac{1}{\lambda} \cdot \ln(1 - z_i)$.

Beispiel 9.17

Liegt eine exponentiell verteilte Zufallsgröße X mit dem Parameter $\lambda = \frac{1}{3}$ vor, dann gehört zu der Pseudozufallszahl $z_1 = 0{,}813$ die transformierte Zufallszahl $x_1 = -\frac{1}{\lambda}\ln(1 - 0{,}813) = -3 \cdot \ln 0{,}187 = 5{,}04$.

Die Nachbildung einer **normalverteilten Zufallsgröße** X erfolgt

a) über den zentralen Grenzwertsatz: $x_k = \sum_{i=1}^{12} z_i - 6$ mit $\mu = 0$ und $\sigma = 1$

b) nach der Sinus-Kosinus-Methode:

Setze $v = \sqrt{-2\ln z_1}$, dann sind $x_1 = v\sin(2\pi z_2)$ und $x_2 = v\cos(2\pi z_2)$
Die x_i sind dann normalverteilt mit $\mu = 0$ und $\sigma = 1$.

9.8.3 Deterministische Simulation

Die deterministische Simulation dient zur Lösung von Problemen, bei denen alle eingehenden Daten determiniert (bekannt, bestimmt) sind, z. B.

- bei determinierten Abläufen in der Lagerhaltung,
- bei der Erstellung von Fahr- und Schichtplänen oder
- bei der Bestimmung der (sub-)optimalen Reihenfolge bei gleicher technologischer Reihenfolge aller Aufträge.

Bei der Bewältigung des Reihenfolgeproblems für m Aufträge, die auf n Maschinen zu fertigen sind, werden aus der Gesamtheit der $m!$ möglichen Reihenfolgen $N \ll m!$ zufällig ausgewählt.
Eine zufällige Reihenfolge kann unter Verwendung $[0, 1)$-gleichverteilter Zufallszahlen durch verschiedene Methoden erzeugt werden.

Methode 1: Es werden m Zufallszahlen erzeugt und diese der Größe nach nummeriert; die Nummernfolge ist die gesuchte zufällige Reihenfolge.

Methode 2: Es werden solange Zufallszahlen generiert, bis in jedem Intervall $\left[\frac{k-1}{m}, \frac{k}{m}\right]$ $(k = 1, \ldots, m)$ eine Zufallszahl gefunden wurde (Mehrfachtreffer werden nicht gezählt) und die Treffer in der Reihenfolge ihres Eintreffens nummeriert. Die so entstehende Folge liefert die zufällige Reihenfolge der Aufträge. Offenbar ist Variante 1 effektiver.

Methode 3: Die $[0, 1)$-gleichverteilte Zufallszahl z_i wird mit einem Faktor k (z. B. 100) multipliziert. Der ganzzahlige Anteil von $k \cdot z_i$ wird anschließend durch die Anzahl der noch einzuordnenden Aufträge dividiert. Der dabei entstehende Rest bestimmt den nächsten Auftrag in der Reihenfolge.

Beispiel 9.18

Das folgende Reihenfolgeproblem mit $m = 6$ Aufträge A_i und $n = 4$ Maschinen M_j wird nach oben vorgestellten drei Methoden behandelt.
Matrix der Bearbeitungszeiten $\boldsymbol{T} = (t_{ij})$ (in min).

	M_1	M_2	M_3	M_4
A_1	45	65	8	10
A_2	70	18	15	5
A_3	30	39	55	6
A_4	30	25	10	5
A_5	5	15	50	61
A_6	8	5	22	32

Zufallszahlen

z_1	z_2	z_3	z_4	z_5	z_6
0,6432	0,3085	0,0264	0,8710	0,5736	0,7529

Reihenfolge nach Methode 1: $A_3, A_5, A_6, A_1, A_4, A_2$
Reihenfolge nach Methode 2: $A_4, A_6, A_1, A_5, A_2, A_3$
Reihenfolge nach Methode 3:

	eingeordnet	restliche Aufträge
$[64{,}32] : 6 = 64 : 6 = 10$ Rest 4	A_4	A_1, A_2, A_3, A_5, A_6
$[30{,}85] : 5 = 30 : 5 = 6$ Rest 0	A_4, A_6	A_1, A_2, A_3, A_5
$[\ 2{,}64] : 4 = 2 : 4 = 0$ Rest 2	A_4, A_6, A_2	A_1, A_3, A_5
$[87{,}10] : 3 = 87 : 3 = 29$ Rest 0	A_4, A_6, A_2, A_5	A_1, A_3
$[57{,}36] : 2 = 57 : 2 = 28$ Rest 1	A_4, A_6, A_2, A_5, A_1	A_3
und folglich	$A_4, A_6, A_2, A_5, A_1, A_3$	

Allgemein wird für jede der N Varianten der Reihenfolge die Durchlaufzeit ermittelt. Insgesamt liegt damit eine Stichprobe des Umfangs N über die Durchlaufzeit vor. Unter den ermittelten Reihenfolgen wird diejenige mit der geringsten Durchlaufzeit ausgewählt. Dabei hat die gewählte Methode keinen Einfluss auf die Güte des Ergebnisses.

Beispiel 9.19

Bei der Simulation des Beispiels 9.18 nach $N = 10$ verschiedenen Reihenfolgen ergäbe sich eine mittlere Durchlaufzeit $E(D)$ von 360 Minuten mit einer Standardabweichung $\sigma = 40$ (min) und ein bester Wert mit der Durchlaufzeit $D = 292$ (min).
Unter der Voraussetzung, dass eine symmetrische Verteilung vorliegt, lässt sich mithilfe der TSCHEBYSCHEFFschen Ungleichung abschätzen, mit welcher

Wahrscheinlichkeit P der bislang beste Wert $D = 292$ noch unterboten werden kann

$$P(|D - E(D)| > c) < \frac{\sigma^2}{c^2}, \quad \text{d. h.,}$$

$$P(|D - E(D)| > 68) < \frac{40^2}{68^2} = 0{,}346$$

Daraus folgt (wegen der Symmetrie): $P(D_{min} < 292) = 0{,}173 \mathrel{\widehat{=}} 17{,}3\,\%$

9.8.4 Stochastische Simulation

Bei der stochastischen Simulation wird **wenigstens ein Teilprozess** des nachzubildenden Gesamtprozesses als **stochastischer Vorgang** aufgefasst. So ist häufig eine auftretende Dauer keine eindeutig bestimmte Größe, sondern verkörpert eine Zufallsgröße.
Ist nur eine der Einflussgrößen zufallsabhängig, so sind auch andere Kenngrößen dadurch beeinflusst. Um diesen Einfluss zu erfassen, ist eine Reihe von Tests möglich. Damit wird deutlich, dass die stochastische Simulation ein **Stichprobenverfahren** darstellt. Die Ergebnisse werden in Gestalt von **statistischen Aussagen** erzielt.

Nachteile der stochastischen Simulation

(1) Die stochastische Simulation verlangt im Allgemeinen eine Vielzahl von Simulationsläufen, um hinreichend genaue statistische Informationen über das nachgebildete System zu erhalten.
(2) Die Fehlerabschätzung für die Ergebnisse einer digitalen stochastischen Simulation ist relativ schwierig.

Die stochastische Simulation ist dadurch charakterisiert, dass mindestens eine stochastische Einflussgröße nachzubilden ist. Das ist beispielsweise bei Lagerhaltungsproblemen der Bedarf oder bei Bedienungsproblemen können das die Zwischenankunftszeit oder die Bedienungsdauer sein. Eine stochastische Einflussgröße zeigt ihre Wirkung erst durch mehrmaliges Auftreten, also durch eine Vielzahl von Realisationen. In Kombination mit weiteren Aktivitäten, die zur Nachbildung des jeweiligen Prozesses erforderlich sind, vergeht Zeit. Hieraus resultiert die Notwendigkeit, zur Kontrolle und Steuerung des zeitlichen Ablaufs eine Simulationsuhr in das Programm einzufügen.

Arten der Simulation

- **Zeitfolge-Simulation**

Bei der Zeitfolge-Simulation wird die Simulationsuhr stets um gleiche, konstante Zeitintervalle weiter gestellt. In jedem Zeitintervall wird dann geprüft, ob ein Ereignis eintritt oder nicht. So wurde bei der Simulation des Lagerhaltungssystems mit einer Zeiteinheit von einem Monat gearbeitet. Diese Form der Simulation ist wenig vorteilhaft, wenn die Ereignisse genau zu ihrem Auftreten beachtet werden müssen oder wenn zwischen den Ereignissen teilweise längere Zeitintervalle liegen. Im ersten Fall besteht die Gefahr der Ungenauigkeit der Simulationsergebnisse; im zweiten Fall wird unnötig viel Rechenzeit verbraucht.

- **Elementfolge-Simulation**

Bei der Elementfolge-Simulation (auch Ereignisfolge-Simulation genannt) wird nach Eintritt eines Ereignisses jeweils sofort der Eintritt des nächsten Ereignisses bestimmt und die Simulationsuhr bis zu diesem Zeitpunkt weitergestellt (Beispiel: Abläufe an einer Kasse). Diese Vorgehensweise ist programmtechnisch und hinsichtlich der Rechenzeit aufwendiger als die Zeitfolge-Simulation.

Einschwingphase

Mehrheitlich will der Nutzer der Simulation Informationen über das stationäre Verhalten einer Zufallsgröße erhalten. Das bedeutet, dass mit dem Erreichen dieser Stationarität keine wesentlichen Änderungen des Simulationsergebnisses mehr eintreten. Dieser Zustand tritt natürlich erst nach einer gewissen (Simulations-)Dauer oder nach einer entsprechenden Anzahl N von Ereignissen ein.
Werden die Simulationsergebnisse in Abhängigkeit von der Zeit analysiert, so ist in der Anfangsphase ein gewisser Einschwingvorgang zu beobachten. Die Gesamtdauer der Simulation lässt sich verkürzen, wenn die Einschwingdauer nicht in die Auswertung der Zufallsgröße einbezogen wird.

Auswertung

Zur Schätzung des Mittelwertes $\overline{x}$ der Zufallsgröße X wird die Summe aller möglichen Werte x_k gebildet, die diese Zufallsgröße bei den verschiedenen Realisierungen des Prozesses annimmt. Dann ist

$$\overline{x} = \frac{1}{N}\sum_{k=1}^{N} x_k.$$

Eine Abschätzung s^2 für die Varianz dieser Zufallsgröße lässt sich am günstigsten mit der Formel

$$s^2 = \frac{1}{N}\sum_{k=1}^{N} x_k^2 - \left(\frac{1}{N}\sum_{k=1}^{N} x_k\right)^2$$

gewinnen.

Daraus folgt, dass es für die Ermittlung von s^2 ausreicht, die Summen $\sum x_k^2$ und $\sum x_k$ auflaufen zu lassen.

Abbruchkriterium

Die Simulation kann beendet werden, wenn die zufallsabhängige Zielgröße einen stabilen Wert erreicht hat.
Wenn das System in gleichen zeitlichen Abständen kontrolliert wird (Zwischenauswertung), kann die relative Differenz zwischen zwei zu verschiedenen Zeitpunkten t_i bzw. t_{i+1} erfassten Simulationsergebnissen (Kontrollwerten) e_t bzw. e_{t+1} bestimmt und mit einer vorgegebenen Genauigkeit ε verglichen werden.

Gilt dann $\dfrac{|\, e_{t+1} - e_t \,|}{e_t} < \varepsilon$,

so wurde ein zufriedenstellendes Ergebnis erreicht und es kann ein Abbruch der Simulation erfolgen.
(Weiterführende Literatur: siehe z. B.: Zimmermann, 2001)

O

Tafeln

Tafel 1 Verteilungsfunktion $\Phi(x)$ der standardisierten Normalverteilung

x	.,.0	.,.1	.,.2	.,.3	.,.4	.,.5	.,.6	.,.7	.,.8	.,.9
0,0	,5000	,5040	,5080	,5120	,5160	,5199	,5239	,5279	,5319	,5359
0,1	,5398	,5438	,5478	,5517	,5557	,5596	,5636	,5675	,5714	,5753
0,2	,5793	,5832	,5871	,5910	,5948	,5987	,6026	,6064	,6103	,6141
0,3	,6179	,6217	,6255	,6293	,6331	,6368	,6406	,6443	,6480	,6517
0,4	,6554	,6591	,6628	,6664	,6700	,6736	,6772	,6808	,6844	,6879
0,5	,6915	,6950	,6985	,7019	,7054	,7088	,7123	,7157	,7190	,7224
0,6	,7257	,7291	,7324	,7357	,7389	,7422	,7454	,7486	,7517	,7549
0,7	,7580	,7611	,7642	,7673	,7704	,7734	,7764	,7794	,7823	,7852
0,8	,7881	,7910	,7939	,7967	,7995	,8023	,8051	,8078	,8106	,8133
0,9	,8159	,8186	,8212	,8238	,8264	,8289	,8315	,8340	,8365	,8389
1,0	,8413	,8438	,8461	,8485	,8508	,8531	,8554	,8577	,8599	,8621
1,1	,8643	,8665	,8686	,8708	,8729	,8749	,8770	,8790	,8810	,8830
1,2	,8849	,8869	,8888	,8907	,8925	,8944	,8962	,8980	,8997	,9015
1,3	,9032	,9049	,9066	,9082	,9099	,9115	,9131	,9147	,9162	,9177
1,4	,9192	,9207	,9222	,9236	,9251	,9265	,9279	,9292	,9306	,9319
1,5	,9332	,9345	,9357	,9370	,9382	,9394	,9406	,9418	,9429	,9441
1,6	,9452	,9463	,9474	,9484	,9495	,9505	,9515	,9525	,9535	,9545
1,7	,9554	,9564	,9573	,9582	,9591	,9599	,9608	,9616	,9625	,9633
1,8	,9641	,9649	,9656	,9664	,9671	,9678	,9686	,9693	,9699	,9706
1,9	,9713	,9719	,9726	,9732	,9738	,9744	,9750	,9756	,9761	,9767
2,0	,9772	,9778	,9783	,9788	,9793	,9798	,9803	,9808	,9812	,9817
2,1	,9821	,9826	,9830	,9834	,9838	,9842	,9846	,9850	,9854	,9857
2,2	,9861	,9864	,9868	,9871	,9875	,9878	,9881	,9884	,9887	,9890
2,3	,9893	,9896	,9898	,9901	,9904	,9906	,9909	,9911	,9913	,9916
2,4	,9918	,9920	,9922	,9925	,9927	,9929	,9931	,9932	,9934	,9936
2,5	,9938	,9940	,9941	,9943	,9945	,9946	,9948	,9949	,9951	,9952
2,6	,9953	,9955	,9956	,9957	,9959	,9960	,9961	,9962	,9963	,9964
2,7	,9965	,9966	,9967	,9968	,9969	,9970	,9971	,9972	,9973	,9974
2,8	,9974	,9975	,9976	,9977	,9977	,9978	,9979	,9979	,9980	,9981
2,9	,9981	,9982	,9982	,9983	,9984	,9984	,9985	,9985	,9986	,9986
3,0	,9987	,9987	,9987	,9988	,9988	,9989	,9989	,9989	,9990	,9990
4,0	,999 68									
5,0	,999 999 71									
>5	≈ 1									

Quantile z_q der standardisierten Normalverteilung $\Phi(x)$

q	z_q
0,9	1,28155
0,95	1,64486
0,975	1,95997
0,99	2,32635
0,995	2,57583
0,999	3,09024
0,9995	3,29053

Interpolationsformel

$$d = D \cdot \frac{n}{10} \quad \text{bzw.} \quad n = \frac{d \cdot 10}{D}$$

d kleine Tafeldifferenz
D große Tafeldifferenz
n zu interpolierende Stelle

Tafel 2 Quantile $t_{M;q}$ der t-Verteilung mit M Freiheitsgraden

M	q 0,8	0,9	0,95	0,975	0,99	0,995	0,999	0,9995
1	1,376	3,078	6,314	12,71	31,82	63,66	318,289	636,578
2	1,061	1,886	2,920	4,303	6,965	9,925	22,328	31,600
3	0,978	1,638	2,353	3,182	4,541	5,841	10,214	12,924
4	0,941	1,533	2,132	2,776	3,747	4,604	7,173	8,610
5	0,920	1,476	2,015	2,571	3,365	4,032	5,894	6,869
6	0,906	1,440	1,943	2,447	3,143	3,707	5,208	5,959
7	0,896	1,415	1,895	2,365	2,998	3,499	4,785	5,408
8	0,889	1,397	1,860	2,306	2,896	3,355	4,501	5,041
9	0,883	1,383	1,833	2,262	2,821	3,250	4,297	4,781
10	0,879	1,372	1,812	2,228	2,764	3,169	4,144	4,587
11	0,876	1,363	1,796	2,201	2,718	3,106	4,025	4,437
12	0,873	1,356	1,782	2,179	2,681	3,055	3,930	4,318
13	0,870	1,350	1,771	2,160	2,650	3,012	3,852	4,221
14	0,868	1,345	1,761	2,145	2,624	2,977	3,787	4,140
15	0,866	1,341	1,753	2,131	2,602	2,947	3,733	4,073
16	0,865	1,337	1,746	2,120	2,583	2,921	3,686	4,015
17	0,863	1,333	1,740	2,110	2,567	2,898	3,646	3,965
18	0,862	1,330	1,734	2,101	2,552	2,878	3,610	3,922
19	0,861	1,328	1,729	2,093	2,539	2,861	3,579	3,883
20	0,860	1,325	1,725	2,086	2,528	2,845	3,552	3,850
21	0,859	1,323	1,721	2,080	2,518	2,831	3,527	3,819
22	0,858	1,321	1,717	2,074	2,508	2,819	3,505	3,792
23	0,858	1,319	1,714	2,069	2,500	2,807	3,485	3,768
24	0,857	1,318	1,711	2,064	2,492	2,797	3,467	3,745
25	0,856	1,316	1,708	2,060	2,485	2,787	3,450	3,725
26	0,856	1,315	1,706	2,056	2,479	2,779	3,435	3,707
27	0,855	1,314	1,703	2,052	2,473	2,771	3,421	3,689
28	0,855	1,313	1,701	2,048	2,467	2,763	3,408	3,674
29	0,854	1,311	1,699	2,045	2,462	2,756	3,396	3,660
30	0,854	1,310	1,697	2,042	2,457	2,750	3,385	3,646
35	0,852	1,306	1,690	2,030	2,438	2,724	3,340	3,591
40	0,851	1,303	1,684	2,021	2,423	2,704	3,307	3,551
45	0,850	1,301	1,679	2,014	2,412	2,690	3,281	3,520
50	0,849	1,299	1,676	2,009	2,403	2,678	3,261	3,496
60	0,848	1,296	1,671	2,000	2,390	2,660	3,232	3,460
70	0,847	1,294	1,667	1,994	2,381	2,648	3,211	3,435
80	0,846	1,292	1,664	1,990	2,374	2,639	3,195	3,416
90	0,846	1,291	1,662	1,987	2,368	2,632	3,183	3,402
100	0,845	1,290	1,660	1,984	2,364	2,626	3,174	3,390
200	0,843	1,286	1,653	1,972	2,345	2,601	3,131	3,340
500	0,842	1,283	1,648	1,965	2,334	2,586	3,107	3,310
∞	0,842	1,282	1,645	1,960	2,326	2,576	3,090	3,291

Tafel 3 Quantile $\chi^2_{M;q}$ der χ^2-Verteilung mit M Freiheitsgraden

	q							
M	0,005	0,01	0,025	0,05	0,95	0,975	0,99	0,995
1	0,00004	0,0002	0,001	0,004	3,841	5,024	6,635	7,879
2	0,010	0,020	0,051	0,103	5,991	7,378	9,210	10,60
3	0,072	0,115	0,216	0,352	7,815	9,348	11,34	12,84
4	0,207	0,297	0,484	0,711	9,488	11,14	13,28	14,86
5	0,412	0,554	0,831	1,145	11,07	12,83	15,09	16,75
6	0,676	0,872	1,237	1,635	12,59	14,45	16,81	18,55
7	0,989	1,239	1,690	2,167	14,07	16,01	18,48	20,28
8	1,344	1,647	2,180	2,733	15,51	17,53	20,09	21,95
9	1,735	2,088	2,700	3,325	16,92	19,02	21,67	23,59
10	2,156	2,558	3,247	3,940	18,31	20,48	23,21	25,19
11	2,603	3,053	3,816	4,575	19,68	21,92	24,73	26,76
12	3,074	3,571	4,404	5,226	21,03	23,34	26,22	28,30
13	3,565	4,107	5,009	5,892	22,36	24,74	27,69	29,82
14	4,075	4,660	5,629	6,571	23,68	26,12	29,14	31,32
15	4,601	5,229	6,262	7,261	25,00	27,49	30,58	32,80
16	5,142	5,812	6,908	7,962	26,30	28,85	32,00	34,27
17	5,697	6,408	7,564	8,672	27,59	30,19	33,41	35,72
18	6,265	7,015	8,231	9,390	28,87	31,53	34,81	37,16
19	6,844	7,633	8,907	10,12	30,14	32,85	36,19	38,58
20	7,434	8,260	9,591	10,85	31,41	34,17	37,57	40,00
21	8,034	8,897	10,28	11,59	32,67	35,48	38,93	41,40
22	8,643	9,542	10,98	12,34	33,92	36,78	40,29	42,80
23	9,260	10,20	11,69	13,09	35,17	38,08	41,64	44,18
24	9,886	10,86	12,40	13,85	36,42	39,36	42,98	45,56
25	10,52	11,52	13,12	14,61	37,65	40,65	44,31	46,93
26	11,16	12,20	13,84	15,38	38,89	41,92	45,64	48,29
27	11,81	12,88	14,57	16,15	40,11	43,19	46,96	49,65
28	12,46	13,56	15,31	16,93	41,34	44,46	48,28	50,99
29	13,12	14,26	16,05	17,71	42,56	45,72	49,59	52,34
30	13,79	14,95	16,79	18,49	43,77	46,98	50,89	53,67
35	17,19	18,51	20,57	22,47	49,80	53,20	57,34	60,27
40	20,71	22,16	24,43	26,51	55,76	59,34	63,69	66,77
45	24,31	25,90	28,37	30,61	61,66	65,41	69,96	73,17
50	27,99	29,71	32,36	34,76	67,50	71,42	76,15	79,49
60	35,53	37,48	40,48	43,19	79,08	83,30	88,4	92,0
70	43,28	45,44	48,76	51,74	90,53	95,0	100,4	104,2
80	51,17	53,54	57,15	60,39	101,9	106,6	112,3	116,3
90	59,20	61,75	65,65	69,13	113,1	118,1	124,1	128,3
100	67,33	70,06	74,22	77,93	124,3	129,6	135,8	140,2

Tafel 4 Zinsberechnungsmethoden (Überblick)

Laufzeit	$t = \frac{Zinstage}{Jahreslänge\ in\ Tagen} = \frac{T}{L_J}$		
Methode	**Berechnung der Zinstage** T	**Jahreslänge** L_J	**Anwendung**
30E/360	monatlich je 30 Tage	360 Tage	In Deutschland: Wertpapiere, Sparbücher, Termingelder
30/360	monatlich je 30 Tage	360 Tage	Häufig bei Taschenrechnern und Computerprogrammen
actual/360 (Euro-Zinsmethode)	taggenau	360 Tage	am Euromarkt für fast alle Währungen, in Deutschland z. B. für Floating Rates Notes
actual/365	taggenau	365 Tage	In England, in Deutschland bei Geldmarktpapieren
actual/actual	taggenau	taggenau	

Bemerkung

(1) Fällt bei der 30E/360-Methode ein Zinstermin auf den 31. Tag eines Monats, so wird er auf den 30. Tag gelegt. Auch der Februar zählt 30 Tage mit der Ausnahme, wenn das Geschäft am 28.2. endet.

(2) Die 30/360-Methode funktioniert wie die 30E/360-Methode, jedoch mit dem folgenden Unterschied: Endet ein Geschäft an einem 31., so wird als Endtag der 1. des Folgemonats genommen. Endet das Geschäft am 28.2., werden für den Februar 28 Tage gezählt.

Weitere Informationen zu den Zinsmethoden sind z. B. bei Grundmann, 2009, und bei Pfeifer, 2009, zu finden.

Tafel 5 Tabelle ausgewählter Integrale
(die Integrationskonstante wurde stets weggelassen)

Integrale rationaler Funktionen

$$\int (ax+b)^n \,\mathrm{d}x = \frac{(ax+b)^{n+1}}{a(n+1)}, \quad n \neq -1$$

$$\int \frac{\mathrm{d}x}{ax+b} = \frac{1}{a}\ln|ax+b|$$

$$\int \frac{\mathrm{d}x}{x^2+a^2} = \frac{1}{a}\arctan\frac{x}{a}$$

$$\int \frac{\mathrm{d}x}{a^2-x^2} = \begin{cases} \dfrac{1}{2a}\ln\dfrac{a+x}{a-x}, & |\,x\,| < |\,a\,| \\ \dfrac{1}{2a}\ln\dfrac{x+a}{x-a}, & |\,x\,| > |\,a\,| \end{cases}, \quad a \neq 0$$

$$\int \frac{A}{(x-a)}\,\mathrm{d}x = A \cdot \ln|\,x-a\,|$$

$$\int \frac{B}{(x-a)^m}\,\mathrm{d}x = -\frac{B}{(m-1)(x-a)^{m-1}}, \quad \text{mit} \quad m \geqq 2$$

$$\int \frac{Cx+D}{x^2+px+q}\,\mathrm{d}x = \frac{C}{2}\cdot\ln|\,x^2+px+q\,| + \frac{2D-Cp}{\sqrt{4q-p^2}}\arctan\frac{2x+p}{\sqrt{4q-p^2}}$$

Integrale irrationaler Funktionen

$$\int \sqrt{x^2+a^2}\,\mathrm{d}x = \frac{1}{2}\left(x\sqrt{x^2+a^2} + a^2\ln\left(x+\sqrt{x^2+a^2}\right)\right)$$

$$\int \sqrt{x^2-a^2}\,\mathrm{d}x = \frac{1}{2}\left(x\sqrt{x^2-a^2} - a^2\ln|\,x+\sqrt{x^2-a^2}\,|\right), \quad |\,x\,| \geqq |\,a\,|$$

$$\int \sqrt{a^2-x^2}\,\mathrm{d}x = \frac{1}{2}\left(x\sqrt{a^2-x^2} + a^2\arcsin\frac{x}{a}\right), \quad |\,x\,| \leqq |\,a\,|$$

$$\int x\sqrt{x^2+a^2}\,\mathrm{d}x = \frac{1}{3}\sqrt{(x^2+a^2)^3}$$

$$\int x\sqrt{x^2-a^2}\,\mathrm{d}x = \frac{1}{3}\sqrt{(x^2-a^2)^3}, \quad |\,x\,| \geqq |\,a\,|$$

$$\int x\sqrt{a^2-x^2}\,\mathrm{d}x = -\frac{1}{3}\sqrt{(a^2-x^2)^3}, \quad |\,x\,| \leqq |\,a\,|$$

$$\int \frac{\mathrm{d}x}{\sqrt{x^2+a^2}} = \ln\left(x+\sqrt{x^2+a^2}\right)$$

$$\int \frac{\mathrm{d}x}{\sqrt{x^2-a^2}} = \ln\left|x+\sqrt{x^2-a^2}\right|, \quad |\,x\,| > |\,a\,|$$

$$\int \frac{\mathrm{d}x}{\sqrt{a^2 - x^2}} = \arcsin \frac{x}{a}, \quad |x| < |a|$$

$$\int \frac{x\ \mathrm{d}x}{\sqrt{x^2 + a^2}} = \sqrt{x^2 + a^2}$$

$$\int \frac{x\ \mathrm{d}x}{\sqrt{x^2 - a^2}} = \sqrt{x^2 - a^2}, \quad |x| > |a|$$

$$\int \frac{x\ \mathrm{d}x}{\sqrt{a^2 - x^2}} = -\sqrt{a^2 - x^2}, \quad |x| < |a|$$

Integrale von trigonometrischen Funktionen, $k \in \mathbb{Z}, a \neq 0$

$$\int \sin ax\ \mathrm{d}x = -\frac{1}{a} \cos ax$$

$$\int \sin^2 ax\ \mathrm{d}x = \frac{1}{2} \left(x - \frac{1}{a} \sin ax \cos ax \right)$$

$$\int \frac{1}{\sin ax}\ \mathrm{d}x = \frac{1}{a} \ln \left| \tan \frac{ax}{2} \right|, \quad x \neq \frac{k\pi}{a}$$

$$\int \cos ax\ \mathrm{d}x = \frac{1}{a} \sin ax$$

$$\int \cos^2 ax\ \mathrm{d}x = \frac{1}{2} \left(x + \frac{1}{a} \sin ax \cos ax \right)$$

$$\int \frac{1}{\cos ax}\ \mathrm{d}x = \frac{1}{a} \ln \left| \tan \left(\frac{ax}{2} + \frac{\pi}{4} \right) \right|, \quad x \neq (2k+1)\frac{\pi}{2a}$$

$$\int \sin ax \cos ax\ \mathrm{d}x = \frac{1}{2a} \sin^2 ax$$

$$\int \tan ax\ \mathrm{d}x = -\frac{1}{a} \ln |\cos ax|, \quad x \neq (2k+1)\frac{\pi}{2a}$$

$$\int \tan^2 ax\ \mathrm{d}x = \frac{1}{a} \tan ax - x, \quad x \neq (2k+1)\frac{\pi}{2a}$$

$$\int \cot ax\ \mathrm{d}x = \frac{1}{a} \ln |\sin ax|, \quad x \neq \frac{k\pi}{a}$$

$$\int \cot^2 ax\ \mathrm{d}x = -\frac{1}{a} \cot ax - x, \quad x \neq \frac{k\pi}{a}$$

Integrale von Exponential- und Logarithmusfunktionen, $n \in \mathbb{Z}$

$$\int \mathrm{e}^{ax}\ \mathrm{d}x = \frac{1}{a} \mathrm{e}^{ax}$$

$$\int x\,\mathrm{e}^{ax}\ \mathrm{d}x = \mathrm{e}^{ax} \left(\frac{x}{a} - \frac{1}{a^2} \right)$$

T

$$\int x^2\,\mathrm{e}^{ax}\,\mathrm{d}x = \mathrm{e}^{ax}\left(\frac{x^2}{a} - \frac{2x}{a^2} + \frac{2}{a^3}\right)$$

$$\int x\,\mathrm{e}^{ax^2}\,\mathrm{d}x = \frac{1}{2a}\,\mathrm{e}^{ax^2}$$

$$\int \ln x\,\mathrm{d}x = x\ln x - x, \quad x > 0$$

$$\int x^n \ln x\,\mathrm{d}x = \frac{x^{n+1}}{n+1}\left(\ln x - \frac{1}{n+1}\right), \quad x > 0, n \neq -1$$

$$\int (\ln x)^2\,\mathrm{d}x = x(\ln x)^2 - 2x\ln x + 2x, \quad x > 0$$

$$\int \frac{(\ln x)^n}{x}\,\mathrm{d}x = \frac{1}{n+1}(\ln x)^{n+1}, \quad x > 0, n \neq -1$$

Rekursionsformeln, $n \in \mathbf{Z}$

$$\int x^n \cdot \mathrm{e}^{ax}\,\mathrm{d}x = \frac{x^n}{a} \cdot \mathrm{e}^{ax} - \frac{n}{a}\int x^{n-1} \cdot \mathrm{e}^{ax}\,\mathrm{d}x, \quad a \neq 0, n > 0$$

$$\int \frac{\mathrm{e}^{ax}}{x^n}\,\mathrm{d}x = \frac{1}{n-1} \cdot \left[-\frac{\mathrm{e}^{ax}}{x^{n-1}} + a\int \frac{\mathrm{e}^{ax}}{x^{n-1}}\,\mathrm{d}x\right], \quad n \neq 1, n > 0$$

$$\int (\ln x)^n\,\mathrm{d}x = x \cdot (\ln x)^n - n \cdot \int (\ln x)^{n-1}\,\mathrm{d}x, \quad n \neq -1$$

$$\int \frac{Cx + D}{(x^2 + px + q)^n}\,\mathrm{d}x = \frac{(2D - Cp)x + Dp - 2Cq}{(n-1)(4q - p^2)(x^2 + px + q)^{n-1}} + \frac{(2n-3)(2D - Cp)}{(n-1)(4q - p^2)}\int \frac{\mathrm{d}x}{(x^2 + px + q)^{n-1}} \quad \text{mit} \quad n \geqq 2$$

Der Exponent n muss abgebaut werden bis auf $n = 2$.

$$\int \frac{\mathrm{d}x}{x^2 + px + q} = \frac{2}{\sqrt{4q - p^2}} \arctan \frac{2x + p}{\sqrt{4q - p^2}}$$

Literaturverzeichnis

/1/ *Bankhofer, U.; Vogel, J.*: Datenanalyse und Statistik. – Wiesbaden: Gabler, 2008

/2/ *Bartsch, H.-J.*: Taschenbuch mathematischer Formeln. – 22. Auflage. – München: Fachbuchverlag Leipzig im Carl Hanser Verlag, 2011

/3/ *Beyer, O.; Hackel, H.; Pieper, V.; Tiedge, J.*: Wahrscheinlichkeitsrechnung und mathematische Statistik. – 8. Auflage. – Leipzig: Teubner, 1999

/4/ *Bosch, K.*: Basiswissen Statistik. – München, Wien: Oldenbourg, 2007

/5/ *Dürr, W.; Kleibohm, K.*: Operations Research, Lineare Modelle und ihre Anwendungen. – 3. Auflage. – München, Wien: Carl Hanser, 1992

/6/ *Dürr, W.; Mayer, H.*: Wahrscheinlichkeitsrechnung und schließende Statistik. – 6. Auflage. – München: Carl Hanser, 2008

/7/ *Eckey, H.-F.; Kosfeld, R.; Türck, M.*: Wahrscheinlichkeitsrechnung und Induktive Statistik. – 2. Auflage – Wiesbaden: Gabler, 2011

/8/ *Eckstein, P.*: Repetitorium Statistik. Deskriptive Statistik, Stochastik, Induktive Statistik. – 6. Auflage. – Wiesbaden: Gabler, 2006

/9/ *Ferschl, F.*: Deskriptive Statistik. – 3. Auflage. – Würzburg, Wien: Physica-Verlag, 1991

/10/ *Fichtenholz, G. M.*: Differential- und Integralrechnung (3 Bände). – 14., 10., 12. Auflage. – Frankfurt am Main, Thun: Verlag Harri Deutsch, 1997

/11/ *Grundmann, W.; Luderer, B.*: Finanzmathematik, Versicherungsmathematik, Wertpapieranalyse. – 3. Auflage. – Wiesbaden: Vieweg+Teubner Verlag, 2009

/12/ *Helm, W.; Pfeifer, A.; Ohser, J.*: Mathematik für Wirtschaftswissenschaftler, Ein Lehr- und Übungsbuch für Bachelors. – München: Fachbuchverlag Leipzig im Carl Hanser Verlag, 2011

/13/ *Hering, E., u. a.*: Taschenbuch für Wirtschaftsingenieure. – 2. Auflage. – München: Fachbuchverlag Leipzig im Carl Hanser Verlag, 2009

/14/ *Hettich, G.; Jüttler, H.; Luderer, B.*: Mathematik für Wirtschaftswissenschaftler und Finanzmathematik. – 10. Auflage. – München, Wien: Oldenbourg Verlag, 2009

/15/ *Hochstädter, D.*: Statistische Methodenlehre, Ein Lehrbuch für Wirtschafts- und Sozialwissenschaftler. – 8. Auflage. – Frankfurt am Main, Thun: Harri Deutsch, 1996

/16/ *Kobelt, H.; Schulte, P.*: Finanzmathematik. – 8. Auflage. – Herne, Berlin: Neue Wirtschaftsbriefe, 2006

/17/ *König, W., u. a.*: Taschenbuch der Wirtschaftsinformatik und Wirtschaftsmathematik. – 2. Auflage. – Frankfurt am Main, Thun: Verlag Harri Deutsch, 2003

/18/ *Körth, H.; Dück, W.; Kluge, P.-D.; Runge, W.*: Wirtschaftsmathematik, Hochschullehrbuch in zwei Bänden. – Berlin, München: Die Wirtschaft, 1993

/19/ *Kruschwitz, L.*: Finanzmathematik. – 5. Auflage. – München: Oldenbourg Verlag, 2010

/20/ *Kruschwitz, L.; Husmann, S.*: Finanzierung und Investition. – 7. Auflage. – München: Oldenbourg Verlag, 2012

/21/ *Larek, E.*: Lineare Systeme in der Wirtschaft. – 7. Auflage. – Frankfurt am Main, Berlin, Bern, Bruxelles, New York, Wien: Peter Lang, 2012

/22/ *Larek, E.*: Analytische Methoden in der Wirtschaft. – 6. Auflage. – Frankfurt am Main, Berlin, Bern, Bruxelles, New York, Wien: Peter Lang, 2011

/23/ *Larek, E.*: Wirtschaftsmathematik, Musteraufgaben mit Musterlösungen. – 2. Auflage. – Berlin: Frank & Timme, 2012

/24/ *Locher, F.*: Numerische Mathematik für Informatiker. – 2. Auflage. – Berlin, Heidelberg, New York: Springer Verlag, 1993

/25/ *Luderer, B.; Nollau, V.; Vetters, K.*: Mathematische Formeln für Wirtschaftswissenschaftler. – 7. Auflage. – Wiesbaden: Vieweg+Teubner, 2012

/26/ *Luderer, B.; Würker, U.*: Einstieg in die Wirtschaftsmathematik. – 8. Auflage. – Wiesbaden: Vieweg+Teubner, 2011

/27/ *Nollau, V.*: Mathematik für Wirtschaftswissenschaftler. – 4. Auflage. – Wiesbaden: Teubner, 2003

/28/ *Pfeifer, A.*: Praktische Finanzmathematik. – 5. Auflage. – Frankfurt am Main, Thun: Verlag Harri Deutsch, 2009

/29/ *Posch, P. N.*: Ziffernanalyse mit dem Newcomb-Benford Gesetz in Theorie und Praxis. Kindle Edition – 2. Auflage. – München: Verlag Europäische Wirtschaft, 2010

/30/ *Preuß, W.; Wenisch, G.*: Lehr- und Übungsbuch Numerische Mathematik. – München, Wien: Fachbuchverlag Leipzig im Carl Hanser Verlag, 2001

/31/ *Puhani, J.*: Statistik. – 11. Auflage. – Würzburg: Lexika Verlag, 2008

/32/ *Puhani, J.*: Kleine Formelsammlung zur Statistik. – 11. Auflage. – Würzburg: Lexika Verlag, 2011

/33/ *Purkert, W.*: Brückenkurs Mathematik für Wirtschaftswissenschaftler. – 7. Auflage. – Wiesbaden: Vieweg+Teubner, 2011

/34/ *Rinne, H.*: Taschenbuch der Statistik. – 4. Auflage. – Frankfurt am Main, Thun: Verlag Harri Deutsch, 2008

/35/ *Sachs, M.*: Wahrscheinlichkeitsrechnung und Statistik. – 3. Auflage. – München: Fachbuchverlag Leipzig im Carl Hanser Verlag, 2009

/36/ *Salomon, E.; Poguntke, W.*: Wirtschaftsmathematik. – 2. Auflage. – Köln: Fortis Verlag, 2001

/37/ *Schwarze, J.*: Grundlagen der Statistik, Band I: Beschreibende Verfahren. – 11. Auflage –, Band II: Wahrscheinlichkeitsrechnung und induktive Statistik. – 8. Auflage. – Herne, Berlin: Neue Wirtschaftsbriefe, 2009

/38/ *Schwetlick, H.; Kretzschmar, H.*: Numerische Verfahren für Naturwissenschaftler und Ingenieure. – Leipzig: Fachbuchverlag, 1991

/39/ *Stahel, Werner A.*: Statistische Datenanalyse. – 5. Auflage. – Wiesbaden: Vieweg+Teubner, 2008

/40/ *Stingl, P.*: Einstieg in die Mathematik für Fachhochschulen. – 5. Auflage. – München: Carl Hanser, 2013

/41/ *Stöcker, H.*: Taschenbuch mathematischer Formeln und moderner Verfahren. – 4. Auflage. – Frankfurt am Main, Thun: Verlag Harri Deutsch, 2009

/42/ *Storm, R.*: Wahrscheinlichkeitsrechnung, mathematische Statistik und statistische Qualitätskontrolle. – 12. Auflage. – München: Fachbuchverlag Leipzig im Carl Hanser Verlag, 2007

/43/ *Tietze, J.*: Einführung in die angewandte Wirtschaftsmathematik. – 16. Auflage. – Wiesbaden: Vieweg+Teubner, 2011

/44/ *Zimmermann, W.; Stache, U.*: Operations Research. Quantitative Methoden zur Entscheidungsvorbereitung. – 10. Auflage. – München, Wien: R. Oldenbourg, 2001

Sachwortverzeichnis

A
Abbildung 16
–, bijektive 16
–, eindeutige 16
–, inverse 16
–, surjektive 16
Abbruchfehler 215
Abgangsmasse 306
Ableitung 158
– höherer Ordnung 161
–, partielle 203
– von Grundfunktionen 159
Abschreibung 143
Abschreibungsprozentsatz 144
Abschreibungsrate 146
Abschreibungsrechnung 143
Absolutbetrag 26
absolute Häufigkeit 242
absoluter Fehler 161
Absolutskala 273
Abstand 219
Abzinsung 131
Achsenabschnittsform 41
Addition 20
–, inverses Element 21
–, Matrizen 60
Additionssatz für unabhängige Ereignisse 248
Adjazenzmatrix 350
Adjunkte 54
Algebra 37, 53
–, Fundamentalsatz 37
–, lineare 53
Algorithmus
–, Euklidischer 20
–, Gauss- 72
–, Johnson-Bellman- 345
–, Simplex- 102
Anfangskapital 126
Animation 366
Annuitätenmethode 140
Annuitätenschuld 149
Annuitätentilgung 138
Ansatz 24, 191 f., 194, 197, 199
Anzahl der Zinstage 127
Approximation 230
Äquivalenz 17
Argument 45
arithmetisches Mittel 278
Assoziativgesetz 20, 62
Asymptote 155
Aufzinsfaktor 126, 134
Aufzinsung 131
Ausartung 101, 335, 338 f.
Aussage 17
Aussagenlogik 17
Aussagenverbindung 17
Axiom 20, 243

B
Bandmatrix 227
Barwert 126 f., 131, 135
Basis 21, 100
Basisdarstellung 100
Basislösung 100
–, ausgeartete 101
–, zulässige 100
Basisperiode 303
Basistransformation 78, 90, 102
–, ausführliche 78, 102
–, verkürzte 102
Basisvariable 78, 100
Bayessche Formel 247
Beckersches Schema 306
Bedienungssystem 363
bedingte Häufigkeitsverteilung 291
bedingte Wahrscheinlichkeit 245
Benford-Menge 259
Benford-Verteilung 259
Berichtsperiode 303
Bernoulli-L'Hospitalsche Regel 168
Bernoullisches Versuchsschema 253
Bernstein-Polynom 235
beschreibende Statistik 272
Bestandsdiagramm 307
Bestandsfortschreibung 307

Bestandsmasse 306
Bestellmenge 356
Bestellniveau 360
Bestimmtheitskoeffizient 295
Bestimmtheitsmaß 295
Betrag 26, 45
Bewegungsmasse 306
Beziehungszahl 303
Bezier-Kurve 235
bijektiv 16
Binom 27
Binomialkoeffizient 27
Binomialverteilung 253
Binomische Formeln 22
Binomischer Satz 46
bivariate Häufigkeitsverteilung 289
Blockmatrix 60
Boxplot 282
Branch-and-Bound-Methode 343
Bruch 22
Bruchgleichung 37
Buchwert 144

C

Cantor-Menge 15
charakteristische Gleichung 67
Chi-Quadrat-Unabhängigkeitstest 331
χ^2-Verteilung 378
Computerzahl 216
Cramér, Maß 301
Cramersche Regel 58
Critical Path Method 350

D

Darstellung komplexer Zahlen 45
Datenanalyse
–, bi- und multivariate 289
–, univariate 272
Datenfehler 215
de Moivre-Laplace
–, Grenzwertsatz 271
Defekt 229
definit
–, negativ 208
–, positiv 208
Definitionsbereich 16
Determinante 53
Dezilabstand 278
Dezimalsystem 19
Diagonalmatrix 65
Dichtefunktion 261
Differenz 21
Differenzenausdrücke 237
Differenzengleichung 195
Differenzenquotient 158
Differenzial
–, totales 161, 205
–, vollständiges 205
Differenzialgleichung 188
–, lineare 190, 192
–, separable 188
Differenzialquotient 158
Differenziation
–, logarithmische 160
–, numerische 237
Differenziationsregeln 159
Differenzmenge 15
disjunkte Menge 15
Disjunktion 17
diskontierter Wert 131
Diskordanz 300
diskrete Verteilung 249, 253
diskrete Zufallsvariable 248
Distributivgesetz 21, 62
divergent 154
Dividend 21
Division 21
–, algebraische Summe 23
Divisor 21
Doppelsumme 27
Doppel-t-Test 330
Drehstreckung 48
Dreieck 42
duale Zahl 20
Dualität 108
Dualsystem 19
Durchschnitt 15
–, gleitender 311, 313

E

Eigenvektor 67
Eigenverbrauch 86
Eigenwert 67
einfacher Gauss-Algorithmus 72
Einheitsmatrix 65
Einschwingphase 374
Einselement 21
Elastizität 165, 205
–, partielle 206
–, relative 165, 189, 206

Element 15
Elementarereignis 242
Eliminationsverfahren 72
empirische Standardabweichung 282
empirische Varianz 282
empirische Verteilungsfunktion 274 f.
empirischer Variationskoeffizient 282
Endkapital 126 f.
Endwert 126 f.
Entscheidungsvariable 93
Entwicklungssatz von Laplace 55
Ereignis
–, abhängiges 247
–, atomares 242
–, Elementar- 242
–, komplementäres 240, 242 f.
–, Produkt 240
–, sicheres 239, 242
–, Summe 240
–, unabhängiges 247
–, unmögliches 239, 242
–, unvereinbares, unverträgliches 240
–, zufälliges 239
–, zusammengesetztes 242
Ereignisfeld 242
–, Laplacesches 244
Ereignismasse 306
Erlösfunktion 187
Erwartungswert 250, 262
erweitern 22, 33
Euklidischer Abstand 219
Euklidischer Algorithmus 20
Eulersche Form 45
Eulersche Formel 45
Eulersche Zahl 34, 118, 121, 155, 256
Exponent 21, 33
Exponentialform 45
Exponentialfunktion 118
Exponentialgleichung 38
Exponentialverteilung 265
exponentielle Glättung 313, 315
Extremum 171
Extremwertbestimmung 206
Extremwerte 170, 207
– mit Nebenbedingungen 209
Exzess 263

F

Faktor 21
Fakultät 27
Falksches Schema 61
Fehler
–, absoluter 161, 205
–, relativer 161, 205
Fehleranalyse 217
Fehlerarten 215, 327
Fehlerformel 161, 205
Fehlerrechnung 161, 205
Fehlmengen 360
Fischer-Kriterien 323
Fixpunkt 222
Fixpunktiteration 222, 225
Folge 120
–, alternierende 121
–, arithmetische 120
–, divergente 121
–, geometrische 120
–, konstante 120
–, konvergente 121
Format einer Matrix 59
Formel
–, Bayessche 247
–, Eulersche 45
–, Moivresche 50
–, Stirlingsche 27
Freiheitsgrad 80
Fundamentalsatz der Algebra 37
Funktion 16, 111
–, äußere 116
–, echt gebrochenrationale 24
–, ganzrationale 115, 117 f.
–, gebrochenrationale 116
–, gerade 114
–, identische 116
–, innere 116
–, inverse 114
–, konkave 114
–, konvexe 114
–, lineare 117
–, monotone 113
–, trigonometrische 43, 119
–, ungerade 114
–, verkettete 116
Funktionalanalysis 219

G

Gantt-Diagramm 346, 354
ganze Zahl 18
Gauss-Algorithmus 72, 74, 227
Gauss-Jordan-Algorithmus 78

Gausssche Zahlenebene 44
GE – Geldeinheit 95
Gegenwartswert 141
geometrische Verteilung 258
geometrisches Mittel 279
geordnetes Paar 16
Gerade 41
Gewinnannuität 140
Gewinnfunktion 187
gewöhnliches Moment 253, 263
Gini-Koeffizient 286
gleichartige Matrizen 60
gleichnamiger Bruch 23
Gleichung 34
–, lineare 36
–, quadratische 36
Gleichungssystem
–, homogenes 80
–, inhomogenes 81
–, lineares 53, 69, 71, 227
–, nichtlineares 225
Gleichverteilung 264
Gleitkommazahl 216
Gliederungszahl 302
Gliwenko 321
Gliwenkoscher Satz 321
Gomperz-Funktion 296
Gradient 204
Grenzfunktion 158, 163
Grenzwert 121
– einer Folge 121
– einer Funktion 153
– einer Reihe 123
–, linksseitiger 154
–, Rechenregeln 155
–, rechtsseitiger 154
Grenzwertsatz
–, Laplace-de Moivre 271
–, Poisson 257
größter gemeinsamer Teiler 23
Grundgesamtheit 320
Grundintegrale 177
Gruppe 274
Gruppierung 274
g-Zeile 103

H

Halbebene 42
harmonisches Mittel 279
Häufigkeiten
–, absolute 242
–, relative 242 f.
Häufigkeitsfunktion 290
Häufigkeitstabelle 273, 289
Hauptabschnittsdeterminante 54, 208
Hauptdiagonale 59
Hauptnenner 23, 37
Hauptsatz der Integralrechnung 180
Hesse-Matrix 204, 208
Hexadezimalsystem 19
Histogramm 275
Hochpunkt 170
Höhe 42
Höhensatz 42
homogenes Gleichungssystem 80
Horner
–, Berechnungmethode 118
Hyperbel 117
hypergeometrische Verteilung 254
Hypotenuse 42
Hypothese 327

I

Imaginärteil 43
Implikation 17
indefinit 208
Index 304
Indexzahl 302, 304
inhomogenes Gleichungssystem 81
Integral
–, bestimmtes 180
–, Riemannsches 180
–, unbestimmtes 176
–, uneigentliches 182
Integration
–, numerische 184
–, partielle 178 f.
Integrationsregeln 177, 180
Interpolation 229
Intervallarithmetik 217
Intervallschätzung 323
Intervallskala 273
inverse Abbildung 16
inverse Matrix 66, 82
Inversionsmethode 369
Investitionsrechnung 140
irrationale Zahl 18
Irrtumswahrscheinlichkeit 323, 327
Iterationsverfahren 221

J
Jacobi-Matrix 225
Jacobi-Verfahren 223
Johnson-Bellman
–, Algorithmus 345

K
kanonische Form 78
Kapitalrückfluss 140
Kapitalwertmethode 141
kartesische Darstellung 45
kartesisches Produkt 16
Kathete 42
Kehrmatrix 66
Kettenregel 160
Klammer 21
Klasse 274
Klassenanzahl 275
Klassenhäufigkeit 275
kleinstes gemeinsames Vielfaches 23
Kofaktor 54
Kolmogorov 243
Kombination 30
Kombinatorik 29
Kommutativgesetz 21
komplementäres Ereignis 240, 242 f.
Komplementärmenge 15
komplexe Zahl 18, 43
–, Rechenregeln 46
Konditionszahl 217
–, absolute 217
Konfidenzintervall 323
Konfidenzschätzung 323 f.
Kongruenzmethode 367
konjugiert komplexe Zahlen 44
Konjunktion 17
konkav 173
Konkordanz 300
Konkordanzkoeffizient 301
Konsumentenrente 187
Kontingenzkoeffizient 301
Kontingenztabelle 289 f., 332
Konvergenzkriterien 124
konvex 173
konvexe Linearkombination 88, 97
konvexe Punktmenge 88
Konzentrationskoeffizient 286
Konzentrationsmaß 286
Korrelationskoeffizient 292
Korrelationsrechnung 292
Korrelationstabelle 289, 294
Kosinussatz 43
Kostenfunktion 186
Kovarianz 292
Kreuzmenge 16
Kreuzprodukt 16
Kreuztabelle 289 f., 332
Krümmungsverhalten 173
Kuponanleihe 151
Kurs 149
Kursrechnung 148
Kurvendiskussion 173
kürzen 22, 28

L
Lageparameter 277
Lagerbestand 356
Lagerhaltung 356
Lagrange
–, Multiplikatorenmethode 210
Laplace
–, Entwicklungssatz 55
–, Ereignisfeld 244
–, Grenzwertsatz 271
Laspeyres-Index 304
Leibniz-Kriterium 124
Leibnizsche Zinseszinsformel 131
Leontief-Modell 86
L'Hospitalsche Regel 168
linear abhängig 69
linear unabhängig 69
lineare Algebra 53
lineare Gleichung 36
lineare Optimierung 93
lineares Ungleichungssystem 87
Linearkombination 69, 202
–, konvexe 88, 97
Logarithmengleichung 39
Logarithmus 32 f.
–, dekadischer 118
–, natürlicher 118
Logarithmusfunktion 118
logistische Funktion 296, 312
Lorenz-Fläche 286
Lorenz-Kurve 286
Losgröße 174
Lösung
–, allgemeine zulässige 89
–, grafische 89, 94

–, verallgemeinerte 229
–, zulässige 88, 94
Lösungsmenge 35

M
Manhattan-Abstand 219
Marginalanalyse 163
marginale Klasse 290
Marginalfunktion 158, 163
Markov-Kette 65
Maß von Cramér 301
Maßzahl 302
Matrix 59
–, diagonaldominante 223
–, Format 59
–, gestürzte 59
–, gleichartige 60
–, Hauptdiagonale 59
–, inverse 66
–, Multiplikation 61
–, Nebendiagonale 59
–, orthogonale 65
–, positiv definite 208
–, reguläre 66
–, reziproke 66
–, singuläre 66
–, Spur 59
–, symmetrische 59
–, transponierte 59
–, Typ 59
–, verkettete 61
Matrizengleichung 84
Maximum 171
–, absolutes 171
–, relatives 170, 206
Maximum-Abstand 219
Maximum-Likelihood-Schätzmethode 323
Maximumnorm 220
Median 277
Menge 15
–, Differenz- 15
–, disjunkte 15
–, Durchschnitt 15
–, komplementäre 15
–, leere 15
–, Vereinigung 15
Mengenindex 305
Mengenoperation 15
Merkmal
–, diskretes 272
–, stetiges 272
Merkmalswert 272
Messzahl 303
Methode der kleinsten Quadrate 210, 230
Minimum 171
–, absolutes 171
–, relatives 170, 206
Minor 54
Minuend 21
Mittel
–, arithmetisches 278
–, geometrisches 279
–, gewichtetes 278
–, harmonisches 279
Mittelwertsatz 170
mittlere absolute Abweichung 280
mittlere quadratische Abweichung 281
mittlere Verweildauer 308
Modalwert 277
Modellierungsfehler 215
Modul 34, 45
Modus 277
Moivresche Formel 50
Moment
–, gewöhnliches 253, 263
–, zentrales 253, 263
monoton 170
Monte-Carlo-Methode 367
multiple Korrelation 298
multiple Regression 298
multipler Korrelationskoeffizient 298
multiples Bestimmtheitsmaß 298
Multiplikation 20
Multiplikation von Matrizen 61
Multiplikationsregel für Wahrscheinlichkeiten 245
Multiplikationssatz
– für unabhängige Ereignisse 248
Multiplikatorenmethode
–, Lagrangesche 210

N
nachschüssig 128, 136, 138
natürliche Zahl 18
Nebenbedingung 87, 93
Nebendiagonale 59
Negation 17

negativ definit 208
negative Zahl 18
Nennwert 148
Netzplan 348
–, kritischer Weg 352
–, Pufferzeiten 353
–, Vorgangsknotennetz 349
–, Vorgangspfeilnetz 349
Newton-Raphson-Verfahren 226
Newton-Verfahren 166
nicht ganze Zahl 18
nicht reelle Zahl 18
Nichtbasisvariable 78, 100
nichtlineare Regression 296
nichtnegative Zahl 18
Nichtnegativitätsbedingung 93
Nominalskala 272
Nominalwert 148
Nordwestecken-Regel 335
Norm 220
–, Euklidische 220
–, Matrix- 221
–, Vektor- 220
Normalform
–, 1. 88, 99
–, 2. 87, 99
Normalverteilung 266
–, standardisierte 268
normierter Eigenvektor 67
n-Tupel 16
Nullelement 20
Nullfolge 121
Nullhypothese 327, 330
Nullmatrix 60
Nullteiler 62
Numerus 33
Nutzungsdauer 143

O

Oktalsystem 19
Operation 20
Operations Research 93, 334
optimale Lösung 94
Optimierung 93
Optimierungsproblem 93
–, 1. Normalform 99
–, 2. Normalform 99
Ordinalskala 272
orthogonale Matrix 65

P

Paar
–, geordnetes 16
–, gleiches 16
Paasche-Index 304
Parabel 117
Partialbruchzerlegung 24
Partialdivision 23
Partialsumme 122
Pascalsches Dreieck 29
periodische Schwankung 315
Permutation 29
Phase 45
Phasendurchschnittsverfahren 316
Pivotisierung 227
Poisson-Verteilung 256
Polarkoordinaten 45
Polynom 23, 37, 115, 118
Polynomdivision 23, 37
Polynomfunktion 118
Positionssystem 19
positiv definit 208
postnumerando 128
Potenz 21, 32
Potenzfunktionen 117
pränumerando 128
Preisindex 305
Produkt 21
–, kartesisches 16
Produktmenge 16
Produktzeichen 26
Produzentenrente 187
Progressionsbetrag 147
progressive Zinsmethode 129
Protokoll 273
Pseudolösung 228
Punkt 41
–, kritischer 171
–, stationärer 171, 207
Punktmenge
–, konvexe 88
Punktrichtungsform 41
Punktschätzung 323

Q

quadratische Form 208
quadratische Gleichung 36
Quadrat-Mitten-Methode 367
Quantil 263, 278
Quantile 376 ff.

Quantilsabstand 280
Quartil 278, 283
Quotient 21
Quotientenkriterium 124

R
Rändern 57
Randgerade 42
Randhäufigkeit 290
Randhäufigkeitsfunktion 291
Randklasse 290
Rang 70
Rangkorrelation 299
Rangkorrelationskoeffizient 299
Raten-Renten-Formeln 136
Ratenschuld 150
Ratentilgung 138
rationale Zahl 18
Rationalmachen des Nenners 33
Raum
–, metrischer 220
Reaktionsparameter 314
Realteil 43
Realwert 148
reelle Zahl 18, 20
Regel
–, Bernoulli-L'Hospitalsche 168
–, Cramersche 58
–, Sarrussche 53
Regressionsgerade 293
Regressionsrechnung 293
regulär 66
Reihe 53
–, alternierende 124
–, arithmetische 122
–, endliche 122
–, geometrische 123
–, harmonische 124
–, positive 124
–, unendliche 123
Reihenfolgeproblem 344
Rekonvertierung 20
relative Elastizität 206
relative Häufigkeit 242 f.
relativer Fehler 161
Rente 134
Rentenbarwertfaktor 140, 149
Rentenendwert 134
Resonanzfall 194, 199
Restriktion 87, 93
Restwert 144
reziproke Matrix 66
Rundreiseproblem 342
Rundungsfehler 215

S
Saisonindex 315
Saisonschwankung 315
Sarrussche Regel 53
Satz
– des Euklid 42
– des Pythagoras 42
– von Gliwenko 321
– von Laplace 55
– von Schwarz 204
Schachbrettregel 54
Schattenpreis 109
Schätzverfahren 323
Schema
– von Becker 306
–, von Falk 61
Schiefe 253, 263
schließende Statistik 320
Schlupfvariable 88, 99
Schranke 113
Schwerpunktskoordinaten 355
Sehnen-Trapezregel 184
Servicegrad 361
sicheres Ereignis 239
Sicherheitsbestand 361
Sigma-Regeln 270
Signifikanzniveau 327
Signifikanztest 327
Simplexmethode 101
Simpson-Regel 185
Simulation 365
–, deterministische 371
–, mathematische 366
–, stochastische 373
singulär 66
Sinussatz 43
Skala 272
Skalarprodukt 61
Skalentransformation 272
Skalentyp 272
Skalenwert 272
Spalte 54
Spaltensumme 290
Spaltensummennorm 221
Spannweite 280

Sparkassenformeln 136
Spearman-Koeffizient 299
spiegeln 55
Splineinterpolation 232
Spur einer Matrix 59
Stabdiagramm 273
Staffelmethode 129
Stammfunktion 176
Standardabweichung 251, 262, 281
standardisierte Normalverteilung 268, 376
Standortproblem 225, 354
Statistik 239
–, beschreibende 272
–, deskriptive 272
–, induktive 320
–, schließende 320
statistische Einheit 272
statistische Maßzahl 277, 292
statistische Momente 253, 263
statistische Sicherheit 327
statistischer Test 327
Steiner-Weber-Problem 354
Sternvariable 99
stetige Verteilung 261
stetige Zufallsvariable 248
Stetigkeit 156
Stichprobe 320
Stichprobenfunktion 321
Stichprobenumfang 320
Stirlingsche Formel 27
Störfunktion 190, 192, 194, 199
Streuungsmaß 280
Streuungszerlegung 295
Strukturmatrix 350
stürzen 55
Substitutionsmethode 177
Subtrahend 21
Subtraktion 21
Summand 21
Summenhäufigkeitsfunktion 275
Summennorm 220
Summenpolygon 276
Summenzeichen 26
surjektiv 16

T

Tageszinsen 128
Tangenssatz 43
Tangentenverfahren 166
Tautologie 17
Taylor-Polynom 167
Teilmenge 15
Teilsumme 122
Term 34
–, echt gebrochener 23
–, ganzrationaler 23
–, unecht gebrochener 23
Tiefpunkt 170
Tilgungsrate 138
Tilgungsrechnung 138
Törnquist-Funktion 296
totale Wahrscheinlichkeit 246
transponierte Matrix 59
Transportproblem
–, Ausartung 338
–, gesperrte Verbindungen 338
–, klassisches 334
–, Minimumregel 335
–, Optimalitätskriterium 336
–, Potenzialmethode 336
–, Vogelsche Approximationsmethode 335
Trapezregel 184
Traveling-Salesman-Problem 342
Trendermittlung 311
Trendfunktion 211
Trendparameter 315
Trennen der Veränderlichen 188, 190
Treppenfunktion 249, 273
Tridiagonalmatrix 227
trigonometrische Funktion 43
Tripel 16
triviale Lösung 80
Tschebyscheff-Ungleichung 252, 372
t-Test 329
t-Verteilung 377
Typ einer Matrix 59

U

Umkehrabbildung 16
Umkehrfunktion 114
Umschlagshäufigkeit 309
ungarische Methode 339
ungleichnamiger Bruch 23
Ungleichung 40
Ungleichungssystem
–, 1. Normalform 88
–, 2. Normalform 87
–, grafisch 89

–, lineares 87
–, normales lineares 87
univariate Datenanalyse 272
unmögliches Ereignis 239
Unstetigkeitsstelle 157
–, hebbare 157
Unterdeterminante 54
Untermatrix 60
Untermenge 15
Unterperiode 128
Urliste 273

V

Variable
–, künstliche 99
–, Schlupf- 88, 99
Varianz 250, 262, 281
Variation 30
Variation der Konstanten 190
Variationskoeffizient 281
Variationsreihe 273
Vektor 59
Vennsches Diagramm 15
Vereinigung 15
Verfahrensfehler 216
Verflechtung 1. Art 63, 86
Verhältnisskala 273
Verhältniszahl 302
verkettete Matrizen 61
verketteter Gauss-Algorithmus 74
Verkettung 116
Verknüpfung 115
verkürzte Basistransformation 104
Verschiebungssatz 251
Verteilung
–, Benford 259
–, Binomial- 253
–, diskrete 249, 253
–, Exponential- 265
–, geometrische 258
–, Gleich- 264
–, hypergeometrische 254
–, Normal- 266
–, Poisson- 256
–, standardisierte Normal- 268
–, stetige 261
Verteilungsfunktion 249, 261
Verteilungsparameter 250
Verteilungstabelle 249
Verweildauer 307
Verweildiagramm 306
Verzinsung
–, einfache 126
–, gemischte 137
–, stetige 133
–, unterjährliche 132
Vietascher Wurzelsatz 37
Vogelsche Approximationsmethode 335
vollständiges System 240
Vollständigkeitsrelation 249, 261
Vorgangsknotennetz 349
vorschüssig 128, 136, 138

W

Wachstum
–, degressives 173
–, progressives 173
Wachstumsmodell 189
Wachstumsrate 164
Wahrheitswert 17
Wahrscheinlichkeit 242, 244
–, bedingte 245
–, totale 246
Wahrscheinlichkeitsfunktion 249
Wahrscheinlichkeitsrechnung 239
Wartesystem 363
–, Bediendauer 363
Wendepunkt 114, 173
–, horizontaler 172
Wertebereich 16
Wertindex 304
Wertvolumen 304
Whisker 283
Winkel 45
Wölbung 263
Wurzel 32
Wurzelfunktion 117
Wurzelgleichung 38
Wurzelkriterium 125

Z

Zahl
–, duale 20
–, ganze 18
–, irrationale 18
–, komplexe 18, 43
–, konjugiert komplexe 44
–, natürliche 18
–, negative 18

–, nicht ganze 18
–, nicht reelle 18
–, nichtnegative 18
–, rationale 18
–, reelle 18, 20
Zahlendarstellung 19, 216
Zahlenebene
–, Gausssche 44
Zahlenfolgen 120
Zahlenmenge 18
Zahlenreihe 122
Zahlensystem 19
Zahlungsweise
–, nachschüssige 128
–, vorschüssige 128
Zeile 54
–, *g*- 103
Zeilenbewertungsverfahren 347
Zeilensumme 290
Zeilensummennorm 221
Zeit-Mengen-Bestand 308
Zeitreihe 310
Zeitreihenanalyse 309
Zeitreihenwert 303
zentrales Moment 253, 263
Zentralwert 277
Zielfunktion 93
Ziffer 19
Zinsen bei Kontobewegungen 129
Zinsfuß
–, interner 141
Zinssatz
–, effektiver 149
–, konformer 133
–, nomineller 133, 149
–, realer 149
–, relativer 133
Zinsschulden 151
Zinstage 127
Zinsteiler 128
Zinszahl 128
z-Test 328
zufälliges Ereignis 239
Zufallsgröße 248
Zufallsstichprobe 320
Zufallsvariable 248
Zufallsversuch 239
Zufallszahlen 367
–, Transformation 370
Zugangsmasse 306
zulässige Basislösung 100
Zuordnungsproblem 338
Zusammenhangsmaß 289, 292, 299, 301
Zweifachregression 298
Zweipunkteform 41